Werner Lütkebohmert

Codierungstheorie

vieweg studium
Aufbaukurs Mathematik

vieweg

Werner Lütkebohmert

Codierungs-theorie

Algebraisch-geometrische
Grundlagen und Algorithmen

Bibliografische Information Der Deutschen Bibliothek
Die Deutsche Bibliothek verzeichnet diese Publikation in der Deutschen Nationalbibliografie;
detaillierte bibliografische Daten sind im Internet über <http://dnb.ddb.de> abrufbar.

Prof. Dr. Werner Lütkebohmert
Universität Ulm
Abteilung Reine Mathematik
Helmholtzstraße 18
89069 Ulm

E-Mail: lubo@mathematik.uni-ulm.de

1. Auflage März 2003

Umschlaggestaltung: Ulrike Weigel, www.CorporateDesignGroup.de

ISBN-13: 978-3-528-03197-8   e-ISBN-13: 978-3-322-80233-0
DOI: 10.1007/978-3-322-80233-0

Vorwort

Der vorliegende Text ist entstanden aus dem Vorlesungsmanuskript zu meiner Vorlesung Codierungstheorie im Sommersemester 2001 an der Universität Ulm. Die Vorlesung richtete sich an Studenten, die über Grundkenntnisse in elementarer Algebra verfügen. In der Vorlesung wurden die Standardthemen der Codierungstheorie bis hin zu den algebraisch-geometrischen Codes behandelt; das entspricht etwa dem Inhalt der Kapitel 0 bis 6. Besondere Aufmerksamkeit wurde auch den konkreten Anwendungen in der Nachrichtentechnik wie etwa der Codierung von Daten auf Speichermedien gewidmet. Die elementare Codierungstheorie endet im Kapitel 5 mit der sehr schwierigen Frage nach der expliziten Konstruktion von fehlerkorrigierenden *linearen* Codes, die bei vorgegebener Blocklänge n und Korrekturfähigkeit von e Fehlern eine hohe Informationsrate haben. Es geht also um das kombinatorische Problem:

Zu vorgegebenem n und e konstruiere man Untervektorräume $C \subset \mathbb{F}_q^n$ möglichst großer Dimension k, so dass sich zwei verschiedene Vektoren $x, y \in C$ immer in mindestens $d := 2e + 1$ Koordinaten unterscheiden.

Dabei interessiert man sich insbesondere für Codes mit großer Blocklänge n. Dann wird diese Frage mit relativen Bezugsgrößen $R := k/n$ und $\delta := d/n$ gestellt. Dabei steht R für die *Informationsrate* und δ für die *Zuverlässigkeit* des Codes. Diese beiden Größen konkurrieren miteinander. Elementare Überlegungen zeigen, dass $R + \delta \leq 1 + 1/n$ gelten muss. Weiterhin kann man auch sehr leicht die Existenz von kombinatorischen (eventuell nicht linearen) Codes zeigen, so dass $R + \delta \geq 1 - H(\delta)$ für eine gewisse Funktion $H(\delta)$ gilt; vgl. Bild 5.1 auf Seite 100. Jedoch ist es äußerst schwierig, Codes zu konstruieren, die diese untere Schranke erfüllen bzw. noch besser als diese sind und zusätzlich noch *linear* sind.

V.D. Goppa hat zu dieser Frage wichtige Beiträge geliefert; mit Hilfe von algebraischen Kurven konstruierte er Codes, die zur Lösung dieser Frage führten. Die Bearbeitung dieses Themas ist das eigentliche Ziel dieses Buches. In den Kapiteln 6 bis 9 werden die Theorie der algebraisch-geometrischen Codes und die dafür notwendigen Grundlagen über algebraische Kurven detailliert dargestellt. Dieser Teil des Buches fordert den Leser wesentlich mehr als der erste Teil, weil dazu fundierte Grundkenntnisse in Algebra vorausgesetzt sind.

Die Theorie der algebraischen Kurven wird zunächst in sehr kurzer Form in Abschnitt 6.1 referiert, um möglichst schnell zu den algebraisch-geometrischen Codes zu kommen. Zum Verständnis dieser Codes benötigt man im Wesentlichen nur den Satz von Riemann-Roch und den Residuensatz, wobei die Kenntnis der Beweise dieser Sätze nicht erforderlich ist. Das Hauptanliegen in Kapitel 6 ist es, die Frage nach optimalen Codes in ein Problem über rationale Punkte auf Kurven zu übersetzen und (optimale) Kurven mit vielen rationalen Punkten zu konstruieren. Diese Beispiele gehen auf die Arbeit von Garcia und Stichtenoth [G-S] zurück. Die hier gegebenen Beweise sind geometrischer Natur im Gegensatz zum Vorgehen in [G-S], wo mittels Funktionenkörper argumentiert wird.

Anschließend wird der Problemkreis der Anzahl von rationalen Punkten auf algebraischen Kurven über endlichen Körpern intensiv weiter verfolgt. In Kapitel 7 wird die Theorie der Zetafunktion einer algebraischen Kurve behandelt; die Rationalität der Zetafunktion sowie die Riemannsche Vermutung im Kurvenfall werden vollständig bewiesen. Damit wird die Hasse-Weil-Schranke für die Anzahl der rationalen Punkte auf einer algebraischen Kurve hergeleitet. Als Folgerungen gewinnt man die Schranken von Serre und Drinfeld-Vladut. Durch die Beispiele in Kapitel 6 wird somit die Drinfeld-Vladut-Schranke als scharfe Abschätzung im Fall eines Grundkörpers mit q^2 Elementen nachgewiesen.

In Kapitel 9 wird die Codierung und Decodierung von algebraisch-geometrischen Codes erklärt. Für die Codierung wird ein effektiver Algorithmus zur Berechnung einer Basis von $L(D)$ beschrieben, der originär auf Hensel und Landsberg zurückgeht und von Coates in [Co] wieder aufgegriffen wurde. Das Decodierungsverfahren von Skorobogatov und Vladut, das eigentlich nur für kleine Fehlerraten arbeitet, sowie das Verfahren von Feng und Rao, das Fehlergrößen bis zum designierten Abstand korrigieren kann, werden algorithmisch behandelt.

Um explizit mit algebraischen Kurven und den daraus abgeleiteten Codes rechnen zu können, ist ein tieferes Verständnis der algebraischen Kurven natürlich unumgänglich. Daher ist in Kapitel 8 die Brill-Noether Theorie vollständig ausgeführt. Ich habe mich bewusst für diesen klassischen Zugang zu den algebraischen Kurven entschieden, weil diese Theorie am ehesten explizite Rechnungen erläutert und ohne den aufwändigen Apparat der Cohomologietheorie auskommt.

Im Anhang werden noch einige Themen der kommutativen Algebra und algebraischen Geometrie erläutert. Dabei wird jedoch vorausgesetzt, dass der Leser mit den Grundlagen der kommutativen Algebra insoweit vertraut ist, wie sie in einer zweisemestrigen Algebravorlesung üblicherweise abgehandelt werden.

Zum Schluss möchte ich vielfachen Dank abstatten: An meine Mitarbeiter Urs Hartl, Matthias Künzer, Andreas Martin und Volker Pahnke, die das Manuskript durchgelesen und durch ihre Anregungen und Kritik den Text optimiert haben. Zu danken habe ich meinen Fachkollegen Hans-Joachim Nastold und Roland Huber sowie Gabriele Nebe für kritische Durchsicht von einigen Passagen des Textes. Mein besonderer Dank gilt Winfried Scharlau, durch dessen Vorlesung ich zu diesem Themenkreis gestoßen bin. Schließlich möchte ich Martin Aigner als Herausgeber dieser Buchreihe beim Vieweg-Verlag für seine inhaltlichen Vorschläge danken.

Ulm, im November 2002   Werner Lütkebohmert

Inhaltsverzeichnis

0 Einleitung — **1**
0.1 Das Problem der Codierungstheorie — 1
0.2 Der binäre symmetrische Kanal — 3
0.3 Beispiel eines fehlerkorrigierenden Codes — 5
0.4 Satz von Shannon — 6

1 Lineare Codes — **13**
1.1 Allgemeine Theorie — 13
1.2 Hamming Codes — 18
1.3 Beispiel eines BCH-Codes — 22
1.4 Der duale Code — 25
1.5 Reed-Muller-Codes — 29

2 Spezielle gute Codes — **37**
2.1 Hadamard Codes — 38
2.2 Binäre Golay-Codes — 42

3 Zyklische Codes — **47**
3.1 Grundlagen und Definitionen — 47
3.2 Idempotente eines zyklischen Codes — 52
3.3 BCH-Codes — 55
3.4 Codierer für zyklische Codes. — 63
3.5 Decodierung von BCH-Codes — 67

4 Reed-Solomon-Codes — **73**
4.1 RS-Codes — 73
4.2 Interleaving — 79
4.3 Codierung auf Speichermedien — 83

5 Schranken für Codes — **89**
5.1 Gilbert-Varshamov Schranke — 90
5.2 Obere Schranken — 93

6 Geometrische Codes   **103**
  6.1 Algebraische Kurven 103
  6.2 Definitionen und erste Eigenschaften 115
  6.3 Klassische Goppa-Codes 119
  6.4 Schranken für geometrische Codes 123
  6.5 Kurven mit vielen rationalen Punkten 126

7 Rationale Punkte auf algebraischen Kurven   **145**
  7.1 Zetafunktion einer algebraischen Kurve 145
  7.2 Rationalität der Zetafunktion 149
  7.3 Riemannsche Vermutung im Kurvenfall 155
  7.4 Schranken für die Anzahl der Punkte 162

8 Geometrie der algebraischen Kurven   **165**
  8.1 Ebene Kurven 165
    8.1.1 *Formen* 166
    8.1.2 *Multiplizität* 168
    8.1.3 *Schnittzahl* 172
  8.2 Desingularisierung von Kurven 177
    8.2.1 *Aufblasungen* 177
    8.2.2 *Cremona-Transformation* 182
    8.2.3 *Nichtsinguläre Modelle* 189
  8.3 Satz von Riemann-Roch 196
    8.3.1 *Formel von Riemann-Roch* 196
    8.3.2 *Satz von Riemann* 200
    8.3.3 *Kanonischer Divisor* 202
    8.3.4 *Beweis des Satzes von Riemann-Roch* 205
  8.4 Residuensatz 207
  8.5 Hurwitzsche Geschlechterformel 214

9 Implementierung von geometrischen Codes   **217**
  9.1 Codierung 217
  9.2 Decodierung nach Skorobogatov und Vladut 224
  9.3 Decodierung nach Feng und Rao 229

A Kommutative Algebra   **237**
  A.1 Galoistheorie 237
  A.2 Endliche Körper 240
  A.3 Ganze Ringerweiterungen 243
  A.4 Affine Algebren 251
  A.5 Differentiale 254

B Algebraische Geometrie   **261**
  B.1 Affine Varietäten 261
  B.2 Varietäten 266
  B.3 Eigenschaften von Morphismen 269

Literaturverzeichnis **273**

Index **276**

Kapitel 0

Einleitung

0.1 Das Problem der Codierungstheorie

Die Codierungstheorie ist eine junge mathematische Theorie, die etwa 1940 - 1948
entstanden ist. Ihre Problemstellung kommt aus der Nachrichtenübertragung. Die Codierungstheorie ist ein Grenzgebiet zwischen Informatik, Stochastik und abstrakter
Algebra. Die verwandten Methoden entstammen vor allem der Algebra. Ihre Ergebnisse sind von großer Bedeutung. Daher wird die Forschung auf diesem Gebiet nicht
nur an Hochschulen sondern auch in den Forschungslaboratorien der großen amerikanischen Telefongesellschaften sowie von der NASA durchgeführt. Die Theorie hat
aber auch viele interessante innermathematische Anwendungen gefunden.

Das Problem stellt sich so: Bei der elektronischen Nachrichtenübertragung (z.B.
Fernschreiben, Telefonverbindungen über Satelliten, Fernsehbilder vom Mond oder
Planeten) können wie bei der internen Datenverarbeitung im Computer im Allgemeinen direkt nur zwei Symbole 0 und 1 übermittelt werden. Die vom Sender abgegebene
ursprüngliche Nachricht muss also mittels eines binären Converters zunächst in ein
entsprechendes binäres Alphabet übersetzt werden; z.B. die Buchstaben des Alphabets in entsprechende binäre Symbole

$$A \longmapsto 00000$$

$$B \longmapsto 00001$$

$$C \longmapsto 00010$$

$$\ldots$$

Über einen *Kanal* wird die Nachricht dann zum *Empfänger* übertragen, wo sie zunächst
aus dem binären Alphabet wieder in Klartext übertragen werden muss. Diese Situation kann in folgendem Schema dargestellt werden:

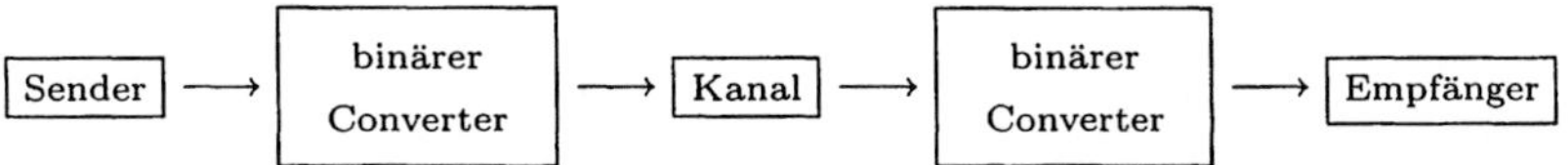

Nun wird bei der Übertragung des Textes durch den Kanal der ursprüngliche Text durch *Rauschen* im Kanal etwas verändert. Ein typischer Fall ist z.B. der, dass statt des gesendeten Symbols 0 nur mit der Wahrscheinlichkeit $(1 - p)$ auch das Symbol 0 empfangen wird, dagegen mit der Wahrscheinlichkeit p das falsche Symbol 1 (entsprechend für die Übertragung von 1), wobei p stets als klein anzusetzen ist. Die ursprüngliche Nachricht wird also durch das Rauschen etwas verfälscht. Die *Aufgabe der Codierungstheorie* besteht nun darin, den ursprünglichen von dem binären Converter abgegebenen Text noch einmal zu *codieren* (d.h. in ein anderes Alphabet zu übertragen), so dass auf der Empfängerseite durch das Rauschen verursachte Fehler *erkannt* und möglichst gleich automatisch *korrigiert* werden können. Es ergibt sich somit folgendes Schema für die Nachrichtenübertragung

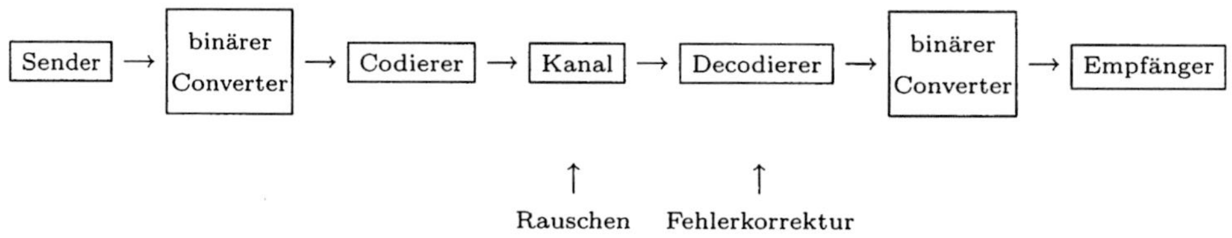

Es soll nun an Beispielen gezeigt werden, wie durch Codierung Fehler erkannt und korrigiert werden können. Im allgemeinen wird es erforderlich sein, Fehler sofort zu korrigieren, weil der Empfänger nicht beim Sender zurückfragen kann.

Beispiel 0.1.1 Bei der elektronischen Übertragung eines Schwarz-Weiß-Fotos wird über das Bild ein feines Gitter gelegt und jedem Gitterpunkt wird eine Zahl zugeordnet, die ausdrückt, wie hell bzw. dunkel das Bild an dieser Stelle ist. Hierzu benutzt man eine Skala von Helligkeitsstufen, etwa die Zahlen von 0 - 127. Diese Zahlen werden 2-adisch dargestellt, also wird für jeden Punkt ein 7-Tupel von Nullen und Einsen übertragen

$$\text{weiß} \quad \longrightarrow \quad (0,0,0,0,0,0,0)$$
$$\vdots$$
$$\text{schwarz} \quad \longrightarrow \quad (1,1,1,1,1,1,1)$$

Dabei tritt das Problem auf, dass sich bei falscher Übertragung eines einzigen Bits die Helligkeit an dieser Stelle deutlich ändern kann. Obwohl die Wahrscheinlichkeit einer fehlerhaften Übermittlung in der Regel klein ist, kann dies bei einem größeren Bild zu ziemlichen Verfälschungen und Abweichungen führen. Um diese Fehler zu vermeiden, werden Redundanzen eingebaut, die es ermöglichen, aus dem Kontext auf Fehler zu schließen.

1. *Fehlererkennung*: In obigem Beispiel kann man etwa ein achtes Bit hinzufügen, wobei die achte Stelle so besetzt wird, dass in dem 8-Tupel stets eine gerade Anzahl von Nullen und Einsen auftritt. Wird also in einem solchen Tupel ein Bit falsch übertragen, so erkennt der Empfänger, dass die Übertragung fehlerhaft war und kann beim Sender nachfragen. Dieses Verfahren setzt voraus, dass es dem Empfänger möglich ist, beim Sender nachzufragen. Insbesondere ist so etwas nur sinnvoll bei vergleichsweise kleinen Datenmengen. Ferner wird in diesem Beispiel eine Meldung mit zwei Fehlern als korrekt erkannt. Zur schnellen Übertragung größerer Datenmengen ist diese Methode im allgemeinen nicht geeignet.

2. *Fehlerkorrektur:* Im Fall des Satelliten Mariner im Jahr 1969 wurde die Farbtönung des Fotos auf einer Skala 0 - 63 abgetragen; also als 6-Tupel $a = (a_1, \ldots, a_6) \in \mathbb{F}_2^6$. Gesendet wurde jedoch ein 32-Tupel; jedes der 64 Codewörter wurde von einem Codierer zuerst nach einer gewissen Regel in ein 32-Tupel $x = (x_1, \ldots, x_{32}) \in \mathbb{F}_2^{32}$ verwandelt und erst danach gesendet. Das empfangene Tupel $x' = (x'_1, \ldots, x'_{32}) \in \mathbb{F}_2^{32}$, das eventuell bei der Übertragung verfälscht wurde, wurde von einem Decodierer untersucht, der aus den 64 möglichen dasjenige Codewort y aussuchte, das am wahrscheinlichsten war, also an möglichst wenigen Stellen von x' abwich. Im Mariner-Fall hatte der Code die Eigenschaft, dass bei bis zu 7 Fehlern im gegebenen 32-Tupel das Originalwort wiedererkannt wurde; vgl. Bemerkung 1.5.9.

Beispiel 0.1.2 Ein typisches Beispiel diskreter Datenspeicherung ist die Compact Disc. Auf ihr wird eine Vielzahl von Daten in digitaler Form gespeichert. Im Fall einer Musik-CD wird das analoge Signal der sich stetig ausbreitenden Schallwelle in eine Folge von 44 100 diskreten Daten pro Sekunde, den so genannten *Audiosamples*, zerlegt. Man misst die Amplitude der Druckwelle des Schalls 44 100-mal pro Sekunde und ordnet ihr jeweils einen Wert auf einer Skala von 0 bis $2^{16} - 1$ zu; man macht das für den linken und rechten Kanal getrennt. Jedes Audiosample, also die Amplitude der Druckwelle des Schalls für den rechten bzw. den linken Kanal, besteht somit aus einem Paar von Punkten in $\mathbb{F}_2^{16}$. Man identifiziert den Raum $\mathbb{F}_2^{16}$ mit $\mathbb{F}_{2^8}^2$. Dann kann man ein Audiosample als Punkt in $\mathbb{F}_{2^8}^4$ auffassen. Jedes Datum wird also in 32 Bits abgelegt; man bekommt so 1.411 200 [Bit/sec]. Auf einer 60-minütigen Audio-CD stehen also ca. $5 \cdot 10^9$ Audio-Bits.

Auf einer CD werden jeweils 6 aufeinander folgende Audiosamples, also 24 Bytes an aufeinander folgenden Informationen, zu so genannten *Frames* zusammengefasst und in 32 Bytes zzgl. einem Kontroll- bzw. Display-Byte auf dem Tonträger abgelegt. Die Informationsrate beträgt also $3/4 = 24/32$.

Selbst sehr kleine Fehlerwahrscheinlichkeiten führen zu insgesamt großen Fehlermengen auf einer Compact Disc. Da schon minimale Verunreinigungen und Beschädigungen zu fehlerhaften Daten führen, ist eine fehlerfreie Compact Disc unwahrscheinlich und unrealistisch. Im Regelfall treten auf einer Compact Disc mehrere 100 000 Fehler in den Dateien auf. Daher ist es für das Abspielgerät erforderlich, diese Fehler schnell zu erkennen und zu korrigieren sowie aus jedem 32-Byte Block die darin enthaltenen 24 Byte an Information zu rekonstruieren. Darüber hinaus treten auf der Compact Disc sehr spezielle Fehler auf. Häufig treten Fehler in Paketen auf; darunter versteht man, dass viele aufeinander folgende Bits nicht lesbar oder fehlerhaft sind. Gegen Fehler dieser Art schützt man sich durch ein spezielles Speichern der Daten auf einer Compact Disc. Das der Compact Disc zugrunde liegende Codierungsschema ist CIRC, Cross-Interleaved Reed-Solomon Code, das speziell zur Rekonstruktion eines Textes bei Fehlerpaketen eingesetzt wird; vgl. § 4.3. Damit ist es möglich, Fehlerpakete von mehreren tausend Bits zu korrigieren.

0.2 Der binäre symmetrische Kanal

Der schon kurz erwähnte Kanal, bei dem nur die Symbole 0 und 1 übertragen werden und beide mit der gleichen Wahrscheinlichkeit p gestört werden, wird binärer symmetrischer Kanal (BSC = binary symmetric channel) genannt.

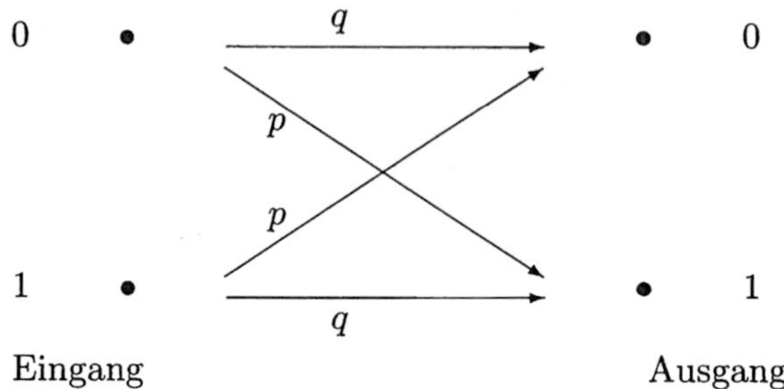

Wir setzen immer $q = 1 - p$. Mit der Wahrscheinlichkeit q wird also das Symbol $i \in \{0, 1\}$ in das Symbol i übertragen. – In vielen Fällen ist das kein ganz realistisches Modell, da die Fehler die Tendenz haben, in "Paketen" aufzutreten, z.B. bei magnetischen Störungen in Magnetbändern, durch Blitze verursachte elektromagnetische Störungen von Radiowellen, Kratzer auf CD's, usw. – Wir nehmen jetzt an, dass Eingangs- und Ausgangsalphabet aus den 32 verschiedenen fünfziffrigen binären Zahlen 00000 bis 11111 bestehen, die etwa die gewöhnlichen Buchstaben, die Leerstelle und einige Satzzeichen repräsentieren. Die Wahrscheinlichkeit, dass ein Symbol dieses Alphabets richtig bzw. falsch übertragen wird, ist dann leicht auszurechnen. Wir haben

$$1 = (q + p)^5 = q^5 + 5q^4p + 10q^3p^2 + 10q^2p^3 + 5qp^4 + p^5$$

und hier ist

$q^5 = (1 - p)^5$ Wahrscheinlichkeit für die richtige Übertragung

$5q^4p$ Wahrscheinlichkeit, dass genau eine Ziffer fehlerhaft ist

$10q^3p^2$ Wahrscheinlichkeit, dass genau zwei Ziffern falsch sind

usw.

Für kleines p ist

$$q^5 = (1 - p)^5 \approx 1 - 5p \ .$$

Für einen schlechten Kanal mit $p = 0,02$ ist dann

$$q^5 \approx 0,90$$

d.h. mit 10% Wahrscheinlichkeit wird ein Buchstabe, wie die Elemente des benutzten Alphabets immer genannt werden sollen, falsch übertragen. Der genaue Wert ist natürlich geringfügig besser,

$$q^5 = 0,9039207968 \ .$$

Das einfachste Beispiel eines fehlererkennenden Codes ist der *Paritäts-Code*: In dem behandelten Beispiel wird dem Buchstaben des verwandten Alphabets - also einer fünfstelligen Zahl im Binär-System - eine sechste Ziffer zugefügt, und zwar so, dass die Zahl der vorkommenden 1-en gerade ist. Der Codierer arbeitet also folgendermaßen:

$$00000 \longmapsto 000000$$
$$00001 \longmapsto 000011$$
$$00010 \longmapsto 000101$$
$$\dots$$

Der Decodierer (anstelle der Fehlerkorrektur) lässt die letzte Ziffer wieder weg. Mit welcher Wahrscheinlichkeit kann man auf diese Weise Fehler, die bei der Übertragung im Kanal auftreten, erkennen?

Tritt ein Fehler in den ersten 5 Stellen auf, so mit einer Wahrscheinlichkeit von etwa 96% in der Art, dass genau eine Ziffer falsch übertragen wird (bedingte Wahrscheinlichkeit):

$$\frac{5q^4 p}{1 - q^5} \approx 0,96 \qquad (p = 0,02)$$

Die letzte (Kontroll-)Ziffer wird mit 98% Wahrscheinlichkeit nicht geändert, so dass mit fast 98% Wahrscheinlichkeit der Fehler an der falschen Parität erkannt wird.

Natürlich kostet dieses Ergebnis etwas: Jede sechste Ziffer enthält ja keine Information, sondern ist *redundant*. Die *Informationsrate* (präzise Definition später) beträgt 5/6 ; die Telexrechnung würde um 1/5 höher ausfallen.

0.3   Beispiel eines fehlerkorrigierenden Codes

Wie schon gesagt, ist in den meisten technischen Situationen die Verwendung fehlerkorrigierender Codes notwendig. Wie man solche prinzipiell konstruieren kann, soll jetzt an einem ganz einfachen Beispiel erläutert werden. Wir nehmen an, dass unser Alphabet nur aus den 4 Buchstaben

$$00 \; , \; 01 \; , \; 10 \; , \; 11$$

besteht. Der Codierer soll folgendermaßen operieren

$$00 \longmapsto 0000$$
$$01 \longmapsto 0111$$
$$10 \longmapsto 1001$$
$$11 \longmapsto 1110$$

Die Informationsrate ist also 1/2 ; die Telexrechnung somit doppelt so hoch. Die Decodierung soll folgendermaßen geschehen: Natürlich liest man

$$0000 \longmapsto 00$$
$$0111 \longmapsto 01$$
$$1001 \longmapsto 10$$
$$1110 \longmapsto 11$$

Wird ein anderes Symbol gesendet, so soll angenommen werden, dass genau eine der ersten drei Ziffern falsch und die letzte richtig ist. Dies liefert die folgende eindeutige Decodierung

$$
\begin{aligned}
0001 \quad (&\to 1001) \quad \longrightarrow \quad 10 \\
0010 \quad (&\to 0000) \quad \longrightarrow \quad 00 \\
0011 \quad (&\to 0111) \quad \longrightarrow \quad 01 \\
0100 \quad (&\to 0000) \quad \longrightarrow \quad 00 \qquad \text{usw.}
\end{aligned}
$$

Wir berechnen jetzt die Fehlerquote dieser Codierung (nach wie vor sei $p = 0,02$) und bemerken zum Vergleich vorweg, dass ohne jede Codierung etwa 4% aller Buchstaben falsch übertragen werden. Mit der Wahrscheinlichkeit q^4 wird ein Code-Buchstabe richtig übertragen und natürlich auch richtig decodiert. Mit einer Wahrscheinlichkeit $3q^3p$ wird genau eine der ersten Ziffern falsch und die letzte richtig übertragen; auch in diesem Fall wird aber immer richtig decodiert, z.B.

$$
\begin{array}{ccccccccc}
& & & & 0010 & & & & \\
& & & \nearrow & & \searrow & & & \\
00 & \longrightarrow & 0000 & \longrightarrow & 0100 & \longrightarrow & 0000 & \longrightarrow & 00 \\
& & & \searrow & & \nearrow & & & \\
& & & & 1000 & & & &
\end{array}
$$

Die Wahrscheinlichkeit richtiger Übertragung ist also wenigstens

$$
q^4 + 3q^3p \approx 0,97885 \qquad ;
$$

die Fehlerquote ist also fast auf die Hälfte gesunken.

Durch einfache, aber ohne weitere Theorie doch schon etwas langwierig durchzurechnende Beispiele läßt sich diese Fehlerquote weiter erheblich verbessern. Es ergibt sich die Frage, welche Fehlerquote theoretisch überhaupt erreicht werden kann, ob z.B. eine beliebig kleine Fehlerquote möglich ist. Eine Antwort gibt der Satz von SHANNON.

0.4   Satz von Shannon

Wir präzisieren zunächst einige schon benutzte Begriffe und werden anschließend auf ein grundlegendes Resultat der Informationstechnik eingehen.

Ein *Alphabet* $\mathbb{A}$ ist eine endliche Menge. Die Anzahl $\mathrm{card}(\mathbb{A})$ ihrer Elemente werde mit A bezeichnet. Ein *binärer Block-Code* für ein Alphabet $\mathbb{A}$ ist eine injektive Abbildung $c : \mathbb{A} \to \mathbb{F}_2^n$. Oft wird ein solcher Code auch mit seiner Bildmenge $\mathcal{C}$ identifiziert. Der Zusatz "Block" bezieht sich auf die Tatsache, dass alle Code-Buchstaben *gleiche* (binäre) *Länge* n haben.

Eine *Decodierungsregel* zu c ist eine Abbildung $d : \mathbb{F}_2^n \to \mathbb{A}$ mit $d \circ c = \mathrm{id}_\mathbb{A}$. Fehlerfrei übertragene Nachrichten werden dann auch richtig gelesen!

Die *Informationsrate* eines Codes c ist $\log_2 A/n$; also umgekehrt proportional zur Zahl der benötigten binären Stellen.

Wir betrachten nun einen symmetrischen binären Kanal mit Fehlerwahrscheinlichkeit p , wobei ohne Einschränkung $0 \leq p \leq 1/2$ angenommen werden kann. Hat man einen Code, also einen binären Block-Code wie oben, mit zugehöriger Decodierungsregel gegeben, so gibt es für jeden Buchstaben $a \in \mathbb{A}$ eine wohldefinierte Wahrscheinlichkeit $P(a)$, dass a fehlerhaft decodiert wird. Wir fassen $a \in \mathbb{A}$ als unabhängige stochastische Variable auf, die also gleich häufig in den übertragenen Texten auftritt; dann ist es sinnvoll die *Fehlerwahrscheinlichkeit* des verwandten Codes c mit Decodierungsregel d für den benutzten Kanal zu definieren als

$$P(c,d) = \frac{1}{A} \cdot \sum_{a \in \mathbb{A}} P(a) \ .$$

Das Problem ist dann, wie klein $P(c,d)$ durch Wahl geeigneter Codes c und Decodierungsregeln d gemacht werden kann. Wir interessieren uns also für

$$P^* = P^*(A,n,p) = \mathrm{Min}\{\, P(c,d)\,\} \ ,$$

wobei das Minimum über alle $c : \mathbb{A} \to \mathbb{F}_2^n$ und $d : \mathbb{F}_2^n \to \mathbb{A}$ mit $d \circ c = \mathrm{id}_\mathbb{A}$ zu nehmen ist.

Definition 0.4.1 Die *Kapazität* C eines symmetrischen binären Kanals (*BSC*) mit Fehlerwahrscheinlichkeit p und $q = 1 - p$ wird definiert durch

$$C = 1 + p \log_2 p + (1 - p) \log_2(1 - p) \ .$$

Für eine informationstheoretische Interpretation von C vgl. van Lint [vL1, 1.3].

Für die Funktion $C = C(p)$ gilt offenbar $C(1/2) = 0$ und $C(0) = \lim_{p \to 0} C(p) = 1$. Ein *BSC* mit $p = 1/2$ kann offenbar überhaupt keine Nachricht übertragen, da der empfangene Text völlig unabhängig vom gesendeten Text ist; er hat Kapazität 0 . Für $p = 0$ arbeitet der Kanal optimal; die Kapazität ist 1 . Die Funktion $C(p)$ ist in dem Intervall $[0, 1/2]$ monoton-fallend und hat etwa den Verlauf, wie er in Bild 1 dargestellt ist.

Mit diesen Definitionen und Bezeichnungen gilt nun:

Satz 0.4.2 (Shannon) *Es sei* C *die Kapazität eines* BSC *und sei* $0 < R < C$. *Für jedes* $n \in \mathbb{N}$ *sei* $A_n = 2^{[Rn]}$. *Für* $n \to \infty$ *gilt dann*

$$P^*(A_n,n,p) \longrightarrow 0 \ .$$

Hier bezeichnet $[Rn]$ *die Gauß-Klammer; also die größte ganze Zahl* $\leq Rn$.

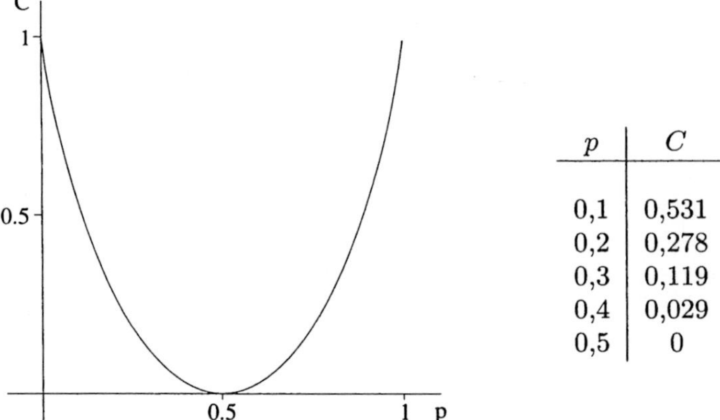

Bild 1: Kapazitätsfunktion

Nach Definition von A_n werden in diesem Satz Codes betrachtet, deren Informationsrate mit $n \to \infty$ gegen R konvergieren. Ist also $0 < D < C$, so existiert zu jedem $\varepsilon > 0$ ein Code (zusammen mit einer Decodierungsregel) mit einer Informationsrate $> D$ und einer Fehlerwahrscheinlichkeit $< \varepsilon$. Man wähle im Satz von Shannon nämlich die Konstante R, so dass $D < R < C$ gilt, und wähle n genügend groß.

Dieser Satz ist auch auf ein beliebiges fest gewähltes Alphabet anwendbar, wie eine kleine Überlegung ergibt: Eine "Nachricht" des Senders besteht aus einer (langen!) Folge von Elementen von $\mathbb{A}$. Statt $\mathbb{A}$ zu codieren, kann man genauso gut eine cartesische Potenz $\mathbb{A}^k = \mathbb{A} \times \dots \times \mathbb{A}$ codieren. Findet man für $\mathbb{A}^k$ einen Code mit Fehlerwahrscheinlichkeit $< \varepsilon$, so ist das genauso gut, als ob man einen solchen Code für $\mathbb{A}$ hat. Statt einzelne Buchstaben von $\mathbb{A}$ werden Gruppen von k Buchstaben codiert. Dass im Satz von SHANNON nur von Alphabeten mit einer 2-Potenz-Anzahl von Elementen die Rede ist, ist ebenfalls unerheblich. Man wähle zunächst ein k, so dass $|\mathbb{A}^k| = A^k$ genügend groß ist. Dann ergänzt man $\mathbb{A}^k$ durch höchstens A^k zusätzliche Elemente zu einer Menge $\mathbb{B}$ von 2-Potenz-Ordnung. Für $\mathbb{B}$ wählt man einen Code mit Fehlerwahrscheinlichkeit $< \varepsilon$. Nach Anwendung einer passenden Permutation auf $\mathbb{B}$ kann man ohne Einschränkung annehmen:

$$P(b) \geq P(a) \qquad \text{für alle } b \in \mathbb{B} - \mathbb{A}^k , \quad a \in \mathbb{A}^k .$$

Für die Übertragung von Nachrichten, die nur aus Buchstaben aus $\mathbb{A}$ besteht, ist die Fehlerwahrscheinlichkeit dann erst recht kleiner ε.

In dem Beispiel des letzten Paragraphen mit $p = 0,02$ ist die Kapazität

$$C = 1 + p \log_2 p + q \log_2 q = 0,8585\dots$$

Bei Informationsrate $1/2$ ist also eine beliebig kleine Fehlerwahrscheinlichkeit erreichbar. Der Satz von Shannon deutet auch daraufhin, dass "gute" Codes Alphabete mit vielen Buchstaben benötigen, in der Praxis z.B. 2^{80}. Dies macht die Theorie natürlich schwierig (und interessant) und macht theoretische Untersuchungen notwendig, da Codes nicht einfach durch Angabe aller Elemente charakterisiert werden können. Konstruktionsmethoden für Codes dieser Größe benutzen dementsprechend mathematische Theorien, die sich mit der Strukturierung endlicher Mengen beschäftigen, z.B. Kombinatorik, Zahlentheorie, Algebra, endliche Geometrie, Gruppentheorie. Es entsteht dann zugleich das Problem, dass bei der praktischen Implementierung der Codierung und vor allem der Decodierung, die natürlich automatisch durch einen Computer erfolgt, rechnerische Probleme auftreten können. Für die praktische Brauchbarkeit eines Codes sind also neben guten theoretischen Eigenschaften wie Fehlerkorrekturfähigkeit und Informationsrate auch praktische Fragen wie möglichst einfache Decodierung von großer Bedeutung.

Zum Beweis des Satzes von Shannon benötigen wir einige elementare Dinge der Stochastik, die wir zunächst bereitstellen wollen. Es sei X eine Zufallsvariable, die die Werte $\{x_i \; ; \; i \in \mathbb{N}\} \subset \mathbb{R}$ annimmt. Es sei $p_i := P(X = x_i)$ für $i \in \mathbb{N}$ die Wahrscheinlichkeit dafür, dass X den Wert x_i annimmt. Wir bezeichnen mit

$$\mu := \sum_{i \in \mathbb{N}} x_i \cdot p_i$$

den *Mittelwert* von X. Für eine Funktion $g : \{x_i \; ; \; i \in \mathbb{N}\} \longrightarrow \mathbb{R}$ definiert man

$$E(g \circ X) := \sum_{i \in \mathbb{N}} g(x_i) \cdot p_i$$

als den *Erwartungswert* von g. Weiterhin definiert man die *Standardabweichung* σ und die *Varianz* σ^2 von X über

$$\sigma^2 := \sum_{i \in \mathbb{N}} x_i^2 \cdot p_i - \mu^2 = E\left((X - \mu)^2\right) \; .$$

Wesentlich werden wir die Chebyshevsche Ungleichung benutzen.

Satz 0.4.3 *Sei* X *eine Zufallsvariable mit Mittelwert* μ *und Varianz* σ^2. *Dann gilt*

$$P\left(|X - \mu| \geq k\sigma\right) \leq 1/k^2 \; .$$

Ein wichtiges Beispiel für uns ist die *Binomialverteilung*. Dabei nimmt die Zufallsvariable X die Werte i mit den Wahrscheinlichkeiten $p_i := \binom{n}{i} p^i q^{n-i}$ für $0 \leq i \leq n$ an; wobei $0 < p < 1$ und $q := 1 - p$ ist. Für die Binomialverteilung ist $\mu = np$ und $\sigma^2 = npq$.

Eine wichtige Funktion in der Informationstheorie ist die Entropiefunktion.

Definition 0.4.4 Die *binäre Entropiefunktion* ist definiert durch

$$H(0) := 0$$

$$H(x) := -x \log_2 x - (1 - x) \log_2(1 - x) \quad \text{für } 0 < x \leq 1/2 \; .$$

Für die Elemente von $\mathbb{F}_2^n$ wird die *Hamming-Norm* definiert durch die Anzahl der von Null verschiedenen Komponenten

$$w(x) = w(x_1, \ldots, x_n) = \mathrm{card}\{i \; ; \; x_i \neq 0\} \; .$$

Mittels w wird eine *Abstandsfunktion* oder *Metrik* auf $\mathbb{F}_2^n$ eingeführt durch

$$d_H(x, y) := w(x - y) \; .$$

Damit erklärt man den Ball vom Radius r im $\mathbb{F}_2^n$ um einen Punkt $x_0 \in \mathbb{F}_2^n$ wie folgt

$$\mathbb{B}_r^n(x_0) := \{x \in \mathbb{F}_2^n \; ; \; d_H(x, x_0) \leq r\} \; .$$

Die Bedeutung der Entropiefunktion erklärt sich durch die folgenden Eigenschaften.

Satz 0.4.5 *Für* $0 \leq \delta \leq 1/2$ *gilt:*

1. $\mathrm{card}\,(\mathbb{B}_{\delta n}^n(0)) = \displaystyle\sum_{i=0}^{[\delta n]} \binom{n}{i} \leq 2^{nH(\delta)}$

2. $\displaystyle\lim_{n \to \infty} \frac{1}{n} \log_2 (\mathrm{card}\,(\mathbb{B}_{\delta n}^n(0))) = \lim_{n \to \infty} \frac{1}{n} \log_2 \left(\sum_{i=0}^{[\delta n]} \binom{n}{i} \right) = H(\delta)$

Beweis. Die 2. Aussage ist im allgemeineren Fall für die q-näre Entropiefunktion in § 5.1 bewiesen. Sie wird in diesem Abschnitt nicht benötigt.
Die 1. Aussage ist schnell gezeigt. Die erste Gleichheit ist elementare Kombinatorik. Wegen $\delta \leq 1/2 \leq (1 - \delta)$ wird

$$1 = (\delta + (1 - \delta))^n = \sum_{i=0}^{n} \binom{n}{i} (1 - \delta)^{n-i} \delta^i = \sum_{i=0}^{n} \binom{n}{i} (1 - \delta)^n \left(\frac{\delta}{1 - \delta} \right)^i$$

$$\geq \sum_{i=0}^{[\delta n]} \binom{n}{i} (1 - \delta)^n \left(\frac{\delta}{1 - \delta} \right)^{\delta n} = 2^{-nH(\delta)} \sum_{i=0}^{[\delta n]} \binom{n}{i} \; .$$

$\square$

Die binäre Entropie $H(\delta)$ ist also das asymptotische Verhältnis des Logarithmus der Anzahl der Punkte einer δ-Kugel im $\mathbb{F}_2^n$ zum Logarithmus der Gesamtzahl der Punkte im $\mathbb{F}_2^n$.

Ist Y eine weitere Zufallsvariable mit Werten $\{y_j \; ; \; j \in \mathbb{N}\} \subset \mathbb{R}$ gegeben, so setzen wir

$$p_{ij} := P(X = x_i \text{ und } Y = y_j)$$

$$p_{i\_} := P(X = x_i) = \sum_{j} p_{ij}$$

$$p_{\_j} := P(Y = y_j) = \sum_{i} p_{ij} \; .$$

Die bedingte Wahrscheinlichkeit schreiben wir in der Form

$$P(x_i|y_j) := P(X = x_i|Y = y_j) = \frac{p_{ij}}{p_{\cdot j}} \ .$$

Man nennt bekanntlich X und Y stochastisch unabhängig, wenn $p_{ij} = p_{i\cdot} \cdot p_{\cdot j}$ gilt. In diesem Fall ist $E(XY) = E(X)E(Y)$.

Damit können wir nun den *Beweis des Satzes von Shannon* beginnen.

Es sei $C \subset \mathbb{F}_2^n$ ein zufälliger Code der Länge n mit A Wörtern und sei $\varepsilon > 0$. Wir betrachten als Zufallsvariable w die Anzahl der Fehler in einem Wort der Länge n . Nach unserer Annahme für einen binären symmetrischen Kanal sind die Fehler (p,q)-binomial verteilt. Der Erwartungswert von w ist np und die Varianz von w ist $np(1-p)$. Setzt man nun $b := \sqrt{2np(1-p)/\varepsilon}$, so gilt nach Satz 0.4.3

$$P(w \geq np + b) \leq \varepsilon/2 \ .$$

Wegen $p < 1/2$ ist die Zahl

$$\varrho := [np + b]$$

kleiner als $n/2$ für großes n . Dann gilt für die Anzahl der Punkte in einem n-dimensionalen Ball vom Radius ϱ um 0 nach Satz 0.4.5

$$\text{card}\left(\mathbb{B}_\varrho^n(0)\right) = \sum_{i=0}^{\varrho} \binom{n}{i} \leq 2^{nH(\varrho/n)} \ .$$

Man betrachte nun die Funktion

$$f(u,v) := \begin{cases} 0 & \text{falls } d_H(u,v) > \varrho \\ 1 & \text{falls } d_H(u,v) \leq \varrho \end{cases} \qquad \text{für } u,v \in \mathbb{F}_2^n \ .$$

Es seien $x_1,\ldots,x_A$ die Wörter des Codes C . Dann setzt man für $i \in \{1,\ldots,A\}$ und $y \in \mathbb{F}_2^n$

$$g_i(y) := 1 - f(y,x_i) + \sum_{j \neq i} f(y,x_j) \ .$$

Dann gilt

$$g_i(y) \begin{cases} = 0 & \text{falls } x_i \text{ das einzige Codewort mit } d_H(x_i,y) \leq \varrho \text{ ist,} \\ \geq 1 & \text{sonst} . \end{cases}$$

Man decodiert $y \in \mathbb{F}_2^n$ in x_i , falls genau ein x_i mit $d_H(y,x_i) \leq \varrho$ existiert; sonst werde es als x_1 decodiert. Es sei wie oben $P(x_i)$ die Wahrscheinlichkeit dafür, dass x_i falsch decodiert wird. Wir schreiben $P(y|x_i)$ für die bedingte Wahrscheinlichkeit auf $\mathbb{F}_2^n \times \mathbb{F}_2^n$ dafür, dass x_i falsch decodiert wird unter der Bedingung, dass es als y übertragen wird. Um $P(x_i)$ abzuschätzen, hat man über alle $y \in \mathbb{F}_2^n$ die bedingten Wahrscheinlichkeiten $P(y|x_i)$, gewichtet gemäß der Decodierungsregel, aufzusummieren. Dann gilt

$$P(x_i) \leq \sum_{y \in \mathbb{F}_2^n} P(y|x_i)\cdot g_i(y) = \sum_{y \in \mathbb{F}_2^n} P(y|x_i)\cdot(1 - f(y,x_i)) + \sum_{y \in \mathbb{F}_2^n} \sum_{j \neq i} P(y|x_i)\cdot f(y,x_j) \ .$$

Der erste Term hinter dem letzten Gleichheitszeichen gibt die Wahrscheinlichkeit für den Fall $y \notin \mathbb{B}_\varrho^n(x_i)$. Diese Wahrscheinlichkeit ist $\leq \varepsilon/2$ nach Wahl von ϱ , wie aus der Ungleichung von Chebyshev folgte. Somit ist die Fehlerwahrscheinlichkeit für diesen Code $\mathcal{C}$

$$P_{\mathcal{C}} \leq \frac{\varepsilon}{2} + \frac{1}{A} \sum_{i=1}^{A} \sum_{y \in \mathbb{F}_2^n} \sum_{j \neq i} P(y|x_i) \cdot f(y, x_j) \ .$$

Der Grundgedanke des Beweises ist nun, dass der Minimalwert $P^*(A, n, p)$ kleiner oder gleich dem Erwartungswert der Fehlerwahrscheinlichkeit $P_{\mathcal{C}}$ von allen Codes $\mathcal{C}$ ist. Also ist über alle Codes $\mathcal{C}$ zu mitteln, die aus A Punkten $x_1, \ldots, x_A \in \mathbb{F}_2^n$ bestehen. Somit gilt wegen der stochastischen Unabhängigkeit dieser Variablen

$$\begin{aligned}
P^*(A, n, p) \ &\leq \ \frac{\varepsilon}{2} + \frac{1}{A} \sum_{i=1}^{A} \sum_{y \in \mathbb{F}_2^n} \sum_{j \neq i} E\left(P(y|x_i)\right) \cdot E(f(y, x_j)) \\
&= \ \frac{\varepsilon}{2} + \frac{1}{A} \sum_{i=1}^{A} \sum_{y \in \mathbb{F}_2^n} \sum_{j \neq i} E\left(P(y|x_i)\right) \cdot \frac{\operatorname{card}\left(\mathbb{B}_\varrho^n(y)\right)}{\operatorname{card}\left(\mathbb{F}_2^n\right)} \\
&= \ \frac{\varepsilon}{2} + \frac{1}{A} \sum_{i=1}^{A} E\left(\sum_{y \in \mathbb{F}_2^n} P(y|x_i)\right) (A - 1) \frac{\operatorname{card} \mathbb{B}_\varrho^n(0)}{2^n} \\
&\leq \ \frac{\varepsilon}{2} + (A - 1) \frac{\operatorname{card} \mathbb{B}_\varrho^n(0)}{2^n} \ .
\end{aligned}$$

Nimmt man nun den Logarithmus der Ungleichung und teilt durch n , so folgt

$$\begin{aligned}
\frac{1}{n} \log_2 \left(P^*(A, n, p) - \frac{\varepsilon}{2}\right) \ &\leq \ \frac{1}{n} \log_2(A - 1) + \frac{1}{n} \left(-n + \log_2 \left(\operatorname{card} \mathbb{B}_\varrho^n(0)\right)\right) \\
&\leq \ \frac{1}{n} \log_2 A - (1 + p \log p + q \log_2 q) + O(n^{-1/2}) \ ;
\end{aligned}$$

denn es gilt nach 0.4.5/1 und Definition von $\varrho = [pn + b]$ mit $b := \sqrt{2np(1-p)/\varepsilon}$

$$\log_2 \left(\operatorname{card} \mathbb{B}_\varrho^n(0)\right) \leq nH(\varrho/n) \leq n \left(-p \log_2 p - q \log_2 q + O(n^{-1/2})\right)$$

wegen

$$\begin{aligned}
\frac{\varrho}{n} \log_2 \frac{\varrho}{n} \ &= \ p \log_2 p + O(n^{-1/2}) \\
\left(1 - \frac{\varrho}{n}\right) \log_2 \left(1 - \frac{\varrho}{n}\right) \ &= \ q \log_2 q + O(n^{-1/2}) \ .
\end{aligned}$$

Substituiert man A durch $A_n = 2^{[Rn]}$, so folgt

$$\frac{1}{n} \log_2 \left(P^*(A_n, n, p) - \frac{\varepsilon}{2}\right) \leq -\gamma < 0$$

für ein positives $\gamma > 0$ für alle großen n , weil $R - (1 + p \log p + q \log_2 q) < 0$ gilt. Somit gilt

$$P^*(A_n, n, p) \leq \frac{\varepsilon}{2} + 2^{-\gamma n} \ .$$

Damit ist der Satz von Shannon bewiesen.   □

Kapitel 1

Lineare Codes

1.1 Allgemeine Theorie

Wir betrachten jetzt etwas allgemeiner als bisher Kanäle, deren Eingangs- und Ausgangsalphabet nicht nur aus den Symbolen 0, 1 bestehen, sondern aus den Elementen eines endlichen Körpers $\mathbb{F}_q$ mit q Elementen. Dabei ist $q = p^r$ eine Primzahlpotenz. Die Theorie wird dadurch etwas allgemeiner, aber nicht schwieriger; praktische Bedeutung hat diese Verallgemeinerung im Fall $p \geq 3$ kaum.

Wir sprechen von einem *diskreten gedächtnislosen Kanal* (DMC), wenn für jedes $a \in \mathbb{F}_q$, das in den Kanal eingegeben wird, statistisch mit fester Wahrscheinlichkeit $P(b, a)$ ein $b \in \mathbb{F}_q$ von dem Kanal ausgegeben wird. Dann gilt

$$\sum_{b \in \mathbb{F}_q} P(b, a) = 1 \ .$$

Es interessiert natürlich nur der Fall, dass $P(b, a)$ klein ist, falls $b \neq a$ ist, also dass $P(a, a)$ dicht bei 1 liegt; d.h., wird a gesendet, so wird fast immer a empfangen.

Wir definieren jetzt ein Maß für die "Größe" der auftretenden Fehler: Es sei $\mathbb{F}_q^n$ der n-dimensionale $\mathbb{F}_q$-Vektorraum der Zeilen-Vektoren der Länge n. Für die Elemente von $\mathbb{F}_q^n$ wird die *Hamming-Norm* definiert durch die Anzahl der von Null verschiedenen Komponenten

$$w(x) = w(x_1, \ldots, x_n) = \mathrm{card}\{i \ ; \ x_i \neq 0\} \ .$$

Mittels w wird eine *Abstandsfunktion* oder Metrik auf $\mathbb{F}_q^n$ eingeführt durch

$$d_H(x, y) := w(x - y) \ .$$

Es gelten die Axiome eines metrischen Raumes:

$$(1) \quad d_H(x, y) \geq 0 \quad , \quad d_H(x, y) = 0 \iff x = y$$

$$(2) \quad d_H(x, y) = d_H(y, x)$$

$$(3) \quad d_H(x,z) \leq d_H(x,y) + d_H(y,z)$$

$d_H(x,y)$ heißt auch *Hamming-Distanz* von x und y.

Definition 1.1.1 In obiger Situation definiert man:

1. Eine Teilmenge $\mathcal{C}$ von $\mathbb{F}_q^n$ heißt *Code*, genauer *Block-Code*. Die Elemente von $\mathcal{C}$ heißen *Codewörter*. Ist M die Anzahl der Elemente von $\mathcal{C}$, so nennen wir $\mathcal{C}$ auch einen (n,M)–Code über $\mathbb{F}_q$. Wir nennen n die *Wortlänge* oder *Blocklänge* von $\mathcal{C}$.

2. Ein Untervektorraum $\mathcal{C}$ von $\mathbb{F}_q^n$ heißt *linearer Code* über $\mathbb{F}_q$. Hat $\mathcal{C}$ die $\mathbb{F}_q$-Dimension k, so nennen wir $\mathcal{C}$ einen $[n,k]$–*Code* über $\mathbb{F}_q$ oder $[n,k]_{\mathbb{F}_q}$–*Code*.

3. Die *Minimaldistanz* eines Codes $\mathcal{C}$ ist

$$d(\mathcal{C}) := \mathrm{Min}\left\{ d_H(x,y) \; ; \; x,y \in \mathcal{C}, \, x \neq y \right\} \; .$$

4. Ein Code $\mathcal{C}$ heißt *e-fehlerkorrigierend* für $e \in \mathbb{N}$, falls für alle $x,y \in \mathcal{C}$ mit $x \neq y$ gilt

$$d_H(x,y) \geq 2e+1 \; .$$

5. Hat ein Code $\mathcal{C}$ über $\mathbb{F}_q$ die Blocklänge n und Minimaldistanz d, so nennen wir ihn (n,M,d)–Code, wenn er aus M Wörtern besteht. Ist er zusätzlich noch linear von der Dimension k, so heißt er $[n,k,d]$–Code.

6. Eine vollständige *Decodierungsregel* zu einem Code $\mathcal{C}$ ist eine Abbildung

$$d : \mathbb{F}_q^n \longrightarrow \mathcal{C} \quad \text{mit} \quad d|_{\mathcal{C}} = \mathrm{id} \; .$$

Falls die Abbildung d nur auf einer Teilmenge D mit $\mathcal{C} \subset D \subset \mathbb{F}_q^n$ erklärt ist, so spricht man von unvollständiger Decodierung.

7. Die *Informationsrate* eines Codes $\mathcal{C}$ ist definiert als $(\log_q M)/n$, also gleich k/n für einen linearen Code der Dimension k.

Diese Begriffe entsprechen mit kleinen Unterschieden den bisher benutzten. Die Elemente eines Codes heißen jetzt Wörter statt Buchstaben; statt einer injektiven Abbildung $\mathbb{A} \hookrightarrow \mathbb{F}_2^n$ betrachten wir die Inklusion $\mathcal{C} \hookrightarrow \mathbb{F}_q^n$, und $\mathbb{A}$ spielt nun keine Rolle mehr.

Wir überlegen uns jetzt, welche Bedingungen ein Decodierungsverfahren erfüllen sollte. Dabei wird vorausgesetzt, dass $P(b,a)$ für $b \neq a$ klein ist. Wird ein Codewort x gesendet und als Wort y empfangen, das eventuell kein Codewort ist, so wird sich y mit großer Wahrscheinlich nur an wenigen Stellen von x unterscheiden; denn das Auftreten von $(e+1)$ Übertragungsfehlern in einem Wort ist viel unwahrscheinlicher als das Auftreten von e Übertragungsfehlern. Also sollte y dann auch in ein entsprechendes x decodiert werden. Dies führt zu folgender Definition:

Definition 1.1.2 Eine *Decodierungsregel* $d : \mathbb{F}_q^n \to \mathcal{C}$ heißt *maximum-likelihood Decodierung*, falls für jedes $y \in \mathbb{F}_q^n$ gilt

$$d_H(d(y),y) = \mathrm{Min}\left\{ d_H(y,x) \; ; \; x \in \mathcal{C} \right\} \; .$$

In der Regel wird man also immer eine maximum-likelihood Decodierung anstreben, falls die Decodierung nicht zu kompliziert ist. Der Vektor $v = y - d(y)$ heißt aus offensichtlichen Gründen der *Fehlervektor*. Die Angabe der Decodierungsregel läuft darauf hinaus, zu jedem $y \in \mathbb{F}_q^n$ einen Fehlervektor v zu finden und y dann in $(y - v)$ zu decodieren.

Die Interpretation von e-fehlerkorrigierend ist nun die folgende:

Wird ein Wort y empfangen, das sich an genau f Stellen, $0 \leq f \leq e$, von einem Codewort x_0 unterscheidet (also $d(x_0, y) = f$), so gibt es auf Grund der Dreiecksungleichung auch *nur* ein Codewort x mit $d_H(x, y) \leq e$. Bei maximum-likelihood Decodierung muss also y in x_0 decodiert werden und es werden auf diese Weise bis zu e bei der Übertragung eines Codewortes auftretende Fehler korrigiert.

Notiz 1.1.3 Hat ein BSC eine Fehlerwahrscheinlichkeit von p, so ist die *Fehlerwahrscheinlichkeit dafür, dass ein Wort eines Codes C* mit der Blocklänge n und Minimalabstand $d = 2e + 1$ bei der maximum-likelihood Decodierung *falsch übertragen wird*:

$$\sum_{i=e+1}^{n} \binom{n}{i} \cdot p^i \cdot (1 - p)^{n-i} \ .$$

Bei der Betrachtung fehlerkorrigierender Codes muss man natürlich die minimale Hamming-Distanz verschiedener Codewörter kennen. Bei einem linearen Code ist diese die minimale Hamming-Norm aller Codewörter $\neq 0$.

Für die Konstruktion linearer Codes und zugehöriger Decodierungsregeln sind folgende z.T. miteinander konkurrierende Forderungen von Bedeutung:

1. Es soll leicht zu erkennen sein, ob ein Wort $y \in \mathbb{F}_q^n$ ein Codewort ist.

2. Die Informationsrate k/n soll groß sein.

3. Die Fehlerwahrscheinlichkeit, analog wie in § 0.4 definiert, soll klein sein.

4. Die minimale Hamming-Norm soll einfach zu berechnen sein.

5. Die Minimaldistanz soll groß sein.

6. Die Decodierungs-Regel soll einfach zu handhaben sein.

Vor allem die letzte Forderung ist oft schwer zu erfüllen, aber von großer praktischer Bedeutung, da ja jedes empfangene Wort mit möglichst geringem Aufwand decodiert werden soll. Diese Aufgabe umfasst auch 1., da die Codewörter richtig decodiert werden müssen, also als Codewörter erkannt werden müssen. Oft verzichtet man auf die Angabe einer optimalen Decodierungsregel, wenn dadurch die Anwendbarkeit erleichtert wird.

Wir machen jetzt einige einfache Bemerkungen, die sich auf beliebige lineare Codes und ihre Decodierung beziehen, ohne dass eventuell vorhandene zusätzliche Strukturen benutzt werden.

Die naheliegende, wenn auch nicht unbedingt die einfachste Möglichkeit einen Code zu beschreiben, ist die Angabe einer Basis von C. Die k Basisvektoren fasst man zu einer $(k \times n)$-Matrix G zusammen. Jede solche Matrix soll *Erzeugermatrix* oder *Generatormatrix* von C heißen. Für weitere Überlegungen und Rechnungen ist es dann nützlich, eine Erzeugermatrix möglichst einfacher Gestalt anzugeben. Die Haupteigenschaft, die uns an Codes interessiert, ist die Möglichkeit der Fehlerkorrektur. Diese Eigenschaft und auch alle anderen wesentlichen ändern sich natürlich nicht, wenn wir auf $\mathbb{F}_q^n$ eine beliebige Permutationsabbildung

$$(x_1, \ldots, x_n) \longmapsto (x_{\sigma(1)}, \ldots, x_{\sigma(n)})$$

anwenden und C durch sein Bild ersetzen. Wir nennen Codes, die durch solche Permutationen auseinander hervorgehen, äquivalent.

Lemma 1.1.4 *Jeder lineare Code ist äquivalent zu einem mit Erzeugermatrix der Form*

$$G = (E_k | P) = \left(\begin{array}{ccc} 1 & & 0 \\ & \ddots & \\ 0 & & 1 \end{array} \middle| P \right).$$

Hierbei ist E_k die $(k \times k)$-Einheitsmatrix und P eine $(k \times (n-k))$-Matrix. Eine solche Erzeugermatrix heißt von reduzierter Form.

Beweis. Das ist ein Satz der Linearen Algebra. Man beachte, dass man die Basis von C frei wählen kann und die Koordinaten von $\mathbb{F}_q^n$ permutieren darf. □

Ist ein Code durch eine Erzeugermatrix in reduzierter Form gegeben, so gibt es zu beliebig vorgegebenen $x_1, \ldots, x_k \in \mathbb{F}_q$ genau ein Codewort

$$x = (x_1, \ldots, x_k, x_{k+1}, \ldots, x_n) \in C.$$

Die gesamte Information des Codewortes ist also in den ersten k Komponenten $x_1, \ldots, x_k$ enthalten; diese heißen daher die *Informationssymbole*, engl. information symbols. Die Komponenten $x_{k+1}, \ldots, x_n$ sind durch $x_1, \ldots, x_k$ eindeutig bestimmt, sie enthalten keine zusätzliche Information, sie sind *redundant* und dienen der Fehlererkennung und Fehlerkorrektur; sie heißen *Kontrollsymbole*, engl. *parity check symbols*.

Als k-dimensionaler Unterraum von $\mathbb{F}_q^n$ ist C Lösungsraum eines homogenen Gleichungssystems von $(n-k)$ Gleichungen. Es sei H die Matrix dieses Gleichungssystems; d.h. H ist eine $(n-k) \times n$-Matrix vom Rang $n-k$, so dass gilt

$$Hx^t = 0 \qquad \forall\, x \in C.$$

Es genügt natürlich, dass diese Gleichung für alle Zeilenvektoren x der Erzeugermatrix G erfüllt ist. Jede solche Matrix H soll *Kontrollmatrix*, engl. parity check matrix, von C heißen; jede Gleichung des Systems $Hx^t = 0$ heißt *Kontrollgleichung*, engl. *parity check equation*. Eine Kontrollmatrix ist also eine $(n-k) \times n$-Matrix vom Rang $n-k$ mit

$$H \cdot G^t = 0.$$

Hat man die Erzeugermatrix in reduzierter Form, so kann man eine Kontrollmatrix sofort angeben.

Lemma 1.1.5 *Zur Erzeugermatrix* $G = (E_k|P)$ *ist* $H = (-P^t|E_{n-k})$ *eine Kontrollmatrix.*

Beweis. Das folgt aus der letzten Charakterisierung einer Kontrollmatrix. □

Hat man die Erzeugermatrix in reduzierter Form, so läuft die Forderung 1. obiger Liste auf die einfache Berechnung von $Hx^t = 0$ hinaus.

Notiz 1.1.6 Es sei H die Kontrollmatrix eines linearen $[n, k, d]$-Codes. Dann gilt:

1. $k := \dim(\mathcal{C}) = n - \mathrm{rg}(H)$.

2. $d = \mathrm{Min}\{\ \delta \geq 1\ ;\ \text{Es gibt}\ \delta\ \text{linear abhängige Spalten in}\ H\ \}$

Wir kommen jetzt zur Decodierung, also der in 6. gestellten Aufgabe. Wir befassen uns zunächst nur mit maximum-likelihood Decodierung. Das naivste Decodierungsverfahren würde ähnlich wie in dem Beispiel von § 0.3 aus der Aufstellung einer vollständigen Liste aller $y \in \mathbb{F}_q^n$ mit der Angabe der zugehörigen Codewörter bestehen. Dieses Verfahren ist natürlich sehr aufwändig und kann für lineare Codes folgendermaßen vereinfacht werden:

Zu $y \in \mathbb{F}_q^n$ wird ein $c \in \mathcal{C}$ gesucht, so dass $y = c + e$ gilt und die Hamming-Norm von e minimal ist.

Die entscheidende (triviale!) Bemerkung ist dann die folgende Notiz.

Notiz 1.1.7 Alle Vektoren derselben Nebenklasse $y + \mathcal{C} \subset \mathbb{F}_q^n$ können mit demselben Fehlervektor e decodiert werden. Da e auch zu der Nebenklasse $y + \mathcal{C}$ gehört, muss in jeder Nebenklasse ein Vektor e minimaler Hamming-Norm fest gewählt werden. Ein solcher Vektor heißt *Nebenklassenführer*, engl. coset leader.
Für $c, z \in \mathcal{C}$ und $y = c + e$ gilt nämlich

$$y' = y + z = (c + z) + e \text{ und } (c + z) \in \mathcal{C} .$$

Das ist eine Darstellung von y' , so dass die Hamming-Norm von e minimal ist. □

Ist H eine Kontrollmatrix, so liegen zwei Vektoren y_1, y_2 genau dann in derselben Nebenklasse, wenn $Hy_1^t = Hy_2^t$ gilt. Der Vektor $Hy^t \in \mathbb{F}_q^{n-k}$ heißt *Syndrom von* y . Es ergibt sich folgendes Resultat:

Satz 1.1.8 *Zu einem linearen Code* $\mathcal{C} \subset \mathbb{F}_q^n$ *mit Kontrollmatrix* H *ist eine maximum-likelihood Decodierungs-Regel vollständig bestimmt, wenn zu jedem* $z \in \mathbb{F}_q^{n-k}$ *ein Nebenklassenführer* $e = e(z)$ *mit* $He^t = z^t$ *gewählt ist. Die Decodierung erfolgt dann so:*

Ein $y \in \mathbb{F}_q^n$ *wird zu* $y - e(Hy^t)$ *decodiert.*

Wir kommen jetzt noch einmal auf das in § 0.3 betrachtete Beispiel zurück: Es handelt sich offenbar um einen [4,2]-Code über $\mathbb{F}_2$. Eine Erzeugermatrix in reduzierter Form ist

$$G = \begin{pmatrix} 1 & 0 & 0 & 1 \\ 0 & 1 & 1 & 1 \end{pmatrix} ,$$

die Kontrollmatrix ist also

$$H = \begin{pmatrix} 0 & 1 & 1 & 0 \\ 1 & 1 & 0 & 1 \end{pmatrix} \; .$$

Die Decodierungs-Regel wird dann durch folgende Tabelle von Nebenklassenführern gegeben. Dabei sind alle Vektoren als Zeilenvektoren geschrieben.

Syndrom	Nebenklassenführer
$(0,0)$	$(0,0,0,0)$
$(0,1)$	$(1,0,0,0)$
$(1,0)$	$(0,0,1,0)$
$(1,1)$	$(0,1,0,0)$

Die Decodierung erfolgt dann so, wie es im letzten Satz beschrieben wurde.

1.2   Hamming Codes

Die Wahl der Nebenklassen-Führer und damit die maximum-likelihood Decodierung im letzten Abschnitt war im Allgemeinen nicht eindeutig. Ein besonders schöner und interessanter Fall ist der, in welchem diese Eigenschaft gegeben ist. Dabei braucht man sich nicht auf lineare Codes zu beschränken.

Definition 1.2.1 Ein Code $\mathcal{C} \subset \mathbb{F}_q^n$ heißt *perfekt*, wenn es eine Zahl e gibt, so dass jedes $y \in \mathbb{F}_q^n$ Hamming-Distanz $\leq e$ zu genau einem Codewort x hat. Es gilt dann $d(\mathcal{C}) = 2e + 1$, falls $\mathcal{C} \neq 0$ gilt.

Notiz 1.2.2 (a)   Bei der maximum-likelihood Decodierung wird jedem y genau dieses x mit $d_H(x,y) \leq e$ zugeordnet. Diese Decodierungs-Regel ist also eindeutig und e-fehlerkorrigierend.
(b)   Für einen perfekten Code gilt die Gleichung

$$\mathrm{card}(\mathcal{C}) \cdot \sum_{i=0}^{e} \binom{n}{i} (q-1)^i \; = \; q^n \; .$$

(c)   Allgemein gilt für einen Code mit Minimaldistanz d und Länge n

$$\mathrm{card}(\mathcal{C}) \cdot \sum_{i=0}^{\left[\frac{d-1}{2}\right]} \binom{n}{i} (q-1)^i \; \leq \; q^n \; .$$

Beweis.   Die Anzahl der Elemente mit Hamming-Distanz $\leq e$ von einem Element x ist

$$\sum_{i=0}^{e} \binom{n}{i} (q-1)^i \; ;$$

denn die Anzahl der Elemente mit Hamming-Distanz i ist $\binom{n}{i} \cdot (q-1)^i$. □

Die perfekten linearen Codes über endlichen Körpern sind vollständig bekannt; ihre Bestimmung ist ein schwieriges Ergebnis der Kombinatorik. Das Resultat ist Folgendes:

1. Die trivialen Codes $C = 0$ sind perfekt.

2. Über $\mathbb{F}_2$ ist für ungerades n

$$\mathcal{R}_n = \{(0,\ldots,0)\,,\,(1,\ldots,1)\}$$

   ein perfekter Code, der so genannte *Wiederholungscode*, engl. repetition code. Die Parameter sind $n = 2m+1$, $k = 1$, $e = m$, $q = 2$.

3. Über $\mathbb{F}_2$ gibt es einen perfekten [23,12]-Code mit $e = 3$, den binäre Golay-Code; vgl. § 2.2.

4. Über $\mathbb{F}_3$ gibt es einen perfekten [11,6]-Code mit $e = 2$, den ternären Golay-Code.

Jeder perfekte lineare Golay-Code mit $e > 1$ ist zu einem dieser äquivalent.

Eine sehr einschränkende Bedingung, auch für nicht-lineare Codes, ist schon die in Notiz 1.2.2 gegebene Gleichung, aus der ja die folgende Teilbarkeitsbeziehung folgt

$$\sum_{i=0}^{e} \binom{n}{i} \cdot (q-1)^i \mid q^n\ .$$

1975 waren folgende Lösungen dieser Bedingung bekannt; vgl. van Lint, A Survey of Perfect Codes, Rocky Mountain J. of Math. **5**: Zunächst die, die den obigen Codes entsprechen:

1. q,n beliebig , $e = n$: $\sum_{i=0}^{n} \binom{n}{i}(q-1)^i = q^n$

2. $q = 2$, $n = 2m+1$, $e = m$: $\sum_{i=0}^{m} \binom{n}{i} = 2^{n-1} \mid 2^n$

3. $q = 2$, $n = 23$, $e = 3$: $1 + \binom{23}{1} + \binom{23}{2} + \binom{23}{3} = 2^{11} \mid 2^{23}$

4. $q = 3$, $n = 11$, $e = 2$: $1 + \binom{11}{1}2 + \binom{11}{2}4 = 243 = 3^5 \mid 3^{11}$

Außer diesen hat die Computer-Suche nur ein weiteres Beispiel geliefert, dem aber kein Code entspricht:

$$q = 2\,,\ n = 90\,,\ e = 2\ :\ 1 + \binom{90}{1} + \binom{90}{2} = 4096 = 2^{12}\ .$$

Bezüglich beliebiger, also nicht notwendig linearer Codes über $\mathbb{F}_q$ der Charakteristik p gilt folgendes:

Für $e \geq 3$, $q = p^\alpha$, $p > e$ gibt es keine nicht-trivialen perfekten e-fehlerkorrigierenden Codes.

Für $e \geq 4$, $q = p^\alpha$, $p \leq e$ gibt es keine nicht-trivialen e-fehlerkorrigierenden Codes.

Für $e = 1$ sind die linearen perfekten Codes ebenfalls bekannt, es sind die Hamming-Codes; die Klassifikation nicht linearer perfekter Codes mit $e \leq 2$ ist ungelöst.

Definition 1.2.3 Es sei $r \in \mathbb{N}$ und man setze $n = (q^r - 1)/(q - 1)$. Ein linearer $[n, n - r]_{\mathbb{F}_q}$-Code heißt *Hamming-Code*, falls die n Spalten der Kontrollmatrix paarweise linear unabhängig sind.

Bemerkung 1.2.4 (a) Die Kontrollmatrix ist eine $(r \times n)$-Matrix mit Spalten aus dem $\mathbb{F}_q^r$. Paarweise linear unabhängig bedeutet, dass je zwei Spalten verschiedene Geraden im $\mathbb{F}_q^r$ definieren. Im $\mathbb{F}_q^r$ gibt es genau $(q^r - 1)/(q - 1)$ Geraden. Das heißt, dass n maximal gewählt ist, so dass die Spalten der Kontrollmatrix paarweise linear unabhängig sein können. Jeder Vektor des $\mathbb{F}_q^r$ ist Vielfaches eines Spaltenvektors der Kontrollmatrix.

(b) Offensichtlich gibt es $[n, n - r]$-Hamming-Codes. Man wählt und ordnet die paarweise linear-unabhängigen Spalten von $\mathbb{F}_q^r$ so, dass sie die Matrix

$$H = (Q \,|\, E_r)$$

ergeben. Der Code mit Erzeugermatrix

$$G = (E_{n-r} \,|\, -Q^t)$$

hat dann Kontrollmatrix H. Man kann die Kontrollgleichungen mit den Punkten des Raumes $\mathbb{F}_q^r - \{0\}/\mathbb{F}_q^\times$ identifizieren, wobei zwei Punkte von $\mathbb{F}_q^r - \{0\}$ identifiziert werden, wenn sie sich nur um einen skalaren Faktor aus $\mathbb{F}_q^\times$ unterscheiden.

(c) Nach der Formel für n existieren Hamming-Codes in folgenden Dimensionen

	$q = 2$	$q = 3$	$q = 4$
$r = 2$	[3,1]	[4,2]	[5,3]
$r = 3$	[7,4]	[13,10]	[21,18]
$r = 4$	[15,11]	[40,36]	
$r = 5$	[31,26]		
$\vdots$	$\cdots$		

Beispiel 1.2.5 Der binäre $[7, 4]$-Hamming-Code hat die Kontrollmatrix

$$H = \begin{pmatrix} 1 & 1 & 1 & 0 & 1 & 0 & 0 \\ 1 & 0 & 1 & 1 & 0 & 1 & 0 \\ 0 & 1 & 1 & 1 & 0 & 0 & 1 \end{pmatrix},$$

also die Erzeugermatrix

$$G \;=\; \begin{pmatrix} 1 & 0 & 0 & 0 & 1 & 1 & 0 \\ 0 & 1 & 0 & 0 & 1 & 0 & 1 \\ 0 & 0 & 1 & 0 & 1 & 1 & 1 \\ 0 & 0 & 0 & 1 & 0 & 1 & 1 \end{pmatrix} \;.$$

Satz 1.2.6 *Hamming-Codes sind perfekt mit* $e = 1$.

Beweis. Wir behaupten zunächst, dass die minimale Hamming-Norm eines Codewortes ungleich 0 , also der minimale Abstand zweier verschiedener Codewörter, gleich 3 ist. Nun hat C eine Erzeugermatrix der Form $G = (E_{n-r} \,|\, P)$, wobei die Zeilen von P paarweise linear unabhängig sind und jede Zeile Hamming-Norm mindestens 2 hat. Sonst wären nämlich die Spalten der Kontrollmatrix $H = (-P^t \,|\, E_r)$ nicht paarweise linear unabhängig. Wegen der Maximalität von n existieren in P auch Zeilen der Hamming-Norm 2, d.h. in G existieren Zeilen der Hamming-Norm 3. Die gesuchte minimale Norm ist also kleiner gleich 3 . Wie schon gesagt, hat jede Zeile von G Hamming-Norm mindestens 3 , eine nichttriviale Linearkombination von 2 Zeilen hat wegen der paarweise linearen Unabhängigkeit der Zeilen von P ebenfalls Hamming-Norm mindestens 3 , und für Linearkombinationen von mehr als 2 Zeilen gilt dies erst recht. Die Bälle vom Radius 1

$$\mathbb{B}_1^n(x) \;=\; \{y \in \mathbb{F}_q^n \mid d_H(y,x) \le 1\}$$

um die Elemente von C sind also disjunkt. Jede solche Kugel enthält genau

$$n(q-1) + 1 \;=\; q^r$$

Elemente. Insgesamt enthalten diese Kugeln also $q^r \cdot q^{n-r} = q^n$ Elemente und schöpfen somit $\mathbb{F}_q^n$ aus. $\qquad\square$

Bemerkung 1.2.7 Die maximum-likelihood Decodierung eines Hamming-Codes ist nahezu trivial; die Kenntnis der Kontrollmatrix H reicht dazu aus. Wird nämlich y empfangen und ist $Hy^t = 0$, so wird y in y decodiert. Ist $Hy^t \in \mathbb{F}_q^r \backslash \{0\}$, so ist Hy^t Vielfaches genau eines Spaltenvektors von H , etwa λ-faches des i-ten Spaltenvektors. Dann ist $Hy^t = H(\lambda e_i^t)$, wobei e_i der i-te Einheitsvektor ist. Somit ist λe_i der gesuchte Nebenklassenführer und y wird in $x = y - \lambda e_i$ decodiert. $\square$

Die Hamming-Codes haben den Vorteil einer hohen Informationsrate

$$\frac{n-r}{n} \;\longrightarrow\; 1 \qquad \text{für} \quad n \to \infty$$

und der einfachen Decodierung. Für großes n ist aber die Fehlerwahrscheinlichkeit groß, so dass diese Codes praktisch unbrauchbar werden; vgl. van Lint [vL1, 2.2].

Bemerkung 1.2.8 Der [13,10]-Hamming-Code über $\mathbb{F}_3$ liefert eine Lösung des so genannten Fußball-Toto-Problems. Es geht um die Gewinn-Möglichkeiten bei der 13-er Wette. Um einen Hauptgewinn zu erzielen, muss man natürlich alle 13 Spiele - mit den Möglichkeiten $0, 1, 2$; deshalb $\mathbb{F}_3$ - richtig tippen. Wenn man mit Sicherheit einen Hauptgewinn erreichen will, muss man also 3^{13} Tippzettel mit allen Möglichkeiten ausfüllen. Um dagegen mit Sicherheit 12 Richtige zu erreichen, genügt es 3^{10} Tippzettel mit den Codewörtern des [13,10]-Hamming-Codes auszufüllen. Der letzte Satz besagt ja gerade, dass jedes mögliche Ergebnis sich höchstens an einer Stelle von einem Wort des Hamming-Codes unterscheidet. Es ist weiter klar, dass die Zahl 3^{10} nicht weiter verbessert werden kann. Das allgemeine Fußball-Toto-Problem besteht darin, für die n-er Wette (n Spiele) die Minimalzahl $A(n)$ von Tipps zu bestimmen, die $(n-1)$ Richtige garantiert. Die Hamming-Codes lösen dieses Problem also für die Zahlen

$$n = \frac{1}{2}(3^r - 1) = 4, 13, 40, 121, \ldots \quad \text{für} \quad r = 2, 3, \ldots$$

Zusammenfassung 1.2.9 Daten der binären Hamming-Codes

Binäre Hamming-Codes $\mathcal{H}_r$	$r = 2, 3, 4, \ldots$
Länge	$n = 2^r - 1$
Dimension	$k = 2^r - 1 - r$
Anzahl der Kontrollgleichungen	r
Minimalabstand	$d = 3$

Es sind perfekte, 1-fehlerkorrigierende Codes, sie sind eindeutig (bis auf Äquivalenz) durch ihre Daten bestimmt. Wegen nicht ausreichender Fehlerkorrektur-Eigenschaften und zu großer Fehlerwahrscheinlichkeit sind sie praktisch unbrauchbar, sie werden aber zur Konstruktion und in Verbindung mit anderen Codes gebraucht.

1.3 Beispiel eines BCH-Codes

Die im letzten Abschnitt besprochenen binären Hamming-Codes waren $[n, n - r]$-Codes mit $n = 2^r - 1$. Die Fehlerkorrekturmöglichkeiten - nur $e = 1$ möglich - und die Fehlerwahrscheinlichkeiten dieser Codes waren schlecht; sie waren aber einfach zu decodieren und hatten eine hohe Informationsrate. Es ist ein naheliegender Gedanke zu versuchen, die Fehlerkorrektureigenschaften dieser Codes durch Hinzunahme weiterer Kontrollgleichungen zu verbessern, um womöglich einen 2-fehlerkorrigierenden Code zu erhalten. Da man r Kontrollgleichungen braucht, um einen Fehler zu korrigieren - mit weniger geht es nicht, weil die Hamming-Codes perfekt sind - , ist es nicht unrealistisch, mit zusätzlichen r Kontrollgleichungen nach einem 2-fehlerkorrigierenden Code zu suchen. In dieser Weise kommt man zu einem BCH-Code; die Initialen stehen für die Namen Bose, Chandhari, Hocquenghen; vgl. § 3.3.

Die Kontrollmatrix H des Hamming-Codes hat als Spalten alle $(2^r - 1)$ Vektoren des $\mathbb{F}_2^r - \{0\}$. Wir identifizieren diese ad hoc mit den Zahlen $1, 2, 3, \ldots, 2^r - 1$, wobei also jeder Zahl der durch ihre binäre Entwicklung gegebene Vektor entspricht

$$H = \begin{pmatrix} 1 & 0 & 1 & 0 & & 1 \\ 0 & 1 & 1 & 0 & & 1 \\ 0 & 0 & 0 & 1 & \cdots & 1 \\ \vdots & \vdots & \vdots & \vdots & & \vdots \\ 0 & 0 & & & & 1 \end{pmatrix} = (1, 2, 3, 4, \ldots, 2^r - 2, 2^r - 1) \in M(r \times n, \mathbb{F}_2) .$$

Die gesuchte neue Kontrollmatrix mit r zusätzlichen Gleichungen ist dann von der Form

$$H' = \begin{pmatrix} H \\ J \end{pmatrix} = \begin{pmatrix} 1, & 2, & 3, \ldots, & 2^r - 1 \\ f(1), & f(2), & \ldots, & f(2^r - 1) \end{pmatrix}$$

für eine Abbildung

$$f : \{1, 2, \ldots, 2^r - 1\} \longrightarrow \{1, 2, \ldots, 2^r - 1\} \ .$$

Die Spaltenvektoren von J sollen alle $\neq 0$ sein; sie sind auch Spaltenvektoren von H und können also in der angegebenen Weise beschrieben werden. Die Decodierung der Hamming-Codes beruhte darauf, dass man jeden Fehlervektor e der Hamming-Norm ≤ 1 an seinem Syndrom He^t erkennen konnte. Entsprechend kommt es jetzt darauf an, f so zu wählen, dass Fehlervektoren der Hamming-Norm 2 , also Vektoren

$$e_i + e_j = (0, \ldots, 1, \ldots, 0, \ldots, 1, \ldots, 0)$$

an ihrem Syndrom

$$H'(e_i + e_j)^t = \begin{pmatrix} i + j \\ f(i) + f(j) \end{pmatrix} = \begin{pmatrix} s_1 \\ s_2 \end{pmatrix} = s$$

identifiziert werden können. Es müssen also i, j aus s_1, s_2 berechnet werden können. Wie man ein solches f zu wählen hat, ist nicht offensichtlich. Z.B. würden (bijektive) lineare Abbildungen $f : \mathbb{F}_2^r \to \mathbb{F}_2^r$ nicht zum Ziel führen, da in diesem Fall s_2 aus s_1 berechenbar wäre. Man erreicht das Gewünschte, wenn man die Theorie der endlichen Körper aus § A.2 verwendet. Wir brauchen die folgenden Tatsachen:

(1) Es gibt genau einen Körper $\mathbb{F}_{2^r}$ mit 2^r Elementen. Dieser enthält $\mathbb{F}_2$. Man kann $\mathbb{F}_{2^r}$ als Vektorraum mit $\mathbb{F}_2^r$ identifizieren; die Additionen entsprechen sich also.

(2) Über $\mathbb{F}_{2^r}$ hat eine quadratische Gleichung

$$x^2 + ax + b = 0$$

höchstens 2 verschiedene Lösungen.

Wir wählen nun für f die Abbildung $f(x) = x^3$. Hat man dann wie eben für $i \neq j$ den Fehlervektor $e_i + e_j$ der Hamming-Norm 2 , so bestehen zwischen i, j, s_1, s_2, aufgefasst als Elemente von $\mathbb{F}_{2^k}$, folgende Gleichungen

$$\begin{aligned} i + j &= s_1 \\ i^3 + j^3 &= s_2 \ . \end{aligned}$$

Wegen $i \neq j$ ist $s_1 \neq 0$. Durch Auflösen nach i ergibt sich folgende quadratische Gleichung

$$\begin{aligned} s_2 &= (i^3 + j^3) = (i + j) \cdot (i^2 + ij + j^2) \qquad \text{beachte } 2 = 0 \ ! \\ &= s_1 \cdot ((i + j)^2 + ij) = s_1 \cdot (s_1^2 + i(s_1 + i)) \ , \end{aligned}$$

also

$$i^2 + s_1 i + \frac{s_2}{s_1} + s_1^2 = 0 \ .$$

Dieselbe Gleichung ergibt sich für j . Die gesuchten Zahlen sind also die Lösungen der quadratischen Gleichung

$$X^2 + s_1 X + \frac{s_2}{s_1} + s_1^2 = 0 \ .$$

Also sind i, j und damit die Fehlervektoren eindeutig bestimmt.

Der durch die jetzt konstruierte Kontrollmatrix H' definierte binäre Code ist ein Beispiel für einen BCH-Code; diese Codes werden später noch verallgemeinert und genauer untersucht. Wir haben jetzt also im Wesentlichen das folgende Resultat gezeigt:

Satz 1.3.1 *Der lineare binäre Code zu der obigen Kontrollmatrix* H' *hat Länge* n *und Dimension* $n - 2r$ *für* $n = 2^r - 1$. *Er kann* 2 *Fehler korrigieren.*

Beweis. Andernfalls gäbe es zwei verschiedene Codewörter x_1, x_2 der Hamming-Distanz 4 oder 3 . Kleinere Hamming-Distanz ist ja schon in den Hamming-Codes nicht möglich. Dann gibt es ein Wort y , das von dem einen Codewort Abstand 2 , vom anderen Abstand 1 oder 2 hat. Es haben $y - x_1$, $y - x_2$ dasselbe Syndrom. Wie gerade festgestellt, sind $y - x_1$ und $y - x_2$ durch ihre Syndrome eindeutig bestimmt, also $x_1 = x_2$. $\square$

Aus den bisherigen Überlegungen ergibt sich auch eine (unvollständige) Decodierungs-Methode, mit der man mehr als 2 Fehler noch erkennt.

Notiz 1.3.2 Eine (unvollständige) maximum-likelihood Decodierung des gerade konstruierten binären BCH-Code ist die folgende:

   (a) $y \in \mathbb{F}_2^n$ mit $s = (s_1, s_2)^t = H' y^t = 0$ wird in y decodiert.

   (b) Ist $s_1 \neq 0$, $s_2 = s_1^3$, so ist der Fehlervektor der s_1-te Einheitsvektor.

   (c) Ist $s_1 \neq 0$, $s_2 \neq s_1^3$ und hat die Gleichung $x^2 + s_1 x + (s_2/s_1 + s_1^2) = 0$ zwei Lösungen i, j in $\mathbb{F}_{2^r}$, so wird mit dem Fehlervektor $e_i + e_j$ decodiert.

   (d) Ist $s_1 = 0$ bzw. ist $s_1 \neq 0$ und hat aber die quadratische Gleichung keine Lösungen in $\mathbb{F}_{2^r}$, so sind mehr als zwei Übertragungsfehler aufgetreten.

Beweis. (a) ist klar.
(b) Ist der Fehlervektor der i-te Einheitsvektor, so ist $s = (i, i^3)$ und dieser Fall ist am Syndrom eindeutig erkennbar.
(c) wurde schon diskutiert.
(d) In allen verbleibenden Fällen müssen also mehr als drei Fehler vorliegen. $\square$

Die konkrete Durchführung des beschriebenen Decodierungsverfahrens erfordert offensichtlich Rechnungen in den endlichen Körpern $\mathbb{F}_{2^k}$. Solche Rechnungen werden mit so genannten "Schieberegistern" ausgeführt; vgl. [J]. Die BCH-Codes werden später noch genauer behandelt; sie gehören zu der großen und interessanten Klasse der zyklischen Codes.

Für Codes bis zu Längen von mehreren Tausend gehören diese BCH-Codes, die auch e-fehlerkorrigierend mit $e > 2$ konstruiert werden können, zu den besten, die überhaupt bekannt sind. Dies gilt insbesondere für Fälle, in welchen nur wenige Fehler zu korrigieren sind. Da sie auch einfach zu decodieren sind, sind sie von großer praktischer Bedeutung.

Zusammenfassung 1.3.3 Der binäre BCH-Code $\mathcal{B}_r$ hat die Parameter

Länge	$n = 2^r - 1$
Dimension	$k = 2^r - 1 - 2r$
Kontrollgleichungen	$2r$
Minimalabstand	5

Er ist ein 2-fehlerkorrigierender Code und einfach zu decodieren. Bei kleiner Fehlerwahrscheinlichkeit und $n \leq$ ca. 500 ist er einer der besten Codes.

1.4   Der duale Code

Auf $\mathbb{F}_q^n$ definieren wir ein inneres Produkt in der üblichen Weise

$$\langle\,.\,,\,.\,\rangle \,:\, \mathbb{F}_q^n \times \mathbb{F}_q^n \,\longrightarrow\, \mathbb{F}_q \quad,\quad \langle x,y\rangle := \sum_{i=1}^{n} x_i y_i \,.$$

Lemma 1.4.1 (a) $\langle\,.\,,\,.\,\rangle$ *ist eine symmetrische Bilinearform.*

(b) $\langle\,.\,,\,.\,\rangle$ *ist nicht ausgeartet; zu jedem* $x \in \mathbb{F}_q^n - \{0\}$ *, existiert ein* $y \in \mathbb{F}_q^n$ *mit* $\langle x,y\rangle \neq 0$ *.*

(c) *Zu* $M \subset \mathbb{F}_q^n$ *ist* $M^\perp := \{x \in \mathbb{F}_q^n \,;\, \langle x,y\rangle = 0 \ \forall\, y \in M\}$ *ein Untervektorraum von* $\mathbb{F}_q^n$ *.*

(d) *Ist* $\mathcal{C} \subset \mathbb{F}_q^n$ *ein Untervektorraum, so gilt* $n = \dim \mathbb{F}_q^n = \dim \mathcal{C} + \dim \mathcal{C}^\perp$ *.*

(e) *Es gilt* $(\mathcal{C}^\perp)^\perp = \mathcal{C}$ *.*

Beweis. Lineare Algebra. $\qquad\qquad\qquad\qquad\qquad\qquad\qquad\qquad\qquad\qquad\qquad\qquad$ $\square$

Im Gegensatz zu dem üblichen euklidischen Skalarprodukt über $\mathbb{R}$ existieren im Allgemeinen, sogar immer für $n \geq 3$, Vektoren $x \neq 0$ mit $\langle x,x\rangle = 0$. Diese Tatsache führt zu einigen der folgenden Definitionen.

Definition 1.4.2 Zwei Vektoren $x,y \in \mathbb{F}_q^n$ heißen *orthogonal*, falls $\langle x,y\rangle = 0$ gilt; man schreibt dann $x \perp y$. Ein zu sich selbst orthogonaler Vektor x heißt *isotrop*.

Zwei Teilmengen X und Y von V heißen *orthogonal*, falls $x \perp y$ für alle $x \in X$ und $y \in Y$ gilt; man schreibt $X \perp Y$.

Ein Untervektorraum $\mathcal{C}$ von V heißt *total-isotrop*, falls $\mathcal{C} \perp \mathcal{C}$ gilt.

Für einen Untervektorraum $C \subset \mathbb{F}_q^n$ heißt $C^\perp$ der *Orthogonalraum* oder das *orthogonale Komplement* zu C .

Ist C ein linearer Code, so nennen wir $C^\perp$ den *dualen Code*. Man nennt C *selbstdual*, wenn $C = C^\perp$ gilt.

Die gerade eingeführten Begriffe hängen eng mit den schon eingeführten der "Erzeugermatrix" und der "Kontrollmatrix" zusammen. Es sei C ein Code und G eine Erzeugermatrix; nicht notwendig in reduzierter Form. Es sei $C^\perp$ der Orthogonalraum und H eine Erzeugermatrix von $C^\perp$. Dann gilt $Hx^t = 0$ für alle Zeilen x von G . Somit gilt

$$x \in C \iff Hx^t = 0 \ .$$

H ist also eine Kontrollmatrix. Wir sehen:

Notiz 1.4.3 Eine Erzeugermatrix eines Codes ist Kontrollmatrix des dualen Codes. Eine Kontrollmatrix eines Codes ist Erzeugermatrix des dualen Codes.

Für selbstduale Codes ist die Erzeugermatrix also gleichzeitig auch eine Kontrollmatrix. Diese Tatsache kann man in trickvoller Weise ausnutzen, um einfache Decodierungsverfahren zu erhalten.

Beispiel 1.4.4 Es sei $C = C^\perp$ ein selbstdualer Code. Wir setzen voraus, dass C hier 3-fehlerkorrigierend ist und dass 4 Fehler nur selten auftreten, so dass man sich über die Decodierung von Wörtern mit ≥ 4 Fehlern keine Gedanken zu machen braucht; wir streben also eine unvollständige Decodierung an. Es sei $G = (E_k \,|\, P)$ eine Erzeugermatrix in reduzierter Form. Weil C selbstdual ist, sind

$$G = (E_k \,|\, P) \quad \text{und} \quad H = (-P^t \,|\, E_k)$$

beides Kontrollmatrizen. Weil C hier 3-fehlerkorrigierend ist, ist die minimale Hamming-Norm von Code-Wörtern ≥ 7 . Daraus folgt, dass eine Linearkombination von ℓ Zeilen von P mit von 0 verschiedenen Koeffizienten Hamming-Norm $\geq 7 - \ell$ hat. Wird jetzt ein Wort $x = c + e$ empfangen, wobei $c \in C$ und e ein Fehlervektor ist, so berechnet man die Syndrome für G und H

$$\begin{aligned}
s &= Gx^t &= Gc^t + Ge^t &= e_1^t + Pe_2^t \\
s' &= Hx^t &= Hc^t + He^t &= -P^t e_1^t + e_2^t &,
\end{aligned}$$

wobei e_1 die ersten k Komponenten und e_2 die letzten $n - k$ Komponenten von $e = (e_1 \,|\, e_2)$ sind. Es wird nun angenommen, dass die Hamming-Norm von e kleiner gleich 3 ist. Man unterscheidet dann drei Fälle:

(1) $e_2 = 0$: Dann hat s Hamming-Norm ≤ 3 und nach der zuvor gemachten Bemerkung hat s' dann Hamming-Norm $\geq 4 = 7 - 3$.

(2) $e_1 = 0$: Dann liegt dasselbe Ergebnis wie in (1) vor, wobei s und s' vertauscht sind.

(3) e_1 und e_2 haben Hamming-Norm 1 oder 2 : Dann haben s und s' beide Hamming-Norm ≥ 4 .

Man kann also an den Syndromen s, s' erkennen, welcher der 3 Fälle vorliegt.

Im Fall (1) kennt man aber sofort den Fehler $e = (s^t \,|\, 0)$.

Im Fall (2) ebenso, $e = (0, s'^t)$.

Im Fall (3) betrachtet man alle Vektoren y , die aus x durch Abänderung einer der ersten k Koordinaten entstehen. Für diese berechnet man Hy^t .

War die Hamming-Norm von e_1 gleich 1 , so erkennt man das daran, dass für genau ein y das Syndrom Hy^t Hamming-Norm ≤ 2 hat; nämlich für $y = c + (0\,|\,e_2)$, weil sie sonst größer gleich $(7-3)-1$ ist. Für dieses y erhält man den Fehlervektor in der Form

$$e \;=\; (x - y) + (0\,|\,(Hy^t)^t) = c + e - y + (0\,|\,e_2) \ .$$

Tritt dieser Fall nicht ein, so ist die Hamming-Norm von e_1 gleich 2 und die von e_2 gleich 1 . Man betrachtet dann alle y , die aus x durch Abänderung einer der letzten k Koordinaten entstehen, berechnet Gy^t und verfährt analog. $\qquad\square$

Wir hatten gesehen, dass die minimale Norm der Elemente $\neq 0$ eines Codes eine wichtige Kenngröße ist. Es ist nahe liegend, die Normen aller Elemente und ihre Verteilung auf die Werte 0 bis n zu betrachten. Dazu führen wir folgende Bezeichnungen ein:

Für einen Code $\mathcal{C} \subset \mathbb{F}_q^n$ sei

$$A_i := A_i(\mathcal{C}) := \operatorname{card}\left(\{x \in \mathcal{C} \,;\, w(x) = i\}\right)$$

die Anzahl der Codewörter mit Norm i . Trivialerweise ist $A_i = 0$ für $i > n$. Die A_i fassen wir zu einer erzeugenden Funktion zusammen. Die *erzeugende Funktion,* engl. weight enumerator, des Codes $\mathcal{C}$ ist das Polynom

$$A(Z) := A_0 + A_1 Z + \ldots + A_n Z^n \ \in \ \mathbb{Z}[Z] \ .$$

Die erzeugende Funktion enthält ganz wesentliche Information über den Code.

Satz 1.4.5 (MacWilliams-Identität) *Es sei $\mathcal{C}$ ein $[n,k]$-Code über $\mathbb{F}_q$ mit erzeugender Funktion $A(Z)$. Dann hat der duale Code die erzeugende Funktion*

$$B(Z) \;=\; \frac{1}{q^k} \cdot (1 + (q-1)Z)^n A\!\left(\frac{1-Z}{1+(q-1)Z}\right) \ .$$

Insbesondere hängt die erzeugende Funktion des dualen Codes nur von $A(Z)$ ab.

Man kann sich diese Formel besser einprägen, wenn man alles folgendermaßen umschreibt. Man setze

$$W_{\mathcal{C}}(X,Y) = A_0 X^0 Y^n + A_1 X^1 Y^{n-1} + \ldots + A_n X^n Y^0 = Y^n \cdot A\!\left(\frac{X}{Y}\right) \ ,$$

dann gilt für den dualen Code

$$W_{\mathcal{C}^\perp}(X,Y) = \frac{1}{\operatorname{card}(\mathcal{C})} W_{\mathcal{C}}(Y - X, Y + (q-1)X) \ .$$

Zum Beweis benötigen wir einen Hilfssatz aus der Gruppentheorie.

Lemma 1.4.6 *Es sei A eine endliche Gruppe und $\chi : A \to \mathbb{C}^\times$ ein Homomorphismus. Dann gilt*

$$\sum_{a \in A} \chi(a) = \begin{cases} \mathrm{card}(A) & \textit{falls } \chi(a) = 1 \textit{ für alle } a \in A \\ 0 & \textit{sonst} \end{cases} \ .$$

Beweis. Der Fall $\chi(a) = 1$ für alle $a \in A$ ist trivial. Im anderen Fall gibt es $b \in A$ mit $\chi(b) \neq 1$. Dann wird

$$\begin{aligned}
(\chi(b) - 1) \cdot \sum_{a \in A} \chi(a) &= \sum_{a \in A} \chi(ba) - \sum_{a \in A} \chi(a) = \\
&= \sum_{a \in A} \chi(a) - \sum_{a \in A} \chi(a) = 0 \ ,
\end{aligned}$$

weil $bA = A$ gilt. Wegen $\chi(b) \neq 1$ folgt die Behauptung. $\qquad\square$

Beweis zu 1.4.5. Sei $V = \mathbb{F}_q^n$ und w die Hamming-Norm auf V. Weiterhin sei $\chi : \mathbb{F}_q \to \mathbb{C}^\times$ ein nichttrivialer Homomorphismus. Wir betrachten zu $u \in V$ das Polynom

$$g(u) = \sum_{v \in V} \chi(\langle u, v \rangle) Z^{w(v)} \ \in \ \mathbb{C}[Z] \ .$$

Dann gilt

$$\begin{aligned}
\sum_{u \in C} g(u) &= \sum_{u \in C} \sum_{v \in V} \chi(\langle u, v \rangle) Z^{w(v)} \\
&= \sum_{v \in V} \sum_{u \in C} \chi(\langle u, v \rangle) Z^{w(v)} \ .
\end{aligned}$$

Nun ist für $v \in C^\perp$ die Zuordnung $C \to \mathbb{C}$; $u \mapsto \chi(\langle u, v \rangle)$ der triviale Homomorphismus. Für $v \notin C^\perp$ ist dieser Homomorphismus nichttrivial. Mit 1.4.6 folgt dann

$$\sum_{u \in C} g(u) = \mathrm{card}(C) \cdot \sum_{v \in C^\perp} Z^{w(v)} = \mathrm{card}(C) \cdot B(Z) \ ,$$

wobei $B(Z)$ die erzeugende Funktion des dualen Codes $C^\perp$ ist. Nun berechnen wir $g(u)$ genauer. Es sei w auch die Hamming-Norm im Fall $n = 1$; also $w(a) = 1$ für $a \in \mathbb{F}_q^\times$ und $w(0) = 0$. Dann gilt

$$\begin{aligned}
g(u) &= \sum_{(v_1, \ldots, v_n) \in V} \chi(u_1 v_1 + \ldots + u_n v_n) Z^{w(v_1) + \ldots + w(v_n)} \\
&= \sum_{(v_1, \ldots, v_n) \in V} \chi(u_1 v_1) Z^{w(v_1)} \cdot \ldots \cdot \chi(u_n v_n) Z^{w(v_n)} \\
&= \prod_{i=1}^{n} \left(\sum_{v \in \mathbb{F}_q} \chi(u_i v) Z^{w(v)} \right) \ .
\end{aligned}$$

Nach 1.4.6 gilt

$$\sum_{v \in \mathbb{F}_q} \chi(u_i v) Z^{w(v)} = \begin{cases} 1 + (q-1)Z & \text{für } u_i = 0 \\ 1 - Z & \text{für } u_i \neq 0 \end{cases} \ .$$

Für die letzte Zeile beachte man $\chi(u_i 0) Z^{w(0)} = 1$ und

$$\sum_{v \in \mathbb{F}_q^\times} \chi(u_i v) = 0 - \chi(u_i 0) = -1 .$$

Also folgt

$$g(u) = (1 - Z)^{w(u)} \cdot (1 + (q-1)Z)^{n - w(u)} .$$

Damit erhält man

$$\sum_{u \in C} g(u) = \sum_{i=1}^{n} A_i \frac{(1 - Z)^i}{(1 + (q-1)Z)^i} \cdot (1 + (q-1)Z)^n = (1 + (q-1)Z)^n \cdot A\Big(\frac{1 - Z}{1 + (q-1)Z}\Big)$$

Wegen $\mathrm{card}(C) = q^k$ erhalten wir

$$B(Z) = \frac{1}{q^k} \cdot (1 + (q-1)Z)^n \cdot A\Big(\frac{1 - Z}{1 + (q-1)Z}\Big) .$$

Das ist die Behauptung. $\qquad\square$

1.5 Reed-Muller-Codes

Die Reed-Muller Codes – RM-Codes – sind binäre Block-Codes, die in ganz einfacher Weise induktiv aus trivialen Codes konstruiert werden können. Dazu benutzt man folgende Konstruktion:

Definition 1.5.1 Es seien C_1, C_2 zwei nicht notwendig lineare Block-Codes über $\mathbb{F}_q$ der Länge n. Dann sei

$$(C_1 \mid C_2) := \{(u, u+v) ; u \in C_1 , v \in C_2\} \subset \mathbb{F}_q^{2n} .$$

Diese Konstruktion heißt auch $(u, u+v)$-Konstruktion. Man beachte, dass diese Konstruktion nicht symmetrisch in C_1, C_2 ist. Die wichtigsten Eigenschaften dieser Konstruktion fassen wir in folgendem Satz zusammen.

Satz 1.5.2 *Es seien* $C_1, C_2 \subset \mathbb{F}_q^n$ *und* $C = (C_1 \mid C_2)$ *. Dann gilt:*

(i) C *hat Blocklänge* $2n$ *und es gilt* $\mathrm{card}(C) = \mathrm{card}(C_1) \cdot \mathrm{card}(C_2)$

(ii) *Ist* d_i *die minimale Hamming-Distanz von Code-Wörtern aus* C_i *, so gilt für den Minimalabstand* d *von* C *nun* $d = \mathrm{Min}\{2d_1, d_2\}$ *.*

Sind C_1, C_2 *linear, und ist* C_i *ein* $[n, k_i]$ *-Code, so gilt*

(iii) C *ist ein* $[2n, k_1 + k_2]$ *-Code mit Minimal-Norm* $d = \mathrm{Min}\{2d_1, d_2\}$ *.*

(iv) *Ist* G_i *Erzeugermatrix von* C_i *, so ist* $\begin{pmatrix} G_1 & G_1 \\ 0 & G_2 \end{pmatrix}$ *Erzeugermatrix von* C *.*

(v) *Ist q eine Potenz von 2, so ist der duale Code $C^\perp$ äquivalent zu $(C_1^\perp \mid C_2^\perp)$.*

Beweis. (i) folgt unmittelbar aus der Definition.

(ii) Es seien $w_1 = (u_1, u_1 + v_1)$ und $w_2 = (u_2, u_2 + v_2)$ zwei verschiedene Code-Wörter von C. Für ihren Abstand ergibt sich unter Benutzung der Dreiecksungleichung

$$
\begin{aligned}
d_H(w_1, w_2) &= d_H(u_1, u_2) + d_H(u_1 + v_1, u_2 + v_2) \\
&\geq d_H(u_1, u_2) + d_H(u_1 + v_1, u_1 + v_2) - d_H(u_1 + v_2, u_2 + v_2) \\
&= d_H(u_1, u_2) + d_H(v_1, v_2) - d_H(u_1, u_2) \\
&= d_H(v_1, v_2) \ .
\end{aligned}
$$

Im Fall $v_1 \neq v_2$ ist also $d_H(w_1, w_2) \geq d_H(v_1, v_2)$.

Im Fall $v_1 = v_2$ ist $d_H(w_1, w_2) = 2 d_H(u_1, u_2)$.

Also gilt $d \geq \mathrm{Min}\{2d_1, d_2\}$ und das Minimum wird auch angenommen.

(iii) ist Spezialfall von (i) und (ii).

(iv) Ist $g_1, \ldots, g_{k_1}$ eine Basis von C_1 und ist $h_1, \ldots, h_{k_2}$ eine Basis von C_2, so ist $(g_1, g_1), \ldots, (g_{k_1}, g_{k_1}), (0, h_1), \ldots, (0, h_{k_2})$ Basis von C.

(v) Der Code $(C_1 \mid C_2)$ ist natürlich äquivalent zu

$$
(C_1 \mid C_2)^* := \{(u + v, u)\, ; \, u \in C_1, v \in C_2\} \ .
$$

Wir zeigen jetzt

$$
(C_1 \mid C_2)^\perp = (C_2^\perp \mid C_1^\perp)^* \ .
$$

Wegen der Übereinstimmung der Dimensionen genügt es die Inklusion " $\supset$ " zu zeigen.

Seien $x \in C_2^\perp$ und $y \in C_1^\perp$, also $(x + y, x) \in (C_2^\perp \mid C_1^\perp)^*$. Weiterhin seien $u \in C_1$ und $v \in C_2$, also $(u, u + v) \in (C_1 \mid C_2)$. Dann gilt in der Tat

$$
\begin{aligned}
\langle (u, u+v), (x+y, x) \rangle &= \langle u, x \rangle + \langle u, y \rangle + \langle u, x \rangle + \langle v, x \rangle \\
&= 2\langle u, x \rangle + \langle u, y \rangle + \langle v, x \rangle \\
&= 0 \quad \text{wegen } \mathrm{char}(\mathbb{F}_q) = 2 \ . \qquad \square
\end{aligned}
$$

Definition 1.5.3 Der binäre *Reed-Muller-Code* $\mathcal{R}(r, m)$ mit Ordnung r und Länge $n = 2^m$ ist definiert durch

$$
\mathcal{R}(-1, m) = 0
$$

$$
\mathcal{R}(m, m) = \mathbb{F}_2^n \ , \qquad \text{also } \mathcal{R}(0, 0) = \mathbb{F}_2^1 \text{ wegen } 1 = 2^0
$$

$$
\mathcal{R}(r, m) = \big(\mathcal{R}(r, m-1) \mid \mathcal{R}(r-1, m-1)\big) \quad \text{für alle } 0 \leq r < m \ .
$$

Aus dem letzten Satz ergibt sich dann:

Satz 1.5.4 *Mit den Bezeichnungen von oben gilt*

1. *$\mathcal{R}(r, m)$ ist ein binärer Block-Code mit folgenden Daten*

Länge	$n = 2^m$
Dimension	$k = \binom{m}{0} + \binom{m}{1} + \ldots + \binom{m}{r}$
Minimalabstand	$d = 2^{m-r}$ *für $r \geq 0$.*

2. $\mathcal{R}(r,m)^{\perp}$ *ist äquivalent zu* $\mathcal{R}(m-1-r,m)$.

Beweis. 1. Die Behauptung über n ist trivial, die Behauptung über k und d ist trivial im Fall $r = -1, 0, m$. Im Fall $0 < r < m$ ergibt sich durch Induktion nach Satz 1.5.2

$$\dim \mathcal{R}(r,m) = \dim \mathcal{R}(r,m-1) + \dim \mathcal{R}(r-1,m-1)$$

$$= \left[\begin{array}{cccc} \binom{m}{0} & + & \binom{m-1}{1} & +\ldots+ & \binom{m-1}{r} \\ & + & \binom{m}{0} & +\ldots+ & \binom{m-1}{r-1} \end{array} \right] = \binom{m}{0} + \ldots + \binom{m}{r}$$

nach der Formel $\binom{m-1}{i} + \binom{m-1}{i-1} = \binom{m}{i}$. Für d ergibt sich ebenfalls aus dem letzten Satz

$$d = \mathrm{Min}\{2d_1, d_2\} = \mathrm{Min}\{2 \cdot 2^{m-1-r}, 2^{(m-1)-(r-1)}\} = 2^{m-r} \ .$$

2. Die Behauptung ist trivial für $r = -1, m$. Weiterhin folgt mit Induktion aus dem letzten Satz

$$\mathcal{R}(r,m)^{\perp} \cong (\mathcal{R}(r-1,m-1)^{\perp} \mid \mathcal{R}(r,m-1)^{\perp})$$
$$\cong (\mathcal{R}(m-1-(r-1)-1, m-1) \mid \mathcal{R}(m-1-r-1, m-1))$$
$$= \mathcal{R}(m-1-r, m) \ . \qquad \square$$

Bemerkung 1.5.5 Nach Konstruktion ist $\mathcal{R}(0,m)$ der Wiederholungs-Code mit $(1,\ldots,1)$ als einzigem Code-Wort $\neq 0$ und $\mathcal{R}(m-1,m)$ ist als dualer Code zu diesem Code der *Paritätscode* $\{x \in \mathbb{F}_2^n \ ; \ w(x) \text{ gerade}\}$.

Wir notieren die Dimensionen der $\mathcal{R}(r,m)$ für kleine r, m in der folgenden Tabelle.

Dimensionen der Reed-Muller Codes $\mathcal{R}(r,m)$

| | $m = 2$ | 3 | 4 | 5 | 6 | 7 |
	$n = 4$	8	16	32	64	128
$r = 0$	1	1	1	1	1	1
1	3	4	5	6	7	8
2		7	11	16	22	29
3			15	26	42	64
4				31	57	99
5					63	120
6						127

Wir geben jetzt noch eine ganz andere Beschreibung der Reed-Muller-Codes. Dabei gehen wir aus von dem m-dimensionalen $\mathbb{F}_2$-Vektorraum

$$V = \mathbb{F}_2 \times \ldots \times \mathbb{F}_2 = \mathbb{F}_2^m$$

$$A = \mathrm{Abb}(V, \mathbb{F}_2) = \{f : V \to \mathbb{F}_2 \ ; \ f \text{ Abbildung}\}$$

Wegen $\mathrm{card}(V) = 2^m$ ist A ein $\mathbb{F}_2$-Vektorraum der Dimension 2^m . Wir machen jetzt eine Reihe von Bemerkungen, wie man die Elemente von A interpretieren kann.

Bemerkung 1.5.6 (i) Jede Funktion $f \in A$ ist durch ihre Werte auf den 2^m verschiedenen Argumenten eindeutig bestimmt. Ordnen wir diese lexikographisch an

$$(0,0,\ldots,0)\,,\ (1,0,\ldots,0)\,,\ (0,1,\ldots,0)\,,\ldots,\ (1,1,\ldots,1)\,,$$

so ist f durch das zugehörige 2^m-Tupel seiner Werte vollständig bestimmt. In dieser Weise soll A mit $\mathbb{F}_2^n$ für $n = 2^m$ identifiziert werden. Wir identifizieren die Elemente von V mit den Zahlen $0, 1, \ldots, 2^m - 1$, indem wir jeder Zahl ihre binäre Entwicklung zuordnen

$$x = \sum_{\mu=0}^{m-1} \varepsilon_\mu 2^\mu \ \longleftrightarrow \ (\varepsilon_0, \varepsilon_1, \ldots, \varepsilon_{m-1})\,.$$

So wird also f mit $(f(0), f(1), \ldots, f(n-1))$ identifiziert. Dieser binäre Vektor der Länge n werde mit f bezeichnet.

(ii)   Jede Abbildung f ist eindeutig bestimmt durch ihren Träger

$$M = \{x \in V \mid f(x) = 1\}$$

und das ist genau die charakteristische Funktion von M. Bezüglich Addition und Multiplikation ist A ein kommutativer Ring, genauer eine Boole'sche Algebra; d.h. es gilt für alle $f \in A$

$$f + f = 0\ ,\quad f^2 = f\,.$$

Denkt man sich f, g als charakteristische Funktionen der Mengen M, N, so ist bekanntlich

$$fg \quad \text{charakteristische Funktion von}\quad M \cap N$$

$$f + g \quad \text{charakteristische Funktion von}\quad M \cup N - M \cap N\quad.$$

(iii)   Es seien jetzt $Z_1, \ldots, Z_m$ die m Koordinatenfunktionen von V; d.h. für ein m-Tupel $v = (v_1, \ldots, v_m) \in V = \mathbb{F}_2^m$ gilt $Z_i(v) = v_i$. Mit den in (i) getroffenen Vereinbarungen gilt dann

$$
\begin{aligned}
Z_1 &= (0,1,0,1,\ldots,0,1,0,1)\\
Z_2 &= (0,0,1,1,\ldots,0,0,1,1)\\
&\ \vdots\\
Z_m &= (0,\ldots,0,1,\ldots,1)\qquad.
\end{aligned}
$$

Alle Vektoren Z_i haben offenbar Hamming-Norm 2^{m-1}. Alle Polynomfunktionen in $Z_1, \ldots, Z_m$ mit Koeffizienten in $\mathbb{F}_2$ sind natürlich auch Abbildungen $V \to \mathbb{F}_2$, also Elemente von A.

(iv)   Alle Abbildungen $f : V \to \mathbb{F}_2$ sind Polynomfunktionen.

Beweis. Es genügt zu zeigen, dass die charakteristische Funktion einer einelementigen Teilmenge $M = \{(v_1, \ldots, v_m)\} \subset \mathbb{F}_2^m$ ein Polynom ist. Es ist $\chi_M = \prod_{i=1}^m (Z_i + v_i + 1)$

ein Polynom.

(v) Wegen $Z_i^2 = Z_i$ ist jedes Element von A Summe von Abbildungen

$$Z_{i_1} \ldots Z_{i_r} \, , \quad \text{wobei } 1 \le i_1 < \ldots < i_r \le m \; ; \quad r = 0, \ldots, m \, .$$

Da es 2^m solcher Monome gibt, ist diese Summendarstellung sogar eindeutig; also bildet das System dieser Abbildungen eine Basis von A über $\mathbb{F}_2$. Die Abbildung Z_i ist charakteristische Funktion der affinen Hyperebene

$$H_i = \{(v_1, \ldots, v_m) \mid v_i = 1\} \, .$$

$Z_{i_1} \cdot \ldots \cdot Z_{i_r}$ ist also die charakteristische Funktion von dem Durchschnitt von r solchen Hyperebenen, also von einem affinen Unterraum der Dimension $m-r$. Dieser hat 2^{m-r} Elemente. Das Element $Z_{i_1} \cdot \ldots \cdot Z_{i_r}$ hat die Hamming-Norm 2^{m-r}. $\square$

Satz 1.5.7 *Die Menge* C *aller* $F \in A$ *, die Polynomfunktionen mit* $\deg F \le r$ *in* m *Variablen über* $\mathbb{F}_2$ *entsprechen, ist der Reed-Muller Code der Ordnung* r *und Länge* $n = 2^m$ *, also*

$$C = \{F \mid \deg(F) \le r\} = \mathcal{R}(r,m) \, .$$

Beweis. Gemäß 1.5.6/(i) ist C als Teilmenge von $\mathbb{F}_2^{2^m}$ aufzufassen. Nach Konstruktion ist $\mathcal{R}(r,m)$ Teilmenge von $\mathbb{F}_2^{2^m}$. Für die Dimensionen gilt nach 1.5.6/(v) bzw. 1.5.4/1.

$$\dim(C) = \binom{m}{0} + \ldots + \binom{m}{r} = \dim(\mathcal{R}(r,m)) \, .$$

Somit reicht es $\mathcal{R}(r,m) \subset C$ zu zeigen. Die Behauptung ist offenbar richtig für $r = -1, 0, m$ und wird für die übrigen Fälle durch Induktion nach m bewiesen. Es genügt also zu zeigen, dass die Erzeugenden (u, u) für Elemente $u \in \mathcal{R}(r, m-1)$, und $(0, v)$ für $v \in \mathcal{R}(r-1, m-1)$ in C liegen. Nach Induktionsvoraussetzung ist $u = g$, wobei $g(Z_1, \ldots, Z_{m-1})$ Polynomfunktion mit $\deg(g) \le r$ ist. Für die Polynomfunktion $G(Z_1, \ldots, Z_m) = g(Z_1, \ldots, Z_{m-1})$ gilt dann $G = (g,g) \in C$, weil G nicht von Z_m abhängt. Nach Induktionsvoraussetzung kann man $v = h$ für eine Polynomfunktion $h(Z_1, \ldots, Z_{m-1})$ mit $\deg(h) \le r-1$ schreiben. Somit hat das Polynom $H(Z_1, \ldots, Z_m) = h(Z_1, \ldots, Z_{m-1})Z_m$ den Grad $\deg(H) \le r$ und erfüllt $H = (0, h) \in C$. $\square$

Die *Decodierung von Reed-Muller-Codes* wollen wir im Folgenden beschreiben. Dazu betrachtet man

$$\mathcal{R}(r,m) \subset A := \mathrm{Abb}(V, \mathbb{F}_2)$$

als einen Unterraum der Menge der Abbildungen von $V := \mathbb{F}_2^m \to \mathbb{F}_2$. Jedes $f \in \mathcal{R}(r,m)$ hat eine Darstellung

$$f = \sum_{I \subset M} m_I f_I$$

mit $m_I = 0$ für $I \subset M$ mit $\mathrm{card}(I) > r$. Auf A hat man eine kanonische Paarung

$$\langle \, . \, , . \, \rangle : A \times A \longrightarrow \mathbb{F}_2 \quad , \quad \langle f, g \rangle := \sum_{x \in V}^{n} f(x) \cdot g(x) \, .$$

Wir setzen:

$$M := \{1, \ldots, m\}$$
$$I^c := M - I \quad \text{für} \quad I \subset M$$
$$\text{supp}(x) := \{i \in M \; ; \; x_i \neq 0\} \quad \text{für} \quad x = (x_1, \ldots, x_n) \in V = \mathbb{F}_2^m$$
$$Z_i \quad i\text{-te Koordinatenfunktion}$$
$$f_{I,s} := \prod_{i \in I}(Z_i + s_i + 1) \quad \text{für} \quad I \subset M \, , \, s \in V$$
$$f_I := f_{I,0}$$
$$S_I := \text{supp}(f_I) := \{x \in V \; ; \; f_I(x) = 1\}$$

Man rechnet einige einfache Eigenschaften leicht nach:

1. $f_{I,s}(x) = 1 \Longleftrightarrow x_i = s_i$ für alle $i \in I$.

   $x \in S_I \Longleftrightarrow f_I(x) = 1 \Longleftrightarrow x_i = 0$ für alle $i \in I$.

2. S_I ist ein Untervektorraum von V und es gilt $V = S_I \oplus S_{I^c}$.

3. $\text{supp}(f_{I,s}) = S_I + s$

4. Für Teilmengen I, J von M gilt: Es gibt 0 oder genau $2^{m - \text{card}(I \cup J^c)}$ Elemente $x \in V$ mit $f_{I,s}(x) \cdot f_{J^c,t}(x) = 1$; nämlich alle $x \in (S_I + s) \cap (S_{J^c} + t)$.

Damit beweist man die folgenden Aussagen.

5. Für Teilmengen I, J von M mit $\text{card}(I) \leq \text{card}(J)$ und $s \in S_{I^c}$ bzw. $t \in S_J$ gilt

$$\langle f_{I,s}, f_{J^c,t} \rangle = 1 \Longleftrightarrow I = J \ .$$

6. Für $f = \sum_{I \subset M} m_I f_I \in \mathcal{R}(r,m)$ und $J \subset M$ mit $\text{card}(J) = r$ gilt

$$m_J = \langle f, f_{J^c,t} \rangle \quad \text{für alle} \quad t \in S_J \ .$$

7. Für jedes $e \in A$ und $I \subset M$ gibt es höchstens $w(e)$ Elemente $s \in S_I$ mit $\langle f_{I^c,s}, e \rangle = 1$. Dabei bezeichne $w(e)$ die Hamming-Norm von e .

8. Es sei $f = \sum_{I \subset M} m_I f_I \in \mathcal{R}(r,m)$. Es sei $g = f + e$ mit $e \in A$. Zu jedem $J \subset M$ mit $\text{card}(J) = r$ existieren $\text{card}(S_J) - w(e)$ Elemente $t \in S_J$ mit $m_J = \langle g, f_{J^c,t} \rangle$.

Beweis. 5. " $\rightarrow$ " Wegen $\langle f_{I,s}, f_{J^c,t} \rangle = 1$ gilt es eine ungerade Anzahl von Punkten $x \in V$ mit $f_{I,s}(x) \cdot f_{J^c,t}(x) = 1$. Mit 4. folgt daraus $m = \text{card}(I \cup J^c)$; also gilt $M = I \cup J^c$. Wegen $\text{card}(I) \leq \text{card}(J)$ gilt $\text{card}(J^c) \leq \text{card}(I)$. Also folgt

$$\begin{aligned} m = \text{card}(M) = \text{card}(I \cup J^c) \ &= \ \text{card}(I) + \text{card}(J^c) - \text{card}(I \cap J^c) \\ &\leq \ \text{card}(J) + \text{card}(J^c) - \text{card}(I \cap J^c) \\ &= \ m - \text{card}(I \cap J^c) \ . \end{aligned}$$

Somit ist $\text{card}(I) = \text{card}(J)$ und $I \cap J^c = \emptyset$; also $I \subset J$. Daraus folgt $I = J$.
" $\leftarrow$ " Im Fall $I = J$ ist $x := (x_1, \ldots, x_n) \in V$, das durch $x_i := s_i$ für $i \in I$ und $x_i := t_i$ für $i \in M - I$ definiert ist, das einzige $x \in V$ mit $f_{I,s}(x) \cdot f_{I,s}(x) = 1$. Also gilt $\langle f_{I,s}, f_{J^c,t} \rangle = 1$.

6. folgt aus 5. Sei $J \subset M$ mit $\mathrm{card}(J) = r$. Dann folgt nun mit 5.

$$\langle f, f_{J^c,t} \rangle = \sum_{I \subset M} m_I \langle f_I, f_{J^c,t} \rangle = m_J \ .$$

7. Sind $s, t \in S_I$, so gilt $s_i = t_i = 0$ für $i \in I$ nach 1. Gibt es $x \in V$ mit $f_{I^c,s}(x) = 1$ und $f_{I^c,t}(x) = 1$, so ist $s_i = t_i$ für $i \in I^c$ nach 1. und somit ist $s = t$.
Zu jedem $t \in S_I$ mit $\langle f_{I^c,t}, e \rangle = 1$ gibt es ein $x = x(t)$ mit $f_{I^c,t}(x) \cdot e(x) = 1$. Nach der Vorbemerkung ist die Zuordnung $t \mapsto x(t)$ injektiv. Daraus folgt die Behauptung.
8. Für $t \in S_J$ ist nach 6. die Bedingung $m_J = \langle g, f_{J^c,t} \rangle$ äquivalent zu $\langle e, f_{J^c,t} \rangle = 0$. Mit 7. folgt daraus die Behauptung. $\qquad\square$

Daraus ergibt sich nun folgender Algorithmus für Reed-Muller-Codes.

Satz 1.5.8 (Decodierung von Reed-Muller-Codes)

Es sei $g = f + e \in A := \mathrm{Abb}(V, \mathbb{F}_2)$ mit

$$f = \sum_{I \subset M} m_I f_I \in \mathcal{R}(r, m)$$

und einem Fehlervektor $e \in A$. Für jedes $I \subset M$ mit $\mathrm{card}(I) = r$ berechne man

$$\langle g, f_{I^c,t} \rangle \ \text{für alle} \ t \in S_I \ .$$

Falls $2 \cdot w(e) < \mathrm{card}(S_I)$ gilt, so wird mehrheitlich der Wert m_I berechnet. Also liefert die Mehrheitsentscheidung den richtigen Koeffizienten m_I.
Man führe dieses Verfahren für alle $I \subset M$ mit $\mathrm{card}(I) = r$ durch. Danach setze man

$$g' := g - \sum_{\mathrm{card}(I)=r} m_I f_I$$

und starte man den analogen Prozess für die Decodierung in $\mathcal{R}(r-1, m)$. Somit baut man sukzessiv den Index r ab.
Dieser Algorithmus decodiert alle Fehler bis zur Hamming-Norm $w(e) < 2^{m-r-1}$ richtig.

Beweis. Nach 1. ist $\mathrm{card}(S_I) = 2^{m-\mathrm{card}(I)}$ und es ist $\mathrm{card}(I) \leq r$. Falls für die Anzahl der Fehler $w(e) < 2^{m-r-1}$ gilt, so liefert die obige Behauptung 8. per Mehrheitsentscheid den richtigen Wert m_I. Somit können alle Fehler mit $w(e) < 2^{m-r-1}$ richtig decodiert werden. $\qquad\square$

Bemerkung 1.5.9 Für kleines r haben die *RM*-Codes großen Minimalabstand, können also viele Fehler korrigieren und sind deshalb für besonders stark gestörte Kanäle gut geeignet. Daher sind sie sehr wichtig; dies insbesondere auch, weil sie leicht zu codieren und zu decodieren sind.
Zum Beispiel wurde der Code $\mathcal{R}(1,5)$ - ein $[32, 6, 16]$-Code - erfolgreich zur Codierung der vom unbemannten Raumschiff Mariner 9 im Jahre 1969 übermittelten

Aufnahmen vom Mars benutzt. Bei diesen Aufnahmen wurde eine Grau-Skala von $2^6 = 64$ Abstufungen zugrunde gelegt, die dann also in binäre Wörter der Länge 32 codiert wurden. Wegen $d = 16$ werden bei maximum-likelihood-Decodierung bis zu 7 Übertragungsfehler in einem Wort korrigiert, und ein achter Übertragungsfehler wurde noch erkannt.

Zusammenfassung 1.5.10 Reed-Muller-Codes sind die binären Block-Codes $\mathcal{R}(r, m)$ mit folgenden Parametern:

$$\begin{array}{ll} \text{Länge} & 2^m \\ \text{Dimension} & k = \binom{m}{0} + \binom{m}{1} + \cdots + \binom{m}{r} \\ \text{Minimalabstand} & d = 2^{m-r} \end{array}$$

Sie sind gute, praktisch brauchbare Codes. Sie sind besonders einfach zu decodieren, insbesondere für Codes erster Ordnung $(r = 1)$.

Schematisch sieht der Code $\mathcal{R}(r, m)$ so aus:

$$\mathcal{R}(r, m) \ni f \text{ Polynom mit deg}(f) \leq r \quad \text{hat} \quad \binom{m}{0} + \binom{m}{1} + \cdots + \binom{m}{r} \quad \text{Koeffizienten}$$

$$\downarrow$$

$$(f(0), \ldots, f(2^m - 1)) \qquad\qquad \text{hat} \quad 2^m \text{ Komponenten}$$

An Stelle von f wird die Auswertung $(f(0), \ldots, f(2^m - 1))$ übertragen.

Kapitel 2

Spezielle gute Codes

Bevor wir zu unserem eigentlichen Thema kommen, führen wir einige Bezeichnungen ein und besprechen einige triviale Verfahren, wie man aus einem gegebenen Code neue konstruieren kann.

Wir erinnern an unsere frühere Bezeichnungsweise: Es sei Q ein beliebiges endliches Alphabet mit q Elementen. Ein (n, M, d)–Code C über Q ist eine Teilmenge von Q^n mit $\mathrm{card}(C) = M$, so dass verschiedene Elemente von C Hamming-Abstand d haben. Ist $Q = \mathbb{F}_q$, so ist ein $[n, k, d]$–Code C über $\mathbb{F}_q$ ein k-dimensionaler Untervektorraum von $\mathbb{F}_q^n$, so dass verschiedene Codewörter Hamming-Abstand mindestens $\geq d$ haben.

Ist C ein Code über Q der Länge n, so erhalten wir einen Code der Länge $(n-1)$, indem wir in jedem Codewort eine feste Koordinate weglassen, z.B. die erste oder die letzte. Der so entstehende Code heißt *punktierter Code* und werde mit C' bezeichnet. Ist C linear, so ist C' auch linear. Ist C ein (n, M, d)-Code, so ist C' ein $(n-1, M', d')$-Code mit $d' \geq d - 1$, wobei $M = M'$ für $d \geq 2$ gilt.

Mit folgendem Verfahren kann man binäre Codes oft noch etwas verbessern:

Es sei C ein binärer (n, M, d)-Code, in dem Code-Wörter von ungerader Hamming-Norm existieren. Wir konstruieren einen neuen Code $\widehat{C}$, indem zu jedem Code-Wort gerader Norm eine 0 als zusätzliche Stelle und zu jedem Code-Wort ungerader Norm eine 1 als zusätzliche Stelle hinzugefügt wird. Ist C ein linearer $[n, k]$-Code, so ist der neue Code ein $[n+1, k]$-Code mit der zusätzlichen Kontrollgleichung

$$x_1 + \ldots + x_n + x_{n+1} = 0 \quad .$$

Ist H eine Kontrollmatrix von C, so ist

$$\widehat{H} = \begin{pmatrix} 1 & 1 & \cdots & 1 \\ & & & 0 \\ & H & & \vdots \\ & & & 0 \end{pmatrix}$$

Kontrollmatrix von $\widehat{C}$. Wir nennen $\widehat{C}$ den *erweiterten Code* von C. Falls C ungerade Minimal-Norm d hatte, so hat $\widehat{C}$ die Minimal-Norm $d+1$. Ist C also e-fehlerkorrigierend, so ist $\widehat{C}$ ebenfalls e-fehlerkorrigierend, kann aber einen zusätzlichen Fehler erkennen.

2.1 Hadamard Codes

Wir kommen nun zu unserem eigentlichen Thema dieses Kapitels.

Definition 2.1.1 Eine $(n \times n)$-Matrix $H = (h_{ij})$ heißt eine *Hadamard-Matrix*, wenn $h_{ij} = \pm 1$ und $HH^t = nE_n$ ist.

Die Zeilen von H müssen also paarweise orthogonal sein. Die Frage nach der Existenz und Konstruktion von Hadamard-Matrizen sind schwierige Probleme. Wir erwähnen hier nur einige einfache Beispiele und Konstruktionsverfahren. Zur Abkürzung schreiben wir statt ± 1 immer nur $\pm$.

Bemerkung 2.1.2 (i) $H_1 = (+)$ und $H_2 = \begin{pmatrix} + & + \\ + & - \end{pmatrix}$ sind Hadamard-Matrizen.

(ii) Sind H und H' Hadamard-Matrizen von nicht notwendig gleichen Rängen n und n', so ist das *Kronecker-Produkt* $H \otimes H'$ eine Hadamard-Matrix vom Rang nn'. Dabei ist das Kronecker-Produkt von $A = (a_{ij})$ und B so definiert:

$$A \otimes B = \begin{pmatrix} a_{11}B & a_{12}B & \ldots & a_{1n}B \\ \vdots & \vdots & & \vdots \\ a_{n1}B & a_{n2}B & \ldots & a_{nn}B \end{pmatrix}.$$

(iii) Aus (i) und (ii) folgt, dass mit H_n auch

$$\begin{pmatrix} H_n & H_n \\ H_n & -H_n \end{pmatrix}$$

eine Hadamard-Matrix ist.

(iv) Ist H eine Hadamard-Matrix und multipliziert man eine beliebige Spalte oder Zeile mit -1, so erhält man offensichtlich wieder eine Hadamard-Matrix. So kann man aus jeder Hadamard-Matrix eine solche konstruieren, bei der die erste Zeile und Spalte nur $+1$ enthalten. Eine solche Hadamard-Matrix heißt *normalisiert*. Es ist weiter klar, dass aus einer Hadamard-Matrix durch Zeilen- oder Spaltenvertauschung wieder eine solche entsteht.

(v) Beispiel einer normalisierten (12×12) Hadamard-Matrix
Eine solche ergab sich aus dem Bisherigen noch nicht; dazu benutzt man quadratische Restsymbole [M-S] p.46 ff; vgl. Beispiel p. 48.

(vi) Existiert eine $(n \times n)$ Hadamard-Matrix H, so gilt $n = 1, 2$ oder $4 \mid n$.

Beweis. Ohne Einschränkung kann man H als normalisiert annehmen. Weiter kann man ohne Einschränkung annehmen, dass die ersten 3 Zeilen so aussehen

$$
\begin{array}{cccc}
1\ldots1 & 1\ldots1 & 1\ldots1 & 1\ldots1 \\
1\ldots1 & 1\ldots1 & -1\ldots-1 & -1\ldots-1 \\
\underbrace{1\ldots1}_{i} & \underbrace{-1\ldots-1}_{j} & \underbrace{1\ldots1}_{k} & \underbrace{-1\ldots-1}_{l}
\end{array}\ .
$$

Dann folgt wegen der Orthogonalität der Zeilen

$$ i+j = k+l \ , \quad i+k = j+l \ , \quad i+l = j+k \ . $$

Also folgt $i = j = k = l$. $\square$

(vii)   Man vermutet, dass für alle $n = 4k$ Hadamard-Matrizen existieren. Dies ist unbewiesen, wobei $n = 268$ der kleinste offene Fall ist.

Aus einer Hadamard-Matrix kann man in verschiedener Weise Codes konstruieren, die im Allgemeinen auch nicht linear sein können. Wir erinnern an die Bezeichnung (n, M, d)-Code; d.h. Block-Code der Länge n mit M Wörtern, deren minimaler Hamming-Abstand gleich d ist.

Beispiel 2.1.3   Durch fortgesetzte Bildung des Kronecker-Produktes von

$$ H_2 = \begin{pmatrix} 1 & 1 \\ 1 & -1 \end{pmatrix} $$

mit sich selbst ergeben sich $2^m \times 2^m$ Hadamard-Matrizen

$$
H_4 = H_2 \otimes H_2 = \begin{pmatrix} + & + & + & + \\ + & - & + & - \\ + & + & - & - \\ + & - & - & + \end{pmatrix}
\qquad
A_4 = \begin{pmatrix} 0 & 0 & 0 & 0 \\ 0 & 1 & 0 & 1 \\ 0 & 0 & 1 & 1 \\ 0 & 1 & 1 & 0 \end{pmatrix}
$$

$$
H_8 = \left(\begin{array}{cccc|cccc}
+ & + & + & + & + & + & + & + \\
+ & - & + & - & + & - & + & - \\
+ & + & - & - & + & + & - & - \\
+ & - & - & + & + & - & - & + \\
\hline
+ & + & + & + & - & - & - & - \\
+ & - & + & - & - & + & - & + \\
+ & + & - & - & - & - & + & + \\
+ & - & - & + & - & + & + & -
\end{array}\right)
\qquad
A_8 = \left(\begin{array}{cccc|cccc}
0 & 0 & 0 & 0 & 0 & 0 & 0 & 0 \\
0 & 1 & 0 & 1 & 0 & 1 & 0 & 1 \\
0 & 0 & 1 & 1 & 0 & 0 & 1 & 1 \\
0 & 1 & 1 & 0 & 0 & 1 & 1 & 0 \\
\hline
0 & 0 & 0 & 0 & 1 & 1 & 1 & 1 \\
0 & 1 & 0 & 1 & 1 & 0 & 1 & 0 \\
0 & 0 & 1 & 1 & 1 & 1 & 0 & 0 \\
0 & 1 & 1 & 0 & 1 & 0 & 0 & 1
\end{array}\right)
$$

usw.

Konstruktion 2.1.4 (Hadamard-Codes) Es sei $H_n = (h_{ij})$ eine normalisierte $(n \times n)$-Hadamard-Matrix. Aus H erhält man eine binäre Matrix $A_n = (a_{ij})$, indem man setzt

$$a_{ij} = 0 \qquad \text{falls } h_{ij} = 1$$

$$a_{ij} = 1 \qquad \text{falls } h_{ij} = -1 .$$

Da die Zeilen von H_n orthogonal sind, stimmen zwei verschiedene Zeilen von H_n an genau $(n/2)$ Stellen überein. Im Folgenden sei $n := 2^m$.

(i) Es sei $\mathcal{A}_m$ der $(n-1, n, n/2-1)$-Code, dessen Code-Wörter genau die Zeilen von A_n sind, wobei die erste Komponente weggelassen wird.

(ii) Es sei $\mathcal{B}_m$ der $(n-1, 2n, n/2-1)$-Code, der aus allen Code-Wörtern von $\mathcal{A}_m$ und deren Komplementen besteht; d.h. zu allen Komponenten ist 1 zu addieren.

(iii) Es sei $\mathcal{C}_m$ der $(n, 2n, n/2)$-Code, der aus allen Zeilen von A_n und deren Komplementen besteht.

Alle diese Codes heißen *Hadamard-Codes*. Da d sehr groß ist, haben diese Codes gute fehlerkorrigierende Eigenschaften.

Die sich nach (i), (ii) und (iii) ergebenden Codes sind linear, also

$$\mathcal{A}_m \text{ ist ein } [2^m - 1, m]\text{-Code}$$
$$\mathcal{B}_m \text{ ist ein } [2^m - 1, m+1]\text{-Code}$$
$$\mathcal{C}_m \text{ ist ein } [2^m, m+1]\text{-Code}$$

Beweis. Sind x, y Zeilen von A_n , so auch $x + y$ nach Induktionsvoraussetzung. Für A_2 ist das offenbar richtig. Die Zeilen von A_{2n} sind von der Form (x, x) oder $(x, x+e)$ wobei $e = (1, \ldots, 1)$ und x Zeile von A_n ist. Die Summe zweier solcher Zeilen ist

$$(x+y, x+y) \quad \text{oder} \quad (x+y, x+y+e) \quad \text{oder} \quad (x+y, x+y+e+e) ,$$

wobei x, y Zeilen von A_n sind. Sie haben also wieder diese Form. $\qquad \square$

Auf diese Weise haben wir also lineare Codes folgender Dimensionen konstruiert:

	$\mathcal{A}_m$	$\mathcal{B}_m$	$\mathcal{C}_m$
$m = 1$	$[1, 1]$	$[1, 1]$	$[2, 2]$
2	$[3, 2]$	$[3, 3]$	$[4, 3]$
3	$[7, 3]$	$[7, 4]$	$[8, 4]$
4	$[15, 4]$	$[15, 5]$	$[16, 5]$
5	$[31, 5]$	$[31, 6]$	$[32, 6]$
6	$[63, 6]$	$[63, 7]$	$[64, 7]$

Beispiel 2.1.5 C_3 ist bis auf Äquivalenz der einzige binäre $[8,4]$-Code, dessen von
0 verschiedene Codewörter gerade Hamming-Norm ≥ 4 haben.
C_3 ist der mittels Paritätsgewicht erweiterte binäre $[8,4]$-Hamming-Code. Dieser Code ist selbstdual.

Beweis. Jeder binäre $[8,4]$-Code C ist äquivalent zu einem mit Erzeuger-Matrix
$G = (E|P)$. Haben die Codewörter $\neq 0$ in C gerade Hamming-Norm ≥ 4, so
hat jede Zeile von P genau 3 Einsen, und alle Zeilen sind verschieden. Bis auf
Spaltenvertauschungen gibt es dann nur die Möglichkeit

$$P = \begin{pmatrix} 1 & 1 & 1 & 0 \\ 1 & 1 & 0 & 1 \\ 1 & 0 & 1 & 1 \\ 0 & 1 & 1 & 1 \end{pmatrix} .$$

Also ist C der Code C_3.

Der binäre $[7,4]$-Hamming-Code hat eine Kontrollmatrix vom Format $((7-4) \times 7)$
und zwar

$$H = \left(\begin{array}{cccc|ccc} 1 & 1 & 1 & 0 & 1 & 0 & 0 \\ 1 & 0 & 1 & 1 & 0 & 1 & 0 \\ 0 & 1 & 1 & 1 & 0 & 0 & 1 \end{array} \right)$$

also die Erzeugermatrix

$$G = \left(\begin{array}{cccc|ccc} 1 & 0 & 0 & 0 & 1 & 1 & 0 \\ 0 & 1 & 0 & 0 & 1 & 0 & 1 \\ 0 & 0 & 1 & 0 & 1 & 1 & 1 \\ 0 & 0 & 0 & 1 & 0 & 1 & 1 \end{array} \right) .$$

Der erweiterte Hamming-Code hat also Erzeugermatrix

$$\widehat{G} = \left(\begin{array}{cccc|cccc} 1 & 0 & 0 & 0 & 1 & 1 & 0 & 1 \\ 0 & 1 & 0 & 0 & 1 & 0 & 1 & 1 \\ 0 & 0 & 1 & 0 & 1 & 1 & 1 & 0 \\ 0 & 0 & 0 & 1 & 0 & 1 & 1 & 1 \end{array} \right) .$$

Insbesondere sind die Zeilen von $\widehat{G}$ paarweise orthogonal, also $C_3 \subset C_3^{\perp}$. Aus Dimensionsgründen folgt $C_3 = C_3^{\perp}$. $\qquad\square$

Beispiel 2.1.6 Es sei $H_2 = \begin{pmatrix} 1 & 1 \\ 1 & -1 \end{pmatrix}$ und $H_{2^{m+1}} = \begin{pmatrix} H_{2^m} & H_{2^m} \\ H_{2^m} & -H_{2^m} \end{pmatrix}$, also

$$H_{2^{m+1}} = H_2 \otimes H_{2^m} .$$

Dies sind Hadamard-Matrizen. H_{2^m} liefert einen Code C_m, den wir schon kennen;
C_m ist nämlich der Reed-Muller-Code $\mathcal{R}(1,m)$.

Beweis. Es ist $C_1 = \mathbb{F}_2^2 = \mathcal{R}(1,1)$. Für $m+1$ gilt: Die Zeilen von A_{m+1} sind
(x,x) oder $(x,e+x)$, wobei x Zeile von A_m ist. Die Codewörter von C_{m+1} sind
$(x|x)$ oder $(x|e+x)$, wobei $x \in C_m$ ist. Somit gilt

$$C_{m+1} = (C_m \,|\, \{0,e\}) = (C_m \,|\, \mathcal{R}(0,m)) = (\mathcal{R}(1,m) \,|\, \mathcal{R}(0,m)) = \mathcal{R}(1,m+1) .$$

2.2   Binäre Golay-Codes

Wegen der Eindeutigkeit der maximum-likelihood-Decodierung ist es nahe liegend, sich mit perfekten Codes zu beschäftigen; vgl. 1.2.1. Bei der Frage nach der Existenz solcher Codes zu gegebenen Parametern q, n, e wird man von der notwendigen Bedingung 1.2.2(b) ausgehen. Für diese Bedingung gibt es die "exotischen Lösungen"

$$q = 2 \, , \quad e = 3 \, , \quad n = 23 \qquad \text{mit} \quad \tbinom{23}{0} + \tbinom{23}{1} + \tbinom{23}{2} + \tbinom{23}{3} = 2^{11}$$

$$q = 3 \, , \quad e = 2 \, , \quad n = 11 \qquad \text{mit} \quad \tbinom{11}{1} + \tbinom{11}{1} \cdot 2 + \tbinom{11}{2} \cdot 4 = 3^{5}$$

Die nahe liegende Frage, ob zu diesen Parametern wirklich auch lineare Codes gehören, war der Ausgangspunkt der Entdeckung der Golay-Codes. Nach Sloane-MacWilliams ist der binäre Golay-Code wahrscheinlich der wichtigste aller Codes, sowohl aus praktischen als auch theoretischen Gründen. Dieser Code wurde 1949 von Golay entdeckt; seine Theorie hängt aufs engste mit interessanten Fragen der Theorie endlicher Geometrien und endlicher Gruppen zusammen. Es gibt verschiedene Arten, diesen Code zu konstruieren:

Wir gehen aus von dem $[7,4]$-Hamming-Code $\mathcal{H}$, zu dem wir den erweiterten $[8,4]$-Hamming-Code $\widehat{\mathcal{H}}$ betrachten wollen. Dieser hat die Erzeugermatrix

$$G := \begin{pmatrix} 1 & 0 & 0 & 0 & 1 & 1 & 0 & 1 \\ 0 & 1 & 0 & 0 & 1 & 0 & 1 & 1 \\ 0 & 0 & 1 & 0 & 1 & 1 & 1 & 0 \\ 0 & 0 & 0 & 1 & 0 & 1 & 1 & 1 \end{pmatrix} \, .$$

Es sei $\mathcal{H}^*$ der Code zu $\mathcal{H}$, bei dem die Anordnung der Symbole folgendermaßen permutiert ist. Also

$$(a_1, a_2, a_3, a_4, a_5, a_6, a_7) \in \mathcal{H}^* \iff (a_7, a_6, a_5, a_1, a_2, a_3, a_4) \in \mathcal{H} \, .$$

Dazu betrachten wir den erweiterten Code $\widehat{\mathcal{H}}^*$. Dieser hat die Erzeugermatrix

$$G^* := \begin{pmatrix} 0 & 1 & 1 & 1 & 0 & 0 & 0 & 1 \\ 1 & 0 & 1 & 0 & 1 & 0 & 0 & 1 \\ 1 & 1 & 1 & 0 & 0 & 1 & 0 & 0 \\ 1 & 1 & 0 & 0 & 0 & 0 & 1 & 1 \end{pmatrix} \, .$$

$\mathcal{H}^*$ ist natürlich äquivalent zu $\mathcal{H}$. Beide Codes sind selbstdual, ihre Minimalnorm ist 4.

Definition 2.2.1 Der erweiterte binäre *Golay-Code* $\mathcal{G}_{24}$ ist ein $[24,12]$-Code, der folgendermaßen definiert ist:

$$\mathcal{G}_{24} = \{(a+x, b+x, a+b+x) \, ; \, a,b \in \widehat{\mathcal{H}} \, , \, x \in \widehat{\mathcal{H}}^*\} \, .$$

Unmittelbar aus der Definition folgt $\dim \mathcal{G}_{24} = 12$.

Der binäre Golay-Code $\mathcal{G}_{23}$ entsteht aus $\mathcal{G}_{24}$ durch Weglassen der letzten Komponente in jedem Codewort. $\mathcal{G}_{23}$ ist also ein $[23,12]$-Code. Die Dimension bleibt bei der Projektion wegen $d(\mathcal{G}_{24}) \geq 2$ gleich.

Notiz 2.2.2 Diese Codes habe folgende Eigenschaften:

(i) $\widehat{\mathcal{H}} \cap \widehat{\mathcal{H}}^* = \{0, \underline{1}\}$ wobei $\underline{1} = (1, \ldots, 1)$ gilt.

(ii) $\mathcal{G}_{24}$ ist selbstdual.

(iii) Die Hamming-Norm $w(x)$ eines jeden Codewortes aus $\mathcal{G}_{24}$ ist ein Vielfaches von 4.

(iv) Es gibt in $\mathcal{G}_{24}$ keine Codewörter der Norm 4; die Minimaldistanz in $\mathcal{G}_{24}$ ist also 8. In $\mathcal{G}_{23}$ ist die Minimaldistanz 7. Beide Codes sind 3-fehlerkorrigierend.

(v) $\mathcal{G}_{23}$ ist perfekt.

(vi) $\mathcal{G}_{24}$ hat die erzeugende Funktion

$$A(Z) = 1 + 759 \cdot Z^8 + 2576 \cdot Z^{12} + 759 \cdot Z^{16} + Z^{24}$$

d.h. es gibt je 759 Wörter mit Hamming-Norm 8 bzw. 16 und 2576 Wörter mit Hamming-Norm 12.

Beweis. (i) Jedes Codewort aus $\widehat{\mathcal{H}} \cap \widehat{\mathcal{H}}^*$ hat die folgende Gestalt, man benutze die Erzeugermatrizen von oben,

$$(a, b, c, d, a+b+c, a+c+d, b+c+d, a+b+d) =$$
$$(b'+c'+d', a'+c'+d', a'+b'+c', a', b', c', d', a'+b'+d') \quad .$$

Daraus folgt

$$\begin{aligned}
a &= b'+c'+d' = c \\
c &= a'+b'+c' = b \qquad &&\Rightarrow \quad a = b = c \\
b &= a'+c'+d' = a+b+d \quad &&\Rightarrow \quad a = d \quad .
\end{aligned}$$

Wegen $a' = d$ folgt analog

$$a = b = c = d = a' = b' = c' = d' \quad .$$

(ii) Die Vektoren

$$(a, 0, a) \ , \ (0, b, b) \ , \ (x, x, x)$$

für $a, b \in \mathcal{H}$, $x \in \mathcal{H}^*$ bilden ein Erzeugendensystem von $\mathcal{G}_{24}$. Offensichtlich sind je zwei dieser Vektoren orthogonal, insbesondere ist z.B.

$$\langle (a, 0, a) \ , \ (x, x, x) \rangle = \langle a, x \rangle + \langle a, x \rangle = 0 \quad .$$

(iii) Da $\mathcal{G}_{24}$ selbstdual ist, hat jedes Codewort gerades Gewicht und die Anzahl der Stellen, an denen zwei Codewörter x und y übereinstimmend 1 haben, ist gerade. Für $x, y \in \mathcal{G}_{24}$ sei $x \cap y$ der Vektor, der an der i-ten Komponenten genau dann 1 ist, wenn x und y auch dort 1 haben. Nach Obigem ist $w(x \cap y)$ gerade. Nun hat $\mathcal{G}_{24}$ ein Erzeugendensystem von Codewörtern, deren Gewicht durch 4 teilbar ist. Für $x, y \in \mathcal{G}_{24}$ mit $w(x) \equiv 0 \mod 4$ und $w(y) \equiv 0 \mod 4$ ist $w(x+y) = w(x) + w(y) - 2 \cdot w(x \cap y)$ und somit $w(x+y) \equiv 0 \mod 4$. Daher ist $w(c)$ ein

Vielfaches von 4 für jedes $c \in \mathcal{G}_{24}$.

(iv) Die Normen der drei Komponenten von

$$(a + x,\, b + x,\, a + b + x)$$

sind gerade. Bei einem Wort der Norm 4 ist also eine Komponente 0 , also ohne Einschränkung $a = x \in \mathcal{H} \cap \mathcal{H}^* = \{0, \underline{1}\}$ nach (i).
Ist $a = x = 0$, so ist $w(0, b, b) = 2 \cdot w(b) \geq 6$ nach 1.2.9.
Ist $a = x = \underline{1}$, so ist $w(0, b + \underline{1}, b) \geq \mathrm{Min}\{2 \cdot 3, 8\}$, wobei 8 im Fall $b = 0$ oder $b = \underline{1}$ gilt und sonst $w(b + \underline{1}) \geq 3$ nach 1.2.9 zutrifft.

(v) Die Anzahl der Elemente in einer Kugel vom Radius 3 ist gleich der Anzahl der Fehlervektoren der Norm ≤ 3 , also gleich der Anzahl der höchstens 3-elementigen Teilmengen von $\{1, \ldots, 23\}$, also gleich $1 + \binom{23}{1} + \binom{23}{2} + \binom{23}{3}$. Wunderbarerweise ist diese Zahl gleich 2^{11} . Die 2^{12} disjunkten Kugeln

$$\mathbb{B}_3^{23}(x) \; = \; \{y \in \mathbb{F}_2^{23} \mid d_H(y, x) \leq 3\} \quad , \quad x \in \mathcal{G}_{23}$$

schöpfen also $\mathbb{F}_2^{23}$ aus.

(vi) Es gilt

$$\underline{1} \; = \; (1, \ldots, 1) \quad \in \mathcal{G}_{24} \; ;$$

man setze nämlich $a = b = 0$, $x = (1, \ldots, 1)$. Daher gibt es genauso viele Codewörter der Norm w wie der Norm $24 - w$. Nach (iii) und (iv) hat die erzeugende Funktion also folgende Form

$$A(Z) \; = \; 1 + a\, Z^8 + b\, Z^{12} + a\, Z^{16} + Z^{24} \quad ,$$

wobei zusätzlich natürlich

$$1 + a + b + a + 1 \; = \; 2^{12} \; = \; 4096$$

gilt. Wegen (ii) und Satz 1.4.5 gilt

$$
\begin{aligned}
A(Z) \; &= \; \frac{1}{2^{12}} \cdot (1 + Z)^{24} \cdot A\left(\frac{1 - Z}{1 + Z}\right) \\[6pt]
&= \; \frac{1}{2^{12}} \cdot \big[\, (1 + Z)^{24} + a(1 + Z)^{16}(1 - Z)^8 + b(1 + Z)^{12}(1 - Z)^{12} + \\
&\qquad\qquad + a(1 + Z)^8(1 - Z)^{16} + (1 - Z)^{24} \,\big] \\[6pt]
&= \; \frac{1}{2^{12}} \cdot \big[\, (1 + Z)^{24} + a(1 - Z^2)^8(1 + Z)^8 + b(1 - Z^2)^{12} + \\
&\qquad\qquad + a(1 - Z^2)^8(1 - Z)^8 + (1 - Z)^{24} \,\big] \\[6pt]
&= \; \frac{1}{2^{12}} \cdot \big[\, (1 + Z)^{24} + a(1 - Z^2)^8 \cdot \big((1 + Z)^8 + (1 - Z)^8\big) + \\
&\qquad\qquad + b(1 - Z^2)^{12} + (1 - Z)^{24} \,\big] \quad .
\end{aligned}
$$

Durch Betrachtung des Koeffizienten von Z^8 ergibt sich folgende Gleichung

$$
\begin{aligned}
2^{12}\, a \; = \; &\binom{24}{8} + 2a \cdot \Big[\binom{8}{0}\binom{8}{8} - \binom{8}{1}\binom{8}{6} + \binom{8}{2}\binom{8}{4} - \binom{8}{3}\binom{8}{2} + \binom{8}{4}\binom{8}{0}\Big] \\
&+ b \cdot \binom{12}{4} + \binom{24}{8} \quad .
\end{aligned}
$$

Weiterhin wussten wir schon $b = 4094 - 2a$ Also folgt $a = 759$. $\square$

Wir kommen nun zu grundlegenden Definitionen der Kombinatorik.

Definition 2.2.3 Es sei S eine endliche Menge mit v Elementen.

(i) Eine Menge $\mathcal{B} \subset \mathcal{P}(S)$ von Teilmengen von S mit den folgenden Eigenschaften heißt ein $t - (v, k, \lambda)$-*Design* oder einfacher t-*Design*, wenn gilt:

(a) Für $B \in \mathcal{B}$ gilt $\operatorname{card}(B) = k$.

(b) Zu jedem $T \subset S$ mit $\operatorname{card}(T) = t$ existieren genau λ Elemente $B \in \mathcal{B}$ mit $T \subset B$.

(ii) Ist $\lambda = 1$, so heißt $\mathcal{B}$ ein (t, k, v)-*Steinersystem*; man beachte $v \geq k \geq t$.

Der Vektorraum $\mathbb{F}_2^n$ kann mit der Potenzmenge der n-elementigen Teilmengen von $S = \{1, \ldots, n\}$ vermöge der kanonischen Zuordnung identifiziert werden.

$$\mathbb{F}_2^n \ni (\varepsilon_1, \ldots, \varepsilon_n) \longleftrightarrow \{i \mid \varepsilon_i = 1\} \in \mathcal{P}(S) \ .$$

Ein Code $\mathcal{C}$ der Länge n ist dann eine Teilmenge von $\mathcal{P}(S)$. Mit dieser Interpretation gilt:

Satz 2.2.4 *Die Codewörter der Hamming-Norm* 8 *in* $\mathcal{G}_{24}$ *bilden ein* $(5, 8, 24)$-*Steinersystem.*

Beweis. Ist x ein Vektor der Norm 5, so gibt es genau ein Codewort u der Norm 8 mit $x \subset u$ im obigen Sinne. Gäbe es nämlich noch ein weiteres, v , so wäre $d_H(u, v) \leq 6$ im Widerspruch zu 2.2.2 (iv). Weiterhin enthält ein Codewort der Norm 8 genau $\binom{8}{5}$ Wörter der Norm 5 , die alle verschieden sind. Nun gilt $759 \cdot \binom{8}{5} = \binom{24}{5}$, vgl. 2.2.2 (vi). Also ist jedes Wort der Norm 5 in genau einem Codewort der Norm 8 enthalten. $\square$

Der letzte Beweis ist der erste Schritt zur Bestimmung der Automorphismen-Gruppe der Golay-Codes und zum Beweis ihrer Eindeutigkeit. Für die weiteren Ergebnisse wollen wir keine Beweis mehr geben; dazu verweisen wir auf [vL2, 4.2.3].

Definition 2.2.5 Es sei $\mathcal{C} \subset \mathbb{F}_2^n$ ein binärer Block-Code. Die Automorphismengruppe $\operatorname{Aut}(\mathcal{C})$ eines Codes ist definiert durch

$$\operatorname{Aut}(\mathcal{C}) = \{\sigma \in \mathfrak{S}_n \ ; \ (x_1, \ldots, x_n) \in \mathcal{C} \Rightarrow (x_{\sigma(1)}, \ldots, x_{\sigma(n)}) \in \mathcal{C}\} \ .$$

Satz 2.2.6 *Die Automorphismengruppe des Golay-Codes* $\mathcal{G}_{24}$ *ist die Mathieu-Gruppe* M_{24} . *Es ist* M_{24} *eine einfache Gruppe der Ordnung* $24 \cdot 23 \cdot 22 \cdot 21 \cdot 20$, *die* 5-*fach transitiv operiert.*

Satz 2.2.7 *Die Automorphismengruppe des Golay-Codes* $\mathcal{G}_{23}$ *ist die Mathieu-Gruppe* M_{23} . *Dies ist eine einfache Gruppe der Ordnung* $23 \cdot 22 \cdot 21 \cdot 20 \cdot 48$, *die* 4-*fach transitiv operiert.*

Satz 2.2.8 *Ist* $\mathcal{C}$ *ein binärer* $(24, 2^{12}, 8)$-*Code, so ist* $\mathcal{C}$ *äquivalent zu* $\mathcal{G}_{24}$. *Ist* $\mathcal{C}$ *ein binärer* $(23, 2^{12}, 7)$-*Code, so ist* $\mathcal{C}$ *äquivalent zu* $\mathcal{G}_{23}$.

Kapitel 3

Zyklische Codes

3.1 Grundlagen und Definitionen

Die zyklischen Codes sind die wichtigsten und am besten untersuchten linearen Codes. Einige der bisher betrachteten Codes sind zyklische Codes. In diesem Kapitel beginnen wir mit einer systematischen Untersuchung der Klasse der zyklischen Codes.

Definition 3.1.1 Ein linearer $[n, k]$-Code $\mathcal{C}$ über $\mathbb{F}_q$ heißt *zyklisch*, falls gilt

$$(c_0, \ldots, c_{n-1}) \in \mathcal{C} \implies (c_{n-1}, c_0, \ldots, c_{n-2}) \in \mathcal{C} \ .$$

Durch zyklische Vertauschung entsteht also aus einem Codewort wieder ein Codewort.

Für die Untersuchung zyklischer Codes ist es zweckmäßig, von etwas (einfacher) algebraischer Theorie und Terminologie Gebrauch zu machen. Dazu betrachten wir den Polynomring $\mathbb{F}_q[X]$ über $\mathbb{F}_q$ in einer Unbestimmten. Bekanntlich ist $\mathbb{F}_q[X]$ bezüglich des üblichen Divisionsalgorithmus euklidisch, insbesondere ein Hauptidealring und ein faktorieller Ring. Ein Polynom heißt *normiert*, falls der höchste Koeffizient gleich 1 ist. Wir wiederholen einen wohl bekannten Satz aus der Algebra.

Satz 3.1.2 (i) *Jedes von 0 verschiedene Ideal von $\mathbb{F}_q[X]$ besteht aus den Vielfachen eines eindeutig bestimmten normierten Polynoms.*

(ii) *Jedes von 0 verschiedene Element von $\mathbb{F}_q[X]$ lässt sich eindeutig als Produkt von normierten irreduziblen Polynomen und einer Konstanten schreiben.*

Wir betrachten jetzt den Faktorring $\mathbb{F}_q[X]/(X^n - 1)$. Die Elemente dieses Ringes identifizieren wir in eindeutiger Weise mit den Polynomen vom Grad $\leq (n-1)$. Die Addition ändert sich bei dieser Identifikation nicht; für die Multiplikation " $\cdot$ " im Faktorring gilt

$$f(X) \cdot g(X) \equiv r(X) \ ,$$

wobei

$$f(X) \cdot g(X) = r(X) + h(X) \cdot (X^n - 1) \quad \text{mit} \ \deg r(X) \leq n - 1 \ .$$

Wir identifizieren weiterhin

$$\mathbb{F}_q^n \quad\longrightarrow\quad \mathbb{F}_q[X] / (X^n - 1)$$
$$(c_0, c_1, \ldots, c_{n-1}) \quad\longmapsto\quad c_0 + c_1 X + \ldots + c_{n-1} X^{n-1} \ .$$

Wir fassen also lineare $[n, k]$-Codes auch als Untervektorräume von $\mathbb{F}_q[X] / (X^n - 1)$ auf. Dann gilt folgende grundlegende Bemerkung.

Notiz 3.1.3 Ein linearer Block-Code der Länge n über $\mathbb{F}_q$ ist genau dann *zyklisch*, wenn er ein Ideal in $\mathbb{F}_q[X] / (X^n - 1)$ ist.

Beweis. " $\rightarrow$ " Es ist zu zeigen, dass $X \cdot \mathcal{C} \subset \mathcal{C}$ gilt. Nun gilt doch

$$X(c_0 + c_1 X + \ldots + c_{n-1} X^{n-1}) \equiv c_{n-1} + c_0 X + \ldots + c_{n-2} X^{n-1}$$

in $\mathbb{F}_q[X] / (X^n - 1)$. Letzteres liegt in $\mathcal{C}$ für $(c_0, \ldots, c_{n-1}) \in \mathcal{C}$, weil $\mathcal{C}$ zyklisch ist.

" $\leftarrow$ " Man überlegt sich, dass man das "weil" durch "genau dann, wenn" ersetzen kann. $\square$

Es ist im Prinzip leicht möglich, alle Ideale von $\mathbb{F}_q[X] / (X^n - 1)$ anzugeben. Dazu betrachten wir die kanonische Projektion

$$\pi \ : \ \mathbb{F}_q[X] \ \longrightarrow \ \mathbb{F}_q[X] / (X^n - 1) \ .$$

Das Urbild eines Ideals von $\mathbb{F}_q[X] / (X^n - 1)$ ist ein Ideal von $\mathbb{F}_q[X]$. Die von 0 verschiedenen Ideale von $\mathbb{F}_q[X] / (X^n - 1)$ sind also Hauptideale und werden erzeugt von den Polynomen, die echte Teiler von $X^n - 1$ sind. Ist

$$X^n - 1 = f_1(X) \cdot \ldots \cdot f_t(X)$$

die eindeutige Faktorzerlegung in irreduzible normierte Polynome, so sind die verschiedenen normierten Faktoren von $X^n - 1$ Produkte von gewissen $f_i(X)$. Im Falle $(n, q) = 1$ sind die Faktoren $f_1, \ldots, f_t$ paarweise verschieden, also gibt es einschließlich des Null-Codes genau 2^t verschiedene zyklische Codes der Länge n.

Besteht ein zyklischer Code aus den Vielfachen des Polynoms $g(X)$, so soll $g(X)$ *Erzeugerpolynom* heißen.

Bemerkung 3.1.4 (i) Bei der Betrachtung zyklischer Codes machen wir im Folgenden stets die Voraussetzung

$$(n, q) = 1 \ .$$

Im Falle binärer Codes ist also n stets ungerade.

(ii) Der Sinn dieser Voraussetzung ist folgender: Sind n und q teilerfremd, so hat $X^n - 1$ keine Nullstelle mit seiner Ableitung nX^{n-1} gemeinsam; insbesondere hat $X^n - 1$ keine mehrfachen Nullstellen; dabei ist alles in einem Zerfällungskörper des Polynoms $X^n - 1$ zu verstehen. Deshalb sind die irreduziblen Faktoren $f_1(X), \ldots, f_t(X)$

paarweise verschieden. Insbesondere ist ein normierter Teiler von $X^n - 1$ durch seine Nullstellen eindeutig festgelegt.

(iii) Die Codes, die aus den Vielfachen eines irreduziblen Faktors $f_i(X)$ bestehen, heißen *maximal*. Die Codes, die aus den Vielfachen von $(X^n - 1)/f_i(X)$ bestehen, heißen *minimal* oder *irreduzibel*. Diese maximalen bzw. minimalen zyklischen Codes werden mit $\mathcal{M}_i^+$ bzw. $\mathcal{M}_i^-$ bezeichnet.

(iv) Zur expliziten Angabe der zyklischen Codes muss man die Zerlegung der Kreisteilungspolynome $X^n - 1$ über $\mathbb{F}_q$ in irreduzible Faktoren kennen. Z.B. gilt über $\mathbb{F}_2$

$$\begin{aligned}
X^3 - 1 &= (X - 1) \cdot (X^2 + X + 1) \\
X^5 - 1 &= (X - 1) \cdot (X^4 + X^3 + X^2 + X + 1) \\
X^7 - 1 &= (X - 1) \cdot (X^3 + X + 1) \cdot (X^3 + X^2 + 1) \\
X^9 - 1 &= (X - 1) \cdot (X^2 + X + 1) \cdot (X^6 + X^3 + 1) \ .
\end{aligned}$$

Notiz 3.1.5 Es ist leicht, Erzeuger- und Kontrollmatrix eines zyklischen Codes anzugeben: Besteht $\mathcal{C}$ aus den Vielfachen des Polynoms

$$g(X) = g_0 + g_1 X + \ldots + g_{n-k} X^{n-k} \quad \text{mit } g_{n-k} \neq 0$$

vom Grad $(n - k)$, so ist

$$g(X), X^1 g(X), \ldots, X^{k-1} g(X)$$

eine Basis des Codes. Diese Basis liefert die Erzeugermatrix

$$G = \begin{pmatrix} g_0 & \cdots & g_{n-k} & 0 \cdots & 0 \\ & \ddots & & & \ddots & \\ 0 & \cdots & g_0 & & \cdots & g_{n-k} \end{pmatrix} \ .$$

Auf das Problem der Berechnung der irreduziblen Faktoren kommen wir am Ende dieses Abschnitts zurück. Wir diskutieren jetzt verschiedene Möglichkeiten, einen zyklischen Code zu beschreiben und Folgerungen daraus zu ziehen.

Es sei im Folgenden

$$X^n - 1 = g(X) \cdot h(X) \ .$$

Lemma 3.1.6 *Der zyklische Code $\mathcal{C}$ mit Erzeugerpolynom $g(X)$ besteht genau aus den Polynomen, die von $h(X)$ annulliert werden; also*

$$\mathcal{C} = \{ p(X) \in (\mathbb{F}_q[X]/(X^n - 1)) \ ; \ p(X)h(X) = 0 \} \ .$$

Das Polynom $h(X)$ heißt deswegen Kontrollpolynom von $\mathcal{C}$.

Beweis. Für Vielfache $p = qg$ von g gilt $ph = 0$ in $\mathbb{F}_q[X]/(X^n - 1)$. Ist umgekehrt $ph = 0$ in diesem Ring, also ph ein Vielfaches von $X^n - 1$, so muss das Polynom p wegen $gh = X^n - 1$ ein Vielfaches von g sein, also im Code liegen. $\square$

Es sei

$$g = g_0 + g_1 X + \ldots + X^{n-k}$$
$$h = h_0 + h_1 X + \ldots + X^k$$

mit

$$g \cdot h = X^n - 1 \ .$$

Lemma 3.1.7 *Unter der Identifikation*

$$\mathbb{F}_q^n \longrightarrow \mathbb{F}_q[X] / (X^n - 1)$$
$$(c_0, c_1, \ldots, c_{n-1}) \longmapsto c_0 + c_1 X + \ldots + c_{n-1} X^{n-1} \ .$$

werde der Code C mit dem Ideal (g) bzw. der Code C' mit dem Ideal (h) identifiziert. Dann gilt:

1. Der Code C hat Dimension k und die Erzeugermatrix

$$G = \begin{pmatrix} g_0 & \cdots & g_{n-k} & 0 \cdots & 0 \\ & \ddots & & \ddots & \\ 0 & \cdots & g_0 & \cdots & g_{n-k} \end{pmatrix} \in M(k \times n, \mathbb{F}_q)$$

und Kontrollmatrix

$$H = \begin{pmatrix} 0 & \cdots & h_k & \cdots & h_0 \\ & \ddots & & \ddots & \\ h_k & \cdots & h_0 & \cdots & 0 \end{pmatrix} \in M((n-k) \times n, \mathbb{F}_q) \ .$$

2. Der Code C' hat die Dimension $(n-k)$. Er ist äquivalent zum dualen Code $C^\perp \subset \mathbb{F}_q^n$ zu C unter der kanonischen Paarung $\mathbb{F}_q^n \times \mathbb{F}_q^n \to \mathbb{F}_q$. Genauer, nach Inversion der Nummerierung wird C' der duale Code $C^\perp$. Insbesondere ist H nach Inversion der Spaltennummerierung eine Erzeugermatrix von C'.

Beweis. 1. Die Identifikation

$$\mathbb{F}_q^n \xrightarrow{\sim} \mathbb{F}_q[X] / (X^n - 1)$$

liefert eine Bijektion von $C + C'$ mit dem Ideal (g, h). Weil g und h teilerfremd sind, folgt

$$C \oplus C' = C + C' = \mathbb{F}_q^n \ .$$

Nun hat C die Dimension k. Wie aus Koeffizientenvergleich mit $gh = X^n - 1$ folgt, gilt für alle Zeilenvektoren z von G nun $Hz^t = 0$. Da der Rang von H gleich k ist, ist H Kontrollmatrix.

2. Das haben wir fast schon bewiesen. Eine Kontrollmatrix ist stets eine Erzeugermatrix des dualen Codes. Liest man H von rechts nach links, so sieht man, dass $C^\perp$ äquivalent zum Code mit Erzeugerpolynom $h(X)$ ist. $\qquad\square$

Um eine Erzeugermatrix in reduzierter Form zu erhalten, geht man folgendermaßen vor: Man teile X^i für $i = n - k, \ldots, n - 1$ durch $g(X)$ mit Rest

$$X^i = q_i(X)g(X) + r_i(X) \ .$$

Dann sind $X^i - r_i(X)$ Codewörter. Diese Codewörter bilden eine Basis von $\mathcal{C}$. Die zugehörige Erzeugermatrix ist i.W. in reduzierter Form und sieht so aus:

$$\begin{pmatrix} -r_{n-k} & 1 & & 0 \\ \vdots & & \ddots & \\ -r_{n-1} & 0 & & 1 \end{pmatrix} \in M(k \times n, \mathbb{F}_q) \ .$$

Wir wiederholen nun weitere Tatsachen aus der Algebra; vgl. auch § A.2.

Satz 3.1.8 *Es seien* n *und* q *teilerfremd.*

(i) *Die* n *verschiedenen Nullstellen von* $X^n - 1$ *in* $\overline{\mathbb{F}}_q$ *nennen wir die* n*-ten Einheitswurzeln. Sie bilden eine zyklische Gruppe. Jedes erzeugende Element* α *dieser zyklischen Gruppe heißt primitive* n*-te Einheitswurzel. Für solche Einheitswurzeln sind also* $1, \alpha, \dots, \alpha^{n-1}$ *die sämtlichen Nullstellen von* $X^n - 1$ *.*

(ii) *Der Körper* $\mathbb{F}_q(\alpha)$ *ist eine endliche Körpererweiterung von* $\mathbb{F}_q$ *, etwa vom Grad* m *. Dann gilt* $\mathbb{F}_q(\alpha) = \mathbb{F}_{q^m}$ *.*

Die Zahlen q, m, n *hängen folgendermaßen zusammen: Die multiplikative Gruppe von* $\mathbb{F}_{q^m}$ *ist eine zyklische Gruppe vom Grad* $q^m - 1$ *, d.h. genau die Gruppe der* $(q^m - 1)$*-ten Einheitswurzeln. Damit diese Gruppe die* n*-ten Einheitswurzeln enthält, muss also gelten* $n \mid q^m - 1$ *.*

Für den Zerfällungskörper $\mathbb{F}_q(\alpha)$ *ist also* m *genau die kleinste Zahl, so dass* n *diese Bedingung erfüllt.*

(iii) *Es ist* $\mathbb{F}_{q^m} / \mathbb{F}_q$ *eine galoissche Erweiterung mit zyklischer Galoisgruppe. Der Frobeniusautomorphismus* $\xi \mapsto \xi^q$ *ist ein kanonisches erzeugendes Element der Galoisgruppe.*

Zum Beispiel gilt im Fall $q = 2$ für die Beziehung zwischen n und m:

n	3	5	7	9	11	13
m	2	4	3	6	10	12

Es sei nun

$$X^n - 1 \ = \ f_1(X) \cdot \ldots \cdot f_t(X)$$

die Zerlegung in irreduzible Faktoren über $\mathbb{F}_q$. Ist α^s Nullstelle von $f_i(X)$, so auch alle Konjugierten

$$\alpha^s, \ (\alpha^s)^q, \ (\alpha^s)^{q^2}, \ \dots$$

von α^s. Man teilt nun diese in Äquivalenzklassen bzgl. der Operation des Frobenius ein. Dieses geschieht, indem man die Restklassen der Exponenten modulo n in Äquivalenzklassen bzgl. der Multiplikation mit q zerlegt; z.B.

$$q = 2, \ n = 9 \qquad \{0, 1, 2, \dots, 8\} \ = \ \{0\} \cup \{1, 2, 4, 5, 7, 8\} \cup \{3, 6\}$$

$$q = 2, \ n = 11 \qquad \{0, 1, 2, \dots, 10\} \ = \ \{0\} \cup \{1, 2, 3, 4, 5, 6, 7, 8, 9, 10\} \ .$$

Die irreduziblen Faktoren $f_i(X)$ sind durch ihre Nullstellen eindeutig bestimmt. Deshalb ergibt sich sofort:

Satz 3.1.9 *Zu jedem zyklischen Code* C *in* $\mathbb{F}_q[X]/(X^n - 1)$ *gibt es eine Menge* $\alpha_1, \ldots, \alpha_r$ *von* n-*ten Einheitswurzeln mit*

$$C = \{p \in \mathbb{F}_q[X]\,;\, \deg p \leq (n-1)\,,\, p(\alpha_1) = \ldots = p(\alpha_r) = 0\}\ .$$

Beweis. Es ist p ein Vielfaches von f_i genau dann, wenn $p(\alpha_i) = 0$ für eine Nullstelle α_i von f_i ist. $\square$

3.2   Idempotente eines zyklischen Codes

Für eine bessere Kenntnis zyklischer Codes ist ein genaueres Studium des Restklassenringes $\mathbb{F}_q[X]/(X^n-1)$ erforderlich. Die Struktur dieses Ringes ist aus der Algebra wohl bekannt. Wir wiederholen die wesentlichen Dinge. Dabei können wir etwas allgemeiner vorgehen:

Es sei $f(X) \in \mathbb{F}_q[X]$ ein normiertes Polynom vom Grad n, dessen irreduzible Faktoren paarweise verschieden sind, also

$$f(X) = f_1(X) \cdot \ldots \cdot f_t(X)$$

Die Polynome $f_i(X)$ seien normiert und irreduzibel. Dann setzen wir

$$\begin{aligned}
R &= \mathbb{F}_q[X]/(f(X)) \\
K_i &= \mathbb{F}_q[X]/(f_i(X)) \\
h_i(X) &= f(X)/f_i(X)\ .
\end{aligned}$$

K_i ist ein Erweiterungskörper von $\mathbb{F}_q$ und es gilt

$$\deg f_i = [K_i : \mathbb{F}_q]\ .$$

Dann gilt:

Satz 3.2.1 *Die kanonische Restklassenabbildung*

$$\pi:\ R \longrightarrow K_1 \times \ldots \times K_t\ ,\qquad \overline{r} \mapsto (\overline{r}_1, \ldots, \overline{r}_t)$$

ist ein Isomorphismus. Dabei ist

$$\pi_i:\ R \longrightarrow K_i\ ,\qquad \overline{r} \mapsto \overline{r}_i := r \mod f_i$$

die kanonische Projektion.

Beweis. Es ist $\ker(\pi) = 0$. Also ist π injektiv und damit auch surjektiv wegen der Gleichheit der Dimensionen. $\square$

Korollar 3.2.2 *Jeder zyklische Code ist eine direkte Summe von minimalen zyklischen Codes.*

Nun sei $f = X^n - 1$ und $(n, q) = 1$. Unter diesem Isomorphismus werden offenbar genau die Vielfachen von h_i, also der Code $\mathcal{M}_i^-$, auf K_i abgebildet. Sei

$$e_i := (0, \ldots, 1, \ldots, 0) \in K_1 \times \ldots \times K_i \times \ldots \times K_t .$$

Ein Element e in einem Ring heißt *idempotent*, wenn $e = e^2$ gilt. Diese e_i haben folgende Eigenschaften:

Lemma 3.2.3 *Es gilt:*

(i) $e_i^2 = e_i$ *und* $e_i e_j = 0$ *für alle* $i \neq j$

(ii) *Jedes* e *mit* $e^2 = e$ *ist Summe gewisser* e_i .

(iii) *Insbesondere ist es unmöglich,* e_i *weiter in Idempotente zu zerlegen.*

$e_1, \ldots, e_t$ *heißen* primitive Idempotente.

Beweis. (i) ist klar.
(ii) Da K_i ein Körper ist und $\pi_i(e) = \pi_i(e)^2$ gilt, folgt $\pi_i(e) = 0$ oder $\pi_i(e) = 1$. Daraus folgt die Behauptung.
(iii) ist klar. $\square$

Lemma 3.2.4 *Jedes Ideal von* $P := K_1 \times \ldots \times K_t$ *ist Produkt gewisser Faktoren* K_i . *Es gibt also* 2^t *verschiedene Ideale. Jedes Ideal* I *von* P *wird von einem eindeutig bestimmten Idempotent* e *erzeugt. Für alle* $x \in I$ *gilt* $xe = x$ *und somit*

$$I = Pe = \{x \in P ; \; x(1 - e) = 0\} .$$

Wir übertragen dies nun auf R.

Satz 3.2.5 *Zu jedem Ideal* I *von* R *gibt es ein eindeutig bestimmtes Polynom* $e = e(X)$ *mit* $\deg e < n$ *und* $e = e^2$ *in* $\mathbb{F}_q[X]/(f)$, *so dass gilt*

$$I = Re = \{p \in R ; \, p(1 - e) = 0\} .$$

Korollar 3.2.6 *Sind* I_1 *und* I_2 *Ideale mit Idempotenten* e_1 *bzw.* e_2 , *so gehören zu den Idealen* $I_1 \cap I_2$ *das Idempotent* $e_1 \cdot e_2$ *und zu* $I_1 + I_2$ *das Idempotent* $e_1 + e_2 - e_1 e_2$.

Es ist leicht, den Zusammenhang zwischen dem Erzeugerpolynom $g(X)$ und dem Idempotent $e(X)$ eines zyklischen Codes herzustellen.

Lemma 3.2.7 *Das Erzeugerpolynom berechnet sich aus dem Idempotent eines Codes via*

$$g = \mathrm{ggT}\, (e, X^n - 1) .$$

Beweis. e liegt in dem von g erzeugten Code, ist also ein Vielfaches von g. Also ist g ein gemeinsamer Teiler von e und $X^n - 1$. Andererseits liegt g in dem von e erzeugten Code; g ist also ein Vielfaches von e mod $(X^n - 1)$. Also gilt

$$g = d \cdot e + q \cdot (X^n - 1) .$$

Falls nun l ein Teiler von e und $(X^n - 1)$ ist, so ist l ein Teiler von g. $\square$

Bemerkung 3.2.8 Den ggT von zwei Polynomen berechnet man bekanntlich leicht mit dem Euklidischen Algorithmus.

Man setze $r_0 := f$ und $r_1 := g$. Es gelte $\deg(r_0) \geq \deg(r_1)$ ohne Einschränkung. Dann liefert die Division mit Rest

$$
\begin{aligned}
r_0 &= q_1 \cdot r_1 + r_2 &&\text{mit} \quad \deg r_2 < \deg r_1 \\
r_1 &= q_2 \cdot r_2 + r_3 &&\text{mit} \quad \deg r_3 < \deg r_2 \\
&\ \ \vdots \\
r_{m-2} &= q_{m-1} \cdot r_{m-1} + r_m &&\text{mit} \quad \deg r_m < \deg r_{m-1} \\
r_{m-1} &= q_m \cdot r_m + 0 \ .
\end{aligned}
$$

Der letzte Rest $r_m \neq 0$ ist der ggT .

Zusammenfassung 3.2.9 (i) Es seien q und n teilerfremd. Es sei

$$X^n - 1 = f_1 \cdot \ldots \cdot f_t$$

die Zerlegung von $X^n - 1$ über $\mathbb{F}_q[X]$ in irreduzible normierte Faktoren. Die zyklischen Block-Codes der Länge n über $\mathbb{F}_q$ sind genau die Ideale im Faktorring $R := \mathbb{F}_q[X] / (X^n - 1)$. Als Vektorraum ist R isomorph zu $\mathbb{F}_q^n$.

Jeder zyklische Code $\mathcal{C}$ der Dimension k und Länge n hat ein eindeutig bestimmtes Erzeugerpolynom g mit $\deg(g) = n - k$, ein eindeutig bestimmtes Kontrollpolynom h vom Grad $\deg(h) = k$ und ein eindeutig bestimmtes Idempotent e , so dass gilt

$$
\begin{aligned}
\mathcal{C} &= \{ p \in R ; \ p = q\,g \ \text{ wobei } \ \deg q < k \} \\
&= \{ p \in R ; \ p\,h = 0 \} \\
&= \{ p \in R ; \ p = p \cdot e \} \ .
\end{aligned}
$$

Es gilt

$$(X^n - 1) = g \cdot h$$

und

$$e^2 = e \mod (X^n - 1) \ .$$

Es gibt 2^t zyklische Codes. Jeder zyklische Code ist direkte Summe minimaler zyklischer Codes.

(ii) Anzahl und Grade der irreduziblen Faktoren f_i bestimmt man durch die Zerlegung von $\{1, \ldots, n\}$ in zyklotomische Teilmengen

$$\{1, \ldots, n\} = Z_1 \,\dot\cup\, \ldots \,\dot\cup\, Z_t \ ,$$

wobei Z_i die minimale Teilmenge von Resten modulo n bezeichne, die abgeschlossen bzgl. der Multiplikation mit q sind; d.h.

$$Z_i = \{ k_i \mod n , \ q \cdot k_i \mod n , \ q^2 \cdot k_i \mod n , \ldots \} \ .$$

(iii) Zyklische Codes sind einfach zu codieren; wie wir noch sehen werden.

Von besonderem Interesse ist immer der Fall $n = q^m - 1$. Dann ist nämlich die Gruppe der n-ten Einheitswurzeln die Gruppe $\mathbb{F}_{q^m}^\times = \mathbb{F}_{q^m} - \{0\}$. Der Vorteil der Beschreibung der Ideale – d.h. der Codes – durch Idempotente ist, dass diese sich leicht finden lassen. Wir diskutieren das an einem Beispiel $q = 2$ und n ungerade. Ein Polynom $e(X)$ ist ein Idempotent modulo $(X^n - 1)$, wenn

$$e(X)^2 = e(X^2) = e(X) \qquad \mathrm{mod}\ (X^n - 1)$$

gilt, d.h. also die Folge der wirklich vorkommenden Exponenten ist modulo n invariant gegenüber Multiplikation mit 2. Sei nun $\mathbb{Z}/\mathbb{Z}n = \{1, \dots, n\}$ die Menge der Restklassen modulo n. Eine Teilmenge $Z \subset \mathbb{Z}/\mathbb{Z}n$ heißt zyklisch, wenn $Z = 2\,Z$ mod n gilt. Für jede zyklische Teilmenge Z ist

$$Z(X) := \sum_{j \in Z} X^j$$

idempotent. Nun ist $\mathbb{Z}/\mathbb{Z}n$ eine disjunkte Vereinigung der Äquivalenzklassen bzgl. der Multiplikation mit 2. Man erhält so eine Zerlegung von $\mathbb{Z}/\mathbb{Z}n$ in t irreduzible zyklische Teilmengen

$$\mathbb{Z}/\mathbb{Z}n = Z_1 \cup \dots \cup Z_t\ .$$

Dann sind

$$Z_i(X) = \sum_{j \in Z_i} X^j$$

für $i = 1, \dots, t$ primitive Idempotente. Die verschiedenen Summen der Z_i bilden 2^t verschiedene Idempotente. Es ergibt sich somit ein einfacher Algorithmus zum Auffinden der primitiven Idempotenten.

3.3 BCH-Codes

Eine wichtige Klasse von zyklischen Codes wurde von

R.C. BOSE, D.K. RAY-CHANDHURI, A. HOCQUENGHEM

entdeckt. Diese Codes sind bekannt unter dem Namen BCH-Codes. Wir beginnen mit einem Beispiel.

Beispiel 3.3.1 Es soll gezeigt werden, dass die binären Hamming-Codes $\mathcal{H}_m$ mit den Parametern

$$[\,n = 2^m - 1,\, n - m,\, 3\,]$$

zyklische Codes sind; vgl. 1.2.9. Die Kontrollmatrix H von $\mathcal{H}_m$ bestand aus den binären Entwicklungen der Zahlen $1, \dots, (2^m - 1)$ als Spaltenvektoren der Länge m. Diese Matrix interpretieren wir jetzt folgendermaßen:

Es wird auf irgendeine Weise $\mathbb{F}_2^m = \mathbb{F}_{2^m}$ identifiziert. Ist α eine Primitivwurzel von $\mathbb{F}_{2^m}$, also ein Erzeuger der multiplikativen Gruppe $\mathbb{F}_{2^m}^\times$, so sind die Spalten der Kontrollmatrix die Potenzen $1 = \alpha^0, \alpha^1, \dots, \alpha^{2^m-2}$; diese seien geschrieben als Vektoren aus $\mathbb{F}_2^m$. Es ergibt sich also

$$H = (\alpha^0, \alpha^1, \alpha^2, \dots, \alpha^{2^m-2})\ .$$

Ein Vektor $c = (c_0, c_1, \ldots, c_{n-1})$ gehört zum Code, falls $H\,c^t = 0$, d.h. also wenn in $\mathbb{F}_{2^m}$

$$\sum_{i=0}^{n-1} c_i\,\alpha^i = 0$$

gilt, oder mit anderen Worten, wenn α Nullstelle von dem Polynom

$$c(X) = c_0 + c_1 X + \ldots + c_{n-1} X^{n-1}$$

ist. Dies ist genau dann der Fall, wenn $c(X)$ Vielfaches des Minimalpolynoms von α über $\mathbb{F}_2$ ist. Dies ist ein irreduzibles Polynom vom Grad m. Der Hamming-Code $\mathcal{H}_m$ ist also ein maximaler zyklischer Code der Länge $n = 2^m - 1$, der gerade aus den Vielfachen des Minimalpolynoms eines primitiven Elementes der Erweiterung $\mathbb{F}_{2^m} / \mathbb{F}_2$ besteht. Zum Beispiel kommen für $m = 3$ je nach Wahl von α nur folgende Minimalpolynome

$$X^3 + X + 1 \quad \text{oder} \quad X^3 + X^2 + 1$$

in Betracht.

Beispiel 3.3.2 Mit den gerade eingeführten Bezeichnungen ist es auch leicht, die BCH-Codes $\mathcal{B}_m$ aus 1.3.3 mit den Parametern

$$[\,2^m - 1\,,\, 2^m - 1 - 2m\,,\, d \geq 5\,]$$

zu beschreiben. Nach Konstruktion hat dieser Code die Kontrollmatrix

$$H = \begin{pmatrix} 1 & \alpha & \alpha^2 & \cdots & \alpha^{2^m - 2} \\ 1 & \alpha^3 & \alpha^6 & \cdots & \alpha^{3(2^m - 2)} \end{pmatrix} \, .$$

Ein Vektor c ist Codewort, wenn wie oben

$$\sum c_i\,\alpha^i = 0 \quad \text{und} \quad \sum c_i\,\alpha^{3i} = 0$$

gilt, also wenn α und α^3 Nullstellen von

$$c(X) = c_0 + c_1 X^1 + \ldots + c_{n-1} X^{n-1}$$

sind, bzw. $c(X)$ Vielfaches von den Minimalpolynomen $m_{\mathbb{F}_2}(\alpha, X)$ und $m_{\mathbb{F}_2}(\alpha^3, X)$ ist. Nach der folgenden Bemerkung sind diese irreduziblen Polynome verschieden, so dass also $\mathcal{B}_m$ ein zyklischer Code mit Erzeugerpolynom $m_{\mathbb{F}_2}(\alpha, X) \cdot m_{\mathbb{F}_2}(\alpha^3, X)$ ist, wobei α primitives Element von $\mathbb{F}_{2^m}$ ist. Die Minimalpolynome $m_{\mathbb{F}_2}(\alpha, X)$ und $m_{\mathbb{F}_2}(\alpha^3, X)$ sind verschieden. Sonst wäre der BCH-Code nämlich ein Hamming-Code. Man kann auch folgendermaßen argumentieren: Die Nullstellen von $m_{\mathbb{F}_2}(\alpha, X)$ sind die Konjugierten unter den Potenzen des Frobeniusautomorphismus $x \mapsto x^2$, also die Elemente $\alpha, \alpha^2, \alpha^{2^2}, \ldots, \alpha^{2^m} = \alpha$. Unter diesen kommt α^3 nicht vor.

Für den $[15, 7]$ BCH-Code $\mathcal{B}_4$ ergibt sich als Erzeugerpolynom z.B.

$$(X^4 + X + 1)(X^4 + X^3 + X^2 + X + 1) \, .$$

Die Polynome $(X^4 + X + 1)$ und $(X^4 + X^3 + X^2 + X + 1)$ sind nämlich irreduzibel über $\mathbb{F}_2$ vom Grad 4. Sei etwa α eine Nullstelle von $(X^4 + X + 1)$, so sind $\alpha, \alpha^2, \alpha^4, \alpha^8$ genau die Konjugierten zu α. Weiterhin ist $\alpha^3 \in \mathbb{F}_{16} - \mathbb{F}_4$, somit ist α^3 auch erzeugendes Element von $\mathbb{F}_{16}$ über $\mathbb{F}_2$. Die Konjugierten von $\beta := \alpha^3$ sind $\alpha^3, \alpha^6, \alpha^{12}, \alpha^9$. Daher ist

$$a := \beta^4 + \beta^3 + \beta^2 + \beta^1 \in \mathbb{F}_2 \ .$$

Wäre $a = 0$, so wäre das Minimalpolynom von β über $\mathbb{F}_4$ vom Grad ≤ 3, also wäre $\beta \in \mathbb{F}_4$. Da das nicht gilt, muss $a = 1$ gelten. Also ist α^3 Nullstelle von $(X^4 + X^3 + X^2 + X + 1)$. $\qquad\qquad\Box$

Wir verallgemeinern jetzt das letzte Beispiel.

Definition 3.3.3 Ein zyklischer Code der Länge n über $\mathbb{F}_q$ ist ein BCH-*Code mit designiertem Abstand* $\delta \leq n$, falls eine ganze Zahl b existiert, so dass für das Erzeugerpolynom gilt

$$g(X) \ = \ \mathrm{kgV}\left(m_{\mathbb{F}_q}(\alpha^b, X), \ldots, m_{\mathbb{F}_q}(\alpha^{b+\delta-2}, X)\right) \ .$$

wobei α eine primitive n-te Einheitswurzel ist. Anders ausgesagt: Ein solcher BCH-Code besteht aus allen Polynomen, die $(\delta - 1)$ aufeinander folgende Potenzen von α etwa $\alpha^b, \ldots \alpha^{b+\delta-2}$ einer primitiven n-ten Einheitswurzel als Nullstellen haben.

Ist $b = 1$, so spricht man von BCH-*Codes im engeren Sinne*.

Ist $n = q^m - 1$, so spricht man von *primitiven* BCH-*Codes*.

Die Ausdrucksweise "designierter Abstand" erklärt sich aus folgendem Satz.

Satz 3.3.4 *Für einen* BCH-*Code mit designiertem Abstand* δ *ist der Minimalabstand* $d \geq \delta$.

Beweis. Liegt $c(X) \ = \ c_0 + c_1 X + \ldots + c_{n-1} X^{n-1}$ in einem solchen Code $\mathcal{C}$, dann gilt

$$c(\alpha^b) \ = \ c(\alpha^{b+1}) \ = \ \ldots \ = \ c(\alpha^{b+\delta-2}) \ = \ 0 \ ,$$

d.h. also $Hc^t = 0$ mit

$$H \ = \ \begin{pmatrix} 1 & \alpha^b & \cdots & \alpha^{(n-1)b} \\ 1 & \alpha^{b+1} & & \alpha^{(n-1)(b+1)} \\ \vdots & \vdots & & \vdots \\ 1 & \alpha^{b+\delta-2} & \cdots & \alpha^{(n-1)(b+\delta-2)} \end{pmatrix} \ .$$

Ist nun $c \in \mathcal{C} - \{0\}$ mit Hamming-Norm $w \leq (\delta - 1)$, so gilt also $c_i \neq 0$ nur für gewisse Indices $i = a_1, a_2, \ldots, a_w$. Wegen $Hc^t = 0$ ist dann insbesondere

$$\begin{pmatrix} \alpha^{a_1 b} & \cdots & \alpha^{a_w b} \\ \vdots & & \vdots \\ \alpha^{a_1(b+w-1)} & \cdots & \alpha^{a_w(b+w-1)} \end{pmatrix} \cdot \begin{pmatrix} c_{a_1} \\ \vdots \\ c_{a_w} \end{pmatrix} \ = \ 0 \ .$$

Die Determinante der hier vorkommenden Matrix ist also 0 . Diese Determinante ist aber bis auf einen von 0 verschiedenen Faktor die Vandermonde-Determinante

$$\det \begin{pmatrix} 1 & \cdots & 1 \\ \alpha^{a_1} & & \alpha^{a_w} \\ \vdots & & \vdots \\ \alpha^{a_1(w-1)} & & \alpha^{a_w(w-1)} \end{pmatrix} = \prod_{j<i}(\alpha^{a_j} - \alpha^{a_i}) \neq 0 \; .$$

Also kann es ein solches $c \in \mathcal{C}$ nicht geben. $\qquad\qquad\square$

Als Anwendung bekommen wir einen neuen Beweis für unsere Ergebnisse aus § 1.3.

Korollar 3.3.5 (i) *Die binären Hamming Codes haben Erzeugerpolynom $m_{\mathbb{F}_2}(\alpha, X)$; dieses Polynom hat auch die Nullstelle α^2 , die unter dem Frobeniusautomorphismus zu α konjugiert ist, es gibt also zwei aufeinander folgende Nullstellen, d.h. $d \geq 3$.*

(ii) *Die binären 2-fehlerkorrigierenden BCH-Codes haben als Erzeugerpolynom das Produkt der Minimalpolynome $m_{\mathbb{F}_2}(\alpha, X) \cdot m_{\mathbb{F}_2}(\alpha^3, X)$. Dieses Polynom hat die Nullstellen $\alpha, \alpha^2, \alpha^3, \alpha^4$. Also gilt $d \geq 5$.*

Es ist durchaus möglich, dass der designierte Abstand δ kleiner als der wirkliche Abstand d ist. Auch ist die Dimension k zunächst nicht bekannt. Wir geben ein Beispiel:

Beispiel 3.3.6 Es sei $q = 2$, $n = 31$ und $\delta = 8$. Wir betrachten den zugehörigen BCH-Code im engeren Sinne: Der Zerfällungskörper von $X^{31} - 1$ über $\mathbb{F}_2$ ist $\mathbb{F}_{32}$. Ist α primitive n-te Einheitswurzel, so ist das zugehörige Minimalpolynom

$$m_{\mathbb{F}_2}(\alpha, X) = (X - \alpha)(X - \alpha^2)(X - \alpha^4)(X - \alpha^8)(X - \alpha^{16}) \; .$$

Der zu konstruierende Code hat auch α^3 als Nullstelle; das zugehörige Minimalpolynom ist

$$m_{\mathbb{F}_2}(\alpha^3, X) = (X - \alpha^3)(X - \alpha^6)(X - \alpha^{12})(X - \alpha^{24})(X - \alpha^{17}) \; .$$

Als Nächstes brauchen wir deshalb die Nullstellen α^5 mit Minimalpolynom

$$m_{\mathbb{F}_2}(\alpha^5, X) = (X - \alpha^5)(X - \alpha^{10})(X - \alpha^{20})(X - \alpha^9)(X - \alpha^{18})$$

und auch noch α^7 mit dem Minimalpolynom

$$m_{\mathbb{F}_2}(\alpha^7, X) = (X - \alpha^7)(X - \alpha^{14})(X - \alpha^{28})(X - \alpha^{25})(X - \alpha^{19}) \; .$$

Das Produkt

$$m_{\mathbb{F}_2}(\alpha, X) \; m_{\mathbb{F}_2}(\alpha^3, X) \; m_{\mathbb{F}_2}(\alpha^5, X) \; m_{\mathbb{F}_2}(\alpha^7, X)$$

hat dann - wie designiert - die aufeinander folgenden Nullstellen $\alpha^1, \alpha^2, \ldots, \alpha^7$. In Wirklichkeit hat es aber noch die weiteren Nullstellen $\alpha^8, \alpha^9, \alpha^{10}$, so dass $d \geq 11$ ist. $\qquad\square$

Die genaue Bestimmung von d ist schwierig und im Allgemeinen ungelöst. Die Kontrollmatrix des BCH-Codes ist die oben angegebene Matrix H, wenn jedes α^e als Spalte der Länge m in $\mathbb{F}_q^m = \mathbb{F}_{q^m} = \mathbb{F}_q(\alpha)$ gelesen wird. Sind je $\delta' - 1$ Spalten von H linear unabhängig mit $\delta' > \delta$, so ist $d \geq \delta' > \delta$; vgl. Notiz 1.1.6. Aus H erhält man auch sofort eine grobe Abschätzung für k.

Satz 3.3.7 *Für einen BCH–Code mit designiertem Abstand δ gilt*

$$k \geq n - m \cdot (\delta - 1) \ .$$

Im Spezialfall eines binären BCH–Code im engeren Sinne mit $q = 2$, $b = 1$ und $\delta = 2t$ oder $\delta = 2t + 1$ gilt sogar $k \geq n - m \cdot t$.

Beweis. Offenbar gilt

$$\deg(g) \ \leq \ (\delta - 1) \cdot [\mathbb{F}_q(\alpha) : \mathbb{F}_q] \ = \ (\delta - 1)m \ .$$

In dem Spezialfall hat $\mathcal{C}$ mit der Nullstelle α^i auch die konjugierte Nullstelle α^{2i}; d.h. das Erzeugerpolynom ist sowohl im Fall $\delta = 2t$ als auch im Fall $\delta = 2t + 1$

$$g(X) \ = \ \mathrm{kgV} \left\{ m_{\mathbb{F}_q}(\alpha, X) , \, m_{\mathbb{F}_q}(\alpha^3, X) , \, \ldots , \, m_{\mathbb{F}_q}(\alpha^{2t-1}, X) \right\} \ .$$

Es hat also einen Grad $\leq mt$, so dass $k \geq n - mt$. Die Kontrollmatrix in diesem Spezialfall ist

$$\begin{pmatrix} 1 & \alpha & \cdots & \alpha^{n-1} \\ 1 & \alpha^3 & & \alpha^{3(n-1)} \\ \vdots & & & \\ 1 & \alpha^{2t-1} & \cdots & \alpha^{(2t-1)(n-1)} \end{pmatrix} \ . \qquad \square$$

Beispiel 3.3.8 Im Fall $q = 2$, $n = 23$ ist das kleinste m mit $2^m - 1 \equiv 0 \mod 23$ offenbar $m = 11$; denn es ist $2047 = 23 \cdot 89$. Das Minimalpolynom einer primitiven 23-ten Einheitswurzel hat den Grad 11. Die Erweiterung $\mathbb{F}_{2^{11}} / \mathbb{F}_2$ hat keine echten Zwischenkörper; d.h. jedes Element ungleich 0, 1 hat ein Minimalpolynom vom Grad 11. Die Zerlegung von $X^{23} - 1$ muss also so aussehen

$$X^{23} - 1 \ = \ (X - 1) \, g_1(X) \, g_2(X) \ ,$$

wobei g_1 und g_2 irreduzible Polynome vom Grad 11 sind. Tatsächlich gilt

$$g_1(X) \ = \ X^{11} + X^9 + X^7 + X^6 + X^5 + X + 1$$
$$g_2(X) \ = \ X^{11} + X^{10} + X^6 + X^5 + X^4 + X^2 + 1 \ .$$

Ist α Nullstelle von g_1, so hat g_1 die Nullstellen

$$\alpha, \alpha^2, \alpha^4, \alpha^8, \alpha^{16}, \alpha^9, \alpha^{18}, \alpha^{13}, \alpha^3, \alpha^6, \alpha^{12} ,$$

also insbesondere die 4 aufeinander folgenden Nullstellen α, α^2, α^3, α^4 . Der Code C mit Erzeugerpolynom g_1 hat also designierten Abstand 5. Die Dimension ist $23 - 11 = 12$. Aus der Hamming-Schranke 1.2.2 bzw. 5.2.6 folgt $d \leq 7$. Tatsächlich ergibt sich $d = 7$. Der so erhaltene $[23, 12, 7]$-Code ist perfekt. Es ist der Golay-Code $\mathcal{G}_{23}$; vgl. Definition 2.2.1.

Es gibt eine ganze Reihe von Sätzen, die weitere Aussagen über den Minimalabstand d machen; in Spezialfällen kann man diesen genau angeben. Zunächst jedoch noch ein Existenzsatz, der zeigt, dass es genügend gute BCH-Codes in kleinen Dimensionen gibt.

Satz 3.3.9 *Für $q = 2$, $n = 2^m - 1$ und $t \leq 2^{m-1}$ existiert ein t-fehlerkorrigierender primitiver BCH-Code der Länge n und der Dimension $k \geq n - mt$.*

Beweis. Es sei $\alpha \in \mathbb{F}_{2^m}$ eine primitive n-te Einheitswurzel. Es sei C der BCH-Code mit den Nullstellen

$$\alpha^1, \alpha^2, \ldots, \alpha^{2t-1}$$

also mit designiertem Abstand $2t$. Es sei $m_i(X)$ das Minimalpolynom von α^i über $\mathbb{F}_2$. Dann ist das Erzeugerpolynom von C gleich

$$\begin{aligned}
g(X) &= \mathrm{kgV}\,\{m_1(X), \ldots, m_{2t-1}(X)\} \\
&= \mathrm{kgV}\,\{m_1(X), m_3(X), \ldots, m_{2t-1}(X)\}
\end{aligned}$$

wegen $m_i(X) = m_{2i}(X)$. Jedes $m_i(X)$ hat höchstens den Grad m , also gilt $\deg g(X) \leq mt$. Somit gilt $k \geq n - mt$. Weil α^{2t} auch Nullstelle von $m_t(X)$ und damit von $g(X)$ ist, ist der designierte Abstand de facto $2t + 1$. Es ist C somit t-fehlerkorrigierend. $\qquad\qquad\square$

Satz 3.3.10 *Der Minimalabstand eines primitiven binären BCH-Codes ist ungerade.*

Beweis. Siehe [vL2, 6.6.16] auf Seite 91. $\qquad\qquad\square$

Satz 3.3.11 *Es sei C ein primitiver binärer BCH-Code im engeren Sinne der Länge $n = 2^m - 1$ mit dem designierten Konstruktionsabstand $\delta = 2^\ell - 1 \leq n$. Dann gilt $d = \delta$.*

Beweis. Siehe [vL2, 6.6.13] auf Seite 90. $\qquad\qquad\square$

Korollar 3.3.12 *Es sei C ein primitiver binärer BCH-Code im engeren Sinne der Länge $n = 2^m - 1$ mit dem designierten Abstand $\delta \leq n$. Es sei $2^{\ell-1} \leq \delta \leq 2^\ell - 1$. Dann gilt $\delta \leq d \leq 2^\ell - 1$.*

Beweis. Nach 3.3.11 hat der Code C' mit Konstruktionsabstand $2^\ell - 1$ genau diesen Abstand. Der Minimalabstand von $C \supset C'$ kann also höchstens $2^\ell - 1$ sein. $\qquad\square$

Korollar 3.3.13 *Es sei C ein primitiver binärer BCH-Code im engeren Sinne der Länge $n = 2^m - 1$ mit dem Konstruktionsabstand $\delta = 2t + 1$. Es gelte*

$$\sum_{i=0}^{t+1} \binom{2^m - 1}{i} > 2^{mt} \quad .$$

Dann gilt $d = 2t + 1 = \delta$.

Beweis. Nach 3.3.10 ist d ungerade. Angenommen $d \geq 2t + 3$. Nach 3.3.7 gilt $k \geq n - mt$. Die Hamming-Schranke 1.2.2 bzw. 5.2.6 liefert wegen $k \geq n - mt$

$$2^{n-mt} \cdot \sum_{i=0}^{t+1} \binom{n}{i} \leq 2^n$$

im Widerspruch zur Voraussetzung. $\square$

Beispiel 3.3.14 Sei $q = 2$, $m = 5$. Für $t = 1, 2, 3$ gilt

$$\sum_{i=0}^{t+1} \binom{31}{i} > 2^{5t} \ .$$

Die BCH-Codes der Länge 31 mit Konstruktionsabstand $\delta = 3, 5, 7$ haben also tatsächlich genau diesen Abstand.

Satz 3.3.15 *Sei $n = ab$. Dann hat der binäre BCH-Code im engeren Sinne der Länge n vom Konstruktionsabstand a exakt den Minimalabstand $d = a$.*

Beweis. Sei α primitive n-te Einheitswurzel. Also gilt $\alpha^{ib} \neq 1$ für $i = 1, \ldots, a-1$. Man hat

$$(X^n - 1) = (X^b - 1)(1 + X^b + \ldots + X^{(a-1)b}) \ .$$

Die Elemente $\alpha^1, \ldots \alpha^{a-1}$ sind keine Nullstellen von $X^b - 1$, folglich sind sie Nullstellen von $(1 + X^b + \ldots + X^{(a-1)b})$. Dieses Polynom gibt Anlass zu einem Code-Wort mit der Hamming-Norm a. $\square$

Wir geben jetzt noch ein Resultat über die Dimension k von binären BCH-Codes. Dazu definieren wir für eine reelle Zahl $x \in \mathbb{R}$

$$\lceil x \rceil := \mathrm{Min}\{n \in \mathbb{Z} \ ; \ x \leq n\} \ .$$

Satz 3.3.16 *Es sei $\mathcal{C}$ ein primitiver binärer BCH-Code im engeren Sinne der Länge $n = 2^m - 1$ mit designiertem Konstruktionsabstand $\delta = 2t + 1$. Weiterhin gelte $2t - 1 < 2^{\lceil m/2 \rceil}$. Dann gilt $k = \dim(\mathcal{C}) = n - mt$, d.h. es wird die Schranke von 3.3.7 genau angenommen.*

Beweis. Es sei $\alpha \in \mathbb{F}_{2^m}$ eine primitive n-te Einheitswurzel. Dann ist $\mathcal{C}$ der BCH-Code mit den Nullstellen $\alpha^1, \alpha^2, \ldots, \alpha^{2t}$. Weil das Minimalpolynom von α^{2i} gleich dem Minimalpolynom von α^i ist, ist $\mathcal{C}$ der zyklische Code mit den Nullstellen $\alpha^1, \alpha^3, \ldots, \alpha^{2t-1}$. Es sei $m_i(X)$ das Minimalpolynom von α^i über $\mathbb{F}_2$. Dann ist das Erzeugerpolynom von $\mathcal{C}$

$$g(X) = \mathrm{kgV}\{m_1(X), m_3(X), \ldots, m_{2t-1}(X)\} \ .$$

Es ist zu zeigen, dass das Erzeugerpolynom $g(X)$ genau den Grad mt hat. Dazu ist also nur noch zu zeigen, dass diese Minimalpolynome alle verschieden sind; d.h.

dass die zugehörigen zyklotomischen Teilmengen von $\mathbb{Z}/\mathbb{Z}n$

$$\{1\,,\,2\,,\,4\,,\,8\,,\,\ldots,2^{m-1}\}$$
$$\{3\,,\,6\,,\,12\,,\,\ldots,3\cdot 2^{m-1}\}$$
$$\vdots$$
$$\{i\,,\,2\cdot i\,,\,\ldots\,,\,2^{m-1}\cdot i\}$$
$$\vdots$$
$$\{2t-1\,,\,2\cdot(2t-1)\,,\,\ldots,2^{m-1}\cdot(2t-1)\}$$

für ungerade i mit $1 \leq i \leq 2t-1$ alle verschieden sind. Dazu betrachte man die binäre Entwicklung von i ; sie sieht so aus

$$i = \sum_{\varrho=0}^{r} i_\varrho 2^\varrho =: i_0 i_1 \ldots i_r \ \text{ mit } \ i_0 = 1 \ \text{ und } \ i_r \neq 0 \ .$$

Wegen $i \leq 2t-1 < 2^{\lceil m/2 \rceil}$ gilt $i < 2^{r+1} \leq 2^{\lceil m/2 \rceil}$, also $r+1 \leq \lceil m/2 \rceil$.
Sei nun $j = j_0 \ldots j_r$ so eine Zahl mit $j \leq 2t-1$ mit $2^\nu \cdot j = i$ in $\mathbb{Z}/\mathbb{Z}n$. Die binäre Entwicklung von i ist die ν-fache zyklische Vertauschung der binären Entwicklung von j wegen $2^m = 1$ in $\mathbb{Z}/\mathbb{Z}n$. Also gilt $\nu + 1 \leq \lceil m/2 \rceil$ und somit $\nu \leq \lfloor m/2 \rfloor$. Daher folgt

$$2^\nu \cdot j < 2^{\lfloor m/2 \rfloor + (r+1)} \leq 2^{\lfloor m/2 \rfloor + \lceil m/2 \rceil} = 2^m \ .$$

Somit gilt $2^\nu \cdot j = i$ in $\mathbb{N}$. Da i ungerade ist, folgt $\nu = 0$. Somit sind obige zyklotomische Mengen paarweise verschieden. $\qquad\Box$

Bemerkung 3.3.17 (i) Lange BCH-Codes sind schlecht; es gibt keine unendliche Folge von primitiven BCH-Codes über $\mathbb{F}_q$, so dass der relative Abstand d/n und auch die Informationsrate k/n beide von 0 weg beschränkt sind; siehe MacWilliams-Sloane [M-S, Seite 269] .

(ii) Für BCH-Codes existieren einfache und effektive Decodierungsverfahren. Wir werden in § 3.5 darauf eingehen.

(iii) In der folgenden Tabelle sind Daten binärer primitiver BCH-Codes zum Vergleich zu besten linearen Codes angeführt; cf. MacWilliams-Sloane I [M-S, Seite 267].

n	k	d	opt. k	
7	4	3	4	Hamming Code
15	11	3	11	Hamming Code
	7	5	7	
	5	7	5	
31	26	3	26	Hamming Code
	21	5	21	
	16	7	16	
	11	11	11	
	6	15	6	Reed-Muller Code
63	57	3	57	Hamming Code
	51	5	52	nichtlinearer Preparata-Code
	45	7	47	nichtlinearer Goethals-Code
	39	9	39	
	36	11	36	
	30	13	30	
	24	15	28	Cyclic Code
	18	21	18	
	16	23	16	
	10	27		
	7	31		

Zusammenfassung 3.3.18 Zu jedem n und δ gibt es einen binären BCH-Code mit Parametern

$$n \ , \ d \geq \delta \ , \ k \geq n - m(\delta - 1) \ ,$$

wobei m die kleinste Zahl ist mit $n \mid 2^m - 1$. Oft können die Parameter d und k genau bestimmt werden. Für kleine n (bis in die Hunderte) sind die BCH-Codes sehr gute Codes. BCH-Codes sind besonders einfach zu codieren und zu decodieren. Sie sind von großer praktischer Bedeutung.

3.4 Codierer für zyklische Codes.

In diesem Abschnitt soll ein Codierer für zyklische Codes gebaut werden. Diese Konstruktion dient als Beispiel für Rechenverfahren über $\mathbb{F}_2$. Die Aufgabe des Codierers, die wir noch nicht genauer beschrieben haben, ist folgende:

Der Sender gibt eine (unendlich) lange Folge binärer Symbole $u_0, u_1, u_2, \ldots$ ab. Der Codierer für einen $[n, k]$-Code muss dann Folgendes tun: Er unterteilt die Folge in aufeinander folgende Blöcke der Länge k und ordnet jedem solchen Wort $(u_0, u_1, \ldots, u_{k-1})$ ein Codewort $(c_0, \ldots, c_{n-1})$ zu. Dieses hat also die Länge n und ohne Einschränkung können wir annehmen, dass $c_0, \ldots, c_{k-1}$ die Informationssymbole und $c_k, \ldots, c_{n-1}$ die Kontrollsymbole sind.

Sender	$\longrightarrow$	Codierer	$\longrightarrow$	Kanal
$(u_{k-1}, \ldots, u_0)$		$(c_{n-1}, \ldots, c_0)$		

Ideal wäre es, wenn der Codierer so arbeitet, dass er ununterbrochen Symbole in den Kanal abgibt, damit der Kanal nie unbenutzt bleibt. Geht man davon aus, dass ein fester Takt zugrundegelegt ist, so könnte man versuchen, Folgendes zu erreichen. Der Sender gibt k Takte lang Information $u_0, \ldots, u_{k-1}$ ab; der Codierer berechnet gleichzeitig die Informationssymbole $c_0, \ldots, c_{k-1}$ und gibt sie im gleichen Takt in den Kanal. Dann schaltet der Codierer $(n-k)$ Takte lang den Sender ab und berechnet fortlaufend aus den zuvor erhaltenen Symbolen die Kontrollsymbole und gibt sie in den Kanal. Danach wird der Sender wieder eingeschaltet und die nächsten k Symbole werden in gleicher Weise verarbeitet.

$$\boxed{\text{Sender}} \longrightarrow \quad \begin{matrix} \nearrow & \bullet\, B \\ \searrow & \bullet\, A \end{matrix} \qquad \boxed{\text{Codierer}} \longrightarrow \qquad \boxed{\text{Kanal}} \longrightarrow$$

Der Sender steht jeweils k Takte auf A , $n-k$ Takte auf B . Es zeigt sich, dass man für zyklische Codes einen Codierer in verblüffend einfacher Weise bauen kann, ohne dass man irgendwelchen Speicherplatz braucht. Es gibt nur zwei Bauteile

$\longrightarrow \square \longrightarrow$ "flip-flops", die eine 0 oder 1 enthalten und ihren Inhalt im nächsten Takt in Pfeilrichtung abgeben

$\begin{matrix} \searrow \\ \;\; \oplus \longrightarrow \\ \nearrow \end{matrix}$ "adder", die zwei Eingänge haben, die eingehende Information addieren und ausgeben.

Wir betrachten jetzt zyklische Codes in $\mathbb{F}_2^n$; jedes n-Tupel $(c_{n-1}, \ldots, c_0)$ wird also mit dem Polynom $c_{n-1}X^{n-1} + \cdots + c_0$ identifiziert. Ein zyklischer Code besteht aus den Vielfachen des Erzeugerpolynoms $g(X)$.

Wir wählen das Beispiel des $[15, 11, 3]$-Hamming-Codes; dann ist z.B.

$$g(X) = X^4 + X + 1 \ .$$

Der Codierer müsste also jedem 11-Tupel

$$(u_{10}, \ldots, u_0) \ ,$$

das wir uns auch als Polynom

$$u(x) = u_{10}X^{10} + \ldots + u_0$$

denken, eindeutig ein Codewort, also ein Vielfaches von g(X), zuordnen. Dazu gehen wir folgendermaßen vor: Wir teilen $u(X) \cdot X^4$ durch $g(X)$ mit Rest

$$u(X) \cdot X^4 \ = \ g(X)\,h(X) + r(X) \ , \quad \text{wobei} \quad r(X) = r_3 X^3 + \ldots + r_0 \ ,$$

cf. MacWilliams-Sloane [M-S, Seite 210]. Dann ist $u(X)X^4 + r(X)$ das gesuchte Codewort

$$(u_{10}, \ldots, u_0, r_3, r_2, r_1, r_0) \ .$$

Die Kontrollsymbole sind also die Koeffizienten des Restes bei Division durch $g(X)$.

Zur Division durch $g(X)$ mit Rest bauen wir eine Maschine, die das Verfahren der schriftlichen Division mit Rest nachahmt. Schreiben wir von den Polynomen nur die Koeffizienten auf, so verläuft das Verfahren folgendermaßen

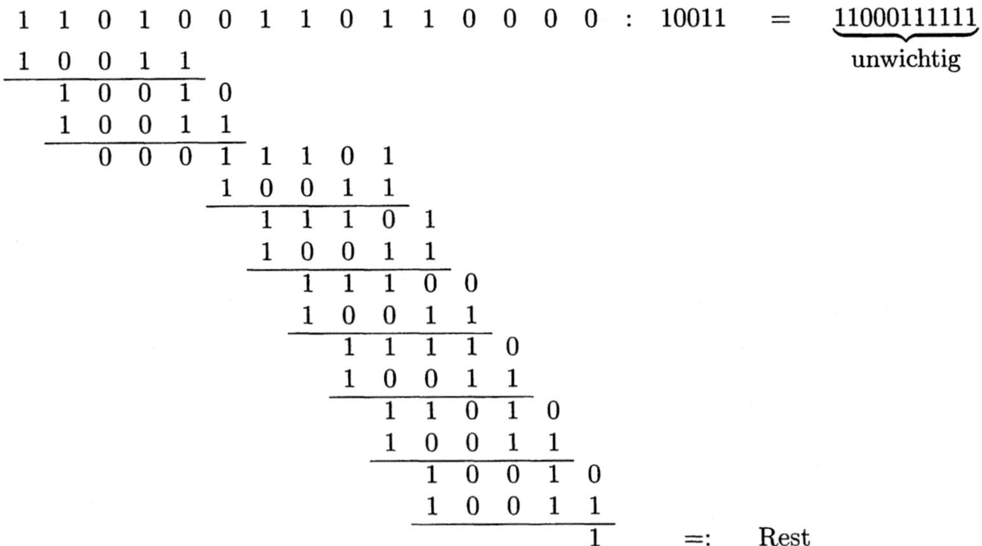

Maschine zur Division durch $X^4 + X + 1$ mit Rest:

Eingegeben werden schrittweise die Koeffizienten des Dividenden, mit dem höchsten beginnend, etwa $(c_0, c_1, \ldots, c_{14})$.

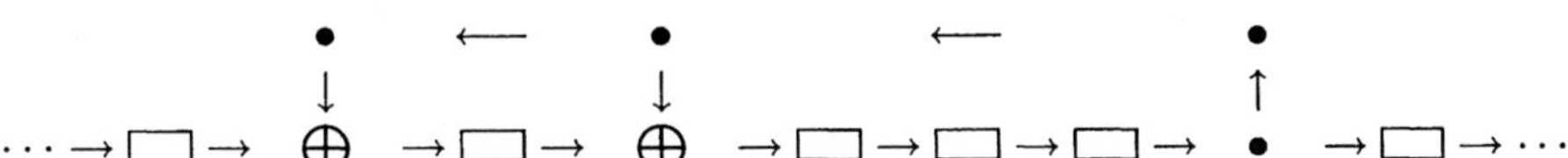

1. Schritt $\quad c_{14}$ kommt ins erste Register

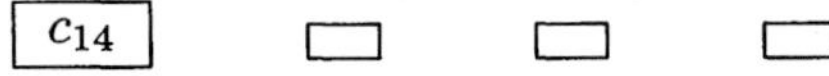

4. Schritt $\quad$ folgender Zustand wird erreicht

d.h. die 4 höchsten Koeffizienten des Dividenden stehen im Register

5. Schritt

d.h. es stehen wieder die 4 höchsten Koeffizienten des nächsten Dividenden bei der schriftlichen Division im Register

$\vdots$

15. Schritt

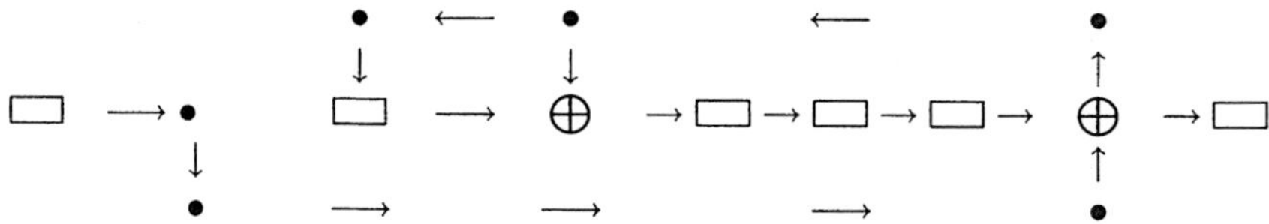

die Koeffizienten des Restes.

Tatsächlich ist diese Divisionsmaschine – die keinen Speicherplatz benötigt – noch nicht optimal, da der Rest erst nach vollständiger Berechnung in den Kanal gegeben werden kann, der Kanal wird zeitweise nicht benutzt. Unter Benutzung der Tatsache, dass bei der Codierung zyklischer Codes die Dividenden Vielfache von X^4 sind, kann man folgenden Schaltkreis benutzen:

Gibt man 1 ein, so steht in dem Register ⟨1⟩ ⟨1⟩ ⟨0⟩ ⟨0⟩ , also 0011 , das ist der Rest von 10000 bei Division durch 10011 . Hat man irgendeinen Registerinhalt, z.B.

     ⟨1⟩ ⟨0⟩ ⟨1⟩ ⟨1⟩   1101

so ergibt sich bei Eingabe von 0

     ⟨1⟩ ⟨0⟩ ⟨0⟩ ⟨1⟩   1001

das ist der Rest von 11010 bei Division durch 10011 .
Bei Eingabe von 1 ergibt sich

     ⟨0⟩ ⟨1⟩ ⟨0⟩ ⟨1⟩   1010

das ist der Rest von $11010 + 10000$ bei Division durch 10011 .

Bei Eingabe einer Folge $u_{10}, u_9, \cdots, u_0$ mit u_{10} anfangend steht also nach 11 Schritten der Rest von $u_{10}u_9 \cdots u_0 0000$ bei Division durch 10011 im Register. Dieser Rest, der die Kontrollsymbole enthält, muss dann in den Kanal abgegeben werden.

Der gesamte Codierer sieht also so aus :

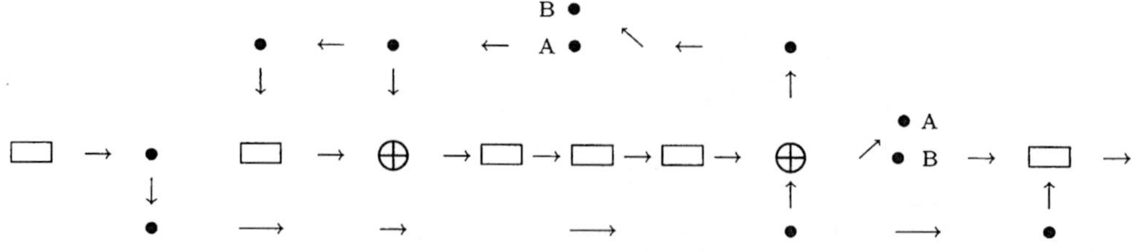

Die 3 Schalter stehen 11 Takte lang auf A . Während dieser Takte werden einerseits die Informationssymbole in den Kanal gegeben; andererseits werden im Codierer

die Reste also die Kontrollsymbole berechnet. Dann stehen die Schalter 4 Takte auf B ; der Sender wird angehalten und die 4 Kontrollsymbole sukzessiv in den Kanal gegeben.

Es ist klar, dass man für jeden zyklischen Code in dieser Weise ganz einfach einen Codierer bauen kann. Die Größe des Registers und die Eingänge hängen von dem Erzeugerpolynom ab.

Der erste Schritt der Decodierung linearer Codes besteht in aller Regel in der Berechnung des Syndroms eines empfangenen Wortes $c_{n-1}, \ldots, c_0$. Das Syndrom kann man mit dem Codierer berechnen: Gibt man das Wort $c_{n-1} c_{n-2} \ldots c_0$ in den Codierer, so steht nach n Schritten der Rest $r(X)$ von

$$(c_{n-1} X^{n-1} + \ldots + c_0) X^{n-k}$$

bei Division durch $g(X)$ im Register. Das ist ein Vektor der Länge $n - k$, der genau dann gleich 0 ist, wenn $c(X)$ Vielfaches von $g(X)$ also ein Codewort ist. $r(X)$ hängt linear von $c(X)$ ab. Bis auf einen Automorphismus, der in Wirklichkeit die Identität ist, ist also $r(X)$ das Syndrom. Das weitere ist schwer zu beschreiben; siehe MacWilliams-Sloane I [M-S, Seite 270 ff].

3.5 Decodierung von BCH-Codes

Es soll nun ein Verfahren zur (unvollständigen) Decodierung von primitiven BCH-Codes im engeren Sinne beschrieben werden. Dazu betrachten wir einen BCH-Code der Länge n über $\mathbb{F}_q$ mit designiertem Konstruktionsabstand $\delta = 2t + 1$. Sei β eine primitive n-te Einheitswurzel in $\mathbb{F}_{q^m}$, und es seien $\beta, \ldots, \beta^{2t}$ die Nullstellen unseres Codes. Wir betrachten ein Codewort $C(X)$ als ein Polynom

$$C(X) \; = \; c_0 + c_1 X + \ldots + c_{n-1} X^{n-1} \quad \in \mathbb{F}_q[X] \quad .$$

Das empfangene Wort sei

$$R(X) \; = \; R_0 + R_1 X + \ldots + R_{n-1} X^{n-1} \quad \in \mathbb{F}_q[X] \quad ,$$

somit ist der Fehlervektor

$$E(X) \; = \; R(X) - C(X) \; = \; E_0 + E_1 X + \ldots + E_{n-1} X^{n-1} \quad .$$

Wir setzen nun

$$M \; = \; \{\, i \,;\, E_i \neq 0 \,\} \qquad \text{Menge der Fehlerstellen}$$

$$e \; = \; \text{card}(M) \qquad \text{Anzahl der Fehler}$$

$$\sigma(z) \; = \; \prod_{i \in M} (1 - \beta^i z) \qquad \text{fehlerlokalisierendes Polynom}$$

$$\omega(z) \; = \; \sum_{i \in M} E_i \beta^i z \cdot \prod_{j \in M - \{i\}} (1 - \beta^j z) \quad .$$

Kennt man $\sigma(z)$ und $\omega(z)$, so kennt man das Fehlerpolynom $E(z)$. Man hat nämlich genau dann einen Fehler in Position i, wenn $\sigma(\beta^{-i}) = 0$. Es gilt dann

$$E_i = \frac{-\omega(\beta^{-i})\beta^i}{\sigma'(\beta^{-i})} \ .$$

Im Folgenden setzen wir nun $e \leq t$ voraus; wir streben also nur eine unvollständige Decodierung an. Wir wollen zeigen, dass man in diesem Fall e Fehler korrigieren kann. Dazu betrachtet man

$$\frac{\omega(z)}{\sigma(z)} = \sum_{i \in M} \frac{E_i \beta^i z}{1 - \beta^i z} = \sum_{i \in M} E_i \sum_{\ell=1}^{\infty} (\beta^i z)^\ell = \sum_{\ell=1}^{\infty} z^\ell \sum_{i \in M} E_i \beta^{i\ell} = \sum_{\ell=1}^{\infty} z^\ell E(\beta^\ell) \ .$$

Für $1 \leq \ell \leq 2t$ gilt $E(\beta^\ell) = R(\beta^\ell)$, weil unser Code die Nullstellen $\beta^1, \ldots, \beta^{2t}$ hat. Somit kennt der Empfänger die ersten $2t$ Koeffizienten der rechten Seite. Also kennt man die Potenzreihenentwicklung von

$$\frac{\omega(z)}{\sigma(z)} \equiv \sum_{\ell=1}^{2t} R(\beta^\ell) \cdot z^\ell \quad \mathrm{mod}\ z^{2t+1} \ .$$

Die Decodierung erfolgt nun so: Der Empfänger muss Polynome

$$\sigma(z) = \sum_{j=0}^{t} \sigma_j z^j \quad \text{und} \quad \omega(z) = \sum_{j=0}^{t} \omega_j z^j$$

in $\mathbb{F}_{q^m}[z]$ so bestimmen, dass folgende Bedingungen erfüllt sind:

$$\sigma_0 = 1 \ , \quad \omega_0 = 0$$

$$\deg(\omega) \leq t \quad \text{und} \quad \deg(\sigma) \leq t$$

$$\omega(z) \equiv \sigma(z) \cdot \left(\sum_{\ell=1}^{2t} z^\ell \cdot R(\beta^\ell) \right) \quad \mathrm{mod}\ z^{2t+1} \ .$$

Es ist nach Obigem klar, dass ein Fehler $E(X)$ genau zu solchen Polynomen $\omega(z)$ und $\sigma(z)$ führt.

Es ist nun zu klären, dass der Empfänger solche Polynome in eindeutiger Weise im Fall $e \leq t$ finden kann, wobei das Polynom σ minimalen Grad haben soll. Dazu setze man

$$S_0 = 0 \quad \text{und} \quad S_\ell = R(\beta^\ell) = E(\beta^\ell) \quad \text{für} \quad \ell = 1, \ldots, 2t \ ;$$

diese Werte sind dem Empfänger bekannt. Setzt man allgemein

$$\sigma(z) = \sum_{i=0}^{t} \sigma_i z^i$$

an, so gilt

$$(+) \qquad \omega(z) \equiv \left(\sum_{\ell=1}^{2t} S_\ell z^\ell \right)\left(\sum_{i=0}^{t} \sigma_i z^i \right) = \sum_{k} z^k \left(\sum_{i+\ell=k} S_\ell \sigma_i \right) \quad \mathrm{mod}\ z^{2t+1} \ .$$

Nun gilt $\deg(\omega(z)) \leq t$ und somit

$$(*) \qquad \sum_{i+\ell=k} S_\ell \sigma_i = 0 \quad \text{für } t+1 \leq k \leq 2t \ .$$

Das ist ein System von t linearen Gleichungen für die Unbestimmten $\sigma_1, \ldots, \sigma_t$. Sei nun

$$\widetilde{\sigma}(z) = \sum_{i=0}^{t} \widetilde{\sigma}_i z^i \quad \text{mit } \widetilde{\sigma}_0 = 1$$

ein Polynom minimalen Grades, welches $(*)$ erfüllt. Für $t+1 \leq k \leq 2t$ gilt nun

$$0 = \sum_{\ell=0}^{k} S_{k-\ell} \cdot \widetilde{\sigma}_\ell = \sum_{\ell=0}^{k} \sum_{i \in M} E_i \beta^{(k-\ell)i} \cdot \widetilde{\sigma}_\ell = \sum_{i \in M} \beta^{ik} \cdot E_i \widetilde{\sigma}(\beta^{-i}) \ ,$$

wobei $\widetilde{\sigma}_\ell = 0$ für $\ell \geq t+1$ gesetzt ist. Das ist ein lineares Gleichungssystem für $E_i \widetilde{\sigma}(\beta^{-i})$ mit Koeffizienten β^{ik} . Wegen $e \leq t$ impliziert die Vandermondesche Determinante $E_i \widetilde{\sigma}(\beta^{-i}) = 0$ für alle $i \in M$. Wegen $E_i \neq 0$ für $i \in M$ ist $\widetilde{\sigma}(\beta^{-i}) = 0$. Somit teilt $\sigma(z)$ das Polynom $\widetilde{\sigma}(z)$, wobei $\sigma(z)$ das fehlerlokalisierende Polynom ist. Da $\widetilde{\sigma}(z)$ ein Polynom minimalen Grades ist und beide Polynome den konstanten Term 1 haben, folgt $\sigma(z) = \widetilde{\sigma}(z)$.

Das bedeutet:

Eine Lösung minimalen Grades $\widetilde{\sigma}(z) = \sum_{i=0}^{e} \widetilde{\sigma}_i z^i$ von $(*)$ mit $\widetilde{\sigma}_0 = 1$ führt zum fehlerlokalisierenden Polynom $\sigma(z)$ und über die Identität $(+)$ zum Polynom $\omega(z)$, und somit zur vollständigen Bestimmung des Fehlers $E(z)$, falls die Anzahl der Fehler $e \leq t$ ist.

Satz 3.5.1 *Ist in obiger Situation der Minimalabstand $d \geq \delta := 2t+1$ und ist die Anzahl der Fehlerstellen $e \leq t$, so gibt es genau ein Paar von relativ primen Polynomen*

$$\sigma(z) = \sum_{j=0}^{t} \sigma_j z^j \quad und \quad \omega(z) = \sum_{j=0}^{t} \omega_j z^j$$

mit $\sigma_0 = 1$, $\omega_0 = 0$ und $\deg(\omega) \leq t$, $\deg(\sigma) \leq t$, so dass

$$\omega(z) \equiv \sigma(z) \cdot \left(\sum_{\ell=1}^{2t} R(\beta^\ell) \cdot z^\ell \right) \quad \mod z^{2t+1}$$

gilt. Insbesondere gilt $\deg(\omega) \leq \deg(\sigma) = e$. Falls also die Anzahl der Fehlerstellen $e \leq t$ erfüllt, so wird nach der Maximum-likelihood-Methode richtig decodiert.

Beweis. Es sei (ω, σ) eine Lösung, wobei $\deg(\sigma)$ minimal ist, und es sei $(\widetilde{\omega}, \widetilde{\sigma})$ eine weitere Lösung. Es wurde oben gezeigt, dass σ das Polynom $\widetilde{\sigma}$ teilen muss. Also gilt $\widetilde{\sigma} = \gamma \cdot \sigma$. Nun ist $\deg(\gamma) = \deg(\widetilde{\sigma}) - \deg(\sigma) \leq t$. Weiterhin gilt dann mit $S := \sum_{\ell=1}^{2t} R(\beta^\ell) \cdot z^\ell$

$$\widetilde{\omega} - \gamma \cdot \omega \equiv \widetilde{\omega} - \gamma \cdot \sigma \cdot S \equiv \widetilde{\omega} - \widetilde{\sigma} \cdot S \equiv 0 \quad \mod z^{2t+1} \ .$$

Wegen $\deg(\widetilde{\omega} - \gamma \cdot \omega) \leq 2t$ folgt $\widetilde{\omega} - \gamma \cdot \omega = 0$. Da $(\widetilde{\omega}, \widetilde{\sigma})$ relativ prim sind, ist γ konstant und wegen der Normierung von σ ist $\gamma = 1$. Somit ist die Lösung (ω, σ) genau die eingangs angegebene Lösung und diese erfüllt die behaupteten Gradbedingungen. $\square$

Hat $R(X)$ mehr als t Fehler, so kann obiger Algorithmus eventuell Werte ausgeben, aber es ist nicht mehr sichergestellt, dass der ausgegebene Wert auch der richtige Fehlervektor ist. Daher sollte man dann noch überprüfen, ob $R(X) - E(X)$ wirklich im Code liegt.

Algorithmisch kann man die Decodierung zum Beispiel mit dem Euklidischen Algorithmus lösen. Man kann die zu lösende Kongruenz natürlich noch durch z teilen, so dass sich das Problem folgendermaßen umformuliert: Man hat ein Polynom

$$S(X) := \sum_{i=0}^{2t-1} S_i \cdot X^i \in \mathbb{F}_{q^m}[X]$$

gegeben und man sucht Polynome

$$\omega(X) = \sum_{i=0}^{t-1} \omega_i \cdot X^i \quad \text{und} \quad \sigma(X) = \sum_{i=0}^{t} \sigma_i \cdot X^i \in \mathbb{F}_{q^m}[X] \ ,$$

wobei $\sigma_0 = 1$ ist , so dass

$$\omega(X) \equiv S(X) \cdot \sigma(X) \quad \mod X^{2t}$$

gilt. Das wiederum ist äquivalent dazu, dass es ein Polynom $f \in \mathbb{F}_{q^m}[X]$ mit

$$\omega(X) = \sigma(X) \cdot S(X) + f(X) \cdot X^{2t}$$

gibt. Eine solche Gleichung kann man nun mit dem Euklidischen Algorithmus lösen. Dazu benötigen wir eine erweiterte Form des Euklidischen Algorithmus.

Satz 3.5.2 *Es sei* k *ein Körper. Es seien Polynome* $a_0, a_1 \in k[X] - \{0\}$ *mit* $\deg(a_0) \geq \deg(a_1)$ *gegeben. Dann terminiert die Rekursion*

$$a_{i-1} = q_i \cdot a_i + a_{i+1} \quad \textit{mit} \ \deg(a_{i+1}) < \deg(a_i)$$

zu

$$a_m = q_{m+1} \cdot a_{m+1} \ .$$

Setzt man nun

$$f_0 = 1, f_1 = 0 \quad \textit{und} \ f_{i+1} = f_{i-1} - q_i \cdot f_i$$

$$g_0 = 0, g_1 = 1 \quad \textit{und} \ g_{i+1} = g_{i-1} - q_i \cdot g_i \ ,$$

so gilt für alle i *mit* $0 \leq i \leq m+1$

$$a_i = f_i \cdot a_0 + g_i \cdot a_1$$

$$\deg(g_{i+1}) \leq \deg(a_0) - \deg(a_i)$$

$$a_{m+1} = \mathrm{ggT}(a_0, a_1) \ .$$

Beweis. Bis auf die Zusätze lernt man die Aussage in jeder Algebravorlesung; vgl. Bemerkung 3.2.8. Daher wollen wir nur noch die Zusätze beweisen. Man zeigt die Rekursionsformeln leicht durch vollständige Induktion. Zum Beweis der Gradabschätzung bemerken wir vorab, dass

$$\deg(a_{i-1}) = \deg(q_i) + \deg(a_i)$$

gilt. Die Gradabschätzung erfolgt nun durch Induktion. Der Induktionsanfang ist offenbar richtig. Für den Induktionsschluss hat man

$$\deg(g_{i+1}) \leq \mathrm{Max}\{\deg(g_{i-1}), \deg(q_i g_i)\} \ .$$

Nun gilt nach Indukionsvoraussetzung

$$\deg(g_{i-1}) \leq \deg(a_0) - \deg(a_{i-1}) \leq \deg(a_0) - \deg(a_i) \ .$$

Weiterhin gilt mit der Indukionsvoraussetzung

$$\deg(q_i g_i) = \deg(q_i) + \deg(g_i) = \deg(a_{i-1}) - \deg(a_i) + \deg(g_i) \leq \deg(a_0) - \deg(a_i) \ .$$

Insgesamt folgt daraus die Behauptung. $\qquad\qquad\square$

Wir wenden diesen Satz auf unser Problem an. Dafür setzen wir $a_0 = X^{2t}$ und $a_1 = S(X)$. Dann bekommen wir Gleichungen

$$a_i = g_i \cdot S(X) + f_i \cdot X^{2t}$$

wie oben. Falls eine Lösung $\omega(X), \sigma(X)$ existiert, so ist $\omega(X)$ ein Vielfaches des $\mathrm{ggT}(X^{2t}, S(X))$. Wegen $\deg(\omega(X)) < t$ existiert ein Index i mit

$$\deg(a_{i-1}) \geq t > \deg(a_i) \ .$$

Dann gilt aber

$$a_i(X) = f_i(X) \cdot X^{2t} + g_i(X) \cdot S(X)$$

mit

$$\deg(g_i(X)) \leq 2t - \deg(a_{i-1}) \leq t \ .$$

Also sind

$$\omega := \frac{a_i}{\mathrm{ggT}(a_i, g_i)} \quad \text{und} \quad \sigma := \frac{g_i}{\mathrm{ggT}(a_i, g_i)}$$

Lösung unseres Problems nach dem Eindeutigkeitssatz 3.5.1. $\qquad\qquad\square$

Kapitel 4

Reed-Solomon-Codes

Die Reed-Solomon-Codes (RS-Codes) sind eine besonders wichtige Klasse von linearen Codes, die häufig in der Praxis benutzt werden. Thematisch gehören sie eigentlich als eine spezielle Form der BCH-Codes in Kapitel 3. Wegen ihrer großen praktischen Bedeutung wollen wir ihnen jedoch ein eigenes Kapitel widmen.

4.1 RS-Codes

Es gibt verschiedene Methoden RS-Codes zu definieren. Im Anschluss an Kapitel 3 wollen wir sie als spezielle BCH-Codes einführen.

Definition 4.1.1 Ein *Reed-Solomon-Code* ist ein primitiver BCH-Code; vgl. Definition 3.3.3, mit den Parametern $m = 1$, $n = q - 1$. Das Erzeuger-Polynom eines solchen Codes hat die Form

$$g(X) \;=\; \prod_{i=b}^{b+\delta-2} (X - \alpha^i) \,,$$

wobei $\alpha \in \mathbb{F}_q$ eine primitive $(q-1)$-te Einheitswurzel in $\mathbb{F}_q$ und $b \in \mathbb{N}$ ist. Man bezeichnet die Zahl $\delta \leq n$ auch als designierten Konstruktionsabstand der RS-Codes. Der Code besteht also aus den Vielfachen von g in $\mathbb{F}_q[X]/(X^n - 1)$ und sein Kontrollpolynom ist

$$h(X) \;=\; \prod_{i=b+\delta-1}^{n+b-1} (X - \alpha^i) \,.$$

Seine Dimension ist somit $n - \delta + 1$. Nach Satz 3.3.4 hat dieser Code dann auch Minimalabstand $d \geq \delta$; nach der Singelton-Schranke 4.1.4 gilt somit $d = \delta$. Also liegt ein $[n, n - \delta + 1, \delta]$-Code über $\mathbb{F}_q$ vor.

Ein weitere Möglichkeit diese Codes einzuführen, ist in Definition 4.1.2 beschrieben.

Definition 4.1.2 Es seien $n = q - 1$ und $1 \leq t \leq n - 1$. Man betrachte nun die Menge der Polynome

$$L(t) := \{f \in \mathbb{F}_q[X] \; ; \; \deg f \leq t\}$$

vom Grad $\deg(f) \leq t$. Weiterhin sei $\alpha \in \mathbb{F}_q$ ein Erzeuger der multiplikativen Gruppe $\mathbb{F}_q^\times$. Die Auswertungsabbildung

$$\mathrm{ev} : L(t) \longrightarrow \mathbb{F}_q^n \; ; \; f \mapsto (f(\alpha^0), \ldots, f(\alpha^{n-1}))$$

liefert als Bild einen Untervektorraum $RS(t) := C \subset \mathbb{F}_q^n$. Solche Untervektorräume bezeichnet man auch als *Reed-Solomon-Codes in engerem Sinne*.

Allgemeiner kann man mit einer geordneten Teilmenge $X \subset \mathbb{F}_q$ und einer natürlichen Zahl t mit $t < n := \mathrm{card}(X)$ starten und die Auswertungsabbildung

$$\mathrm{ev}_X : L(t) \longrightarrow \mathbb{F}_q^n \; ; \; f \mapsto (f(x) \; ; \; x \in X)$$

wählen. Dann ist das Bild von ev_X ein $[n, t+1, n-t+1]$-Code. Diesen Code bezeichnet man mit $RS_X(t)$; das ist der Reed-Solomon Code zur Auswertung X.

Wir zeigen weiter unten, dass diese Definitionen übereinstimmen. Vorab wollen wir noch bemerken, dass die letzte Variante die Reed-Solomon-Codes als eine spezielle Klasse von algebraisch-geometrischen Codes auszeichnet. Er ist nämlich der algebraisch-geometrische Code, der auf der algebraischen Kurve $\mathbb{P}^1_{\mathbb{F}_q}$ zu der Auswertungsmenge $\mathbb{F}_q \subset \mathbb{P}^1_{\mathbb{F}_q}$ und dem Polstellendivisor $t \cdot \infty$ definiert werden kann; vgl. Definition 6.2.1.

Satz 4.1.3 *Es sei $\alpha \in \mathbb{F}_q$ ein Erzeuger der multiplikativen Gruppe; also $\langle \alpha \rangle = \mathbb{F}_q^\times$. Sei $n = q - 1$ und $1 \leq t \leq n - 1$. Dann betrachte man die Polynome*

$$g(X) := \prod_{i=0}^{t} (X - \alpha^i) \quad und \quad h(X) := \prod_{i=t+1}^{n-1} (X - \alpha^i) .$$

1. *Es sei $C \subset \mathbb{F}_q^n$ der Reed-Solomon-Code zu g und $C' \subset \mathbb{F}_q^n$ der Reed-Solomon-Code zu h. Dann gilt $\dim C = n - (t+1)$ und $\dim C' = t + 1$. Weiterhin ist C' ein BCH-Code in engerem Sinne.*

2. *Setzt man $L(t) := \{f \in \mathbb{F}_q[X] \; ; \; \deg f \leq t\}$, so liefert die Auswertungsabbildung*

$$\mathrm{ev} : L(t) \longrightarrow \mathbb{F}_q^n \; ; \; f \mapsto (f(\alpha^0), \ldots, f(\alpha^{n-1}))$$

den Code $RS(t) := \mathrm{ev}(L(t))$ der Dimension $t + 1$ mit Minimaldistanz $n - t$.

3. *$RS(t)$ ist der Reed-Solomon-Code C'.*

Beweis. 1. Es ist $g \cdot h = X^n - 1$. Wegen $\alpha^{n-1} = \alpha^{-1}$ gilt $h = \prod_{i=1}^{n-t-1} (X - \alpha^{-i})$. Somit ist C' ein BCH-Code in engerem Sinne; vgl. Definition 3.3.3.

2. Die Abbildung ev ist injektiv, weil ein von Null verschiedenes Polynom vom Grad $t \leq n - 1$ nicht an n Punkten verschwinden kann. Die Behauptung über den Minimalabstand d gilt, weil ein Polynom vom Grad $\leq t$ höchstens $n - d = t$ Nullstellen

haben kann.

3. Eine Kontrollmatrix zu C findet man, indem man die Monome X^i für $0 \le i \le t$ an den Stellen $\alpha^0, \alpha^1, \ldots, \alpha^{n-1}$ auswertet. Wegen $C = (g)$ gilt nämlich $f \in C$ genau dann, wenn $f(\alpha^i) = 0$ für $i = 0, \ldots, t$ gilt. Somit ist $f = (c_0, \ldots, c_{n-1}) \in C$ genau dann wenn $Ec^t = 0$ gilt, wobei

$$
E := \begin{pmatrix}
\alpha^{0 \cdot 0}, & \alpha^{0 \cdot 1}, & \ldots, & \alpha^{0 \cdot (n-1)} \\
\vdots & & & \vdots \\
\alpha^{i \cdot 0}, & \alpha^{i \cdot 1}, & \ldots, & \alpha^{i \cdot (n-1)} \\
\vdots & & & \vdots \\
\alpha^{t \cdot 0}, & \alpha^{t \cdot 1}, & \ldots, & \alpha^{t \cdot (n-1)}
\end{pmatrix} .
$$

Also ist E eine Kontrollmatrix von C. Dann ist E die Erzeugermatrix des dualen Codes $C^{\perp}$. Nach Lemma 3.1.7 ist die Matrix H aus 3.1.7/1 auch eine Erzeugermatrix von $C^{\perp}$. Somit erzeugen die Zeilen von E und H denselben Untervektorraum von $\mathbb{F}_q^n$. Also wird der Code C' von den Vektoren $\mathrm{ev}(X^i)$ für $0 \le i \le t$ erzeugt. Folglich gilt $C' = RS(t)$. $\qquad \square$

Es ist i.A. sehr schwierig, den Minimalabstand d für einen zyklischen Code zu bestimmen. In diesem Fall kann man die Minimaldistanz sogar genau bestimmen. Dazu ist die trivialste und "schlechteste" aller Schranken für Codes von Wichtigkeit, an die deshalb erinnert werden soll.

Satz 4.1.4 (Singelton-Schranke) *Für jeden linearen* $[n, k, d]$*-Code über* $\mathbb{F}_q$ *gilt* $k \le n - d + 1$.

Beweis. Wir punktieren den Code $(d-1)$-mal; d.h. wir lassen $(d-1)$ Koordinaten weg. Dabei bleiben alle Code-Wörter verschieden, so dass wir einen $[n - d + 1, k]$-Code erhalten. Also gilt $k \le n - d + 1$. $\qquad \square$

Für $q = 2$ ist diese Schranke völlig uninteressant, da sie z.B. immer schlechter als die Hamming-Schranke 1.2.2 ist. Für $q > 2$ ist sie dagegen sehr wichtig.

Definition 4.1.5 Ein (nicht notwendig) linearer (n, M, d)-Code mit M Wörtern heißt MDS-*Code* – das steht für *maximum distance separable* – , falls die Singelton-Schranke angenommen wird; d.h. wenn $M = q^{n-d+1}$ gilt.

Trivialerweise ist für einen MDS-Code der Minimalabstand

$$
d = n + 1 - \frac{\log M}{\log q} = n + 1 - k \quad \text{für } M = q^k .
$$

Satz 4.1.6 *Der Reed-Solomon-Code* C *der Länge* n *mit designiertem Konstruktionsabstand* δ *ist also ein* $[n, n - \delta + 1, \delta]$*-Code; also gilt für den Minimalabstand* $d = \delta$ *und für die Dimension* $k = n - d + 1$. *Insbesondere ist jeder Reed-Solomon-Code ein* MDS-*Code.*

Beweis. Das wurde im Anschluss an Definition 4.1.1 schon geklärt. $\qquad \square$

Korollar 4.1.7 *Zu jeder ganzen Zahl k mit $1 \leq k \leq q-1$ existiert ein $[q-1,k]$-MDS-Code über $\mathbb{F}_q$.*

Beispiel 4.1.8 Wir betrachten den $[3,2,2]$-Code über $\mathbb{F}_4$. Die Elemente von $\mathbb{F}_4$ bezeichnen wir mit $0, 1, \alpha, \alpha^2 = \beta$, wobei $\alpha^2 + \alpha + 1 = 0$ gilt. Die Codewörter sind die Polynome vom Grad ≤ 2 mit Nullstelle α über $\mathbb{F}_4$, also Vielfache von

$(X+\alpha)(X+\beta)$	$\alpha+X$	$(\alpha+X)X$	$(X+\alpha)(X+\alpha)$	$(X+\alpha)(X+1)$
0 0 0	α 1 0	0 α 1	β 0 1	α β 1
1 1 1	β α 0	0 β α	1 0 α	β 1 α
α α α	1 β 0	0 1 β	α 0 β	1 α β
β β β				

Insgesamt hat man $4^k = 4^2 = 16$ Codewörter. Eine Erzeugermatrix ist $\begin{pmatrix} \alpha & 1 & 0 \\ 0 & \alpha & 1 \end{pmatrix}$.

Satz 4.1.9 *Für einen linearen $[n,k,d]$-Code $\mathcal{C}$ über $\mathbb{F}_q$ sind folgende Aussagen äquivalent:*

1. $\mathcal{C}$ ist ein MDS-Code.

2. Jeweils $(n-k)$ Spalten einer Kontrollmatrix von $\mathcal{C}$ sind linear unabhängig.

3. Der duale Code $\mathcal{C}^\perp$ ist ein MDS-Code.

4. Jeweils k Spalten einer Generatormatrix von $\mathcal{C}$ sind linear unabhängig.

5. Zu jeweils d Koordinaten existiert ein Codewort in $\mathcal{C}$, das exakt an all diesen Koordinaten nicht 0 ist.

Beweis. 1. $\to$ 2. folgt mit Notiz 1.1.6.
2. $\to$ 1. Nach Notiz 1.1.6 gilt $d \geq n-k+1$; also $d = n-k+1$ nach der Singelton-Schranke.
1. $\leftrightarrow$ 3. Wegen $\mathcal{C}^{\perp\perp} = \mathcal{C}$ reicht es, 1. $\to$ 3. zu zeigen. Mit der Singelton-Schranke reicht es zu zeigen, dass jedes Codewort $h \in \mathcal{C}^\perp - \{0\}$ Hamming-Norm $w(h) \geq k+1$ hat. Man kann h als erste Zeile einer Kontrollmatrix $H \in M((n-k) \times n, \mathbb{F}_q)$ auffassen. Wäre $w(h) \leq k$, so hätte h mindestens $(n-k)$ Einträge, die 0 sind. Die $(n-k)$ Spalten von H , in denen h einen Eintrag 0 hat, können somit nicht linear unabhängig sein. Das widerspricht der Äquivalenz von 1. und 2. .
2. $\leftrightarrow$ 4. folgt mit Notiz 1.4.3 mit der Äquivalenz von 1. und 2.
2. $\to$ 5. Wegen $\dim(\mathcal{C}) = k = n - \mathrm{rg}(H)$ nach Notiz 1.1.6 sind $(n-k+1)$ Spalten von H stets linear abhängig. Also erfüllen jeweils $(n-k+1) = d$ Spalten von H eine nichttriviale Relation. Nach Voraussetzung 2. sind dabei alle Koeffizienten ungleich 0 .
5. $\to$ 1. Nach 4. existieren Codewörter $c^i \in \mathcal{C}$ für $d \leq i \leq n$, die exakt in den ersten $(d-1)$ Komponenten und an der i-ten Komponente nicht 0 sind. Diese Vektoren sind linear unabhängig; also gilt $k := \dim(\mathcal{C}) \geq n - d + 1$. Somit gilt 1. $\square$

Korollar 4.1.10 *Es sei $\mathcal{C}$ ein $[n,k,d]$-MDS-Code über $\mathbb{F}_q$. Dann ist zu jeder natürlichen Zahl κ mit $\kappa < k$ der Teilcode, der aus allen $c \in \mathcal{C}$ besteht, deren*

Komponenten c_i für $1 \leq i \leq \kappa$ verschwinden, wiederum ein MDS-Code mit den Parametern $[n - \kappa, k - \kappa, d]$.

Beweis. Es sei C' so ein Teilcode zu einer Zahl κ . Dieser wird als Teilmenge von $\mathbb{F}_q^{n'}$ mit $n' = n - \kappa$ aufgefasst. Sei C' etwa ein $[n', k', d']$-Code. Nun gilt $d' \geq d$ und $k' \geq k - \kappa$. Somit gilt

$$d + (k - \kappa) \leq d' + k' \leq n' + 1 = n - \kappa + 1.$$

Da C ein MDS-Code ist, gilt $d + k = n + 1$, also auch $d' + k' = n' + 1$. $\square$

Beispiel 4.1.11 Man erhält einen $[255, 251, 5]_{2^8}$ -Reed-Solomon-Code über $\mathbb{F}_{2^8}$ mit dem Erzeugerpolynom $g := \prod_{i=1}^{4}(X - \alpha^i)$, wobei α eine primitive 255-te Einheitswurzel ist. Durch Verkürzen gemäß Korollar 4.1.10 erhält man MDS-Codes mit den Parametern $[32, 28, 5]_{2^8}$ bzw. $[28, 24, 5]_{2^8}$. Diese beiden Codes werden bei dem Fehlerkorrekturverfahren in Compact Disc Systemen eingesetzt.

Reed-Solomon-Codes kann man durch ein zusätzliches Paritätssymbol verbessern:

Satz 4.1.12 *Ist C ein $[n, n - d + 1, d]$-RS-Code über $\mathbb{F}_q$ im engeren Sinne, also $q = n + 1$, so ist der erweiterte Code*

$$\widehat{C} = \{(c_0, c_1, \ldots, c_n) \in \mathbb{F}_q \mid (c_0, \ldots, c_{n-1}) \in C ,\ \sum_{i=0}^{n} c_i = 0\}$$

ein $[n + 1, n - d + 1, d + 1]$-Code.

Beweis. Es ist zu zeigen, dass die minimale Norm von Codewörtern $\widehat{c} \neq 0$ gleich $d+1$ ist. Angenommen also, für $c(X) \in C$ mit Hamming-Norm d gilt auch $w(\widehat{c}) = d$; d.h. $\sum_{i=0}^{n-1} c_i = 0$ oder $c(1) = 0$. Nun ist $c(X)$ ein Vielfaches des Erzeugerpolynoms

$$g(X) = (X - \alpha) \ldots (X - \alpha^{d-1}) .$$

Also hat $c(X)$ die aufeinander folgenden Nullstellen $1, \alpha, \ldots, \alpha^{d-1}$. Somit hat $c(X)$ die Hamming-Norm $\geq (d + 1)$ nach der BCH-Schranke 3.3.4. $\square$

In praktischen Fällen braucht man hauptsächlich binäre Codes. Im Fall $q = 2^m$ erhält man solche Codes, indem man $\mathbb{F}_{2^m}$ auf irgendeine Weise mit $\mathbb{F}_2^m$ identifiziert. Mit einigen geringfügigen Modifikationen erhält man so erstaunlich gute Codes. Wir führen das Verfahren vor, das man auf jeden linearen Code anwenden kann.

Konstruktion 4.1.13 Zur Unterscheidung bezeichnen wir die Parameter n, k, d eines linearen Code über $\mathbb{F}_{2^m}$ mit ν, κ, δ und die Parameter von daraus konstruierten binären Codes mit n, k, d .

(1) Wir wählen irgendeine Identifikation $\mathbb{F}_{2^m} = \mathbb{F}_2^m$. So wird der $[\nu, \kappa, \delta]$-RS-Code C über $\mathbb{F}_{2^m}$, also mit den Parametern

$$\nu = 2^m - 1 \quad , \quad \kappa = \nu + 1 - \delta \quad , \quad \delta$$

zu einem linearen Code über $\mathbb{F}_2$ mit den Parametern

$$n = m \cdot \nu \quad , \quad k = m \cdot \dim \mathcal{C} = m \cdot \kappa \quad , \quad d \geq \delta \ .$$

Also erhält man eine Zuordnung

$$[\nu, \kappa, \delta]\text{-Code über } \mathbb{F}_{2^m} \quad \longrightarrow \quad [m\nu, m\kappa, d \geq \delta]\text{-Code über } \mathbb{F}_2 \ .$$

(2) Man kann d verbessern, ohne die Informationsrate wesentlich zu verschlechtern. Dazu ordnet man jeder Koordinate c_i nicht einfach das entsprechende m-Tupel in $\mathbb{F}_2^m$ zu, sondern fügt diesem noch ein Paritätssymbol hinzu, so dass also c_i einem $(m+1)$-Tupel mit Koordinaten-Summe 0 entspricht. Offenbar entsteht dann ein $[(m+1)\nu, m\kappa]$-Code über $\mathbb{F}_2$. Jetzt ist jedoch offensichtlich $d \geq 2\delta$, da zwei in $\mathbb{F}_{2^m}$ verschiedene Koordinaten $(m+1)$-Tupel ergeben, die sich an wenigstens zwei Stellen unterscheiden. Also erhält man so eine Zuordnung

$$[\nu, \kappa, \delta]\text{-Code über } \mathbb{F}_{2^m} \quad \longrightarrow \quad [(m+1)\nu, m\kappa, d \geq 2\delta]\text{-Code über } \mathbb{F}_2 \ .$$

Beispiel 4.1.14 Wir geben einige Beispiele von erweiterten RS-Codes, den zugehörigen binären Codes und den besten bekannten linearen Codes für dieselben n, d

RS über $\mathbb{F}_{2^4}$	binär	bester bekannter
$[16, 8, 9]$	$[80, 32, 18]$	$[80, 35, 18]$
$[16, 9, 8]$	$[80, 36, 16]$	$[80, 40, 16]$
$[16, 10, 7]$	$[80, 40, 14]$	$[80, 41, 14]$
$[16, 11, 6]$	$[80, 44, 12]$	$[80, 46, 12]$
$[16, 12, 5]$	$[80, 48, 10]$	$[80, 52, 10]$
$[16, 13, 4]$	$[80, 52, 8]$	$[80, 59, 8]$
$[16, 14, 3]$	$[80, 56, 6]$	$[80, 65, 6]$
$[16, 15, 2]$	$[80, 60, 4]$	

RS über $\mathbb{F}_{2^5}$	binär	bester bekannter
$[32, 16, 15]$	$[192, 80, 30]$	$[192, 91, 30]$
$[32, 17, 14]$	$[192, 85, 28]$	$[192, 96, 28]$
$[32, 18, 13]$	$[192, 90, 26]$	$[192, 101, 26]$

Bemerkung 4.1.15 Die RS-Codes gehören zu den meistverwandten Codes überhaupt. Die amerikanischen Streitkräfte und wohl andere Nato-Länder auch sollen für ihre Nachrichtenübertragung einen $[31, 15, 17]$-RS-Code verwenden.

Bemerkung 4.1.16 In vielen Kanälen treten Fehler nicht zufällig auf, sondern in Paketen oder "bursts", z.B. auf Magnetbändern, Platten, Compact Discs. Für die Korrektur solcher Fehler sind RS-Codes besonders geeignet - grundsätzlich alle Codes, die a priori über Erweiterungskörpern von $\mathbb{F}_2$ definiert sind.

Zum Beispiel werden die Symbole eines $[31, \_, \_]$-RS-Codes über $\mathbb{F}_{2^5}$

burst der Länge 12

durch einen "burst" gestört, der 12 bits betrifft, so werden aber nur 3 Symbole des RS-Codes gestört. Das Wort wird also durch einen 3-fehlerkorrigierenden RS-Code über $\mathbb{F}_{2^5}$ korrigiert.

Zusammenfassung 4.1.17 Es sei q eine Primzahlpotenz. Zu jedem δ gibt es über $\mathbb{F}_q$ einen Reed-Solomon Code mit Parametern

$$[\,\nu\,,\,\nu+1-\delta\,,\,\delta\,] \qquad \text{mit} \qquad \nu = q-1$$

und einen erweiterten Reed-Solomon Code mit Parametern

$$[\,q\,,\,q-\delta\,,\,\delta+1\,]\;\;.$$

Der nicht-erweiterte RS-Code ist ein MDS-Code. Durch Übergang zu $\mathbb{F}_2$ im Fall $q = 2^m$ erhält man

$$[\,2^m(m+1)\,,\,(2^m-\delta)m\,,\,\delta'\,]\text{-Codes} \quad \text{über} \quad \mathbb{F}_2 \quad \text{mit} \quad \delta' \geq 2(\delta+1)\;.$$

Wegen einfacher Codierung und Decodierung und der Fähigkeit, burst-errors zu korrigieren, sind die RS-Codes von größter praktischer Bedeutung. Sie sind wichtige Bausteine zur Konstruktion anderer Codes durch Verkettung.

4.2   Interleaving

Zur Korrektur von Fehlerpaketen gibt es ein elementares Verfahren, das in der Praxis zur Speicherung auf Medien häufig verwandt wird. Das soll der Gegenstand dieses Abschnitts sein.

Wir starten mit einem Code $\mathcal{C} \subset \mathbb{F}_q^n$, wobei wir hier $\mathbb{F}_q^n$ als Raum von Spaltenvektoren verstehen wollen. Dieser Code soll bis zu einer Tiefe $t \in \mathbb{N}$ gespreizt werden, engl. *Interleaving*. Dazu schreibt man jeweils t Codewörter $c^1, \ldots, c^t \in \mathcal{C} \subset \mathbb{F}_q^n$ als Spalten einer Matrix

$$M := (c^1, \ldots, c^t) := \begin{pmatrix} c_1^1 & c_1^2 & \cdots & c_1^t \\ \vdots & \vdots & & \vdots \\ c_n^1 & c_n^2 & \cdots & c_n^t \end{pmatrix} \in M(n \times t, \mathbb{F}_q)\;.$$

Diese wird nun zeilenweise ausgelesen, so erhält man das Codewort

$$C := (c_1^1, c_1^2, \ldots, c_1^t\,;\, c_2^1, c_2^2, \ldots, c_2^t\,;\, \ldots\,;\, c_n^1, c_n^2, \ldots, c_n^t) \in \mathbb{F}_q^{t \cdot n}\;.$$

Ein Fehlerpaket der Länge $t \cdot b$ in diesem Codewort trifft dann höchstens b Komponenten der einzelnen Wörter $c^1, \ldots, c^t$. Durch geschicktes Verteilen der Daten schützt man sich also vor Fehlerpaketen. Offensichtlicher Nachteil eines solchen Vorgehens ist, dass man alle t Codewörter empfangen haben muss, bis man mit der Decodierung beginnen kann.

Satz 4.2.1 *Es sei* $C \subset \mathbb{F}_q^n$ *ein zyklischer Code mit Erzeugerpolynom* g *; sei also* g *ein Teiler des Polynoms* $X^n - 1$ *. Es sei* $C^t \subset \mathbb{F}_q^{t \cdot n}$ *der Code, der durch Spreizung aller Codewörter von* C *bis zur Tiefe* t *entsteht. Dann ist* C^t *ein linearer Code der Dimension* $t \cdot \dim C$ *und der Länge* $t \cdot n$ *. Korrigiert* C *Fehlerpakete bis zur Länge* b *, so korrigiert* C^t *Fehlerpakete bis zur Länge* $t \cdot b$ *; es gilt jedoch für die Minimaldistanz* $d(C^t) = d(C)$ *. Weiterhin ist* $g^{(t)}(X) := g(X^t)$ *ein Teiler von* $X^{t \cdot n} - 1$ *und* $g^{(t)}$ *ist ein Erzeugerpolynom des gespreizten Codes* C^t *.*

Beweis. Offenbar ist C^t ein linearer Code der Dimension $\dim(C^t) = t \cdot \dim(C)$. Weiterhin sind die Aussagen zur Fehlerkorrektur und zum Minimalabstand offenbar richtig. Ein Codewort $c^\tau \in C$ hat die Polynomdarstellung

$$c^\tau(X) = c_1^\tau + \ldots + c_n^\tau \cdot X^{n-1} = \sum_{i=1}^{n} c_i^\tau \cdot X^{i-1} \in \mathbb{F}_q[X] \ .$$

Mit den Bezeichnungen von oben hat dann das Codewort C die Polynomdarstellung

$$C(X) = \sum_{i=1}^{n} \sum_{\tau=1}^{t} c_i^\tau \cdot X^{(\tau-1)+(i-1)\cdot t} = \sum_{\tau=1}^{t} X^{\tau-1} \left(\sum_{i=1}^{n} c_i^\tau \cdot X^{(i-1)\cdot t} \right) = \sum_{\tau=1}^{t} c^\tau(X^t) X^{\tau-1} \ .$$

Da $g(X)$ nun alle $c^\tau(X)$ teilt, ist $g(X^t)$ ein Teiler von $c^\tau(X^t)$ und somit von $C(X)$. Nun ist $g(X^t)$ ein Teiler von $X^{t \cdot n} - 1$. Also definiert $g^{(t)}(X) := g(X^t)$ einen zyklischen Code $(g^{(t)})$ der Dimension $t \cdot n - \deg(g^{(t)})$ und der Länge $t \cdot n$, und es ist $C^t \subset (g^{(t)})$. Nun gilt $\deg(g(X^t)) = t \cdot \deg(g(X))$. Somit folgt aus Dimensionsgründen $(g^{(t)}) = C^t$. $\qquad\qquad\square$

Bei den Speichermedien benutzt man eine Variante dieser Technik; nämlich das Cross-Interleaving: Beim *Cross-Interleaving* startet man mit zwei Codes, einem *inneren Code* $C_1 \subset \mathbb{F}_q^{n_1}$ und einem *äußeren Code* $C_2 \subset \mathbb{F}_q^{n_2}$. Der äußere Code wird lediglich zur Korrektur von zufälligen kleinen Fehlern, vielleicht bis zu zwei Fehlern pro Codewort, und zum Markieren von größeren Fehlern benutzt. Der innere Code dient zur Fehlerkorrektur der aufgespürten markierten Fehler. Es sei $k := \dim C_2$ und

$$(E_k, P_{n_2-k}) \in M(k \times n_2, \mathbb{F}_q)$$

eine Erzeugermatrix von C_2 , wobei E_k die k-reihige Einheitsmatrix ist. Hat man nun k Codewörter $c^1, \ldots, c^k \in C_1 \subset \mathbb{F}_q^{n_1}$ des Codes C_1 gegeben, so ist die Matrix

$$M := (c^1, \ldots, c^k) \cdot (E_k, P_{n_2-k}) \in M(n_1 \times n_2, \mathbb{F}_q) \ .$$

Sie besteht aus n_1 Zeilen mit Codewörtern des Codes C_2 bzw. aus n_2 Spalten mit Codewörtern des Codes C_1 . Diese Matrix liest man zeilenweise als ein Codewort der Länge $n_1 \cdot n_2$ aus. Auf die Codewörter $c^1, \ldots, c^k$ wendet man also die Spreizung bis zur Tiefe k an, um sie durch einen Kanal zu schicken.

Auf der Empfängerseite macht man diese Spreizung wieder rückgängig. Dadurch entsteht wieder eine Matrix $\tilde{M} \in M(n_1 \times n_2, \mathbb{F}_q)$, in deren Zeilen eigentlich Codewörter des Codes C_2 stehen sollten, wenn keine Fehler bei der Übertragung aufgetreten sind. Mittels der Kontrollmatrix des Code C_2 kann man nun leicht alle

Zeilen auf Zugehörigkeit zu C_2 testen und gegebenenfalls kennzeichnen. Meistens beschränkt sich die Aufgabe des äußeren Codes darauf; er wird also nur zur Fehlererkennung benutzt. Die gekennzeichneten Wörter werden ausgelöscht. Nach Wahl einer geeigneten Tiefe k, die der Störung des Kanals angepasst ist, sind nur wenige Koeffizienten der Spalten der Matrix $\tilde{M}$ von diesen Auslöschungen betroffen, so dass die Fehlerkorrekturmöglichkeit des Codes C_1 ausreicht, die fehlenden Information durch die Redundanz wiederherzustellen, so dass man schließlich die Matrix M aus der Matrix $\tilde{M}$ zurückgewinnen kann.

Wie schon beim einfachen Interleaving erfordert ein solches Vorgehen, dass man alle k Codewörter empfangen haben muss, bis man mit der Decodierung beginnen kann. Man muss also diese Informationen stets vorübergehend abspeichern. Ein weiterer ganz wichtiger Vorteil ist, dass der äußere Code die Fehlerstellen markiert. Dadurch kennt man die Fehlerpositionen in den Spalten. Das bedeutet, dass man das fehlerlokalisierende Polynom kennt und sich dadurch sehr viel Rechenarbeit erspart. Weiterhin kann man mehr markierte Fehler korrigieren, weil man die Fehlerpositionen kennt.

Im folgenden Satz wollen wir uns dem Decodierungsproblem widmen, das beim Cross-Interleaving auftritt. Wir bezeichnen Fehler in einem Codewort als Auslöschungen (engl. *erasures*), falls man seine Fehlerposition kennt. Solche Fehler können zum Beispiel wie bei Cross-Interleaving durch den äußeren Code markiert worden sein.

Satz 4.2.2 *Es sei C ein $[n, k, d]$-Code über $\mathbb{F}_q$. Dann kann C in einem Codewort t Fehler und a Auslöschungen korrigieren, wenn $d \geq 2t + a + 1$ gilt.*

Beweis. Es sei $r \in \mathbb{F}_q^n$ das empfangene Wort; die Auslöschungen seien alle durch 0 ersetzt. Es sei A die Menge der Koordinaten, an denen Auslöschungen aufgetreten sind. Dann setze man

$$M := \{m \in \mathbb{F}_q^n \; ; \; \operatorname{supp}(m) \subset A\} \; .$$

Nach Voraussetzung existieren ein $c \in C$ und $m \in M$ mit $d(c, r + m) \leq t$. Wir müssen zeigen, dass es genau ein Wort $c \in C$ mit dieser Eigenschaft gibt. Seien also $c_1, c_2 \in C$ und $m_1, m_2 \in M$ mit $d(c_i, r + m_i) \leq t$. Dann gilt

$$d(c_1, c_2) \leq d(c_1, r + m_1) + d(m_1, m_2) + d(r + m_2, c_2) \leq t + a + t < d \; .$$

Also kann es nur ein Wort geben. □

Notiz 4.2.3 Es sei C ein binärer Code mit Minimalabstand d. Hat man für C ein Decodierverfahren, das bis zu $[(d-1)/2]$ Fehler korrigiert, so kann man dieses Decodierverfahren auch dazu verwenden, a Auslöschungen und t Fehler zu korrigieren, wenn $2t + a + 1 \leq d$ gilt.

Beweis. Mit den Bezeichnungen aus dem Beweis von Satz 4.2.2 betrachten wir zwei Elemente $m_0, m_1 \in M$, wobei $m_0 = 0$ und m_1 der Vektor mit Koeffizient 1 an allen Stellen der Auslöschung ist. Da $\mathbb{F}_2$ nur zwei Elemente hat, müssen in mindestens einem der beiden Vektoren $r + m_0$ bzw. $r + m_1$ die Hälfte der ergänzten Werte korrekt sein. Somit enthält einer der Vektoren höchstens $t + [a/2]$ Fehler und kann somit nach dem Verfahren für gewöhnliche Fehler decodiert werden. □

Beispiel 4.2.4 Es sei $\mathcal{C}_1$ ein $[28, 24, 5]$-Code über $\mathbb{F}_{2^8}$, dessen Elemente wir uns als Spalten in $\mathbb{F}_{2^8}^{28}$ vorstellen wollen. Es sei $\mathcal{C}_2$ ein $[32, 28, 5]$-Code über $\mathbb{F}_{2^8}$, dessen Elemente wir uns als Zeilen in $\mathbb{F}_{2^8}^{32}$ vorstellen wollen. Die Erzeugermatrix von $\mathcal{C}_2$ habe die Form (E_{28}, P_4), wobei E_{28} die 28-reihige Einheitsmatrix und P_4 eine (28×4)-Matrix über $\mathbb{F}_{2^8}$ ist. Es sei $K \in M(4 \times 32, \mathbb{F}_{2^8})$ eine Kontrollmatrix für $\mathcal{C}_2$. Zur Konstruktion solcher Codes siehe Beispiel 4.1.11. Wir werden $\mathcal{C}_1$ als inneren Code und $\mathcal{C}_2$ als äußeren Code benutzen. So ergeben 28 Vektoren $c^1, \ldots, c^{28} \in \mathcal{C}_1$ eine Matrix

$$M := (c^1, \ldots, c^{28}) \cdot (E_{28}, P_4) \in M(28 \times 32, \mathbb{F}_{2^8}),$$

deren Spalten in $\mathcal{C}_1$ und deren Zeilen in $\mathcal{C}_2$ liegen. Eine Spalte von M heißt auch *Frame*.

Interleaving zur Tiefe 28 macht aus dieser Matrix nun ein Codewort $C \in \mathbb{F}_{2^8}^{28 \cdot 32}$, also einen Zeilenvektor in $\mathbb{F}_{2^8}^{28 \cdot 32}$. Dieses Wort werde nun durch einen Kanal geschickt und erfahre dort eine Störung in Form eines Burst der Länge $\leq 3 \cdot 32 + 1 = 97$. Das empfangene Wort sei $\tilde{C} \in \mathbb{F}_{2^8}^{28 \cdot 32}$. Macht man nun das Interleaving rückgängig, so liefert das Wort $\tilde{C}$ eine Matrix

$$\tilde{M} \in M(28 \times 32, \mathbb{F}_{2^8}).$$

Wegen des Bursterrors ist $M \neq \tilde{M}$. Wegen der Beschränkung der Länge sind in jeder Spalte von $\tilde{M}$ höchstens 4 Einträge betroffen. Multipliziert man nun $\tilde{M}$ mit der Kontrollmatrix, so erhält man

$$\tilde{M} \cdot K^t = \begin{pmatrix} 0 & \cdots & 0 \\ \vdots & \vdots & \vdots \\ 0 & \cdots & 0 \\ f_{i_1,1} & \cdots & f_{i_1,4} \\ f_{i_2,1} & \cdots & f_{i_2,4} \\ f_{i_3,1} & \cdots & f_{i_3,4} \\ f_{i_4,1} & \cdots & f_{i_4,4} \\ 0 & \cdots & 0 \\ \vdots & \vdots & \vdots \\ 0 & \cdots & 0 \end{pmatrix},$$

wobei höchstens 4 Zeilen von 0 verschieden sind. Mit dem Code $\mathcal{C}_1$ kann man dann alle Spalten korrigieren; vgl. Satz 4.2.2. Dabei ist auch für den Rechenaufwand von großem Vorteil, dass man die sukzessiven Fehlerstellen i_1, i_2, i_3, i_4 kennt. Diese Fehler sind somit mit dem Code $\mathcal{C}_1$ korrigierbar, wobei diese Fehler wie oben gesagt lokalisiert sind.

Falls man die Matrix M zeilenweise auslesen würde, so müsste man erst alle 28 Vektoren kennen und codiert haben, um mit dem Einspeisen in den Kanal beginnen zu können. Das umgeht man geschickt durch das so genannte *s-frame delayed interleaving*; also das um s Blöcke verzögerte Spreizen. Darunter versteht man Folgendes:

Für spätere Anwendungen wollen wir das nur im Fall $s = 4$ erläutern; der allgemeine Fall geht analog. Es seien also

$$\ldots, c^{i \cdot 4}, c^{i \cdot 4 + 1}, c^{i \cdot 4 + 2}, c^{i \cdot 4 + 3}, c^{(i+1) \cdot 4}, c^{(i+1) \cdot 4 + 1}, \ldots \in \mathbb{F}_{2^8}^{28}$$

die codierten Spalten mit den angehängten Kontrollvektoren, die aus dem Cross-Interleaved Reed-Solomon-Code – CIRC – hinzugefügt waren. Das sind also die Spalten der Matrix M. Nun liest man diese nicht im Zeilenblockformat ein, sondern spaltenweise, wobei die j-te Zeile gegenüber der 1-ten Zeile um $(j-1)\cdot s$-Stellen nach rechts verschoben ist. Im Fall $s=4$ erhält man folgendes Schema.

$$
\begin{array}{llllllll}
c_1^{i\cdot 4} & c_1^{i\cdot 4+1} & c_1^{i\cdot 4+2} & c_1^{i\cdot 4+3} & c_1^{(i+1)\cdot 4} \ldots & c_1^{(i+2)\cdot 4} \ldots & c_1^{(i+3)\cdot 4} \\[2mm]
c_2^{(i-1)\cdot 4} & c_2^{(i-1)\cdot 4+1} & c_2^{(i-1)\cdot 4+2} & c_2^{(i-1)\cdot 4+3} & c_2^{i\cdot 4} \ldots & c_2^{(i+1)\cdot 4} \ldots & c_2^{(i+2)\cdot 4} \\[2mm]
c_3^{(i-2)\cdot 4} & c_3^{(i-2)\cdot 4+1} & c_3^{(i-2)\cdot 4+2} & c_3^{(i-2)\cdot 4+3} & c_3^{(i-1)\cdot 4} \ldots & c_3^{i\cdot 4} \ldots & c_3^{(i+1)\cdot 4} \\[2mm]
c_4^{(i-3)\cdot 4} & & & & & & c_4^{i\cdot 4} \\[2mm]
\vdots & \vdots & \vdots & \vdots & \vdots & \vdots & \vdots \\[2mm]
c_{28}^{(i-27)\cdot 4} & c_{28}^{(i-27)\cdot 4+1} & c_{28}^{(i-27)\cdot 4+2} & c_{28}^{(i-27)\cdot 4+3} & c_{28}^{(i-26)\cdot 4} \ldots & c_{28}^{(i-25)\cdot 4} \ldots & c_{28}^{(i-24)\cdot 4}
\end{array}
$$

Zur Initialisierung füllt man mit 0 auf. Diese Matrix wird nun spaltenweise eingelesen. Dann stehen zwischen c_j^ν und c_{j+1}^ν genau $4\cdot 28$ Komponenten anderer Vektoren. Da der Code C_1 nun 4 Auslöschungen korrigieren kann, können mit diesem Verfahren Auslöschungen der Länge $4\cdot(4\cdot 28+1)=452$ korrigiert werden.

Nun kommt noch hinzu, dass in der Praxis Zahlen in $\mathbb{F}_{2^8}$ durch ein 8-Tupel in $\mathbb{F}_2^8$ dargestellt werden, also als 8 Bits geschrieben werden. Somit kann in diesem Format eine Auslöschung der Länge $8\cdot 452=3616$ Bits korrigiert werden. Den Code C_2 könnte man ebenfalls noch zur Behebung von Randomerrors, also von zufällig verteilten kurzen Fehlern bis zu einer Länge von $8\cdot 2=16$ Bits einsetzen. In der Praxis begnügt man sich mit $8\cdot 1=8$ Bits.

4.3 Codierung auf Speichermedien

Reed-Solomon Codes werden ganz allgemein zur Fehlerkorrektur beim Dateneinlesen von Medien eingesetzt, bei denen spezielle Fehler auftreten können. Man unterscheidet dabei zwei Arten von Fehlern. Sie werden durch die Begriffe Burst- und Randomerrors charakterisiert. *Randomerrors* sind Fehler, die unabhängig voneinander verteilt auf dem Medium auftreten. Es sind somit nur einzelne Bits betroffen, ohne dass deren Nachbarbits fehlerhaft sein müssen. Meist entstehen solche Fehler schon bei der Produktion des Mediums. Im Vergleich dazu sind *Bursterrors* Fehler, die mehrere aufeinander folgende Bits betreffen. Dies bedeutet, dass eine ganze Informationseinheit und die Redundanz, die ja eigentlich der Behebung von Fehlern dienen soll, zerstört wird.

Ein Beispiel für ein Medium, auf dem Fehler in dieser Art auftreten, ist die Compact Disc. Hier verursachen Kratzer und Verunreinigungen einen Datenverlust, der in Form der oben beschriebenen Bursterrors auftritt. Es tritt also ein besonderes Problem auf, zu dessen Lösung Philips und Sony einen Standard entwickelt haben, der durch eine besondere Datensicherung auf der Compact Disc eine Rekonstruktion gewährleisten soll. Hier werden in einem speziellen Verfahren zuerst die Randomerrors erkannt und gegebenenfalls behoben, während Bursterrors zunächst nur erkannt werden, um dann in einem zweiten Schritt behoben zu werden. Dieses Verfahren hat sich unter dem Namen CIRC (Cross-Interleaved Reed-Solomon-Code) etabliert; vgl. § 4.2. CIRC verwendet in zwei Schritten nacheinander jeweils einen $[32, 28, 5]$-Code C_2 über $\mathbb{F}_{2^8}$ als äußeren und einen $[28, 24, 5]$-Code über $\mathbb{F}_{2^8}$ als inneren Code; vgl. Beispiel 4.1.11. Der Code C_2 korrigiert Randomerrors jeweils bis zu einem Fehler pro Codewort; darüber hinaus markiert es alle größeren Fehler und löscht diese Codewörter vollständig aus. Der Code C_1 behandelt die im ersten Schritt erkannten Bursterrors. Damit erhält man eine Informationsrate von $\frac{28}{32} \cdot \frac{24}{28} = \frac{3}{4}$.

Im Fall einer Musik-CD wird das analoge Signal der sich stetig ausbreitenden Schallwelle in eine Folge von $44\,100$ diskreten Daten pro Sekunde, den so genannten *Audiosamples*, zerlegt. Diese Rate von $44,1\,kHz$ reicht aus, um Schallwellen mit Frequenzen bis zu $22\,kHz$ exakt rekonstruieren zu können. Man misst also die Amplitude der Druckwelle des Schalls $44\,100$-mal pro Sekunde und ordnet ihr jeweils einen Wert auf einer Skala von 0 bis $2^{16} - 1$ zu; man macht das für den linken und rechten Kanal getrennt. Jedes Audiosample, also die Amplitude der Druckwelle des Schalls für den rechten bzw. den linken Kanal, besteht somit aus einem Paar von Punkten in $\mathbb{F}_2^{16}$. Man identifiziert den Raum $\mathbb{F}_2^{16}$ mit $\mathbb{F}_{2^8}^2$. Dann kann man ein Audiosample als Punkt in $\mathbb{F}_{2^8}^4$ auffassen.

Zum Zweck des Schutzes gegen Bursterrors verwendet man im Prinzip das Cross-Interleaving, wie es im Beispiel 4.2.4 dargestellt ist. Für die Abspeicherung auf einer Compact Disc werden jeweils 6 aufeinander folgende Audiosamples zu einem Vektor im $\mathbb{F}_{2^8}^{24}$ zusammengefasst und mit dem inneren Code in einen Spaltenvektor im $\mathbb{F}_{2^8}^{28}$ codiert. Dann werden 28 solche Spaltenvektoren zu einer Matrix in $M(28 \times 28, \mathbb{F}_{2^8})$ zusammengefasst. Schließlich wird diese Matrix noch mit der Generatormatrix des äußeren Codes multipliziert. So erhält man eine Matrix in $M(28 \times 32, \mathbb{F}_{2^8})$; wie es im Beispiel 4.2.4 beschrieben ist. Dann liest man diese Folge von Matrizen nach der 4-*frame delayed interleaving* Methode spaltenweise ein; wobei man zu jeder Matrix noch eine zusätzliche Spaltenkomponente als Kontroll- und Displayinformation hinzufügt, die wir zunächst einmal vernachlässigen wollen. Jede Spalte ist somit ein Vektor in $\mathbb{F}_{2^8}^{28}$. Vernachlässigen wir die zusätzlich einzufügenden Steuerbits, so ist die Informationsrate also $3/4 = 24/32$. Das Ablegen dieser Daten auf der Compact Disc erfolgt im Wesentlichen so, dass man jeder Zahl in $\mathbb{F}_{2^8}$ eineindeutig ein gewisses Muster, das ist eine Folge von so genannten Kanalbits der Länge 14 , zugeordnet hat, und dann die Komponenten eines Vektors aus $\mathbb{F}_{2^8}^{28}$ gemäß dieser Zuordnung von Zahlen zu Mustern auf die Compact Disc brennt. Wir beschreiben diese Muster weiter unten. Wie bemerkt, dabei geht es nur noch um einen physikalischen Vorgang.

Nehmen wir an, dass auf der Compact Disc nach unserem Verfahren aus Beispiel 4.2.4 die Daten abgespeichert sind, so wollen wir berechnen, welches Ausmaß Bursterrors haben dürfen, um durch dieses Verfahren noch richtig korrigiert werden zu können. Ein CD-Player spielt eine Compact Disc mit einer Geschwindigkeit von ungefähr 1,3 [m/sec] ab. Daraus ergibt sich für eine 74-minütige Compact Disc eine

$$\text{Spurlänge:} \quad 74 \cdot 60 \cdot 1,3 = 5\,772\ [m]$$

Auf einer Audio-CD wird folgende

$$\text{Anzahl von Audio-Bits pro Sekunde:} \quad 44\,100 \cdot 32 = 1,4112 \cdot 10^6 \quad \left[\frac{bits}{sec}\right]$$

verarbeitet. Daraus ergibt sich die

$$\text{Anzahl codierter Audio-Bits pro Sekunde:} \quad \frac{32}{24} \cdot 1,4112 \cdot 10^6 = 1,8816 \cdot 10^6 \quad \left[\frac{bits}{sec}\right] \ .$$

Also ist die

$$\text{Anzahl der auf CD abgelegten Audio-Bits:} \quad 74 \cdot 60 \cdot 1,8816 \cdot 10^6 = 8,3543 \cdot 10^9 \ [bits] \ .$$

Somit beansprucht ein Bit die

$$\text{Spurlänge eines abgelegten Audio-Bits:} \quad \frac{5,772 \cdot 10^9}{8,3543 \cdot 10^9} \ [\mu m] \sim 0,69 \ [\mu m] \ .$$

Schließlich erhalten wir mit Beispiel 4.2.4 die

$$\text{Länge eines korrigierbaren Bursterrors:} \quad 3616 \cdot 0,69 \ [\mu m] \sim 2,50 \ [mm] \ .$$

Bei Musik CDs ist es weiterhin möglich, mittels Interpolation Daten zu ersetzen, die nicht mehr zu rekonstruieren sind, wodurch noch gröbere Kratzer die CD nicht unbrauchbar machen. Dazu kann man wie folgt vorgehen. Man arrangiert die 6 Audiosamples $(L, R) \in \mathbb{F}_{2^8}^{2+2}$ für den linken und den rechten Kanal des i-ten Frames $(L_1^i, R_1^i), (L_2^i, R_2^i), (L_3^i, R_3^i), (L_4^i, R_4^i), (L_5^i, R_5^i), (L_6^i, R_6^i)$ in der Form

$$c^i := (L_1^i, L_3^i, L_5^i, R_1^i, R_3^i, R_5^i, K_1^i, K_2^i, L_2^i, L_4^i, L_6^i, R_2^i, R_4^i, R_6^i) \in \mathcal{C}_1 \subset \mathbb{F}_{2^8}^{28}$$

als Spaltenvektor, wobei (K_1^i, K_2^i) die Kontrollsymbole sind. Wenn man in so einer Spalte 12 sukzessive Zeilen streicht - das ist also das 3-fache des zuvor berechneten Wertes -, so sind davon höchstens 7 sukzessive Symbole in der Darstellung von c^i betroffen. Man beachte, dass jedes Symbol aus 2 Komponenten in $\mathbb{F}_{2^8}$ besteht. Somit bleibt zu jedem gestrichenen L_σ^i bzw. R_σ^i ein Nachbarsymbol unversehrt, so dass man das gestrichene durch dieses Nachbarsymbol ersetzen kann. Insgesamt erhält man somit, dass man einen Bursterror von ca. $7,5\,[mm]$ reparieren kann. Da die Schallwellen sich ja stetig ausbreiten, wird man diese Interpolation, die eventuell ja nicht den korrekten Wert liefert, kaum hören können.

In der Praxis ist die Fähigkeit eines CD-Players, die Spur auf einer CD über einen Bursterror zu halten, ebenfalls von entscheidender Bedeutung. Hier haben im besonderen CD-Rom-Laufwerke Probleme, die Daten mit stark erhöhter Geschwindigkeit lesen. Oft wird beim Auftreten von Lesefehlern dann die Laufwerksgeschwindigkeit reduziert, bis die kritische Stelle lesbar ist oder sich der Bursterror als nicht behebbar erweist. Dadurch wird aus einem 50-fach-Laufwerk schnell ein Single-Speed-Laufwerk, da die Geschwindigkeit für den weiteren Lesevorgang oft nicht wieder erhöht wird.

Zur Beschreibung der Muster, die den Zahlen aus $\mathbb{F}_{2^8}$ zugeordnet sind, folgen wir der Darstellung in [vL3]. Die Spur auf einer Compact Disc besteht aus einer Folge von so genannten *Pits*; das sind Vertiefungen von ca. $0,12\,\mu m$. Die Abschnitte zwischen zwei aufeinander folgenden Pits werden *Lands* genannt. Die Spurbreite beträgt ca. $0,6\,\mu m$; die Steigung der Spur beträgt ca. $1,6\,\mu m$. Die Spur wird mit einem Laserstrahl gescannt. Jeder Übergang Land/Pit und Pit/Land wird als 1 und alle anderen Bits werden als 0 interpretiert. Ein Kanalbit auf der Spur hat eine Länge von $0,3\,\mu m$. Es wird also ein Land der Länge $0,9\,\mu m$, gefolgt von einem Pit der Länge $1,2\,\mu m$, gefolgt von einem Land der Länge $1,8\,\mu m$ und gefolgt von einem Pit der Länge $1,2\,\mu m$, in die Folge 10010001000001000 übersetzt.

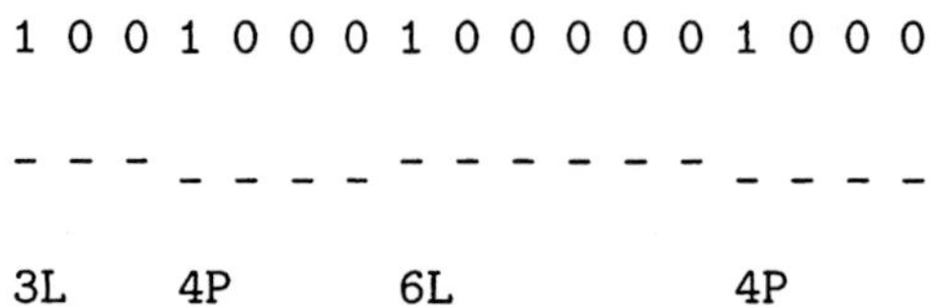

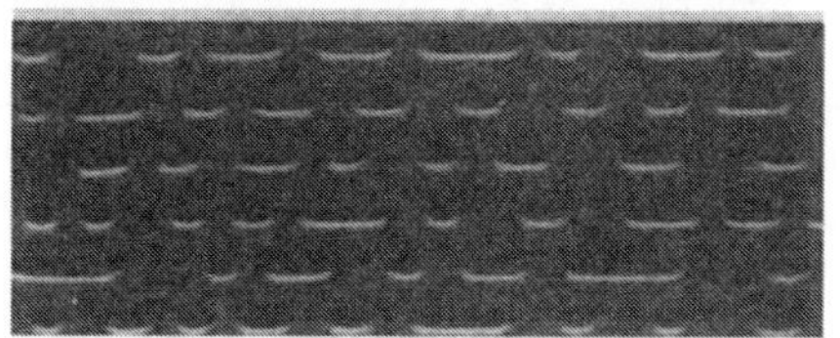

Der Durchmesser des Lichtstrahls ist ca. $1\,\mu m$. Fällt der Lichtstrahl auf ein Land, so wird er fast vollständig reflektiert. Weil die Tiefe eines Pits ca. $1/4$ der Wellenlänge des Lichtes im Material des Compact Disc ist, bewirkt die Interferenz, dass weniger Licht von den Pits in die Öffnung des Objektives reflektiert wird.

Bild 4.1: Vergrößerung mehrerer paralleler Spuren einer CD

Es gibt nun mehrere technische Forderungen an die Folge der Kanalbits, die beachtet werden müssen. Jedes Pit muss mindestens 3 Bits lang sein. Dadurch vermeidet man, dass der Lichtstrahl zwei aufeinander folgender Übergänge zwischen Pits und Lands gleichzeitig registriert, was eine so genannte Intersymbol-Interferenz bewirken würde. Jedesmal, wenn ein Übergang auftritt, wird die "Bit-Uhr" im CD-Player synchronisiert. Da dies so rechtzeitig geschehen muss, dass ein Verlust an Synchronisation vermieden wird, darf kein Pit oder Land länger als $3,3\,\mu m$ sein; das bedeutet, dass zwischen zwei 1-en in der Sequenz höchstens 10-mal eine 0 stehen darf. Die Einschränkung ist außerdem für den Mechanismus notwendig, der den Laser in der Spur hält. Eine letzte Forderung ist, dass der Niedrig-Frequenz-Anteil des Signals auf ein Minimum beschränkt ist. Dies bedingt, dass die Gesamtlänge der Pits und Lands ungefähr gleich ist. Diese Bedingung wird für den Mechanismus benötigt, der entscheidet, ob etwas hell oder dunkel ist. Das mindert auch den negativen Eindruck eines Fingerabdrucks auf der Compact Disc.

Nun kann man all diese Bedingungen erfüllen, indem man einer Zahl in $\mathbb{F}_{2^8}$, also einem 8-Tupel von Datenbits, ein 14-Tupel von Kanalbits in geeigneter Weise zuordnet. Diese Konversion wird EFM genannt; das steht für Eight-to-Fourteen-Modulation. Ist nämlich $a(n)$ die Anzahl der $\{0,1\}$-Folgen der Länge n , in denen zwischen zwei 1-en mindestens zwei 0-en stehen und niemals mehr als 10 aufeinander folgende 0-en vorkommen, so ist $n = 14$ die kleinste Zahl mit $a(n) > 2^8$; es ist $a(14) = 267$. Da wir nun diese Muster aneinander hängen, können zwei aufeinander treffende Muster unsere zuvor geforderten Bedingungen verletzen. Daher fügt man jeder 14-er Folge noch 3 *Merging Bits* an, wobei man Freiheit in der Wahl dieser 3 Bits hat, so dass die Gesamtlänge der Pits und Lands wie gefordert ungefähr gleich ist. Dabei werden die $11 = 267 - 2^8$ schwierigsten Fällen als mögliche 14-er Muster ausgeschlossen.

Abschließend wollen wir die durchschnittliche Länge eines Audio-Bits in dieser Darstellung durch Muster berechnen. Dabei wollen wir noch weitere technische Feinheiten berücksichtigen.

Es wird also jeder Zeile einer Matrix des CIRC aus $M(28 \times 32, \mathbb{F}_{2^8})$, also einem Vektor in $\mathbb{F}_{2^8}^{32}$, eine Komponente, also eine Zahl aus $\mathbb{F}_{2^8}$, die Kontroll- und Displayinformation, angehängt. Diese Zahl wird gemäß der Musterzuordnung in $33 \cdot 17$ Kanalbits, gefolgt von 24 Synchronisationsbits und 3 Merging Bits, abgelegt. Diese Synchronisationsbits identifizieren den Beginn der nächsten Codesequenz. Die Synchronisationsbits sind natürlich so gewählt, dass sie auf keinen Fall in einer Codesequenz auftreten können, eine Verwechslung ist also ausgeschlossen. Somit ergibt eine Zeile, $32 \cdot 8$ codierte Audio-Bits, exakt $33 \cdot 17 + 24 + 3 = 588$ Kanalbits. Somit ist der Platzbedarf eines Audio-Bits

$$\frac{33 \cdot 17 + 24 + 3}{32 \cdot 8} \cdot 0,3 \, [\mu m] = \frac{588}{256} \cdot 0,3 \, [\mu m] \sim 0,69 \, [\mu m] \ .$$

Das entspricht unserer zuvor gemachten Kalkulation des Platzbedarfs.

Kapitel 5

Schranken für Codes

Zunächst eine Wiederholung zum Satz von Shannon. Wir hatten in § 0.4 für einen Code $\mathcal{C} \subset \mathbb{F}_q^n$ mit $M := \mathrm{card}(\mathcal{C})$ Wörtern die *Informationsrate* von $\mathcal{C}$ durch den Ausdruck

$$R = \left(\log_q M\right) / n$$

eingeführt. Das ist also das Verhältnis der Anzahl der effektiv übertragenen zu den tatsächlich benötigten binären Stellen, die bei Übertragung der Informationen mit dem Code $\mathcal{C}$ benutzt werden. Weiterhin hatten wir die *Kapazität* C *eines Kanals* in Definition 0.4.1 eingeführt

$$C = 1 + p \log_2 p + q \log_2 q \ ,$$

wobei $q = 1 - p$ und p die Fehlerwahrscheinlichkeit im Kanal ist.

Der Satz von Shannon besagt nun:

Zu jeder Informationsrate R mit $0 < R < C$ und zu jeder Fehlerwahrscheinlichkeit $\varepsilon > 0$ gibt es einen Code einer eventuell großen Länge n, so dass dessen Fehlerwahrscheinlichkeit $< \varepsilon$ und dessen Informationsrate $> R$ ist.

M.a.W.: *Gute Codes existieren und haben in der Regel große Längen.*

Die Fehlerwahrscheinlichkeit p besagt, dass man in der Regel $p \cdot n$ Fehler in einem Codewort bei der Übertragung zu erwarten hat. Um diese zu korrigieren, sollte man nach Codes Ausschau halten, deren Minimalabstand $d > 2pn$ ist. Um die Qualität von Codes zu vergleichen, sollte man also den *relativen Minimalabstand*

$$\delta = d/n$$

betrachten. Man muss also bei Vergrößerung der Länge n auch den Minimalabstand proportional erhöhen, weil der Kanal ja eine fixierte Größe p liefert. Daher führen wir folgende Größen ein: Für $d \in \mathbb{R}$ mit $d \geq 0$ sei

$$A_q(n,d) := \mathrm{Max}\{ M \ ; \ \exists \, (n, M, d')\text{–Code über } \mathbb{F}_q \text{ mit } d' \geq d \} \ .$$

Ein (n, M, d)-Code ist ein Code mit Länge n, Minimalabstand d und M Codewörtern. Ein Code $C \subset \mathbb{F}_q^n$ mit Minimalabstand d ist also optimal, wenn

$$\operatorname{card}(C) = A_q(n, d)$$

gilt.

Definition 5.0.1 Bei festem relativen Minimalabstand δ mit $0 \leq \delta \leq 1$ ist die reelle Zahl

$$\alpha_q(\delta) := \limsup_{n \to \infty} \left(\frac{1}{n} \log_q A_q(n, \delta n) \right)$$

die *asymptotische maximale Informationsrate* von Codes mit relativem Minimalabstand δ.

Es gilt offenbar $0 \leq \alpha_q(\delta) \leq 1$.

Die genauen Werte von $\alpha_q(\delta)$ sind nicht bekannt. Wir wollen einige Schranken dazu herleiten. Eine untere Schranke für $\alpha_q(\delta)$ ist die Gilbert-Varshamov Schranke, die 1952/57 bewiesen und erst 1982 mit Methoden der algebraischen Geometrie verbessert wurde; vgl. [TVZ].

5.1   Gilbert-Varshamov Schranke

Wir betrachten hier Codes $C \subset \mathbb{F}_q^n$ der Länge n. Wir hatten schon den Ball vom Radius r um $a \in \mathbb{F}_q^n$ eingeführt. Weiterhin wollen wir die Sphäre $\mathbb{S}_r^n(a)$ einführen:

$$\mathbb{B}_r^n(a) := \{x \in \mathbb{F}_q^n \,;\, d_H(x, a) \leq r\}$$
$$\mathbb{S}_r^n(a) := \{x \in \mathbb{F}_q^n \,;\, d_H(x, a) = r\}$$

Notiz 5.1.1 Es gilt für die Anzahl der Punkte in dem Ball bzw. der Sphäre:

(a) $V_q(n, r) := \operatorname{card}(\mathbb{B}_r^n(a)) = \displaystyle\sum_{i=0}^{r} \binom{n}{i} (q-1)^i$

(b) $S_q(n, r) := \operatorname{card}(\mathbb{S}_r^n(a)) = \displaystyle\binom{n}{r} (q-1)^r$.

Setzt man

$$\vartheta = \frac{q-1}{q} \quad,$$

so erklärt man die *q-adische Entropiefunktion*

$$H_q : [0, 1] \longrightarrow [0, 1]$$

durch

$$
\begin{aligned}
H_q(0) &= 0 & &\text{für } x = 0 \\
H_q(x) &= x \log_q(q-1) - x \log_q x - (1-x) \log_q(1-x) & &\text{für } x \in (0, \vartheta) \\
H_q(x) &= 1 & &\text{für } x \in [\vartheta, 1] \;.
\end{aligned}
$$

Notiz 5.1.2 $H_q(x)$ ist monoton steigend, und es gilt $H_q(\vartheta) = 1$.

Lemma 5.1.3 *Für* $0 \leq \delta \leq \vartheta$ *gilt*

$$\lim_{n \to \infty} \frac{1}{n} \log_q S_q(n, [\delta n]) \;=\; \lim_{n \to \infty} \frac{1}{n} \log_q V_q(n, \delta n) \;=\; H_q(\delta) \ .$$

Beweis. Für $r = \delta n$ ist der letzte Term in der Summe $\sum_{i=0}^{r} \binom{n}{i} (q-1)^i$ wegen $\delta \leq \vartheta$ dominant. Dieser ist $S_q(n, [\delta n])$. Somit gilt

$$\binom{n}{[\delta n]} (q-1)^{[\delta n]} \;\leq\; V_q(n, \delta n) \;\leq\; (1 + [\delta n]) \cdot \binom{n}{[\delta n]} (q-1)^{[\delta n]} \ .$$

Nun bilde man $\log_q$ von dieser Ungleichung. So erhält man

$$[\delta n] \cdot \log_q(q-1) + \log \binom{n}{[\delta n]} \;\leq\; \log_q V_q(n, \delta n) \;\leq$$
$$\leq\; [\delta n] \cdot \log_q(q-1) + \log_q \binom{n}{[\delta n]} + \log_q(1 + [\delta n]) \ .$$

Teilt man nun durch n und betrachtet den Limes für $n \to \infty$, so folgt

$$\lim_{n \to \infty} \frac{1}{n} \log_q V_q(n, \delta n) \;=\; \delta \log_q(q-1) + \lim_{n \to \infty} \frac{1}{n} \log_q \binom{n}{[\delta n]} \ ,$$

falls der letzte Limes existiert. Somit bleibt zu zeigen:

$$\lim_{n \to \infty} \frac{1}{n} \log_q \binom{n}{[\delta n]} \;=\; -\delta \log_q \delta - (1 - \delta) \log_q(1 - \delta) \ .$$

Dazu benötigen wir die Stirlingsche Formel

$$\log n! \;=\; n \log n - n + O(\log n) \quad \text{für } n \to \infty \ .$$

Weiterhin gilt

$$[\delta n] \;=\; \delta n + O(1) \quad \text{für } n \to \infty \ .$$

Also folgt

$$\frac{1}{n} \log \binom{n}{[\delta n]} \;=\; \frac{1}{n} \cdot (n \log n - [\delta n] \log[\delta n] - (n - [\delta n]) \log(n - [\delta n]) + o(n))$$

wegen $O(\log n) = o(n)$. Also folgt

$$\begin{aligned}
\frac{1}{n} \log \binom{n}{[\delta n]} \;&=\; \log n - \delta \log(\delta n) - (1 - \delta) \log((1 - \delta)n) + o(1) \\
&=\; \log n - \delta \log \delta - (1 - \delta) \log(1 - \delta) - \log n + o(1) \\
&=\; -\delta \log \delta - (1 - \delta) \log(1 - \delta) + o(1)
\end{aligned}$$

für $n \to \infty$. Insgesamt folgen damit die Behauptungen. $\qquad \square$

Wir wollen nun eine untere Schranke für $A_q(n, d)$ herleiten.

Satz 5.1.4 (Gilbert-Varshamov Schranke) *Für Zahlen* $n \in \mathbb{N}$ *und* $d \in \mathbb{R}$ *mit* $1 \le d \le n$ *gilt*

$$A_q(n,d) \ge \frac{q^n}{V_q(n,d-1)} \ .$$

Beweis. Sei (n,M,d) derart, dass M maximal ist, so dass ein (n,M,d)–Code $\mathcal{C}$ existiert. Dann gibt es in $\mathbb{F}_q^n$ keine Wörter mit Abstand größer gleich d zu allen Wörtern von $\mathcal{C}$. Somit überdecken die Kugeln $\mathbb{B}_{d-1}^n(c)$ mit $c \in \mathcal{C}$ den gesamten $\mathbb{F}_q^n$. Also ist die Summe der Anzahl der Punkte all dieser Kugeln größer gleich der Anzahl der Punkte von $\mathbb{F}_q^n$; i.e.

$$\mathrm{card}\,(\mathcal{C}) \cdot V_q(n,d-1) \ge q^n \ .$$

Nun ist $\mathcal{C}$ ja maximal, also

$$\mathrm{card}\,(\mathcal{C}) \ = \ M \ = \ A_q(n,d) \ .$$

Daraus folgt die Behauptung. $\square$

Der Beweis zeigt, dass man in sehr naiver Weise einen Code mit $M \ge q^n/V_q(n,d-1)$ konstruieren kann. Man startet mit einem Codewort x_0 und nimmt dann sukzessiv Codewörter hinzu, die jeweils Abstand $\ge d$ zu den bereits gewählten Wörtern haben. Ein solcher Code hat natürlich keine Struktur. Überraschenderweise kann man sogar lineare Codes in dieser Weise finden; vgl. auch Korollar 6.3.4.

Satz 5.1.5 *Wenn* $n \in \mathbb{N}$ *,* $d \in \mathbb{N}$ *,* $k \in \mathbb{N}$ *die Bedingung*

$$q^{n-k+1} \ > \ V_q(n,d-1)$$

erfüllen, so existiert ein $[n,k,d]$ *-Code.*

Beweis. Für $k=0$ ist das trivial. Sei $\mathcal{C}_{k-1}$ ein $[n,k-1,d]$-Code. Wegen

$$\mathrm{card}\,(\mathcal{C}_{k-1}) \cdot V_q(n,d-1) \ < \ q^n$$

ist dieser Code nicht maximal nach 5.1.4. Also gibt es ein Wort $x \in \mathbb{F}_q^n$ mit Abstand größer gleich d zu allen Wörtern von $\mathcal{C}_{k-1}$. Sei nun $\mathcal{C}_k$ der lineare Code, der von $\mathcal{C}_{k-1}$ und x aufgespannt wird. Sei nun

$$z \ = \ \alpha x + y \ \in \ \mathcal{C}_k$$

mit $\alpha \ne 0$ und $y \in \mathcal{C}_{k-1}$. Dann gilt für die Hamming-Norm

$$w(z) \ = \ w(\alpha^{-1}z) \ = \ w(x + \alpha^{-1}y) \ = \ d(x, -\alpha^{-1}y) \ge d \ . \qquad \square$$

Die Gilbert-Varshamov Schranke kann man asymptotisch betrachten und erhält:

Satz 5.1.6 (Asymptotische Gilbert-Schranke) *Sei* $0 \le \delta \le 1$ *. Dann gilt*

$$\alpha_q(\delta) \ \ge \ 1 - H_q(\delta) \ .$$

Beweis. Nach Definition 5.0.1 gilt

$$\alpha_q(\delta) \;=\; \limsup_{n\to\infty} \frac{1}{n} \log_q A_q(n, \delta n) \;.$$

Die Behauptung ist offenbar richtig für δ im Bereich $1 \geq \delta \geq \vartheta := (q-1)/q$. Es sei nun $\delta \in [0, \vartheta]$. Nach Satz 5.1.4 folgt dann

$$\begin{aligned}
\alpha_q(\delta) \;&\geq\; \lim_{n\to\infty} \frac{1}{n} \cdot \log_q \left(\frac{q^n}{V_q(n,\, \delta n - 1)} \right) \\
&=\; \lim_{n\to\infty} \left[1 - \frac{1}{n} \cdot \log_q \left(V_q(n,\, \delta n - 1) \right) \right] \;=\; 1 - H_q(\delta)
\end{aligned}$$

nach Lemma 5.1.3, weil man bei der Betrachtung des Limes den Radius $\delta n - 1$ in $V_q(n,\, \delta n - 1)$ durch die additive Konstante 1 ändern darf. $\qquad\square$

5.2   Obere Schranken

Es sollen nun einige obere Schranken hergeleitet werden.

Satz 5.2.1 (Singelton Schranke) *Für* $q, n, d \in \mathbb{N}$ *gilt* $A_q(n, d) \leq q^{n-d+1}$.

Beweis. Sei $\mathcal{C}$ ein (n, M, d)-Code. Dann ist die Einschränkung der Projektion

$$\pi \;:\; \mathbb{F}_q^n \;\longrightarrow\; \mathbb{F}_q^{n-d+1}$$

auf $\mathcal{C}$ injektiv, weil zwei verschiedene Wörter in $\mathcal{C}$ stets Abstand größer gleich d haben. Also hat $\mathcal{C}$ sicherlich $M \leq q^{n-d+1}$ Elemente. Folglich gilt

$$A_q(n, d) \leq q^{n-d+1} \;. \qquad\qquad\qquad\square$$

Korollar 5.2.2 *Für jeden* $[n, k, d]$-*Code über* $\mathbb{F}_q$ *gilt* $k \leq n-d+1$ *bzw. in relativer Version*

$$\frac{k}{n} + \frac{d}{n} \;\leq\; 1 + \frac{1}{n} \;.$$

Korollar 5.2.3 *Für die asymptotische Informationsrate* $\alpha_q(\delta)$ *von Codes über* q *Buchstaben mit relativem Minimalabstand* δ *gilt*

$$\alpha_q(\delta) \leq 1 - \delta \;\; \text{für} \;\; 0 \leq \delta \leq 1 \;.$$

Beweis. Nach Definition 5.0.1 und Satz 5.2.1 gilt

$$\alpha_q(\delta) \;=\; \limsup_{n\to\infty} \frac{1}{n} \log_q A_q(n, \delta n) \;\leq\; \limsup_{n\to\infty} \frac{n - \lfloor \delta n \rfloor + 1}{n} \;=\; 1 - \delta \;. \qquad\square$$

Eine bessere obere Schranke wird dadurch gewonnen, dass man den maximal möglichen Wert der Distanzen zwischen allen verschiedenen Codewörtern berechnet. Dazu sei $C \subset \mathbb{F}_q^n$ ein (n, M, d)-Code. Wir schreiben C als eine Matrix auf, indem wir die Wörter von C zunächst (beliebig) nummerieren.

$$C = \begin{pmatrix} c_1 \\ \vdots \\ c_M \end{pmatrix} \in M(M \times n, \mathbb{F}_q) \ .$$

Die Zahlen in $\mathbb{F}_q$ nummerieren wir mit $1, \ldots, q$ durch. Nun schauen wir auf die i-te Spalte für $i \in \{1, \ldots, n\}$. Für $j \in \mathbb{F}_q$ sei m_j^i die Anzahl der j in der i-ten Spalte. Betrachtet man nun die Summe der Abstände zwischen verschiedenen Wörtern aus C, dann gilt

$$\sum_{\substack{c_1, c_2 \in C \\ c_1 \neq c_2}} d(c_1, c_2) \leq \sum_{i=1}^{n} \sum_{j=1}^{q} m_j^i (M - m_j^i) \ ;$$

die letzte Summe zählt den Beitrag der i-ten Spalte. Nun ist $\sum_{j=1}^{q} m_j^i = M$. Also gilt

$$\sum_{j=1}^{q} m_j^i (M - m_j^i) = M^2 - \sum_{j=1}^{q} (m_j^i)^2 \ .$$

Weiterhin gilt

$$\left| \sum_{j=1}^{q} x_j \cdot y_j \right|^2 \leq \sum_{j=1}^{q} x_j^2 \cdot \sum_{j=1}^{q} y_j^2 \ .$$

und speziell mit $y_j = 1$ für alle j bekommt man daraus

$$(*) \qquad \left(\sum_{j=1}^{q} x_j \right)^2 \leq q \cdot \left(\sum_{j=1}^{q} x_j^2 \right) \ .$$

Wendet man das nun an auf $x_j = m_j^i$, so erhält man

$$\sum_{j=1}^{q} m_j^i (M - m_j^i) = M^2 - \sum_{j=1}^{q} (m_j^i)^2 \leq M^2 - \frac{1}{q} \left(\sum_{j=1}^{q} m_j^i \right)^2 = M^2 - \frac{1}{q} M^2 \ .$$

Somit folgt

$$\sum_{\substack{c_1, c_2 \in C \\ c_1 \neq c_2}} d(c_1, c_2) \leq \sum_{i=1}^{n} \left(M^2 - \frac{1}{q} M^2 \right) = n \cdot \frac{q-1}{q} \cdot M^2 = n \cdot \vartheta \cdot M^2 \ .$$

Andererseits hat man $M \cdot (M-1)$ Paare $(c_1, c_2) \in C \times C$ mit $c_1 \neq c_2$ und es gilt stets $d(c_1, c_2) \geq d$ für einen (n, M, d)-Code. Somit folgt

$$M \cdot (M-1) \cdot d \leq \sum_{\substack{c_1, c_2 \\ c_1 \neq c_2}} d(c_1, c_2) \leq n \cdot \vartheta \cdot M^2 \ .$$

Das liefert nun das folgende Resultat.

Satz 5.2.4 (Plotkin-Schranke) *Für* $\vartheta = (q-1)/q$, $n \in \mathbb{N}$ *und* $d \in \mathbb{N}$ *mit* $\vartheta \cdot n < d \leq n$ *gilt*

$$A_q(n,d) \leq \frac{d}{d - \vartheta n} \ .$$

Beweis. Wir haben eben gesehen

$$M \cdot (M - 1) \cdot d \leq n \cdot \vartheta \cdot M^2 \ .$$

Also folgt

$$M \cdot (d - n\vartheta) \leq d$$

oder

$$M \leq \frac{d}{d - \vartheta n} \ ,$$

falls $d > \vartheta n$ gilt. Daher erhalten wir

$$A_q(n,d) \leq \frac{d}{d - \vartheta n} \ . \qquad \square$$

Vom Beweis kann man ablesen, dass Gleichheit in 5.2.4 nur in dem Fall auftreten kann, wenn alle Paare (c_1, c_2) gleichen Abstand d haben. Solche Codes nennt man *äquidistant*.

Satz 5.2.5 (Asymptotische Plotkin-Schranke) *Für die asymptotische Informationsrate* $\alpha_q(\delta)$ *von Codes über* q *Buchstaben mit relativem Minimalabstand* δ *gilt*

$$\alpha_q(\delta) \ \leq \ 1 - \frac{\delta}{\vartheta} \qquad wenn \quad 0 \leq \delta \leq \vartheta$$

$$\alpha_q(\delta) \ = \ 0 \qquad wenn \quad \vartheta \leq \delta \leq 1 \ ,$$

wobei $\vartheta = (q-1)/q$ *ist.*

Beweis. Nach Definition 5.0.1 gilt $\alpha_q(\delta) \ = \ \limsup\limits_{n \to \infty} \frac{1}{n} \log_q A_q(n, \delta n)$. Ist $\delta > \vartheta$, so gilt nach Satz 5.2.4

$$A_q(n, \delta n) \ \leq \ \frac{[\delta n]}{[\delta n] - \vartheta n} \ .$$

Also

$$\limsup\limits_{n \to \infty} \frac{1}{n} \log_q A_q(n, [\delta n]) \ \leq \ \lim\limits_{n \to \infty} \frac{\log_q([\delta n])}{n} - \frac{\log_q([\delta n] - \vartheta n)}{n} \ = \ 0 \ .$$

Für die andere Formel betrachte man mit $d = [\delta n]$

$$n' \ = \ \left[\frac{d-1}{\vartheta} \right] \ \leq \ \frac{\delta n - 1}{\vartheta} \ < \ \frac{\delta}{\vartheta} \cdot n \ \leq \ n \ .$$

Es gilt nun

$$\vartheta n' \ \leq \ d - 1 \ < \ d \ .$$

Sei nun $\mathcal{C} \subset \mathbb{F}_q^n$ ein (n, M, d)-Code, wobei $M := A_q(n, d)$ ist. Betrachte nun die Projektion auf die letzten $(n - n')$ Komponenten

$$\pi : \mathcal{C} \longrightarrow \mathbb{F}_q^{n-n'} .$$

Dann sei

$$M' = \max \left\{ \operatorname{card}(\pi^{-1}(a)) \mid a \in \mathbb{F}_q^{n-n'} \right\} .$$

Nun gilt

$$M' \cdot q^{n-n'} \geq M$$

oder

$$M \cdot q^{n'-n} \leq M' .$$

Man kann jede Faser $\pi^{-1}(a)$ als Teilmenge von $\mathbb{F}_q^{n'}$ interpretieren. Das ist dann ein Code der Länge n' mit Minimalabstand d' und $d' \geq d$. Wegen $\vartheta n' < d$ folgt ebenfalls mit Satz 5.2.4

$$M' = \max\{\operatorname{card}(\pi^{-1}(a)) \; ; \; a \in \mathbb{F}_q^{n-n'}\} \leq \frac{d}{d - \vartheta n'} .$$

Somit folgt

$$M \cdot q^{n'-n} \leq M' \leq \frac{d}{d - \vartheta n'} \leq \frac{d}{d - (d-1)} = d .$$

Also

$$M \leq d \cdot q^{n-n'} .$$

Somit

$$\begin{aligned}
\alpha_q(\delta) &= \limsup_{n \to \infty} \frac{1}{n} \log_q A_q(n, \delta n) \\
&\leq \lim_{n \to \infty} \left(\frac{n - n'}{n} + \frac{\log_q(\delta n)}{n} \right) \\
&= \lim_{n \to \infty} \frac{n - n'}{n} = 1 - \lim_{n \to \infty} \frac{1}{n} \cdot \left[\frac{\delta n - 1}{\vartheta} \right] \\
&= 1 - \frac{\delta}{\vartheta} . \qquad \qquad \square
\end{aligned}$$

Satz 5.2.6 (Hamming-Schranke) *Für* $d = 2e + 1$ *gilt*

$$A_q(n, d) \leq \frac{q^n}{V_q(n, e)} .$$

Beweis. Hat man einen maximalen Code $\mathcal{C}$ der Länge n und Minimalabstand d mit $A_q(n, d)$ Wörtern gegeben, so ist die Vereinigung der Bälle $\mathbb{B}_e^n(c)$ über alle Codewörter $c \in \mathcal{C}$ disjunkt. Mit Notiz 5.1.1 folgt dann für die Anzahl der Punkte, die von dieser Vereinigung überdeckt wird

$$A_q(n, d) \cdot V_q(n, e) \leq \operatorname{card}(\mathbb{F}_q^n) = q^n .$$

Das ist die Behauptung. $\qquad \qquad \square$

Korollar 5.2.7 (Asymptotische Hamming Schranke)

$$\alpha_q(\delta) \ \leq \ 1 - H_q(\delta/2)$$

Beweis. Das folgt unmittelbar aus Satz 5.2.6 nach Definition von $\alpha_q(\delta)$ und Lemma 5.1.3. $\qquad\square$

Etwas aufwändiger ist dagegen schon der Beweis der folgenden besseren Schranke.

Satz 5.2.8 (Elias-Schranke) *Es seien* $\vartheta = (q-1)/q$ *,* $r \leq \vartheta n$ *und* $d \in \mathbb{N}$ *mit* $1 \leq d \leq n$ *sowie* $r^2 - 2\vartheta nr + \vartheta nd > 0$ *. Dann gilt*

$$A_q(n,d) \ \leq \ \frac{\vartheta nd}{r^2 - 2\vartheta nr + \vartheta nd} \cdot \frac{q^n}{V_q(n,r)} \ .$$

Zum Beweis benötigen wir das folgende Lemma.

Lemma 5.2.9 *Sind* A *und* C *Teilmengen von* $\mathbb{F}_q^n$ *, dann existiert ein* $x \in \mathbb{F}_q^n$ *, so dass die Ungleichung*

$$\frac{\operatorname{card}\left((x+A)\cap C\right)}{\operatorname{card}(A)} \ \geq \ \frac{\operatorname{card}(C)}{q^n}$$

erfüllt ist.

Beweis. Für $a \in A$ und $c \in C$ gilt

$$\sum_{x\in\mathbb{F}_q^n} \operatorname{card}(\{x+a\}\cap\{c\}) = \operatorname{card}(\{x \in \mathbb{F}_q^n \ ; \ x+a=c\}) = 1$$

Wähle $x_0 \in \mathbb{F}_q^n$ so, dass $\operatorname{card}((x_0+A)\cap C)$ maximal ist. Mit $\operatorname{card}(\mathbb{F}_q^n) = q^n$ folgt

$$
\begin{aligned}
\operatorname{card}((x_0+A)\cap C) \ &\geq \ q^{-n}\sum_{x\in\mathbb{F}_q^n}\operatorname{card}((x+A)\cap C)\\
&= \ q^{-n}\sum_{x\in\mathbb{F}_q^n}\sum_{a\in A}\sum_{c\in C}\operatorname{card}(\{x+a\}\cap\{c\})\\
&= \ q^{-n}\sum_{a\in A}\sum_{c\in C}\sum_{x\in\mathbb{F}_q^n}\operatorname{card}(\{x+a\}\cap\{c\})\\
&= \ q^{-n}\sum_{a\in A}\sum_{c\in C}1\\
&= \ q^{-n}\operatorname{card}(A)\cdot\operatorname{card}(C) \ . \qquad\square
\end{aligned}
$$

Man betrachte nun einen maximalen (n,M,d)–Code C und setze $A := \mathbb{B}_r^n(0)$. Es sei ohne Einschränkung $\operatorname{card}(A\cap C)$ maximal unter allen $\operatorname{card}(\mathbb{B}_r^n(x)\cap C)$ für $x \in \mathbb{F}_q^n$. Dann ist $A\cap C$ ein (n,K,d')-Code mit $d' \geq d$ und

$$K \geq \frac{M\cdot V_q(n,r)}{q^n}$$

nach Lemma 5.2.9.

Lemma 5.2.10 *Haben alle Codewörter x eines (n, K, d) –Codes Hamming-Norm $w(x) \le r \le \vartheta n$, so gilt*

$$d \le \frac{Kr}{K-1}\left(2 - \frac{r}{\vartheta \cdot n}\right) \ ,$$

wobei $\vartheta = (q-1)/q$ ist.

Beweis. Wir schreiben die K Codewörter $x \in \mathbb{F}_q^n$ als Zeilen einer $(K \times n)$-Matrix

$$\left(x_{\kappa\nu} \right)_{1 \le \kappa \le K,\, 1 \le \nu \le n} \ .$$

Für $1 \le \nu \le n$ und $j \in \mathbb{F}_q$ setze man

$$m_{\nu j} := \operatorname{card}\left(\left\{\kappa\,;\, 1 \le \kappa \le K\,,\, x_{\kappa\nu} = j\right\}\right)$$

Dann gilt:

1. $\displaystyle\sum_{j \in \mathbb{F}_q} m_{\nu j} = K$ für alle $1 \le \nu \le n$.

2. $\displaystyle S := \sum_{\nu=1}^{n} m_{\nu 0} \ge K \cdot (n - r)$.

3. $\displaystyle\sum_{j \in \mathbb{F}_q^\times} m_{\nu j}^2 \ge (q-1)^{-1}\left(\sum_{j \in \mathbb{F}_q^\times} m_{\nu j}\right)^2 = (q-1)^{-1}\left(K - m_{\nu 0}\right)^2$.

4. $\displaystyle\sum_{\nu=1}^{n} m_{\nu 0}^2 \ge n^{-1}\left(\sum_{\nu=1}^{n} m_{\nu 0}\right)^2 = n^{-1}S^2$.

Die 1. Aussage ist trivial, weil in der ν-ten Spalte genau K Elemente stehen. Die 2. Aussage gilt, weil in jeder Zeile mindestens $(n-r)$-mal 0 steht. Die 3. und 4. Aussage folgt mit der Ungleichung (*) im Beweis zu Korollar 5.2.3. Somit folgt nun

$$
\begin{aligned}
\sum_{\nu=1}^{n}\sum_{j \in \mathbb{F}_q} m_{\nu j}(K - m_{\nu j}) &= nK^2 - \sum_{\nu=1}^{n}\sum_{j \in \mathbb{F}_q} m_{\nu j}^2 \\
&= nK^2 - \sum_{\nu=1}^{n}\left(m_{\nu 0}^2 + \sum_{j \in \mathbb{F}_q^\times} m_{\nu j}^2\right) \\
&\le nK^2 - \sum_{\nu=1}^{n}\left(m_{\nu 0}^2 + (q-1)^{-1}(K - m_{\nu 0})^2\right) \\
&= nK^2 - (q-1)^{-1}\sum_{\nu=1}^{n}\left(q m_{\nu 0}^2 + K^2 - 2K m_{\nu 0}\right) \\
&\le nK^2 - (q-1)^{-1}\left(q n^{-1} S^2 + nK^2 - 2KS\right) \ .
\end{aligned}
$$

Nun ist nach Voraussetzung $r \le \vartheta n$, daher ist in $\left(q n^{-1} S^2 + nK^2 - 2KS\right)$ das quadratische Glied in S dominierend. Um das zu sehen, leite man den Term einmal ab. Man kann daher in diese Ungleichung $S \geq K(n-r)$ einsetzen, und es folgt

$$\sum_{\nu=1}^{n} \sum_{j \in \mathbb{F}_q} m_{\nu j}(K - m_{\nu j}) \leq K^2 \left(2r - \frac{q \cdot r^2}{(q-1) \cdot n} \right) = K^2 r \left(2 - \frac{r}{\vartheta n} \right) \quad .$$

Andererseits ist $\sum_{j \in \mathbb{F}_q} m_{\nu j}(K - m_{\nu j})$ gleich der Anzahl der Paare von Codewörtern, die sich an der ν-ten Stelle unterscheiden. Weil der Minimalabstand mindestens d ist und es $K \cdot (K-1)$ Paare von Codewörtern gibt, folgt

$$K \cdot (K-1) \cdot d \leq \sum_{\nu=1}^{n} \sum_{j \in \mathbb{F}_q} m_{\nu j}(K - m_{\nu j}) \quad .$$

Also gilt

$$d \leq \frac{Kr}{K-1} \left(2 - \frac{r}{\vartheta n} \right) \quad .$$

Das ist genau die Behauptung des Lemmas. $\qquad\qquad\qquad\qquad\qquad\qquad\square$

Beweis zu 5.2.8. Man setze $M := A_q(n,d)$ und dann sei $\mathcal{C}$ ein maximaler (n,M,d)-Code. Nach Lemma 5.2.9 existiert ein (n,K,d')-Untercode von $\mathcal{C}$ mit $d' \geq d$ und

$$\frac{M \cdot V_q(n,r)}{q^n} \leq K \quad ,$$

wobei alle Codewörter in $\mathbb{B}_r^n(0)$ liegen. Daraus folgt mit Lemma 5.2.10

$$d \leq d' \leq \frac{Kr}{K-1} \left(2 - \frac{r}{\vartheta \cdot n} \right) \quad .$$

Daraus folgt

$$\frac{1}{K} - 1 \geq \frac{r}{d} \left(\frac{r}{\vartheta n} - 2 \right)$$

und somit

$$\frac{1}{K} \geq \frac{r^2 - 2\vartheta n r + \vartheta n d}{\vartheta n d}$$

und schließlich

$$K \leq \frac{\vartheta n d}{r^2 - 2\vartheta n r + \vartheta n d} \quad .$$

Insgesamt folgt also

$$\frac{M \cdot V_q(n,r)}{q^n} \leq K \leq \frac{\vartheta n d}{r^2 - 2\vartheta n r + \vartheta n d} \quad .$$

Das ist die Behauptung. $\qquad\qquad\qquad\qquad\qquad\qquad\qquad\qquad\quad\square$

Korollar 5.2.11 (Asymptotische Elias-Schranke) *Für die asymptotische Informationsrate $\alpha_q(\delta)$ von Codes über q Buchstaben mit relativem Minimalabstand δ gilt*

$$\alpha_q(\delta) \leq 1 - H_q\left(\vartheta - \sqrt{\vartheta \cdot (\vartheta - \delta)} \right) \qquad \textit{für} \quad 0 \leq \delta \leq \vartheta$$

$$\alpha_q(\delta) = 0 \qquad\qquad\qquad\qquad \textit{wenn} \quad \vartheta \leq \delta \leq 1 \quad ,$$

wobei $\vartheta = (q-1)/q$ *ist.*

Beweis. Der zweite Teil der Behauptung folgt aus Satz 5.2.5. Für die erste Behauptung betrachte man Zahlen δ , λ mit $0 < \delta \leq \vartheta$ und $0 \leq \lambda < \vartheta - \sqrt{\vartheta(\vartheta - \delta)}$. Insbesondere gilt $\vartheta\delta - 2\vartheta\lambda + \lambda^2 > 0$. Man setze $r := [\lambda n]$ und $d := [\delta n]$. Dann gilt

$$r^2 - 2\vartheta nr + \vartheta nd = [\lambda n]^2 - 2\vartheta n[\lambda n] + \vartheta n[\delta n] \sim n^2(\lambda^2 - 2\vartheta\lambda + \vartheta\delta) > 0 \ .$$

Aus der Elias-Schranke 5.2.8 folgt mit Lemma 5.1.3

$$
\begin{aligned}
n^{-1}\log_q A(n,\delta n) \ &\leq \ n^{-1}\log_q\left(\frac{\vartheta nd}{r^2 - 2\vartheta nr + \vartheta nd} \cdot \frac{q^n}{V_q(n,r)}\right) \\
&\sim \ n^{-1}\left[\log_q\left(\frac{\vartheta\delta}{\lambda^2 - 2\vartheta\lambda + \vartheta\delta}\right) + n - n \cdot H_q(\lambda)\right] \quad \text{für} \ n \to \infty \\
&\sim \ 1 - H_q(\lambda) \quad \text{für} \ n \to \infty \ .
\end{aligned}
$$

Damit folgt $\alpha_q(\delta) \leq 1 - H_q(\lambda)$. Da dies für alle λ mit $0 \leq \lambda < \vartheta - \sqrt{\vartheta(\vartheta - \delta)}$ gilt, folgt die Behauptung. $\qquad\square$

Im Bild 5.1 sind diese Schranken versus der Gilbert-Schranke dargestellt. Hinsichtlich

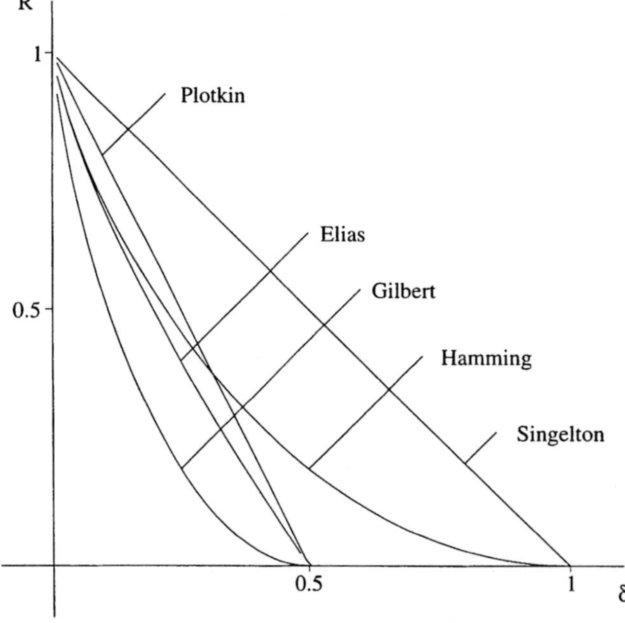

Die Kurven stellen asymptotische Schranken für die maximale Informationsrate in Abhängigkeit vom relativen Minimalabstand dar. Dabei sind

Gilbert	untere
Singelton	obere
Plotkin	obere
Hamming	obere
Elias	obere

Schranken. Interessant ist es, Codes oberhalb der Gilbert-Schranke zu konstruieren.

Bild 5.1: Maximale Informationsrate versus relativem Minimalabstand für $q = 2$

der Elias-Schranke und der Hamming-Schranke täuscht dieses Bild etwas. Schon für $q = 16$ sind diese Schranken nicht mehr so gut wie die Plotkin Schranke.

Daraus ergibt sich die folgende Frage:

Gibt es Werte von $\alpha_q(\delta)$ im Bereich oberhalb der Gilbert-Varshamov Schranke?

Mit anderen Worten:

Gibt es Folgen von Codes $C_n \subset \mathbb{F}_q^n$ mit $d(C_n) \geq \delta n$ und

$$\lim_{n \to \infty} \log_q \left(\operatorname{card} C_n \right) > 1 - H_q(\delta)$$

Das wird das zentrale Problem des nächsten Kapitels sein. Mit Mitteln der algebraischen Geometrie werden wir diese Frage positiv beantworten. Zunächst werden wir in § 6.3 mittels klassischer Goppa-Codes zeigen, dass man die Gilbert-Schranke mit linearen Codes beliebig großer Länge erreichen kann. Mit größerem Aufwand werden wir schließlich in § 6.5 algebraisch-geometrische Codes beliebig großer Länge konstruieren, deren Parameter (R, δ) oberhalb der Gilbert-Schranke liegen. Diese Codes sind insbesondere auch linear.

Kapitel 6

Geometrische Codes

In diesem Kapitel geben wir eine kurze Einführung in die Theorie der algebraischen Kurven, wobei wir im Wesentlichen auf Beweise verzichten, um möglichst schnell zu den geometrischen Codes zu gelangen. Das wesentliche Ziel hier ist es zu zeigen, dass man mit diesen Codes optimale lange Codes erzeugen kann. Diese Konstruktionsmethode von Codes wurde von V.D. Goppa entdeckt; vgl. den Übersichtvortrag im Seminaire Bourbaki [La]. Es wird herausgearbeitet, welchen Schranken diese Codes unterliegen, und es werden Familien von algebraischen Kurven konkret konstruiert, die sich diesen Schranken annähern. Zunächst ist es dafür nicht notwendig, weiteres Detailwissen über algebraische Kurven zu haben. Es reicht, den Satz von Riemann-Roch sowie die Geschlechterformel von Hurwitz als Faktum zu akzeptieren; Kenntnis der Beweise dieser Sätze wird nicht benötigt. Es ist ausreichend, eine algebraische Kurve als geometrisches Objekt verstanden zu haben. Einige algebraisch-geometrische Hilfsmittel sind im Anhang dargestellt. Für konkrete Realisierungen solcher Codes ist es allerdings notwendig, die klassische Theorie der algebraischen Kurven im Stile von Brill-Noether zu kennen; wir werden in Kapitel 8 darauf eingehen. Die Algorithmen für algebraisch-geometrische Codes werden in Kapitel 9 beschrieben.

6.1 Algebraische Kurven

Es sei k stets ein beliebiger perfekter Körper. Dann bezeichnen wir mit $\mathbb{A}_k^n$ den n-dimensionalen affinen Raum über k ; i.e.

$$\mathbb{A}_k^n = \operatorname{MaxSpec} k[\xi_1, \ldots, \xi_n] = \left\{ \mathfrak{m} \mid \text{maximales Ideal in } k[\xi_1, \ldots, \xi_n] \right\} \ .$$

Ist k algebraisch abgeschlossen, so besagt der *Hilbertsche Nullstellensatz* A.4.3, dass die Abbildung

$$k^n \xrightarrow{\sim} \mathbb{A}_k^n \ , \qquad \alpha \mapsto (\xi_1 - \alpha_1, \ldots, \xi_n - \alpha_n)$$

bijektiv ist. Die maximalen Ideale $\mathfrak{m} \in \mathbb{A}_k^n$ werden als Punkte betrachtet; genauer als *abgeschlossene Punkte* im Sinne der algebraischen Geometrie nach Grothendieck. Für einen Punkt $x := \mathfrak{m} \in \mathbb{A}_k^n$ ist der Restklassenkörper

$$k(x) := k[\xi_1, \ldots, \xi_n]/\mathfrak{m}$$

eine endliche Körpererweiterung von k . Für ein Polynom $f \in k[\xi_1, \ldots, \xi_n]$ sei

$$f(x) := f \mod \mathfrak{m} \in k(x)$$

der Funktionswert von f in x . Im Fall eines algebraisch abgeschlossenen Körpers kann man f als k-wertige Funktion auf $\mathbb{A}_k^n$ verstehen; im allgemeinen Fall jedoch nicht. Trotzdem werden die Polynome in $k[\xi_1, \ldots, \xi_n]$ als die regulären Funktionen auf $\mathbb{A}_k^n$ angesehen. Sind $f_1, \ldots, f_r \in k[\xi_1, \ldots, \xi_n]$ Polynome, so sei

$$
\begin{aligned}
V(f_1, \ldots, f_r) \ &:= \ \{x \in \mathbb{A}_k^n \; ; \; f_1(x) = \ldots = f_r(x) = 0\} \\
&= \ \{\mathfrak{m} \in \mathbb{A}_k^n \; ; \; f_1 \in \mathfrak{m}, \ldots, f_r \in \mathfrak{m}\}
\end{aligned}
$$

die gemeinsame Nullstellenmenge der Polynome $f_1, \ldots, f_r$. Man nennt eine solche Menge auch *affin-algebraische Menge*; aufgefasst als Teilmenge von $\mathbb{A}_k^n$ spricht man von einer *Zariski-abgeschlossenen Teilmenge* des $\mathbb{A}_k^n$. Man kann auch allgemeiner von der Nullstellenmenge eines Ideals $\mathfrak{a} \subset k[\xi_1, \ldots, \xi_n]$ sprechen

$$V(\mathfrak{a}) := \{x \in \mathbb{A}_k^n \; ; f(x) = 0 \text{ für alle } f \in \mathfrak{a}\} \ .$$

Da der Polynomring jedoch noethersch ist, ist jedes Ideal $\mathfrak{a} \subset k[\xi_1, \ldots, \xi_n]$ endlich erzeugt; etwa $\mathfrak{a} = (f_1, \ldots, f_r)$, und dann gilt $V(\mathfrak{a}) = V(f_1, \ldots, f_r)$. Ein Ideal $\mathfrak{a}$ heißt *reduziert*, wenn

$$\mathfrak{a} = \mathrm{rad}(\mathfrak{a}) := \{f \in k[\xi_1, \ldots, \xi_n] \; ; \; f^r \in \mathfrak{a} \text{ für ein } r \in \mathbb{N}\}$$

gilt. Jeder Teilmenge $V \subset \mathbb{A}_k^n$ ordnet man das reduzierte Ideal

$$\mathrm{I}(V) := \{f \in k[\xi_1, \ldots, \xi_n] \; ; \; f(x) = 0 \text{ für alle } x \in V\}$$

zu. Als eine Folgerung des Hilbertschen Nullstellensatzes zeigt man Korollar A.4.5, dass die Korrespondenz

$$
\begin{aligned}
\{V \subset \mathbb{A}_k^n \; ; \ \text{Zariski-abgeschlossen}\} \ &\overset{\sim}{\longrightarrow} \ \{\mathfrak{a} \subset k[\xi_1, \ldots, \xi_n] \; ; \ \mathfrak{a} = \mathrm{rad}(\mathfrak{a})\} \\
V \ &\longmapsto \ \mathrm{I}(V) \\
V(\mathfrak{a}) \ &\longmapsfrom \ \mathfrak{a}
\end{aligned}
$$

bijektiv ist. Insbesondere gilt für reduzierte Ideale $\mathfrak{a} \subset k[\xi_1, \ldots, \xi_n]$ nun

$$\mathfrak{a} = \mathrm{I}(V(\mathfrak{a})) \ .$$

Auf einer affin-algebraischen Menge $V \subset \mathbb{A}_k^n$ erklärt man eine Topologie, die so genannte *Zariski-Topologie*, indem man eine Teilmenge $U \subset V$ als offen erklärt, wenn $U = V - A$ gilt, wobei $A \subset \mathbb{A}_k^n$ eine Zariski-abgeschlossene Teilmenge ist. ist. Man überlegt sich leicht, dass eine Teilmenge $U \subset V$ offen ist, wenn U eine Darstellung

$$U = \bigcup_{i=1}^{N} \{x \in V \; ; \; g_i(x) \neq 0\}$$

hat, wobei $g_1, \ldots, g_N$ Polynome sind.

Ist $\mathfrak{a} \subset k[\xi_1, \ldots, \xi_n]$ ein reduziertes Ideal, so bekommt man zu der affin-algebraischen Menge $X := V(\mathfrak{a})$ den affinen *Koordinatenring*

$$\mathcal{O}_X(X) = A := k[\xi_1, \ldots, \xi_n] / \mathfrak{a} \; ;$$

das ist genau die Menge der polynomialen k-wertigen Funktionen auf X, wenn k algebraisch abgeschlossen ist; also

$$\mathcal{O}_X(X) = \{ f \,|\, X \; ; \; f \in k[\xi_1, \ldots, \xi_n] \} \; .$$

Man bezeichnet diesen Ring auch als *Ring der regulären Funktionen* auf X. Weiterhin hat man den Begriff der regulären Funktion auf offenen Teilmengen U von X; für die genaue Begiffsbildung siehe Definition B.1.4 im Anhang. Wenn A ein Integritätsring ist, so vereinfacht sich die Definition erheblich. Dann betrachtet man nämlich den Quotientenkörper $k(X)$ von A als die *Menge der rationalen Funktionen* auf X. Man nennt eine rationale Funktion $h \in Q(A)$ *regulär* in $x \in X$, wenn h eine Darstellung $h = f/g$ mit $f, g \in A$ und $g(x) \neq 0$ hat. Die Menge der in x regulären Funktionen $\mathcal{O}_{X,x}$ kann somit als Teilmenge von $k(X)$ aufgefasst werden. Dadurch erhält man für die auf einer offenen Teilmenge $U \subset X$ regulären Funktionen

$$\mathcal{O}_X(U) := \bigcap_{x \in U} \mathcal{O}_{X,x} \; ,$$

dabei ist der Durchschnitt in $k(X)$ zu verstehen.

Unter einer *affinen Varietät* verstehen wir in diesem Text eine affin-algebraische Menge X zusammen mit ihrer Zariski-Topologie und ihrer Garbe $\mathcal{O}_X$ von regulären Funktionen; vgl. Definition B.1.9. Dabei bedeutet *Garbe*, vgl. Definition B.1.6, dass man auf jeder offenen Teilmenge $U \subset X$ reguläre Funktionen $\mathcal{O}_X(U)$ ausgezeichnet hat, durch Einschränkung auf Teilmengen Regularität erhalten bleibt und Regularität eine lokale Bedingung ist. Letzteres bedeutet, dass lokal gegebene reguläre Funktionen, die auf sich überlappenden Bereichen übereinstimmen, sich zu genau einer globalen regulären Funktion zusammensetzen.

Definition 6.1.1 Eine *affin-algebraische Kurve* X ist eine affine Varietät der Form $V(\mathfrak{a}) \subset \mathbb{A}_k^n$ zu einem reduzierten Ideal $\mathfrak{a} \subset k[\xi] = k[\xi_1, \ldots, \xi_n]$ der Dimension 1. D.h., schreibt man $\mathfrak{a} = \mathfrak{p}_1 \cap \ldots \cap \mathfrak{p}_r$ als reduzierten Durchschnitt von Primidealen $\mathfrak{p}_i \subset k[\xi]$, so haben der Quotientenkörper $Q(k[\xi]/\mathfrak{p}_i)$ Transzendenzgrad 1 über k für $i = 1, \ldots, r$; vgl. Korollar A.4.7.
Dann gilt $X = X_1 \cup \ldots \cup X_r$ mit $X_i := V(\mathfrak{p}_i)$ und man nennt $X_1, \ldots, X_r$ die *irreduziblen Komponenten* von X.
Eine affin-algebraische Kurve $X = V(f_1, \ldots, f_r) \subset \mathbb{A}_k^n$ heißt *glatt in einem Punkt* $x \in X$, wenn eine offene Umgebung U von x existiert, so dass nach Umnummerierung

$$X \cap U = \{ x \in U \mid f_1(x) = \ldots = f_{n-1}(x) = 0 \} \quad \text{und} \quad \mathrm{rg} \left(\frac{\partial f_j}{\partial \xi_i} \right)(x) = n - 1$$

gilt. Man nennt X *glatt*, wenn sie glatt in jedem Punkt $x \in X$ ist.

Eine affin-algebraische Menge $X = V(f_1, \ldots, f_r) \subset \mathbb{A}_k^n$, die die obige Rangbedingung in jedem Punkt $x \in X$ erfüllt, hat automatisch die Dimension 1 und das Ideal $(f_1, \ldots, f_r) \subset k[\xi]$ ist auch automatisch reduziert. – Zur Erinnerung: Der Satz über implizite Funktionen besagt in ähnlicher Situation für differenzierbare reelle bzw. holomorphe Funktionen, dass X eine 1-dimensionale differenzierbare bzw. komplexe Mannigfaltigkeit ist. – Ist eine glatte affin-algebraische Kurve $V(\mathfrak{a})$ noch zusätzlich zusammenhängend, so ist $\mathfrak{a}$ ein Primideal.

Wir wollen nun *projektiv-algebraische Varietäten* definieren. Dazu führen wir den projektiven Raum über einem Körper k ein. Es sei zunächst der Einfachheit halber k algebraisch abgeschlossen. Die Menge der k-wertigen Punkte des n-dimensionalen projektiven Raumes ist

$$\mathbb{P}_k^n(k) := k^{n+1} - \{0\}/k^\times ,$$

wobei die Äquivalenzrelation folgendermaßen definiert ist:

$$x \sim y \iff \text{Es existiert ein } \lambda \in k^\times \text{ mit } x_i = \lambda y_i \text{ für alle } i = 0, \ldots, n .$$

Ist nun $F = \sum_{|\nu|=d} c_\nu \xi_0^{\nu_0} \ldots \xi_n^{\nu_n} \in k[\xi_0, \ldots, \xi_n]$ ein homogenes Polynom, auch *Form* genannt, so kann man die Nullstellenmenge von F im $\mathbb{P}_k^n$ definieren

$$V(F) := \{x \in \mathbb{P}_k^n \mid F(x) = 0\} .$$

Ein *homogenes Ideal* $\mathfrak{a} \subset k[\xi_0 \ldots \xi_n]$ ist ein Ideal, das von Formen erzeugbar ist. Man zeigt leicht, dass ein Ideal $\mathfrak{a}$ genau dann homogen ist, wenn $\mathfrak{a} = \bigoplus_{n \in \mathbb{N}} \mathfrak{a}_n$ direkte Summe der k-Vektorräume der Formen vom Grad n ist, die in $\mathfrak{a}$ liegen. Für ein homogenes Ideal ist wiederum $V(\mathfrak{a}) \subset \mathbb{P}_k^n$ definiert.

Die *Zariskitopologie* auf $\mathbb{P}_k^n$ ist so erklärt, dass man eine Teilmenge $U \subset \mathbb{P}_k^n$ als offen definiert, wenn das Komplement $\mathbb{P}_k^n - U = V(\mathfrak{a})$ Nullstellenmenge eines homogenen Ideals ist. Im $\mathbb{P}_k^n$ hat man eine offene Überdeckung durch die affinen Teilmengen

$$U_i := \mathbb{P}_k^n - V(\xi_i) = \{(x_0, \ldots, x_n) \in \mathbb{P}_k^n \; ; \; x_i \neq 0\} \cong \mathbb{A}_k^n ,$$

wobei $\mathbb{A}_k^n$ die Koordinaten $\xi_0/\xi_i, \ldots, \xi_n/\xi_i$ habe. Die Relativtopologie auf U_i ist die Zariskitopologie von $\mathbb{A}_k^n$. Es gilt nun

$$\mathbb{P}_k^n = U_0 \cup \ldots \cup U_n .$$

Umgekehrt kann man sich den projektiven Raum auch als das Verklebungsprodukt der $U_0, \ldots, U_n$ vorstellen, wobei $U_i = \mathbb{A}_k^n$ mit $U_j = \mathbb{A}_k^n$ vermöge der Isomorphie

$$U_i - V(\xi_j) \quad \overset{\sim}{\longrightarrow} \quad U_j - V(\xi_i)$$

$$\frac{\xi_\nu}{\xi_i} \cdot \left(\frac{\xi_j}{\xi_i}\right)^{-1} = \frac{\xi_\nu}{\xi_j} \quad \longleftarrow \quad \frac{\xi_\nu}{\xi_j}$$

identifiziert werden. Die untere Zuordnung beschreibt dabei die Abbildung der Koordinatenfunktionen. Letzteres macht keinen Gebrauch davon, dass k algebraisch abgeschlossen ist. Somit können wir auf diese Weise auch den projektiven Raum für jeden beliebigen Grundkörper erklären.

Man kann den *projektiven Raum* $\mathbb{P}_k^n$ *über einem beliebigen Körper* k auch analog zu dem affinen Raum $\mathbb{A}_k^n$ einführen. Als abstrakte Menge ist

$$\mathbb{P}_k^n := \left\{ \mathfrak{m} \mid \text{maximal in der Menge der homogenen Ideale } \mathfrak{a} \text{ mit } \mathfrak{a} \subsetneq (\xi_0, \dots, \xi_n) \right\}$$

also die Menge der maximalen Elemente in der Menge der homogenen Ideale $\mathfrak{a}$ von $k[\xi_0, \dots, \xi_n]$, die echt in dem Ideal $(\xi_0, \dots, \xi_n)$ enthalten sind. Wenn k algebraisch abgeschlossen ist, so ist die Zuordnung

$$k^{n+1} - \{0\}/k^\times \overset{\sim}{\longrightarrow} \mathbb{P}_k^n \; ; \; (x_0, \dots, x_n) \longmapsto (x_i \xi_j - x_j \xi_i)_{0 \le i,j \le n}$$

bijektiv. Wie im Fall eines algebraisch abgeschlossenen Körpers hat man wieder eine Überdeckung durch die Mengen

$$U_i := \left\{ \mathfrak{m} \mid \text{maximal in der Menge der homogenen Ideale } \mathfrak{a} \text{ mit } \xi_i \notin \mathfrak{m} \right\} .$$

Diese Mengen stehen in kanonischer Bijektion zu dem affinen Raum $\mathbb{A}_k^n$ mit den Koordinaten $\xi_0/\xi_i, \dots, \xi_n/\xi_i$. Eine weitere Möglichkeit, sich die abgeschlossenen Punkte des projektiven Raumes $\mathbb{P}_k^n$ vorzustellen, ist die folgende: Auf dem projektiven Raum $\mathbb{P}_{\overline{k}}^n$ über dem algebraischen Abschluss $\overline{k}$ operiert die Galoisgruppe $\mathrm{Gal}(\overline{k}/k)$ durch komponentenweise Aktion. Dann ist die Menge der abgeschlossenen Punkte von $\mathbb{P}_k^n$ die Menge der $\mathrm{Gal}(\overline{k}/k)$-Bahnen in $\mathbb{P}_{\overline{k}}^n$, wobei jede Bahn endlich ist. Diese Aktion respektiert die Teilmengen U_i für $i = 0, \dots, n$. Falls man eine algebraische Körpererweiterung k'/k vornimmt, so zerlegen sich diese Bahnen in $\mathrm{Gal}(\overline{k}/k')$-Bahnen. Daran erkennt man auch, wie sich ein abgeschlossener Punkt $x \in \mathbb{P}_k^n$ in endlich viele Punkte $x' \in \mathbb{P}_{k'}^n$ zerlegt.

Es sei nun $\mathfrak{a} = \bigoplus_{n \in \mathbb{N}} \mathfrak{a}_n \subset k[\xi_0, \dots, \xi_n]$ ein reduziertes homogenes Ideal. Auf der projektiven Nullstellenmenge $X := V(\mathfrak{a}) \subset \mathbb{P}_k^n$ führt man die Zariskitopologie als Relativtopologie des $\mathbb{P}_k^n$ ein. Zur Definition von regulären Funktionen kann man so verfahren: Auf jeder offenen Menge $U_i \subset \mathbb{P}_k^n$ induziert X eine affin-algebraische Menge $X \cap U_i$, die durch die homogene Lokalisierung des Ideals $\mathfrak{a}$ nach ξ_i für $i = 0, \dots, n$ gegeben wird. Somit sind dort regulären Funktionen erklärt. Für eine offene Teilmenge $U \subset X$ erklärt man die *regulären Funktionen* auf U durch

$$\mathcal{O}_X(U) := \ker \left(\prod_{i=0}^n \mathcal{O}_X(U \cap U_i) \rightrightarrows \prod_{i,j=0}^n \mathcal{O}_X(U \cap U_i \cap U_j) \right) .$$

Dabei involviert die Abbildung $\mathcal{O}_X(U \cap U_i) \to \mathcal{O}_X(U \cap U_i \cap U_j)$ die Umrechnung der Koordinatenfunktionen (ξ_ν/ξ_i) in $(\xi_i/\xi_j)^{-1} \cdot (\xi_\nu/\xi_j)$. Das hat zum Beispiel zur Folge, dass die regulären Funktionen von dem projektiven Raum $\mathbb{P}_k^n$ nur aus den konstanten Funktionen k bestehen. Wie im affinen Fall einer irreduziblen affin-algebraischen Menge kann man eine wesentlich einfachere Definition der regulären Funktionen geben, wenn X zusätzlich noch irreduzibel ist.

Ist X irreduzibel, also $\mathfrak{a}$ ein homogenes Primideal, so kann man die regulären Funktionen auch folgendermaßen einführen. Da $\mathfrak{a}$ homogen ist, erbt der Restklassenring $k[\xi_0 \dots \xi_n]/\mathfrak{a}$ die kanonische Graduierung vom Polynomring $k[\xi_0, \dots, \xi_n]$. Daher hat man eine direkte Summenzerlegung

$$A := k[\xi_0, \dots, \xi_n]/\mathfrak{a} = \bigoplus_{n \in N} A_n$$

in die k-Vektorräume A_n der homogenen Elemente vom Grad n. Dann ist der *Funktionenkörper von* X der nullte Bestandteil der Lokalisierung von A nach der Menge seiner homogenen Elemente

$$k(X) = \{ f/g \; ; \; f, g \in A_n \, , \, g \neq 0 \text{ für ein } n \in \mathbb{N} \} \, .$$

Die Elemente von $k[\xi_0, \dots, \xi_n]$, ja sogar die homogenen Polynome geben keine Funktionen auf X ; jedoch die Quotienten von homogenen Elementen gleichen Grades. Da X irreduzibel ist, ist $k(X)$ ein Körper. Weiter ist auch $X \cap U_i$ irreduzibel für alle $i = 0, \dots, n$, sofern $X \cap U_i \neq \emptyset$ gilt. Dazu hatten wir schon den Körper der rationalen Funktionen $k(X \cap U_i)$ definiert. Man zeigt leicht, dass $k(X) = k(X \cap U_i)$ gilt. Die rationalen Funktionen auf X sind genau die rationalen Funktionen auf $X \cap U_i$ für alle i mit $X \cap U_i \neq \emptyset$. Man nennt $k(X)$ den *Körper der rationalen Funktionen auf* X . Wie im affinen Fall erklärt man die in einem Punkt $x \in X$ regulären Funktionen

$$\mathcal{O}_{X,x} := \{ f/g \in k(X) \; ; \; g(x) \neq 0 \} \, .$$

Auf einer offenen Menge $U \subset X$ sind dann die regulären Funktionen durch

$$\mathcal{O}_X(U) := \bigcap_{x \in U} \mathcal{O}_{X,x}$$

gegeben. Dabei ist der Durchschnitt im Körper der rationalen Funktionen $k(X)$ zu interpretieren. Ist k zusätzlich noch algebraisch abgeschlossen, so sind die regulären Funktionen auf U tatsächlich k-wertige Funktionen; im Allgemeinen kann man sie nur als Morphismen $U \to \mathbb{A}^1_k$ interpretieren.

Eine *projektiv-algebraische Varietät* ist eine projektiv-algebraische Menge X zusammen mit ihrer Zariski-Topologie und ihrer Garbe $\mathcal{O}_X$ von regulären Funktionen. Man beachte, dass hier nur reduzierte Strukturen betrachtet werden.

Definition 6.1.2 Eine (glatte) *projektiv-algebraische Kurve* X ist eine projektiv-algebraische Varietät von der Form

$$X = V(F_1, \dots, F_r) \subset \mathbb{P}^n_k \, ,$$

wobei F_i homogene Polynome vom Grad d_i für $i = 1, \dots, r$ derart sind, dass

$$X \cap U_i \; = \; V(F_1/\xi_i^{d_1}, \dots, F_r/\xi_i^{d_r}) \; \subset U_i \; \cong \mathbb{A}^n_k$$

(glatte) affin-algebraische Kurven sind.

Ist $X \subset \mathbb{A}^n_k$ eine affin-algebraische Kurve, so hat man dazu den *Koordinatenring* $\mathcal{O}_X(X)$. Den Körper der rationalen Funktionen auf X erhält man via Quotientenkörperbildung $k(X) = Q(\mathcal{O}_X(X))$; falls X irreduzibel ist. Ist $X \subset \mathbb{P}^n_k$ eine irreduzible projektiv-algebraische Kurve, so besteht der Ring der globalen regulären Funktionen im Wesentlichen nur aus den konstanten Funktionen. Genauer ist $\mathcal{O}_X(X)$ eine endliche Körpererweiterung von k; der Grad der Körpererweiterung ist die Anzahl der Zusammenhangskomponenten von $X \otimes \overline{k}$, wenn man die Varietät X über dem algebraischen Abschluss $\overline{k}$ von k betrachtet. Insbesondere ist $\mathcal{O}_X(X) = k$, falls X eine geometrisch irreduzible bzw. geometrisch zusammenhängende glatte Kurve ist, wie wir in Satz 8.3.9 noch sehen werden. Im projektiven Fall ist $k(X)$ nicht mehr der Quotientenkörper von $\mathcal{O}_X(X)$. Es ist $k(X)$ ein Funktionenkörper in einer Variablen, also ein endlich erzeugter Körper vom Transzendenzgrad 1 über k. Falls $X \cap U_i \neq \emptyset$ ist, so ist nämlich

$$k(X) = Q\big(\mathcal{O}_X(X \cap U_i)\big) \ .$$

Definition 6.1.3 Ein Punkt $x \in X \subset \mathbb{P}^n_k$ ist *rational*, wenn für den Restklassenkörper $k(x)$ des lokalen Ringes $\mathcal{O}_{X,x}$ gilt $k = k(x)$. Das ist genau dann der Fall, wenn die Koordinaten des Punktes x im Grundkörper liegen. D.h., ist etwa $x \in U_i$, so liegt die Restklasse von ξ_j/ξ_i modulo dem maximalen Ideal, das zu x assoziiert ist, in k für $j = 0, \ldots, n$.

Manchmal werden wir Grundkörpererweiterungen vornehmen müssen, um vorgegebene Punkte rational zu machen. Dabei gehen algebraische Eigenschaften eventuell verloren. Da wir den Grundkörper stets als perfekt vorausgesetzt haben, bleibt eine reduzierte Varietät bei Körpererweiterung reduziert. Die Eigenschaften "irreduzibel" und auch "zusammenhängend" sind nicht mit Grundkörpererweiterung verträglich, so dass in solchen Fällen die Eigenschaft im geometrischen Sinne gefordert werden muss. Der Zusatz *"geometrisch"* bei einer Eigenschaft bedeutet stets, dass diese Eigenschaft bei beliebiger Grundkörpererweiterung erhalten bleibt.

Beispiel 6.1.4 1. Ist $X = \mathbb{P}^1 = V(\xi_2) \subset \mathbb{P}^2_k$, so ist X eine glatte projektiv-algebraische Kurve und es gilt für den Körper der rationalen Funktionen

$$k(X) = Q\big(k[\xi_1/\xi_0]\big) = Q\big(k[\xi_0/\xi_1]\big) \ .$$

2. Es ist $V(\xi_0^n + \xi_1^n + \xi_2^n) \subset \mathbb{P}^2_k$ eine glatte projektive Kurve im $\mathbb{P}^2_k$, falls $\mathrm{char}(k)$ nicht n teilt.

Von besonderer Bedeutung sind nun *Divisoren*.

Im Folgenden sei nun X eine glatte projektiv-algebraische Kurve über k. Die lokalen Ringe $\mathcal{O}_{X,x}$ sind dann diskrete Bewertungsringe; vgl. Satz 8.1.5. Das maximale Ideal von $\mathcal{O}_{X,x}$ ist also durch ein Element erzeugbar; genauer durch eine Funktion, die im Punkt x exakt von der Ordnung 1 verschwindet. Ein solches Element nennt man *lokalen Parameter* oder auch *uniformisierendes Element*. Es sei

$$\mathrm{ord}_x : Q(\mathcal{O}_{X,x}) \longrightarrow \mathbb{Z} \quad \text{die Bewertung in } x \ ;$$

das ist also die Abbildung, die einem f die Null- bzw. Polstellenordnung im Punkt x zuordnet. Ein *Divisor* auf X ist eine endliche formale Summe, d.h. fast alle $n_x = 0$,

$$D = \sum_{x \in X} n_x \cdot x \in \coprod_{x \in \mathrm{Div}(X)} \mathbb{Z} \cdot x .$$

Der *Support eines Divisors* ist definiert durch

$$\mathrm{supp}\, D := \{ x \in X \; ; \; n_x \neq 0 \} .$$

Der *Grad eines Divisors* ist definiert durch

$$\deg D := \sum_{x \in X} n_x \cdot [k(x) : k] .$$

Die Menge der Divisoren $\mathrm{Div}(X)$ ist eine abelsche Gruppe. Auf $\mathrm{Div}(X)$ existiert eine Ordnungsrelation, die folgendermaßen definiert ist:

$$D \geq 0 \iff n_x \geq 0 \;\text{ für alle }\; x \in X .$$

Divisoren D mit $D \geq 0$ heißen *effektiv*. Jedem $f \in k(X) - \{0\}$ ist ein Divisor

$$\mathrm{div}\,(f) = \sum_{x \in X} \mathrm{ord}_x(f) \cdot x$$

zugeordnet. Solche Divisoren heißen *Hauptdivisoren*. Für Hauptdivisoren gilt

$$\deg(\mathrm{div}(f)) = 0$$

nach Satz 8.3.8. Zwei Divisoren D und D' auf einer Kurve X heißen *äquivalent*, wenn es eine rationale Funktion f auf X mit $D - D' = \mathrm{div}(f)$ gibt. Man schreibt in diesem Fall $D \sim D'$. Man interessiert sich nun für den Vektorraum derjenigen rationalen Funktionen auf X, deren Divisoren ein vorgegebenes Null- und Polstellenverhalten respektieren. Man setzt

$$L(D) := L(X, D) := \{ f \in k(X) \; ; \; \mathrm{div}(f) + D \geq 0 \} .$$

Da die Kurve X projektiv-algebraisch ist, ist $L(D)$ ein endlich-dimensionaler Vektorraum über k.

Satz 6.1.5 *Es sei X eine geometrisch zusammenhängende glatte projektiv-algebraische Kurve. Es sei D ein Divisor auf X. Dann gilt:*

$$\dim L(D) \leq \max\{0, 1 + \deg D\} .$$

Beweis. Siehe Satz 8.3.9. $\qquad\qquad\qquad\qquad\qquad\qquad\qquad\qquad\qquad\qquad\qquad\quad$ $\square$

Will man die Dimension von $L(D)$ genau bestimmen, benötigt man die regulären Differentialformen. Für eine affin-algebraische Kurve $X = V(f_1, \ldots, f_r) \subset \mathbb{A}_k^n$ werden die *regulären Differentialformen* auf X gegeben durch

$$\Omega^1_{X/k} = \mathcal{O}_X \, d\xi_1 \oplus \ldots \oplus \mathcal{O}_X \, d\xi_n \, / \, \langle df_1, \ldots, df_r \rangle ,$$

wobei die Differentiale df durch die formale Summe der partiellen Ableitungen

$$df = \sum_{i=1}^{n} \frac{\partial f}{\partial \xi_i} d\xi_i$$

nach den Variablen $\xi_1, \ldots, \xi_n$ gegeben sind und die partiellen Ableitungen $\partial f/\partial \xi_i$ in dem Restklassenring $\mathcal{O}_X$ zu lesen sind. Diese Bildung ist kanonisch, sie hängt nur vom affinen Koordinatenring $\mathcal{O}_X(X)$ ab; sie ist also unabhängig von der speziellen Darstellung des Koordinatenrings als Restklassenring eines Polynomrings über k. Auch verhält sich diese Konstruktion ordentlich beim Übergang zu offenen Teilmengen U von X; vgl. § A.5. Daher erhält man so auch den Begriff von regulären Differentialformen auf Mannigfaltigkeiten bzw. projektiven Varietäten; vgl. Definition B.3.8. Im Fall einer (glatten) Kurve liefert die Gesamtheit der regulären Differentialformen ein Geradenbündel auf X. Die Bezeichnung $\Omega^1_{X/k}$ ist so gewählt, wie man es in der Sprache der Garben einführt. Hier ist es eigentlich nicht notwendig, Garben einzuführen; aber die Notation hat gewisse Vorteile, wie wir weiter unten noch sehen werden. Ist $X \subset \mathbb{P}^n_k$ eine projektiv-algebraische Varietät, so ist der Vektorraum der globalen Differentialformen auf X durch die lokalen Differentialformen auf $(U_i \cap X)$

$$\Omega^1_{X/k}(X) := \left\{ \omega \,;\, \omega|_{U_i \cap X} \in \Omega^1_{X/k}(U_i \cap X) \ \forall \, i = 0, \ldots, n \right\} \,,$$

gegeben, die über allen Durchschnitten $(U_i \cap U_j \cap X)$ zusammenpassen. Der Vektorraum der globalen Differentialformen auf einer projektiv-algebraischen Kurve ist endlich-dimensional.

Definition 6.1.6 Es sei X eine geometrisch zusammenhängende glatte projektiv-algebraische Kurve. Dann nennt man

$$g(X) := \dim \Omega^1_{X/k}(X)$$

das *(geometrische) Geschlecht* von X; vgl. auch § 8.3 insbesondere Korollar 8.3.2.

Notiz 6.1.7 Ist $X = \mathbb{P}^1_k$ mit den homogenen Koordinaten ξ_0, ξ_1, so ist $z := \xi_1/\xi_0$ eine reguläre Funktion auf $U_0 = \mathbb{P}^1_k - \{(0,1)\}$. Ihr Differential dz ist auf U_0 regulär und nullstellenfrei. Im Punkt $(0,1)$ ist $\zeta := 1/z = \xi_0/\xi_1$ ein lokaler Parameter und es gilt $dz = (-1/\zeta^2) \cdot d\zeta$. Jede Differentialform ω auf U_0 kann in der Form $\omega = f \cdot dz$ mit einem Polynom $f \in k[z]$ geschrieben werden. Wegen $dz = (-1/\zeta^2) \cdot d\zeta$ und $\mathrm{ord}_{(0,1)}\, f = -\deg(f)$ im Fall $f \neq 0$ gibt es keine globalen Differentialformen auf $\mathbb{P}^1_k$ außer der Nullform. Also gilt für das Geschlecht

$$g(\mathbb{P}^1_k) = 0 \,.$$

Man kann auch *rationale Differentialformen* auf X definieren, indem man über jedem $U_i \cap X$ den totalen Quotientenmodul

$$\Omega^1_{X/k}(U_i \cap X) \otimes_{\mathcal{O}_X(U_i \cap X)} k(U_i \cap X)$$

betrachtet. Es gilt der folgende Satz.

Satz 6.1.8 *Ist X eine geometrisch zusammenhängende glatte projektiv-algebraische Kurve, so ist der Raum der rationalen Differentialformen auf X ein 1-dimensionaler Vektorraum über dem Funktionenkörper von X .*

Beweis. Im Fall der projektiven Geraden ist die Aussage offenbar richtig. Im allgemeinen Fall wähle man eine rationale Funktion f auf X , so dass $k(X)$ separable Körpererweiterung von $k(f)$ ist; vgl. Lemma 8.2.20. Eine Funktion, die an einem Punkt $x \in X$ lokaler Parameter ist, erfüllt das zum Beispiel. Wegen der Separabilität der Funktionenkörpererweiterungen wird der Raum der rationalen Differentiale von df erzeugt; vgl. Satz A.5.8. $\qquad\square$

Einer rationalen Differentialform ordnet man wiederum einen Divisor zu: Lokal um einen Punkt $x \in X$, etwa in einem $(U_i \cap X)$, wählt man eine nichtkonstante reguläre Funktion z , die in x eine Nullstelle erster Ordnung hat. Dann kann man die rationale Differentialform ω auch folgendermaßen schreiben

$$\omega := f_x \, dz \ ,$$

wobei nun f_x eine rationale Funktion auf X ist. Somit kann man über f_x wieder die Ordnung in einem Punkt x definieren. Also bekommt man

$$\operatorname{div}(\omega) \ = \ \sum_{x \in X} \operatorname{ord}_x(f_x) \cdot x \ .$$

Insbesondere gilt für rationale Funktionen $g \neq 0$ auf X

$$\operatorname{div}(g \cdot \omega) = \operatorname{div}(g) + \operatorname{div}(\omega) \ .$$

Für ein solches $\omega \neq 0$ bezeichnet man den so gewonnenen Divisor $\operatorname{div}(\omega)$ als *Divisor der Differentialform* ω . Dieser Divisor ist unabhängig von der Wahl des lokalen Parameters z im Punkt x . Sind ω_1 und ω_2 nicht verschwindende Differentialformen auf X , so ist die Differenz $\operatorname{div}(\omega_1) - \operatorname{div}(\omega_2) = \operatorname{div}(f)$ ein Hauptdivisor; wie man leicht aus Satz 6.1.8 folgert. Da man sich häufig nur für Divisoren modulo der Gruppe der Hauptdivisoren interessiert, nennt man den Divisor $\operatorname{div}(\omega)$ auch *den kanonischen Divisor* von X und bezeichnet ihn mit K_X . Dieser Divisor ist also nur bis auf Addition eines Hauptdivisors $\operatorname{div}(g)$ für eine rationale Funktion $g \in k(X)$ bestimmt. Modulo der Gruppe der Hauptdivisoren hängt er also nur von X ab. Insbesondere hat man eine Isomorphie

$$L(K_X) \overset{\sim}{\longrightarrow} \Omega^1_{X/k}(X) \ ; \ f \mapsto f \cdot \omega \ ,$$

wobei $K_X = \operatorname{div}(\omega)$ für eine rationale Differentialform $\omega \neq 0$ ist.

Definition 6.1.9 Ist D ein Divisor auf X , so kann man wiederum diejenigen Differentialformen auszeichnen, deren Null- und Polstellenverhalten durch den Divisor D begrenzt wird. Dafür benutzen wir folgende Notation

$$\Omega(D) := \left\{ \ \omega \in \left(\Omega^1_{X/k} \otimes_{\mathcal{O}_X} k(X) \right)(X) \ ; \ \operatorname{div}(\omega) + D \geq 0 \right\} \ .$$

Für den Nulldivisor 0 ist $\Omega := \Omega(0)$ der Vektorraum der globalen Differentialformen auf X .

Nun hat man die kanonische bilineare Abbildung

$$L(D) \times \Omega(-D) \longrightarrow \Omega \ ; \ (f, \omega) \mapsto f \cdot \omega \ .$$

Das Null- bzw. Polstellenverhalten von f wird nämlich durch das entsprechende Verhalten von ω kompensiert, so dass $f \cdot \omega$ eine globale reguläre Differentialform auf X ist. Mit Hilfe der Residuenabbildung wollen wir nun eine kanonische Bilinearform zwischen $L(D)$ und $\Omega(-D)$ konstruieren. Dazu definieren wir zunächst das Residuum einer rationalen Differentialform in einem rationalen Punkt $x \in X$. Dazu sei $z \in \mathcal{O}_{X,x}$ eine Funktion in einer Umgebung von x, die in x eine Nullstelle der exakten Ordnung 1 hat. Dann kann man die Komplettierung des lokalen Ringes $\mathcal{O}_{X,x}$ von X im Punkt x als formalen Potenzreihenring über k schreiben; vgl. Satz A.3.29.

Lemma 6.1.10 *Ist x ein rationaler Punkt einer glatten Kurve X und ist z eine rationale Funktion auf X mit einfacher Nullstelle in x, so ist die kanonische Abbildung vom formalen Potenzreihenring in die maximal-adische Komplettierung*

$$k[[z]] \overset{\sim}{\longrightarrow} \widehat{\mathcal{O}}_{X,x}$$

ein Isomorphismus.

Somit kann man wie in der Funktionentheorie einer Variablen das Residuum einer rationalen Differentialform erklären:

Hat man eine Darstellung der Differentialform $\omega = f\,dz$ mit einer rationalen Funktion f und einem lokalen Parameter z im Punkte x, so kann man f in eine Laurentreihe

$$f = \sum_{i \in \mathbb{Z}} a_i \cdot z^i \in k((z))$$

entwickeln. Man ordnet $\omega = f\,dz$ den Koeffizienten a_{-1} zu; also

$$\omega = \left(\sum_{i \in \mathbb{Z}} a_i \cdot z^i \right) \cdot dz \longmapsto a_{-1} \ .$$

Man rechnet nach, dass diese Setzung unabhängig von der Auswahl des Parameters z ist; siehe § 8.4.

Definition 6.1.11 Es sei x ein rationaler Punkt einer glatten Kurve X und es sei z ein lokaler Parameter von X im Punkt x. Dann ist

$$\operatorname{res}_x \left(\sum_{i \in \mathbb{Z}} a_i z^i \cdot dz \right) := a_{-1}$$

das *Residuum der rationalen Differentialform* $\omega = f \cdot dz$ in $x \in X$. Dabei ist $f = \sum_{i \in \mathbb{Z}} a_i \cdot z^i$ die formale Laurentreihenentwicklung von f im Punkt x nach z.

Für einen allgemeinen abgeschlossenen Punkt $x \in X$ ist die Definition etwas komplizierter; vgl. Definition 8.4.3.

Satz 6.1.12 (Residuensatz) *Es sei* X *eine glatte projektiv-algebraische Kurve über* k *und sei* ω *eine rationale Differentialform auf* X *. Dann existieren endlich viele Punkte* $x_1, \ldots, x_r \in X$ *mit* $\mathrm{res}_x(\omega) = 0$ *für alle* $x \in X$ *mit* $x \neq x_1, \ldots, x_r$ *, und es gilt*

$$\sum_{x \in X} \mathrm{res}_x(\omega) = 0 \ .$$

Zum Beweis siehe Satz 8.4.4.

Satz 6.1.13 (Riemann-Roch) *Sei* D *ein Divisor auf einer geometrisch zusammenhängenden glatten projektiv-algebraischen Kurve* X *vom Geschlecht* $g(X)$ *. Dann gilt*

$$\dim L(D) - \dim L(K_X - D) \ = \ \deg(D) + 1 - g(X) \ .$$

Beweis. Das ist Gegenstand von Abschnitt § 8.3. $\hfill\square$

Als Folgerung erhält man $\deg(K_X) = 2g(X) - 2$, indem man für $D = K_X$ einsetzt und $\dim L(K_X) = g(X)$ benutzt. Wegen $\deg(K_X - D) = 2g(X) - 2 - \deg D$ erhält man mit Satz 6.1.5 eine präzisere Formel für $\dim L(D)$.

Korollar 6.1.14 *Im Fall* $\deg(D) > 2g(X) - 2$ *gilt* $\dim L(D) \ = \ \deg(D) + 1 - g(X)$ *.*

Weiterhin werden wir noch die Hurwitzsche Geschlechterformel benötigen.

Satz 6.1.15 (Hurwitz) *Es sei* $f : Y \longrightarrow X$ *ein endlicher Morphismus von glatten geometrisch zusammenhängenden projektiv-algebraischen Kurven vom Geschlecht* $g(Y)$ *bzw.* $g(X)$ *. Weiterhin sei die Funktionenkörpererweiterung* $k(Y)/k(X)$ *separabel. Dann gilt*

$$2g(Y) - 2 = [\, Y \, : \, X \,] \cdot (2g(X) - 2) + \deg(\mathrm{ram}(f)) \ .$$

Dabei bezeichnet

$$[\, Y \, : \, X \,] := [\, k(Y) \, : \, k(X) \,]$$

den Grad der Funktionenkörpererweiterung und

$$\mathrm{ram}(f) := \sum_{y \in Y} \mathrm{ord}_y \left(f^*(dt_{f(y)}) \right) \cdot y$$

den Verzweigungsdivisor von f *. Dabei sei* t_x *ein lokaler Parameter im Punkt* $x \in X$ *und* $f^*(dt_{f(y)}) = d\left(t_{f(y)} \circ f \right)$ *das zurückgezogene Differential von* $dt_{f(y)}$ *im Punkte* $y \in Y$ *.*

Beweis. Siehe § 8.5. $\hfill\square$

6.2 Definitionen und erste Eigenschaften

Sei X eine geometrisch zusammenhängende glatte projektiv-algebraische Kurve über einem endlichen Körper $\mathbb{F}_q$ vom Geschlecht $g := g(X)$. Es seien $x_1, \ldots, x_n$ rationale Punkte auf X; d.h. Punkte, deren Koordinaten in $\mathbb{F}_q$ liegen. Diese Punkte seien paarweise verschieden. Man betrachte dann den *Evaluations*-Divisor

$$D = x_1 + \ldots + x_n \; .$$

G sei ein weiterer Divisor auf X, der nicht die Punkte $x_1, \ldots, x_n$ trifft, mit

$$0 \leq \deg(G) < \deg(D) \; .$$

Definition 6.2.1 Ein *geometrischer Code* $C_L(D, G)$ *via L-Konstruktion*, auch *Goppa-Code* oder AG-Code genannt, ist das Bild der linearen Abbildung

$$\mathrm{ev}_{D,G} : L(G) \longrightarrow \mathbb{F}_q^n \; , \quad f \mapsto (f(x_1), \ldots, f(x_n)) \; .$$

Die Parameter des Codes $C_L(D, G)$ via L-Konstruktion sind

$$
\begin{aligned}
n &= \deg D & &\text{Länge des Codes,} \\
k &= \dim C_L(D, G) & &\text{Dimension des Codes,} \\
d &= d(C_L(D, G)) & &\text{Minimaldistanz des Codes.}
\end{aligned}
$$

Notiz 6.2.2 Es ist $\dim L(G - D) = 0$ wegen $\deg(G) < n = \deg(D)$. Insbesondere ist die Abbildung $\mathrm{ev}_{D,G}$ injektiv.

Beweis. Für $f \in L(G)$ gilt $f \in \mathrm{Ker}(\mathrm{ev}_{D,G})$ genau dann, wenn $f \in L(G - D)$ gilt. Nun ist aber $L(G - D) = 0$ nach Satz 6.1.5 wegen $\deg(G - D) < 0$. Also ist $\mathrm{ev}_{D,G}$ injektiv. $\qquad\Box$

Satz 6.2.3 *Für die Parameter des Codes* $C_L(D, G)$ *mit* $0 \leq \deg(G) < \deg(D)$ *gilt*

1. $k = \dim C_L(D, G) = \dim L(G) \geq \deg(G) + 1 - g(X)$.

Falls $\deg(G) > 2g(X) - 2$ *ist, gilt* $k = \deg(G) + 1 - g(X)$.

2. $d \geq n - \deg(G) = \deg(D) - \deg(G)$.

Beweis. 1. Die erste Gleichheit gilt nach Notiz 6.2.2. Die letzte Abschätzung gilt nach Satz 6.1.13. Der Fall $\deg(G) > 2g(X) - 2$ folgt mit Korollar 6.1.14.
2. Wenn der Hammingabstand $w(\mathrm{ev}_{D,G}(f)) = d$ ist, so verschwindet f in $(n - d)$ Punkten $x_{i(1)}, \ldots, x_{i(n-d)}$. Also ist $\mathrm{div}(f) + G - x_{i(1)} - \cdots - x_{i(n-d)} \geq 0$ ein effektiver Divisor. Betrachtet man den Grad, so erhält man

$$\deg(G) - n + d \geq -\deg(\mathrm{div}(f)) = 0 \; . \qquad\Box$$

Beispiel 6.2.4 Es sei $\mathbb{F}_q$ der Körper mit q Elementen und es sei $X = \mathbb{P}^1_{\mathbb{F}_q}$. Weiterhin sei D der Divisor auf X, der aus den $q - 1$ Punkten des $\mathbb{P}^1_{\mathbb{F}_q} - \{x_0, x_\infty\}$ besteht. Sei $G = r \cdot x_\infty$ mit $r \geq 0$. Dann gilt:
1. $C_L(D, G)$ ist ein Reed-Solomon Code. Jeder Reed-Solomon Code in engerem Sinne ist von diesem Typ.
2. Wegen $\deg(G) < n := (q - 1) = \deg(D)$ gilt $k + d = n + 1$.

Beweis. 1. Vgl. Definition 4.1.1 und Satz 4.1.3/2. In diesem Fall ist $L(G)$ gerade die Menge der Polynome vom Grad $\leq r$.

2. Wegen $\deg(G) < n$ gilt $L(G - D) = 0$. Somit gilt nach Satz 6.2.3

$$k + d = \dim L(G) + d \geq \dim L(G) + n - \deg(G) = (r + 1) + n - r = n + 1 \ .$$

Mit Satz 4.1.4 folgt $k + d = n + 1$. Diese Codes sind also optimal. $\qquad\square$

Man hat noch einen zweiten Code zum Paar (D, G) ; vgl. Definition 6.1.9.

Definition 6.2.5 Ein *geometrischer Code* $C_\Omega(D, G)$ *via* Ω-*Konstruktion,* auch *residueller Goppa-Code* genannt, ist das Bild der linearen Abbildung

$$\mathrm{ev}^*_{D,G} \ : \ \Omega(D - G) \longrightarrow \mathbb{F}_q^n \ , \quad \omega \mapsto (\mathrm{res}_{x_1}(\omega), \dots, \mathrm{res}_{x_n}(\omega)) \ .$$

Man betrachtet rationale Differentialformen, die Pole in D bis zur Ordnung 1 haben.

Satz 6.2.6 *Ist* K_X *der kanonische Divisor auf* X *, so gilt*

1. $\quad k^* := \dim C_\Omega(D, G) = \dim L(K_X + D - G) - \dim L(K_X - G)$.

Für $\deg(G) > 2g(X) - 2$ *ist* $\mathrm{ev}^*_{D,G}$ *injektiv und* $k^* \geq \deg(D) - \deg(G) + g(X) - 1$.

Falls $\deg(D) > \deg(G) > 2g(X) - 2$ *gilt, ist* $k^* = \deg(D) - \deg(G) + g(X) - 1$.

2. $\quad d^* := d\left(C_\Omega(D, G)\right) \geq \deg(G) + 2 - 2g(X)$.

Beweis. 1. Für jeden Divisor E hat man eine Isomorphie $\Omega(E) \cong L(K_X + E)$. Der Kern von $\mathrm{ev}^*_{D,G}$ ist $\Omega(D - G - D) = \Omega(-G)$. Somit gilt

$$\dim C_\Omega(D, G) = \dim L(K_X + D - G) - \dim L(K_X - G) \ .$$

Es ist $\deg(K_X - G) = 2g(X) - 2 - \deg(G)$. Daher verschwindet $L(K_X - G)$ im Fall $\deg(G) > 2g(X) - 2$ nach Notiz 6.2.2. Dann folgt die Behauptung aus Satz 6.2.3/1. wegen $\deg(K_X + D - G) = \deg(D) - \deg(G) + 2g(X) - 2$. Falls zusätzlich noch $\deg(D) > \deg(G)$ gilt, so gilt $\dim L(K_X + D - G) = \deg(D) - \deg(G) + g(X) - 1$ nach Korollar 6.1.14.

2. Nach Satz 6.2.3/2. gilt

$$d^* \geq n - \deg(K_X + D - G) = \deg(G) - (2g(X) - 2) \ .$$

Damit ist der Satz bewiesen. $\qquad\square$

Beispiel 6.2.7 Es sei $X = \mathbb{P}^1_{\mathbb{F}_q}$. Weiterhin seien $x_1, \dots, x_n$ paarweise verschiedene rationale Punkte auf $\mathbb{P}^1_{\mathbb{F}_q} - \{x_\infty\}$. Setze

$$D := x_1 + \dots + x_n \quad \text{und} \quad G = r \cdot x_\infty \quad \text{mit} \quad 0 \leq r < n \ .$$

Dann gilt für den geometrischen Code via L-Konstruktion:

$$C_L(D, G) = \{(g(x_1), \dots, g(x_n)) \in \mathbb{F}_q^n \ ; \ g \in \mathbb{F}_q[z] \ , \ \deg(g) \leq r \ \}$$

Setzt man $f := (z - z(x_1)) \cdot \ldots \cdot (z - z(x_n))$, so gilt für den residuellen Code

$$
\begin{aligned}
C_\Omega(D,G) &= \left\{ (\mathrm{res}_{x_1}(\omega), \ldots, \mathrm{res}_{x_n}(\omega)) \in \mathbb{F}_q^n \; ; \; \omega \in \Omega(D-G) \right\} \\
&= \left\{ \left(\frac{g(x_1)}{f'(x_1)}, \ldots, \frac{g(x_n)}{f'(x_n)} \right) \in \mathbb{F}_q^n \; ; \; \deg(g) \le \deg(f) - r - 2 \right\} \; .
\end{aligned}
$$

Beweis. Im Fall $C_L(D,G)$ ist $L(G)$ die Menge der Polynome vom Grad $\le r$.
Im Fall $C_\Omega(D,G)$ haben wir $\Omega(D-G)$ zu betrachten. Jede rationale Differentialform $\omega \in \Omega(D-G)$ können wir in der Form $\omega = (g/f) \cdot dz$ schreiben, wobei $g \in k[z]$ ein Polynom und $f \in k[z]$ wie oben definiert ist. Nun liegt ω in $\Omega(D-G)$ genau dann, wenn $\deg(g) \le \deg(f) - r - 2$ gilt. Weiterhin ist

$$
\mathrm{res}_{x_i} \left(\frac{g}{f} \cdot dz \right) = \frac{g(x_i)}{f'(x_i)} \in \mathbb{F}_q
$$

für $i = 1, \ldots, n$, wobei f' die formale Ableitung von f nach z ist. $\qquad\square$

Satz 6.2.8 *Die Codes* $C_L(D,G)$ *und* $C_\Omega(D,G)$ *sind kanonisch dual zueinander.*

Beweis. Die Orthogonalität ist eine Konsequenz des Residuensatzes 6.1.12. D Daher ist die Abbildung in der ersten Zeile des folgenden Diagramms 0 .

$$
\begin{array}{ccccccccc}
L(G) & \times & \Omega(D-G) & \longrightarrow & \mathbb{F}_q \,, & (\,f & , & \omega\,) & \mapsto & \sum_{i=1}^{n} \mathrm{res}_{x_i}(f\omega) \\[4pt]
\downarrow \mathrm{ev}_{D,G} & & \downarrow \mathrm{ev}^*_{D,G} & & \downarrow & \downarrow & & \downarrow & & \| \\[6pt]
C_L(D,G) & \times & C_\Omega(D,G) & \longrightarrow & \mathbb{F}_q \,, & (\mathrm{ev}_{D,G}(f), & \mathrm{ev}^*_{D,G}(\omega)) & \mapsto & \sum_{i=1}^{n} & f(x_i) \cdot \mathrm{res}_{x_i}(\omega)
\end{array}
$$

Also sind $C_L(D,G)$ und $C_\Omega(D,G)$ orthogonal zueinander. Nach 6.2.3 und 6.2.6 gilt

$$
\begin{aligned}
k + k^* &= \dim L(G) + \dim L(K_X + D - G) - \dim L(K_X - G) \\
&= \deg(G) + 1 - g + \deg(K_X + D - G) + 1 - g \\
&= \deg(D) \; .
\end{aligned}
$$

Das zweite Gleichheitszeichen gilt nach Satz 6.1.13/1 bzw. Korollar 6.1.14. Also hat man die Dualität gezeigt, weil $C_L(D,G)$ und $C_\Omega(D,G)$ Untervektorräume von $\mathbb{F}_q^n$ mit $n = \deg(D)$ sind. $\qquad\square$

Definition 6.2.9 Die Zahl $\delta_L(D,G) := \deg D - \deg G$ heißt *designierter Minimalabstand* des Codes $C_L(D,G)$. Analog ist $\delta_\Omega(D,G) := \deg G + 2 - 2g$ der *designierte Minimalabstand* des Codes von $C_\Omega(D,G)$.

Notiz 6.2.10 Der Minimalabstand d_Ω für $C_\Omega(D,G)$ ist die kleinste Zahl von paarweise verschiedenen Punkten $x_{i(1)}, \ldots, x_{i(d)}$ von D , so dass

$$
G - K_X \sim \sum_{\delta=1}^{d} x_{i(\delta)} - Q \; ,
$$

wobei Q ein effektiver Divisor auf X ist, dessen Träger $x_{i(1)}, \ldots, x_{i(d)}$ nicht trifft.

Beweis. Setze $d := d_\Omega$. Dann existiert ein $\omega \in \Omega(D - G)$ mit Hammingabstand $w(\mathrm{ev}_{D,G}(\omega)) = d$. Somit existieren $(n - d)$ Punkte unter den $x_1, \ldots, x_n$, nach Umnummerierung etwa $x_{d+1}, \ldots, x_n$ derart, dass $\mathrm{res}_{x_\delta}(\omega) = 0$ für $d + 1 \le \delta \le n$ und $\mathrm{res}_{x_\delta}(\omega) \ne 0$ für alle $\delta = 1, \ldots, d$ gilt. Somit folgt

$$0 \le Q := \mathrm{div}(\omega) + D - G - x_{d+1} - \ldots - x_n = \mathrm{div}(\omega) + x_1 + \ldots + x_d - G \ .$$

Nun gilt $\mathrm{div}(\omega) = K_X + \mathrm{div}(f)$ für eine rationale Funktion f auf X . Also gilt

$$x_1 + \ldots + x_d - Q + \mathrm{div}(f) = G - K_X \ .$$

Das ist genau die Behauptung. $\qquad\qquad\qquad\qquad\qquad\qquad\qquad\qquad\qquad\qquad\square$

Beispiel 6.2.11 In § 4.1 hatten wir Reed-Solomon-Codes eingeführt und gezeigt, dass diese MDS-Codes sind, also eine hohe (optimale) Informationsrate bei gegebenem relativen Abstand haben. Die Komplexität eines RS-Codes nimmt natürlich zu, wenn man die Blocklänge vergrößert, weil man den zugrunde liegenden Körper größer wählen muss. Das ist ein gewisser Nachteil der RS-Codes. Hier wollen wir mal den Körper $\mathbb{F}_{16}$ fixieren und den Reed-Solomon-Code $[16, 8, 9]_{\mathbb{F}_{16}}$ mit einem geometrischen Code über demselben Körper $\mathbb{F}_{16}$ vergleichen. Der RS-Code $[16, 8, 9]_{\mathbb{F}_{16}}$ wird gegeben durch das Erzeugerpolynom

$$g(z) := \prod_{i=0}^{7} (z - \alpha^i) \in \mathbb{F}_{16}[z] \ ,$$

wobei $\alpha \in \mathbb{F}_{16}$ eine primitive 15-te Einheitswurzel ist. Nach Satz 4.1.3 findet man diesen Code auch als geometrischen Code über die Auswertungsabbildung

$$\mathrm{ev} : L(7) := \{f \in \mathbb{F}_q[z] \ ; \ \deg f \le 7\} \ \longrightarrow \ \mathbb{F}_{16}^{15} \ ; \ f \mapsto (f(\alpha^{15}), \ldots, f(\alpha^1)) \ .$$

Andererseits wollen wir folgenden geometrischen Code zur Hermite-Kurve

$$X := V(T_0^5 + T_1^5 + T_2^5) \subset \mathbb{P}^2_{\mathbb{F}_{16}} \ \text{über} \ \mathbb{F}_{16}$$

betrachten; vgl. Beispiel 7.1.2. Diese Kurve ist glatt. Sie hat $\mathrm{card}(X(\mathbb{F}_{16})) = 65$ rationale Punkte und das Geschlecht $g(X) = 6$ nach Satz 8.3.16. Betrachten wir zu dem rationalen Punkt $x_0 := (0, 1, 1) \in X(\mathbb{F}_{16})$ den $\mathbb{F}_{16}$-Vektorraum $L(37 \cdot x_0)$ der rationalen Funktionen auf X , die höchstens in x_0 einen Pol bis zur Ordnung 37 haben. Dann gilt $\dim(L(37 \cdot x_0)) = 37 - 6 + 1 = 32$. Setzt man $D := x_1 + \ldots + x_{64}$, wobei $x_1, \ldots, x_{64}$ die übrigen rationalen Punkte von X sind, so hat der $\mathbb{F}_{16}$-Code $C_L(D, 37 \cdot x_0)$ die Länge $n = 64$, die Dimension 32 und einen Minimalabstand $d \ge 64 - 37 = 27$. Eine Basis von $L(37 \cdot x_0)$ wird gegeben durch

$$f_{i,j} := \frac{T_0^i \cdot T_1^j}{(T_1 + T_2)^{i+j}} \ \text{für} \ 0 \le i \le 4 \, , \ 0 \le j \, , \ 5 \cdot (i + j) - i \le 37 \ .$$

Man beachte, dass auf X die Relation

$$\left(T_1^4 + T_1^3 T_2 + T_1^2 T_2^2 + T_1 T_2^3 + T_2^4\right)^{i+j} \cdot (T_1 + T_2)^{i+j} = T_0^{5(i+j)}$$

gilt. Daher hat $f_{i,j}$ in x_0 einen Pol der Ordnung $4i + 5j$. Diese Funktionen liefern also eine Ordnungsbasis mit den Lücken $1, 2, 3, 6, 7, 11$. Auswertung dieser Funktionen an den rationalen Stellen $x_1, \ldots, x_{64}$ liefert eine konkrete Darstellung dieses Codes mit den Parametern $[64, 32, 27]$.

Vergleich der Codes	$[16, 8, 9]$-RS-Code	$[64, 32, 27]$-AG-Code
Informationsrate	0.5	0.5
relativer Abstand	0.5625	0.4219
Fehlerwahrscheinlichkeit		
im Kanal mit $p := 0.04$	$\sim 3 \cdot 10^{-4}$	$\sim 2 \cdot 10^{-7}$
im Kanal mit $p := 0.02$	$\sim 1 \cdot 10^{-5}$	$\sim 3 \cdot 10^{-11}$

Beide Codes haben gute Werte; der $[16, 8, 9]$-RS-Code liegt auf der Singelton-Schranke, und der $[64, 32, 27]$-AG-Code liegt etwas darunter. Obwohl der relative Abstand für den $[64, 32, 27]$-AG-Code etwas schlechter ist, ist selbst bei der relativen hohen Irrtumswahrscheinlichkeit des Kanals $p = 0.04$ seine Fehlerwahrscheinlichkeit für ein Codewort bedeutend besser als beim $[16, 8, 9]$-RS-Code. $\quad\square$

Abschließend wollen wir von diesem Abschnitt festhalten:

Gute lange Codes mit algebraischen Kurven zu produzieren bedeutet, algebraische Kurven X über endlichen Körpern $\mathbb{F}_q$ mit vielen rationalen Punkten

$$X(\mathbb{F}_q) = \{x_0, \ldots, x_n\}$$

zu suchen. Man setzt dann

$$G = r \cdot x_0 \quad \text{und} \quad D = x_1 + \ldots + x_n .$$

Für $C_L(D, G)$ gilt

$$d + k \geq n + 1 - g$$

bzw. in relativer Form $\delta = d/n$, $R = k/n$

$$\delta + R \geq 1 + \frac{1 - g}{n} .$$

Um das Ergebnis zu maximieren, benötigt man also projektiv-algebraische Kurven X mit sehr vielen rationalen Punkten bei kleinem Geschlecht. Es kommt also auf das Verhältnis g/n an. Auf die Konstruktion solcher Kurven werden wir in Abschnitt § 6.5 noch genauer eingehen.

6.3 Klassische Goppa-Codes

Man kann mit relativ einfachen Mitteln zeigen, dass man mit residuellen Goppa-Codes die Gilbert-Varshamov Schranke für den Körper $\mathbb{F}_q$ approximativ erreichen kann. Das gelingt schon mit algebraisch-geometrischen Codes $C_\Omega(D, G)$ auf der projektiven Geraden über einem Erweiterungskörper $\mathbb{F}_{q^m}$, indem man in diesem geeignete $\mathbb{F}_q$-Untervektorräume betrachtet. Codes dieser Bauart wollen wir als klassische

Goppa-Codes bezeichnen; vgl. [Go2]. Wir fixieren die Bezeichnungen für diesen Abschnitt:

Es sei $\mathbb{F}_q$ ein endlicher Körper mit q Elementen und $m \in \mathbb{N}$ eine natürliche Zahl. Wir betrachten eine Menge

$$D' := \{\pi_1, \ldots, \pi_n\} \subset \mathbb{F}_{q^m}$$

von rationalen Punkten auf der projektiven Geraden über dem Erweiterungskörper $\mathbb{F}_{q^m}$. Dazu definieren wir den Divisor

$$D := D' + 1 \cdot \infty = \pi_1 + \ldots + \pi_n + \infty \in \mathrm{Div}\left(\mathbb{P}^1_{\mathbb{F}_{q^m}}\right) \ .$$

Weiterhin wollen wir ein normiertes irreduzibles Polynom

$$g \in \mathbb{F}_{q^m}[z] \ \text{mit} \ \deg(g) = t \geq 2$$

betrachten. Dann gilt wegen der Irreduzibilität von g

$$g(\pi_i) \neq 0 \ \text{für alle} \ 1 \leq i \leq n \ .$$

Sei dann

$$G := V(g) \subset \mathbb{P}^1_{\mathbb{F}_{q^m}}$$

der Nullstellendivisor von g ; insbesondere gilt $\deg(G) = t$. Wir studieren nun auf der projektiven Geraden $\mathbb{P}^1_{\mathbb{F}_{q^m}}$ den $\mathbb{F}_{q^m}$-Vektorraum

$$\Omega(D-G) := \left\{ \omega \in \Omega^1_{\mathbb{P}^1_{\mathbb{F}_{q^m}}/\mathbb{F}_{q^m}} \otimes k(\mathbb{P}^1_{\mathbb{F}_{q^m}}) \ ; \ \omega \ \text{rational mit} \ \mathrm{div}(\omega) + D - G \geq 0 \right\} \ .$$

Man gestattet also einfache Pole in D der Ordnung 1 und fordert Nullstellen in G . Nun liefert die Auswertungsabbildung

$$\mathrm{ev}^*_{D',G} : \Omega(D-G) \longrightarrow \mathbb{F}_{q^m}^n \ , \ \omega \longmapsto (\mathrm{res}_{\pi_1}(\omega), \ldots, \mathrm{res}_{\pi_n}(\omega))$$

den $\mathbb{F}_{q^m}$-Code

$$C'_\Omega(D, G) := \mathrm{Im}\left(\mathrm{ev}^*_{D',G}\right) \ .$$

Man beachte, dass hier die Notation von der in § 6.2 abweicht, da an der Stelle ∞ nicht ausgewertet wird. Genauer ist dieser Code die Punktierung eines residuellen Goppa-Codes im Sinne von Definition 6.2.5 in der letzten Komponente. Nach dem Residuensatz 6.1.12 kann man das Residuum an der Stelle ∞ durch die Residuen an den Stellen $\{\pi_1, \ldots, \pi_n\}$ berechnen. Die Dimension ändert sich dadurch nicht, aber die Minimaldistanz reduziert sich um 1 . Weil das Geschlecht von $\mathbb{P}^1_{\mathbb{F}_{q^m}}$ Null ist, gilt somit nach Satz 6.2.6

$$\kappa := \dim_{\mathbb{F}_{q^m}}\left(C'_\Omega(D, G)\right) = n - t$$
$$d := d\left(C'_\Omega(D, G)\right) \geq t + 1 \ .$$

Nun betrachten wir den $\mathbb{F}_q$-Untervektorraum

$$\Omega(D-G) \,|\, \mathbb{F}_q := \left\{ \omega \in \Omega(D-G) \ ; \ \mathrm{res}_{\pi_i}(\omega) \in \mathbb{F}_q \ \text{für alle} \ i = 1, \ldots, n \right\} \ .$$

vom $\mathbb{F}_{q^m}$-Vektorraum $\Omega(D-G)$. Auf diesem $\mathbb{F}_q$-Untervektorraum liefert die Auswertungsabbildung den linearen $\mathbb{F}_q$-Code

$$C'_\Omega(D,G)\,|\,\mathbb{F}_q \; := \; C'_\Omega(D,G) \cap \mathbb{F}_q^n \subset \mathbb{F}_{q^m}^n \; .$$

Definition 6.3.1 Der $\mathbb{F}_q$-Code $C'_\Omega(D,G)\,|\,\mathbb{F}_q$ heißt *klassischer Goppa-Code*.

Eine Differentialform $\omega \in \Omega(D-G)\,|\,\mathbb{F}_q$ besitzt eine eindeutige Darstellung

$$\omega = \sum_{i=1}^{n} \frac{c_i}{z-\pi_i} \cdot dz = \frac{a(z)}{b(z)} \cdot dz \; ,$$

wobei

$$c_i \in \mathbb{F}_q \; ,$$

$$a(z), b(z) \in \mathbb{F}_{q^m}[z] \;\; \text{teilerfremd mit} \;\; \deg(b) \geq \deg(a) + 1 \; ,$$

$$b(z) \in \mathbb{F}_{q^m}[z] \;\; \text{normiert} \; ,$$

$$g(z)\,|\,a(z) \; .$$

Weiterhin gilt für die Hamming-Norm des Bildes einer Differentialform $\omega \neq 0$

$$w(\omega) := w\big(\mathrm{ev}_{D',G}(\omega)\big) = \mathrm{card}\,(\{i \;;\; c_i \neq 0\}) = \deg(b) \geq \deg(a) + 1.$$

Satz 6.3.2 *In obiger Situation gilt:*

1. $\dim_{\mathbb{F}_q}\big(C'_\Omega(D,G)\,|\,\mathbb{F}_q\big) \geq n - mt$

2. $d\big(C'_\Omega(D,G)\,|\,\mathbb{F}_q\big) \geq t+1$.

Beweis. Es ist

$$\Omega(D-G)\,|\,\mathbb{F}_q \; = \; \left\{ \sum_{i=1}^{n} \frac{c_i}{z-\pi_i} \cdot dz \;;\; c_i \in \mathbb{F}_q \right\} \cap \Omega(D-G) \; .$$

Der Durchschnitt mit $\Omega(D-G)$ bedeutet genau t lineare Bedingungen über $\mathbb{F}_{q^m}$ und somit $m \cdot t$ lineare Bedingungen über $\mathbb{F}_q$. Daraus folgt die erste Aussage. Die zweite folgt aus $d\big(C'_\Omega(D,G)\,|\,\mathbb{F}_q\big) \geq d\big(C'_\Omega(D,G)\big) \geq t+1$. $\qquad\square$

Im nächsten Schritt werden wir das Polynom g variieren, um die Minimaldistanz anzuheben. Dazu betrachten wir in $\Omega(D)\,|\,\mathbb{F}_q$ die Anzahl der Vektoren von Hamming-Norm j. Für diese gilt

$$\mathrm{card}\,\big(\Omega(D)\,|\,\mathbb{F}_q\,|\,_{w(\omega)=j}\big) \; = \; (q-1)^j \cdot \binom{n}{j} \; ;$$

man darf nämlich genau j Zahlen der $c_1,\dots,c_n$ in $\mathbb{F}_q^\times$ wählen und die übrigen sind gleich 0 zu setzen. Jedes $\omega \in \Omega(D)\,|\,\mathbb{F}_q$ mit $w(\omega) = j$ besitzt nach Obigem eine eindeutige Darstellung $\omega = (a/b)\cdot dz$ mit teilerfremden Polynomen $a,b \in \mathbb{F}_{q^m}[z]$ mit $\deg(a) \leq \deg(b) - 1 = j - 1$, wobei b normiert ist.

Für eine natürliche Zahl $t \in \mathbb{N}$ sei I_t die Menge der normierten irreduziblen Polynome $g \in \mathbb{F}_{q^m}[z]$ mit $\deg(g) = t$. Ein $\omega \in \Omega(D)\,|\,\mathbb{F}_q$ mit $w(\omega) = j$ liegt genau dann in $\Omega(D - V(g))$ für ein $g \in I_t$, wenn das assoziierte Polynom $a \in \mathbb{F}_{q^m}[z]$ einen Teiler in I_t hat. Ein Polynom $a \in \mathbb{F}_{q^m}[z]$ hat höchstens $[(j-1)/t]$ Teiler in I_t. Für die Gesamtheit aller $\omega \in \Omega(D)\,|\,\mathbb{F}_q$ mit $w(\omega) = j$ kommen somit höchstens

$$\left[\frac{j-1}{t}\right] \cdot (q-1)^j \cdot \binom{n}{j}$$

Elemente aus I_t in Frage. Daher kann man die Anzahl der Elemente aus I_t, die zu $\omega \in \Omega(D)\,|\,\mathbb{F}_q$ mit $1 \leq w(\omega) \leq d$ involviert sind, abschätzen durch

$$(*) \qquad \sum_{j=1}^{d} \left[\frac{j-1}{t}\right] \cdot (q-1)^j \cdot \binom{n}{j} \leq \frac{d}{t} \cdot V_q(n, d) \ ,$$

wobei $V_q(n, d) := \sum_{j=0}^{d}(q-1)^j \cdot \binom{n}{j}$ ist.

Will man nun durch die Wahl von g bzw. von $G := V(g)$ sicherstellen, dass alle Codewörter c in $C'_\Omega(D, G)$ Hamming-Norm $w(c) > d$ haben, so braucht man nur ein normiertes irreduzibles Polynom $g \in \mathbb{F}_{q^m}[z]$ vom Grad t so zu wählen, dass g nicht als Teiler eines $a \in \mathbb{F}_{q^m}[z]$ auftreten kann, das von einem möglichen $\omega \in \left(\Omega(D)\,|\,\mathbb{F}_q\,|_{w(\omega)=j}\right)$ für ein $1 \leq j \leq d$ induziert ist. Falls es also mehr Elemente in I_t gibt, als $(*)$ angibt, so existiert ein Code $C'_\Omega(D, G)\,|\,\mathbb{F}_q$ mit Minimalabstand d' mit $d' \geq d+1$. Letzteres ist nach Satz A.2.6 erfüllt, wenn

$$(**) \qquad \frac{d}{t} \cdot V_q(n, d) < \frac{q^{mt}}{t} \cdot \left(1 - q^{-mt/2}\right)$$

gilt. Für unser Vorhaben können wir nun m und t geeignet wählen.

Satz 6.3.3 *Es sei $\mathbb{F}_q$ ein endlicher Körper mit q Elementen. Es sei $\delta \in \mathbb{R}$ mit $0 \leq \delta \leq 1$. Zu jedem $\varepsilon > 0$ und $N \in \mathbb{N}$ existieren klassische Goppa-Codes $(C'_\Omega(D, G)\,|\,\mathbb{F}_q)$ mit Länge $n \geq N$, relativem Abstand $\delta' \geq \delta$ und Informationsrate $R \geq 1 - H_q(\delta) - \varepsilon$, wobei H_q die q-adische Entropiefunktion ist, vgl. Notiz 5.1.1.*

Beweis. Ohne Einschränkung gilt $\delta \leq \vartheta := (q-1)/q$. Nach Lemma 5.1.3 gilt

$$\frac{1}{n} \log_q V_q(n, \delta n) \longrightarrow H_q(\delta) \quad \text{für} \quad n \to \infty \ .$$

Wegen $\lim_{n \to \infty} \frac{1}{n} \log_q(\delta n) = 0$ existiert somit ein $n_1 \in \mathbb{N}$ derart, dass

$$\delta n \cdot V_q(n, \delta n) < q^{n \cdot (H_q(\delta) + \varepsilon/2)} \quad \text{für} \quad n \geq n_1$$

gilt. Für große t und m ist $q^{-mt/2}$ sehr klein. Wegen $\log_q(1) = 0$ existiert somit ein $n_2 \in \mathbb{N}$ derart, dass für jedes $n \geq n_2$ und $m := \log_q(n)$ ein $t \in \mathbb{N}$ mit

$$H_q(\delta) + \varepsilon/2 - \frac{1}{n} \log_q\left(1 - q^{-mt/2}\right) < t \cdot \frac{m}{n} < H_q(\delta) + \varepsilon$$

existiert. Somit existiert zu jedem $n \geq \max\{n_1, n_2\}$ ein $t \in \mathbb{N}$ derart, dass gilt

$$\delta n \cdot V_q(n, \delta n) < q^{n \cdot (H_q(\delta) + \varepsilon/2)} < q^{tm} \cdot (1 - q^{-mt/2}) < q^{n \cdot (H_q(\delta) + \varepsilon)} \ .$$

Für großes $m \in \mathbb{N}$, insbesondere sei $n := q^m \geq N$, existiert also eine natürliche Zahl t derart, dass folgende Bedingungen erfüllt sind:

1. $\dfrac{mt}{n} \leq H_q(\delta) + \varepsilon$

2. $\delta n \cdot V_q(n, \delta n) < q^{mt} \cdot \left(1 - q^{-mt/2}\right)$

Also ist die weiter oben genannte Bedingung $(**)$ für $d := [\delta n]$ erfüllt. Somit existiert ein normiertes irreduzibles Polynom $g \in \mathbb{F}_{q^m}[z]$ mit $\deg(g) = t$, so dass der $\mathbb{F}_q$-Code $C'_\Omega(D, G) \,|\, \mathbb{F}_q$ mit $D' := \mathbb{F}_{q^m}$ und $G := V(g)$ Minimalabstand d' mit $d' > \delta n$ hat. Für die Informationsrate gilt nach Satz 6.3.2

$$R = \frac{\dim\left(C'_\Omega(D, G) \,|\, \mathbb{F}_q\right)}{n} \geq 1 - \frac{mt}{n} \geq 1 - H_q(\delta) - \varepsilon \ . \qquad \square$$

Korollar 6.3.4 *Man erreicht die Gilbert-Varshamov Schranke 5.1.6 approximativ mit linearen Codes beliebig großer Blocklänge.*

6.4   Schranken für geometrische Codes

Das eigentliche Anliegen dieses Kapitels ist zu zeigen, wie man beliebig lange Codes über $\mathbb{F}_q$ mit algebraischen Kurven konstruieren kann, so dass die Summe aus dem relativen Minimalabstand und der Informationsrate

$$\delta = d/n \quad \text{und} \quad R = k/n$$

so groß wie möglich ist. Dabei bedeutet beliebig lang, dass die Blocklänge n größer als eine vorgegebene natürliche Zahl ist. In Kapitel 5 hatten wir ja schon gesehen, dass diese Zahlen Schranken unterliegen. Sei also

$$V_q \ = \ \{(\delta, R) \in [0, 1]^2 \ ; \ (\delta, R) \text{ kommt von einem Code über } \mathbb{F}_q\}$$

$$U_q \ = \ \text{Menge der Häufungspunkte von } V_q \ .$$

Wir nennen U_q den *Bereich der asymptotischen Parameter von Familien von Codes*. Zur Beschreibung dieser Menge gibt es folgendes Resultat von Manin [Ma]. Wir werden dieses Ergebnis hier nicht beweisen; der Beweis erfordert aber nur elementare Fakten der Codierungstheorie.

Satz 6.4.1 (Manin) *Es sei $q = p^r$ Potenz einer Primzahl p. Dann ist die Funktion $\alpha_q : [0, 1] \to [0, 1]$, die die asymptotische maximale Informationsrate in Abhängigkeit des relativen Minimalabstands δ darstellt (vgl. Definition 5.0.1), stetig. Weiterhin gilt*

$$U_q \ = \ \{(\delta, R) \ ; \ 0 \leq \delta \leq 1 \,, \ 0 \leq R \leq \alpha_q(\delta)\} \ .$$

α_q *erfüllt folgende Bedingungen:*

1. $\alpha_q(0) = 1$ *und* $\alpha_q(\delta) = 0$ *für* $\vartheta \leq \delta \leq 1$ *mit* $\vartheta := (q-1)/q$.

2. α_q *ist streng monoton fallend in dem Intervall* $[\,0\,,\vartheta\,]$.

3. α_q *verläuft zwischen der Gilbert-Schranke und der Plotkin-Schranke*

$$1 - H_q(\delta) \;\leq\; \alpha_q(\delta) \;\leq\; 1 - \delta/\vartheta \;\; \text{für alle} \;\; \delta \in [\,0\,,\vartheta\,] \; .$$

Falls q ein Quadrat ist, so kann man mit Hilfe von algebraischen Kurven über $\mathbb{F}_q$ Familien von algebraisch-geometrischen Codes konstruieren, deren asymptotische Parameter (δ, R) oberhalb der Gilbert-Schranke 5.1.6 liegen. Dazu muss man Familien von algebraischen Kurven über $\mathbb{F}_q$ mit sehr vielen rationalen Punkten konstruieren. Das erste Ergebnis dieser Art wurde 1982 von Tsfasman, Vladut und Zink publiziert; vgl. [TVZ].

Satz 6.4.2 (Tsfasman, Vladut, Zink) *Es sei* q *Quadrat einer Primzahlpotenz. Dann existiert eine Folge* X_i *von glatten projektiv-algebraischen Kurven* X_i *über* $\mathbb{F}_q$ *vom Geschlecht* $g_i := g(X_i)$ *mit* $g_i \to \infty$ *für* $i \to \infty$ *, so dass gilt*

$$\frac{\operatorname{card}(X_i(\mathbb{F}_q))}{g_i} \;\longrightarrow\; \sqrt{q} - 1 \;\; \text{für} \;\; i \to \infty \; .$$

In § 6.5 werden wir solche Familien konkret konstruieren.

Korollar 6.4.3 *Es sei* q *Quadrat einer Primzahlpotenz. Dann liegt die Strecke*

$$\big\{ \, (\delta, R) \,;\, 0 \leq \delta \,,\, 0 \leq R \;\; \text{mit} \;\; \delta + R = 1 - 1/(\sqrt{q} - 1) \, \big\} \subset U_q$$

im Bereich der asymptotischen Parameter von Familien von linearen Codes.
Für $q \geq 49$ *ist diese Strecke teilweise oberhalb der Gilbert-Schranke.*

In der Abbildung 6.1 ist der Fall $q = 11^2$ dargestellt.

Beweis von 6.4.3. Wir wählen eine Familie von Kurven X_i , $i \in \mathbb{N}$, wie sie durch Satz 6.4.2 bereitgestellt wird. Es sei $n_i := \operatorname{card}(X_i(\mathbb{F}_q))$ die Anzahl der rationalen Punkte von X_i . Durch Übergang zu Teilfolgen dürfen wir annehmen, dass die Folge $n_i/g_i \longrightarrow \sqrt{q} - 1$ für $i \to \infty$ konvergiert. Es seien $x_{i,1}, \ldots, x_{i,n_i}$ die rationalen Punkte von X_i . Dann setze man

$$G_i := r_i \cdot x_{i,1} \;\; \text{und} \;\; D_i := x_{i,2} + \ldots + x_{i,n_i}$$

für $i \in \mathbb{N}$, wobei wir die Zahlen $r_i \in \mathbb{N}$ noch wählen werden. Nach Satz 6.2.3 gilt

$$k_i := \dim(C_L(\,D_i\,,\,G_i\,)) \;\; \geq \;\; r_i + 1 - g_i$$
$$d_i := d(C_L(\,D_i\,,\,G_i\,)) \;\; \geq \;\; n_i - 1 - r_i$$

Somit gilt $k_i + d_i \geq n_i - g_i$, und für die relativen Größen gilt

$$\lim_{i\to\infty} \left(\frac{k_i + d_i}{n_i - 1} \right) \geq 1 - \lim_{i\to\infty} \left(\frac{g_i}{n_i} \right) = 1 - \frac{1}{\sqrt{q} - 1} \; .$$

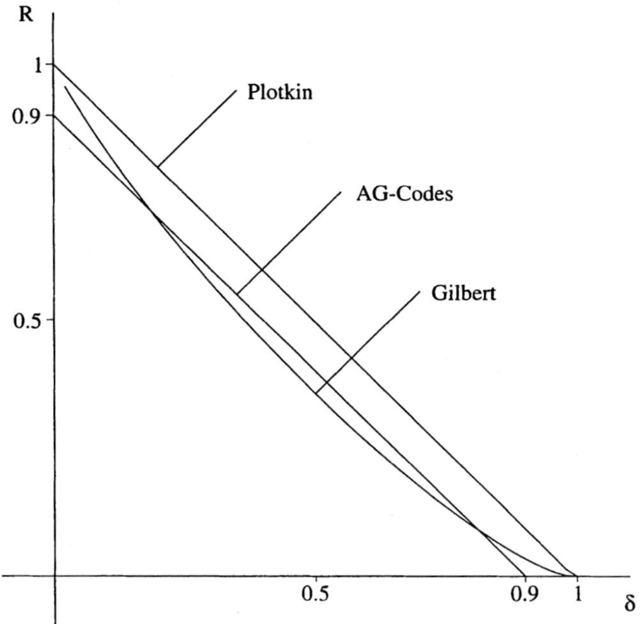

Bild 6.1: Algebraisch-geometrische Codes über $\mathbb{F}_{11^2}$ oberhalb der Gilbert Schranke

Zu vorgegebenem δ mit $0 \leq \delta \leq 1$ können wir wegen der Freiheit in der Wahl der r_i die Zahlen r_i so wählen, dass der designierte relative Minimalabstand δ als Limes

$$\frac{d_i}{n_i - 1} \longrightarrow \delta' \geq \delta := \lim_{i \to \infty} \frac{n_i - 1 - r_i}{n_i - 1} = \lim_{i \to \infty} \left(1 - \frac{r_i}{n_i}\right)$$

angenommen wird. Dann erhält man für die designierte Informationsrate R

$$R_i := \frac{k_i}{n_i - 1} \longrightarrow R' \geq R := \lim_{i \to \infty} \frac{r_i + 1 - g_i}{n_i - 1} = \left(1 - \frac{1}{\sqrt{q} - 1}\right) - \delta \ .$$

Durch Punktieren können wir die Familie der konstruierten Codes so einrichten, dass $\delta' = \delta$ gilt. Beim Punktieren wird sich die Informationsrate nur erhöhen. Also erhalten wir einen asymptotischen Wert (δ, R'') mit $R'' \geq R' \geq R$. Somit ist der Punkt (δ, R) im asymptotischen Bereich.
Für $q = 49$ ist der Punkt $(1/2, 1/3)$ auf der Geraden $\delta + R = 5/6$. Weiterhin erhält man durch Auswerten von H_{49} den Wert $1 - H_{49}(1/2) \sim 0,3245$ für die Gilbert-Schranke; dieser ist kleiner als $1/3$. $\qquad\square$

Notiz 6.4.4 Zur Aussage 6.4.2 beachte man die Drinfeld-Vladut-Schranke 7.4.4

$$\sqrt{q} - 1 \geq A(q) \ .$$

Man kann mit dieser Methode also nichts Besseres als 6.4.2 erhalten.

Im nächsten Abschnitt § 6.5 werden wir Kurvenfamilien über Körpern $\mathbb{F}_q$ konstruieren, die die Drinfeld-Vladut-Schranke annehmen, wobei q ein Quadrat ist.

6.5 Kurven mit vielen rationalen Punkten

Um sehr gute lange Codes mit Hilfe der algebraisch-geometrischen Methode zu konstruieren, benötigt man glatte projektiv-algebraische Kurven X über einem endlichen Körper $\mathbb{F}_q$ mit vielen rationalen Punkten relativ zum Geschlecht der Kurve, wie wir am Ende von § 6.2 gesehen haben. Nun gibt es aber eine Beziehung zwischen dem Geschlecht einer projektiven Kurve und der Anzahl ihrer rationalen Punkte. Setzt man

$$N(g,q) \; := \; \mathrm{Max}\left\{\, \mathrm{card}\,(X(\mathbb{F}_q)) \;;\; X/\mathbb{F}_q \;\;\begin{array}{l}\text{glatte, projektive Kurve}\\\text{vom Geschlecht } g\end{array}\right\}$$

$$A(q) \; := \; \limsup_{g\to\infty}\; \frac{N(g,q)}{g}\;,$$

so kennt man folgende Schranken für $A(q)$, vgl. 7.4.1 bzw. 7.4.4:

Hasse-Weil	$A(q) \le 2\sqrt{q}$	
Drinfeld-Vladut	$A(q) \le \sqrt{q} - 1$	(scharf für $q = p^{2m}$) .

Allgemein vermutet *Manin*

$$A(p^{2m+1}) \le p^m - 1 \;.$$

Die Herleitung von diesen Schranken wird in Kapitel 7 behandelt. Im Folgenden wollen wir uns mit den unteren Schranken beschäftigen; also mit der Konstruktion von Kurven mit vielen rationalen Punkten. Die Beweisideen zu der im Folgenden dargestellten Konstruktion solcher Kurven gehen auf Arbeiten von Garcia und Stichtenoth zurück; vgl. [G-S] und [St2].

Wir betrachten nun eine Folge $\mathcal{X} := (X_{i+1} \to X_i \;;\; i \in \mathbb{N})$ endlicher Morphismen

$$\ldots X_{i+1} \xrightarrow{\;f_{i+1}\;} X_i \xrightarrow{\;f_i\;} X_{i-1} \xrightarrow{\;f_{i-1}\;} \ldots$$

von glatten geometrisch zusammenhängenden projektiv-algebraischen Kurven X_i über einem endlichen Körper $\mathbb{F}_q$. Für das Geschlecht der Kurven gelte $g(X_{i_0}) \ge 2$ für ein $i_0 \in \mathbb{N}$. Zusätzlich setzen wir voraus, dass die Funktionenkörpererweiterungen $k(X_{i+1})\,/\,k(X_i)$ stets separabel sind. In dieser Situation wollen wir von einem *Kurventurm* sprechen. Nun kann man sich den Limes

$$\lambda(\mathcal{X}) := \lim_{i\to\infty}\; \frac{\mathrm{card}\,(X_i(\mathbb{F}_q))}{g(X_i)}$$

anschauen. Wir zeigen zunächst, dass dieser Limes stets existiert.

Lemma 6.5.1 *In der Situation von oben ist*

$$\left(\frac{\mathrm{card}\,(X_i(\mathbb{F}_q))}{g(X_i) - 1}\;,\; i \ge i_0\right)$$

eine monoton fallende Folge nichtnegativer Zahlen und es existiert der Limes $\lambda(\mathcal{X})$.

Beweis. Die Hurwitzsche Geschlechterformel 6.1.15 liefert

$$2g(X_{i+1}) - 2 \;=\; [\,X_{i+1} : X_i\,] \cdot (2g(X_i) - 2) + \deg(\mathrm{ram}(f_{i+1}))$$
$$\geq\; [\,X_{i+1} : X_i\,] \cdot (2g(X_i) - 2) \;.$$

Für jedes $x \in X_i$ gibt es höchstens $[\,X_{i+1} : X_i\,]$ Punkte $y \in X_{i+1}$ über x ; vgl. Satz 8.2.27. Weiterhin ist der Bildpunkt eines rationalen Punktes wieder rational. Somit gilt

$$\mathrm{card}\,(X_{i+1}(\mathbb{F}_q)) \leq [\,X_{i+1} : X_i\,] \cdot \mathrm{card}\,(X_i(\mathbb{F}_q)) \;.$$

Also folgt

$$\frac{\mathrm{card}\,(X_{i+1}(\mathbb{F}_q))}{g(X_{i+1}) - 1} \;\leq\; \frac{[\,X_{i+1} : X_i\,] \cdot \mathrm{card}\,(X_i(\mathbb{F}_q))}{[\,X_{i+1} : X_i\,] \cdot (g(X_i) - 1)} \;=\; \frac{\mathrm{card}\,(X_i(\mathbb{F}_q))}{g(X_i) - 1} \;.$$

Aus der Hurwitzschen Geschlechterformel folgt, dass die Folge $(g(X_i)\,;\, i \in \mathbb{N})$ monoton wachsend ist. Somit existiert der Limes. $\square$

Man ist nun daran interessiert, Kurventürme $\mathcal{X}$ zu konstruieren, so dass die Zahl $\lambda(\mathcal{X})$ positiv und möglichst groß ist. Für eine untere Abschätzng von $\lambda(\mathcal{X})$ ist das folgende Lemma nützlich.

Lemma 6.5.2 *In der Situation von oben sind folgende Aussagen äquivalent:*

(1) $\lambda(\mathcal{X}) > 0$

(2) *Es existieren Konstanten* $c_1, c_2 > 0$ *mit folgenden Bedingungen*

    (a) $g(X_i) \leq c_1 \cdot [\,X_i : X_0\,]$ *für alle* $i \in \mathbb{N}$.

    (b) $\mathrm{card}\,(X_i(\mathbb{F}_q)) \geq c_2 \cdot [\,X_i : X_0\,]$ *für alle* $i \in \mathbb{N}$.

Beweis. $2 \to 1$. Es ist klar, dass die Bedingungen (a) und (b) die Bedingung (1) implizieren. Es gilt nämlich $\lambda(\mathcal{X}) \geq c_2/c_1$.
$1 \to 2$. Da der Bildpunkt eines rationalen Punktes wieder rational ist, gilt

$$\mathrm{card}\,(X_i(\mathbb{F}_q)) \leq [\,X_i : X_0\,] \cdot \mathrm{card}\,(X_0(\mathbb{F}_q)) \;.$$

Wegen $\lambda(\mathcal{X}) > 0$ folgen daraus (a). Nach der Hurwitzschen Geschlechterformel 6.1.15 gilt für $i \geq j \geq 0$:

$$2g(X_i) - 2 \;=\; [\,X_i : X_j\,] \cdot (2g(X_j) - 2) + \deg\,(\mathrm{ram}(f_{j+1} \circ \ldots \circ f_i))$$
$$\geq\; [\,X_i : X_j\,] \cdot (2g(X_j) - 2) \;.$$

Wegen $\lambda(\mathcal{X}) > 0$ folgt daraus (b). $\square$

Notiz 6.5.3 In der Situation von oben ist die Bedingung (b)

$$\mathrm{card}\,(X_i(\mathbb{F}_q)) \geq [\,X_i : X_0\,] \cdot \mathrm{card}\,(X_0(\mathbb{F}_q))$$

zum Beispiel erfüllt, wenn über jedem rationalen Punkt von X_0 genau $[\,X_i : X_0\,]$-rationale Punkte liegen; m.a.W., wenn jede Faser eines rationalen Punktes vollständig in einfache Punkte zerfällt.

Für die Abschätzung (a) muss man das Verzweigungsverhalten aller Morphismen

$$(f_1 \circ \ldots \circ f_i) : X_i \longrightarrow X_0$$

kontrollieren. Der Verzweigungsgrad einer Abbildung $f : Y \to X$ über einem Punkt $x \in X_0$ ist durch

$$d_{Y/X}(x) := \sum_{\substack{y \in X_i \\ f(y)=x}} \operatorname{ord}_y \left(f^*(dt_x) \right) \cdot \left[k(y) : k(x) \right]$$

definiert; vgl. 6.1.15. Für einen Körperturm definieren wir den Verzweigungsort durch

$$V(\mathcal{X}) := \{ \, x \in X_0 \; ; \; (f_1 \circ \ldots \circ f_i) \;\; \text{verzweigt in } x \;\; \text{für ein } i \in \mathbb{N} \, \} \; .$$

Zur Definition von Verzweigung siehe Definition 8.5.1. Ebenso mit der Hurwitzformel 6.1.15 folgt dann die folgende Abschätzung.

Notiz 6.5.4 In der Situation von oben ist die Bedingung (a) erfüllt, wenn

1. $V(\mathcal{X})$ endlich ist, und
2. es ein $c \geq 0$ mit $d_{X_i/X_0}(x) \leq c \cdot [X_i : X_0]$ für alle $x \in V(\mathcal{X})$ und $i \in \mathbb{N}$ gibt.

Wir benötigen nun eine Konstruktionsmethode für Kurventürme. Dazu machen wir zuerst einige Vorüberlegungen.

Lemma 6.5.5 *Es seien* k *ein Körper und* Z *eine Unbestimmte. Man betrachte eine rationale Funktion* $h(Z) = h_0/h_1 \in k(Z)$ *mit teilerfremden Polynomen* $h_0(Z), h_1(Z)$ *in* $k[Z]$ *mit* $\deg(h_0) \geq 1$ *. Man setze nun* $K := k(\xi)$ *mit einer weiteren Unbestimmten* ξ *. Dann gilt:*

1. *Das Polynom* $h_0(Z) - \xi h_1(Z) \in K[Z]$ *ist irreduzibel.*

2. *Ist* z *eine Nullstelle des Polynoms* $h_0(Z) - \xi h_1(Z)$ *, so gilt für den Körpergrad*

$$[K(z) : K] = \deg_Z(h_0(Z) - \xi \cdot h_1(Z)) = \operatorname{Max}\{\deg h_0(Z), \deg h_1(Z)\} \; .$$

Beweis. Das Polynom $h_0 - \xi h_1$ ist irreduzibel in $k(Z)[\xi]$, da es linear in ξ ist. Wegen der Teilerfremdheit von h_0 und h_1 ist es primitiv und somit irreduzibel in $k[Z, \xi]$. Nach dem Satz von Gauß ist es dann auch irreduzibel in $k(\xi)[Z]$. Daraus folgt die Behauptung. $\qquad\square$

Wir wollen nun diese Konstruktion verallgemeinern, indem wir $k(\xi)$ durch den Körper der rationalen Funktionen auf einer glatten projektiv-algebraischen Kurve X und ξ durch eine rationale Funktion f auf X ersetzen. Dabei geht in der Regel die Irreduzibilität des Polynoms

$$h_0(Z) - f h_1(Z) \in k(X)[Z]$$

ohne weitere Bedingungen verloren. Jedoch kann man in einfachen Fällen sehr leicht die Irreduzibilität gewährleisten. Wir behandeln im Folgenden *Kummer*-Erweiterungen und *Artin-Schreier*-Erweiterungen.

Lemma 6.5.6 *Es sei* k *ein Körper und* X *eine zusammenhängende glatte algebraische Kurve über* k. *Weiter sei* $f \in k(X)$ *eine rationale Funktion mit einer einfachen Nullstelle* $x \in X$. *Es seien* $h_0(Z) := Z^m$ *und* $h_1(Z) \in k[Z]$ *ein Polynom in der Variablen* Z *mit* $\deg(h_1) \leq (m-1)$ *und* $h_1(0) \neq 0$. *Dann ist das Polynom* $H(Z) := Z^m - f \cdot h_1(Z) \in k(X)[Z]$ *irreduzibel.*

Beweis. Es sei R der lokale Ring von X im Punkt x. Dann ist R ein faktorieller Ring mit Quotientenkörper $k(X)$; sogar ein diskreter Bewertungsring; wie wir in Satz 8.1.5 noch sehen werden. Weiterhin ist f ein Primelement in R. Nun kann man das Irreduzibilitätskriterium von Eisenstein auf H anwenden. Somit ist H in $R[Z]$ ein Primelement. Nach dem Satz von Gauß ist H irreduzibel in $k(X)[Z]$. $\square$

Lemma 6.5.7 *Es seien* $k \supset \mathbb{F}_q$ *ein Körper und* X *eine zusammenhängende glatte algebraische Kurve über* k. *Weiter sei* $f \in k(X)$ *eine rationale Funktion. Es gebe einen Punkt* $x \in X$, *so dass* f *in* x *eine Polstelle der Ordnung* $m := \mathrm{ord}_x^X(f)$ *mit* $(m, q) = 1$ *hat. Sei* $h_0(Z) := Z^q + Z$. *Dann ist* $H(Z) := h_0(Z) - f \in k(X)[Z]$ *irreduzibel.*

Beweis. Es sei R der lokale Ring von X im Punkt x. Dann ist R ein diskreter Bewertungsring; vgl. Satz 8.1.5. Es sei $v := \mathrm{ord}_x^X$ die Bewertung zu R auf dem Funktionenkörper $k(X)$. Sei nun α eine Nullstelle von $H(Z)$ in einem Erweiterungskörper L von $k(X)$. Dann setzt sich die Bewertung von v zu einer Bewertung w auf L fort. Wegen

$$\alpha^q + \alpha = f \notin R$$

ist die Bewertung $r := w(\alpha) < 0$. Wegen

$$w(\alpha^q) = q \cdot w(\alpha) = q \cdot r < r = w(\alpha)$$

folgt $w(\alpha^q) = v(f) = m$. Also ist $m/q = r$ in der Wertegruppe von L. Somit ist der Körpergrad $[L : k(X)] \geq q$ wegen $(m, q) = 1$. Weil aber $\deg H = q$ gilt, ist der Körpergrad gleich q; das bedeutet die Irreduzibilität von H. $\square$

Zur Konstruktion von Kurventürmen betrachten wir zwei rationale Funktionen

$$f(Z),\ h(Z) \in \mathbb{F}_q(Z)\ ;$$

die wie in obigen Lemmata als Quotient von Polynomen gegeben seien. Man setze

$$
\begin{array}{ll}
X_0 := X := \mathbb{P}^1_{\mathbb{F}_q} & \text{mit Koordinate } \xi \\[4pt]
Y := V(h_0(Z) - \xi \cdot h_1(Z)) \subset \mathbb{P}^1_X & \text{mit Koordinate } Z \\[4pt]
\zeta_0 : Y \longrightarrow X_0 & \text{Projektion} \\[4pt]
f : X_0 \longrightarrow X & \text{Morphismus zu } f(Z)
\end{array}
$$

Damit bekommt man vermöge des Faserproduktes B.2.8 ein kartesisches Diagramm von Funktionenkörpern und somit via Normalisierung B.3.5 ein kommutatives Diagramm von glatten projektiv-algebraischen Kurven

$$
\begin{array}{ccc}
X_1 & \xrightarrow{\ \xi_1\ } & Y \\
\downarrow{\scriptstyle \zeta_1} & & \downarrow{\scriptstyle \zeta_0} \\
X_0 & \xrightarrow{\ f\ } & X
\end{array}
$$

Es ist X_1 die Normalisierung des Faserproduktes $X_0 \times_X Y$; vgl. Satz B.2.8. Induktiv bekommt man auf diese Weise kommutative Diagramme

$$
\begin{array}{ccccc}
X_{n+1} & \xrightarrow{\ \xi_{n+1}\ } & X_n & \longrightarrow & Y \\
\downarrow{\scriptstyle \zeta_{n+1}} & & \downarrow{\scriptstyle \zeta_n} & & \downarrow \\
X_n & \xrightarrow{\ \xi_n\ } & X_{n-1} & \longrightarrow & X
\end{array}
$$

Man kann $X_{n+1} \to X_n$ auch als Normalisierung des Faserproduktes von $Y \to X$ mit

$$
f(\xi_1 \circ \ldots \circ \xi_n) : X_n \xrightarrow{\ \xi_1 \circ \ldots \circ \xi_n\ } X_0 = \mathbb{P}^1 \xrightarrow{\ f\ } \mathbb{P}^1 = X
$$

gewinnen. Bei geschickter Wahl von f und h wie in 6.5.6 bzw. 6.5.7 erhält man so geometrisch zusammenhängende glatte projektiv-algebraische Kurven, so dass der Verzweigungsort via Pullback kontrolliert werden kann und die Geschlechter sowie die Anzahl der rationalen Punkte auf den Kurven abgeschätzt werden können.

Wir behandeln zunächst den Fall der Kummererweiterung über $\mathbb{F}_q$

$$
(1) \quad f(Z) := 1 - (1+Z)^m \quad \text{und} \quad h(Z) = Z^m \quad \text{für} \quad m := \frac{q-1}{p-1}
$$

$$
(2) \quad f(Z) := 1 - (1+Z)^{\ell-1} \quad \text{und} \quad h(Z) := Z^{\ell-1} \quad \text{für} \quad q := \ell^2
$$

wobei $q := p^e$ mit $e \geq 2$ bzw. ℓ mit $\ell^2 > 4$ eine Potenz einer Primzahl p ist.

Zu Fall (1):

Lemma 6.5.8 *In obiger Situation* (1) *gilt:*

1. *Die Abbildungen* $\xi_1 : X_1 \to X_0$ *und* $\zeta_1 : X_1 \to X_0$ *sind in* ∞ *étale; vgl. 8.5.1.*

2. *Es liegen* m *rationale Punkte in* X_1 *über* $\infty \in X_0$.

Beweis. Man betrachte das Diagramm

$$
\begin{array}{ccc}
X_1 & \xrightarrow{\ \xi_1\ } & Y \\
\downarrow{\scriptstyle \zeta_1} & & \downarrow{\scriptstyle \zeta_0} \\
X_0 & \xrightarrow{\ f\ } & X
\end{array}
$$

Es sei ξ bzw. ζ bzw. η ein lokaler Parameter auf $X_0 = \mathbb{P}^1_{\mathbb{F}_q}$ in $x_0 := \infty \in X_0$ bzw. auf $Y = \mathbb{P}^1_{\mathbb{F}_q}$ in $y := \infty \in Y$ bzw. auf $X = \mathbb{P}^1_{\mathbb{F}_q}$ in $x := \infty \in X$. Auf X_1 hat man die Relation

$$\zeta^{-m} = h(1/\zeta) = 1/\eta = f(1/\xi) = 1 - (1 + 1/\xi)^m = \xi^{-m}(A - 1)$$

mit einem $A \in \xi \cdot \mathcal{O}_{X_0, x_0}$. Also gilt $\xi^m - u \cdot \zeta^m = 0$ für $u := 1 - A$. Die Komplettierung des Faserproduktes im Punkt $x_1 := (x_0, y)$ wird gegeben durch

$$\mathbb{F}_q[[\xi]] \otimes_{\mathbb{F}_q[[\eta]]} \mathbb{F}_q[[\zeta]] = \mathbb{F}_q[[\xi, \zeta]] / (\xi^m - u \cdot \zeta^m) \ .$$

Wegen $(p, m) = 1$ kann man die Einheit u in der Form $u = v^m$ schreiben, wobei $v = 1 + B$ mit $B \in \xi \cdot \mathbb{F}_q[[\xi]]$ gilt. Nach Wahl von m liegen die m-ten Einheitswurzeln μ_m in $\mathbb{F}_q^\times$. Somit gilt

$$\mathbb{F}_q[[\xi, \zeta]] / (\xi^m - u \cdot \zeta^m) = \mathbb{F}_q[[\xi, \zeta]] / \prod_{\varepsilon \in \mu_m} (\xi - \varepsilon \cdot v \cdot \zeta) \ .$$

Die Normalisierung dieses Ringes – angedeutet durch den Index ^{nor} – ist das Produkt

$$(\mathbb{F}_q[[\xi, \zeta]] / (\xi^m - u \cdot \zeta^m))^{nor} \cong \prod_{\varepsilon \in \mu_m} (\mathbb{F}_q[[\xi, \zeta]] / (\xi - \varepsilon \cdot v \cdot \zeta)) \cong \prod_{\varepsilon \in \mu_m} \mathbb{F}_q[[\varepsilon \cdot \zeta]] \ .$$

Analog löst man nach ξ auf. Daraus folgen die Behauptungen; vgl. Satz B.3.12. $\square$

Man kann für $n = 1$ die Anzahl der rationalen Punkte auf X_1 exakt ausrechnen. Dazu bemerkt man vorab, dass $\alpha \in \mathbb{F}_q$ genau dann eine Potenz $\alpha = \beta^m$ für ein $\beta \in \mathbb{F}_q$ ist, wenn $\alpha \in \mathbb{F}_p$ gilt, weil die multiplikative Gruppe $\mathbb{F}_q^\times$ nach Satz A.2.3 zyklisch ist, und dass es genau m solche β zu einem $\alpha \neq 0$ gibt. Weiterhin gilt für jedes $\alpha \in \mathbb{F}_q$ nun $f(\alpha) = 1 - (1 + \alpha)^m \in \mathbb{F}_p$.

Ein Punkt $x_1 \in X_1(\mathbb{F}_q)$ induziert Punkte $x_0 \in X_0(\mathbb{F}_q)$ und $y \in Y(\mathbb{F}_q)$. Umgekehrt gibt es zu jedem $x_0 \in X_0(\mathbb{F}_q)$ mit $f(x_0) \neq \infty$ nach obiger Bemerkung genau m Punkte $y \in Y(\mathbb{F}_q)$ mit $f(x_0) = h(y)$ im Fall $f(x_0) \neq 0$ und genau ein $y \in Y(\mathbb{F}_q)$ im Fall $f(x_0) = 0$. Die Punktepaare (x_0, y) mit $f(x_0) = h(y)$ korrespondieren genau dann zu den Punkten von X_1, wenn X_1 das Faserprodukt ist, also wenn das Faserprodukt $X_0 \times_X Y$ im Punkte (x_0, y) normal ist. Letzteres ist erfüllt, wenn h über $f(x_0)$ étale ist, also wenn $f(x_0) \neq \infty$ gilt. Im Fall $f(x_0) = \infty$ ist $x_0 = \infty$. Dann ist X_1 die Normalisierung des Faserproduktes und daher liegen hier m Punkte über ∞, wie wir im Lemma 6.5.8 gezeigt haben. Insgesamt erhält man mit dieser Überlegung

$$\mathrm{card}\,(X_1(\mathbb{F}_q)) = m \cdot 1 + (q - m) \cdot m + 1 \cdot m = (q - m) \cdot m + 2m \ .$$

Dabei ergibt sich der erste Term aus denjenigen x_0 mit $f(x_0) = 0$, der zweite Term aus denjenigen x_0 mit $f(x_0) \neq 0$ und der letzte Term aus dem einen x_0 mit $f(x_0) = \infty$. Damit beweist man nun leicht durch Induktion, dass m^n rationale Punkte in X_n über $\infty \in X_0$ liegen und die Abbildung $X_n \to X_0$ dort étale ist.

Man betrachte nämlich das Diagramm

$$
\begin{array}{ccccc}
X_{n+1} & \xrightarrow{\;\xi_2 \circ \ldots \circ \xi_{n+1}\;} & X_1 & \xrightarrow{\;\xi_1\;} & X_0 = Y \\
\downarrow{\scriptstyle \zeta_{n+1}} & & \downarrow{\scriptstyle \zeta_1} & & \downarrow{\scriptstyle \zeta_0} \\
X_n & \xrightarrow{\;\xi_1 \circ \ldots \circ \xi_n\;} & X_0 & \xrightarrow{\;\xi_0\;} & X
\end{array}
$$

Der Induktionsanfang wird durch Lemma 6.5.8 gegeben. Nach Induktionsvoraussetzung erfüllt $X_n \to X_0$ die Bedingung, also erfüllt auch $X_{n+1} \to X_1$ die entsprechende Bedingung über jedem Urbildpunkt von ∞ unter $\zeta_1 : X_1 \to X_0$, die alle rational sind und unter $\xi_1 : X_1 \to X_0$ auf ∞ abgebildet werden. Somit liegen über $\infty \in X_0$ genau m^{n+1} rationale Punkte in X_{n+1} und die Komposition der Abbildungen ist dort étale. Also gilt

$$
\operatorname{card}(X_n(\mathbb{F}_q)) \geq m^n \ .
$$

Zur Berechnung des Geschlechts von X_n benutzen wir die Geschlechterformel 6.1.15. Wir zeigen durch Induktion, dass $\xi_1 \circ \ldots \circ \xi_n : X_n \longrightarrow X_0$ nur über $X_0(\mathbb{F}_q) - \{\infty\}$ verzweigen kann. Für $n = 1$ ist die Behauptung richtig, weil $\xi_0 = f$ nur über $1 \in X = \mathbb{P}^1_{\mathbb{F}_q}$ verzweigt und das Urbild von 1 unter $\zeta_0 = h$ in $X_0(\mathbb{F}_q) - \{\infty\}$ enthalten ist. Im Induktionsschritt betrachtet man das Diagramm. Ist $\xi_1 \circ \ldots \circ \xi_{n+1}$ über dem Punkt $y \in X_0$ verzweigt, so ist ξ_1 über y oder $\xi_2 \circ \ldots \circ \xi_{n+1}$ in einem Punkt x_1 mit $\xi_1(x_1) = y$ verzweigt. Im ersten Fall gilt $y \in X_0(\mathbb{F}_q) - \{\infty\}$ nach Induktionsanfang; also ist die Behauptung richtig. Im zweiten Fall muß $\xi_1 \circ \ldots \circ \xi_n$ über $\zeta_1(x_1)$ verzweigen. Nach Induktionsvoraussetzung ist $\zeta_1(x_1) \in X_0(\mathbb{F}_q) - \{\infty\}$. Nach Definition von $\xi_0 = f$ gilt somit $\xi_0(\zeta_1(x_1)) \in \mathbb{F}_p$; also ist $\xi_1(x_1) \in \mathbb{F}_q$ nach Definition von $\zeta_0 = h$. Somit liegt der Verzweigungspunkt y in $X_0(\mathbb{F}_q) - \{\infty\}$.

Somit verzweigt $\xi_1 \circ \ldots \circ \xi_n : X_n \longrightarrow X_0$ nur über den q Punkten aus der Menge $X_0(\mathbb{F}_q) - \{\infty\}$. Weil $h : Y \to X$ und $f : X_0 \to X$ galoissch von der Ordnung m mit $(m,p) = 1$ ist, ist die Verzweigung in allen Punkten zahm; vgl. Definition 8.5.1. Der Verzweigungsindex teilt im galoisschen Fall nämlich den Grad der Funktionenkörpererweiterung nach Satz A.3.32. Also ist der Verzweigungsindex über jedem Punkt von X_0 kleiner als $[X_n : X_0] = m^n$; vgl. Notiz 8.5.2 . Für das Geschlecht ergibt sich somit nach der Hurwitzschen Geschlechterformel 8.5.3

$$
\begin{aligned}
g(X_n) &\leq 1 + [X_n : X_0] \cdot (g(X_0) - 1) + \frac{1}{2} \cdot [X_n : X_0] \cdot q \\
&\leq 1 + \frac{[X_n : X_0] \cdot (q - 2)}{2} \\
&\leq 1 + \frac{m^n \cdot (q - 2)}{2} \ .
\end{aligned}
$$

Für $n = 1$ rechnet man das Geschlecht exakt aus. Es gilt nämlich

$$
2g(X_1) - 2 = m(2g(X_0) - 2) + \deg(\operatorname{ram}(\xi_1)) \ .
$$

ξ_1 verzweigt nur über der Menge $X_0(\mathbb{F}_q) - \{\infty\}$. Ist $x_1 \in X_1$ ein Verzweigungspunkt von ξ_1 , so muss f in $\zeta_1(x_1)$ verzweigen. Also ist $\zeta_1(x_1)$ Nullstelle von

$(1+Z)^{m-1}$; folglich $\zeta_1(x_1) = -1$. In diesem Punkt verzweigt f mit Index $m-1$.
Weiterhin ist h étale in $f(-1) = 1$ und es gibt genau m Punkte $x_1' \in X_0(\mathbb{F}_q)$
mit $\zeta_1(x_1') = 1$. Daher gilt

$$2g(X_1) - 2 = m(2g(X_0) - 2) + m \cdot (m-1) \ .$$

Also gilt

$$g(X_1) = \frac{(m^2 - 3m + 2)}{2} = \frac{(m-1) \cdot (m-2)}{2} \ .$$

Somit folgt

Satz 6.5.9 *In obiger Situation* (1) *mit den Funktionen*

$$f(Z) := 1 - (1+Z)^m \ \ und \ \ h(Z) = Z^m \ \ für \ \ m := \frac{q-1}{p-1}$$

gilt für den assoziierten Kurventurm $\mathcal{X}$ *die Abschätzung*

$$\lambda(\mathcal{X}) \geq \frac{2}{(q-2)} \ .$$

Dieser Turm ist optimal für $q = 4$. Nach der Vladut-Drinfeld-Schranke 7.4.4 gilt

$$1 = \sqrt{q} - 1 \geq \lambda(\mathcal{X}) \geq \frac{2}{q-2} = 1 \ .$$

Nun zu Fall (2):

Analog wie in Lemma 6.5.8 zeigt man, dass über dem Punkt $x_0 = \infty \in X_0$ die
Faser von $X_n \to X_0$ in $(\ell - 1)^m$ rationale Punkte zerfällt und die Abbildung
$X_n \to X_0$ in diesen Punkten unverzweigt ist. Daher folgt wie im Fall (1)

$$\mathrm{card}\,(X_n(\mathbb{F}_q)) \geq (\ell - 1)^n \ .$$

Zur Berechnung des Geschlechts von X_n benutzen wir wieder die Geschlechterfor-
mel 6.1.15. Wir zeigen durch Induktion, dass $\xi_1 \circ \ldots \circ \xi_n : X_n \longrightarrow X_0$ nur über
$X_0(\mathbb{F}_\ell) - \{\infty\}$ verzweigen kann.
Für $n = 1$ ist die Behauptung richtig, weil $\xi_0 = f$ nur über $1 \in X = \mathbb{P}^1_{\mathbb{F}_q}$
verzweigt und das Urbild von 1 unter $\zeta_0 = h$ in $X_0(\mathbb{F}_\ell) - \{\infty\}$ enthalten ist.
Im Induktionsschritt betrachtet man wieder das Diagramm. Ist $\xi_1 \circ \ldots \circ \xi_{n+1}$ über
$y \in X_0$ verzweigt, so ist ξ_1 über y oder $\xi_2 \circ \ldots \circ \xi_{n+1}$ in einem Punkt x_1 mit
$\xi_1(x_1) = y$ verzweigt. Im ersten Fall gilt $y \in X_0(\mathbb{F}_\ell) - \{\infty\}$ nach Induktionsanfang;
also ist die Behauptung richtig. Im zweiten Fall muss $\xi_1 \circ \ldots \circ \xi_n$ über $\zeta_1(x_1)$ verzweigen. Nach Induktionsvoraussetzung ist $\zeta_1(x_1) \in X_0(\mathbb{F}_\ell) - \{\infty\}$. Nach Definition
von $\xi_0 = f$ gilt somit $\xi_0(\zeta_1(x_1)) = 0$ oder $\xi_0(\zeta_1(x_1)) = 1$; also ist $\xi_1(x_1) \in \mathbb{F}_\ell$
nach Definition von $\zeta_0 = h$. Somit liegt der Verzweigungspunkt y in $X_0(\mathbb{F}_\ell) - \{\infty\}$.
Daraus folgt nun wie im Fall (1) mit der Hurwitzschen Geschlechterformel 8.5.3

$$g(X_n) \leq \frac{1}{2} \cdot [X_n : X_0] \cdot (\ell - 2) = \frac{(\ell - 1)^n \cdot (\ell - 2)}{2} \ .$$

Also erhalten wir

$$\frac{\mathrm{card}\,(X_n(\mathbb{F}_q))}{g(X_n)} \geq \frac{2\cdot(\ell-1)^n}{(\ell-1)^n\cdot(\ell-2)} = \frac{2}{\ell-2} \; .$$

Satz 6.5.10 *In obiger Situation* (2) *für* $q := \ell^2$ *und den Funktionen*

$$f(Z) := 1 - (1+Z)^{\ell-1} \quad und \quad h(Z) := Z^{\ell-1}$$

gilt für den assoziierten Kurventurm $\mathcal{X}$ *die Abschätzung*

$$\lambda(\mathcal{X}) \geq \frac{2}{\ell-2} \; .$$

Nach der Drinfeld-Vladut-Schranke 7.4.4 ist diese Abschätzung im Fall $q = 9$ und $\ell = 3$ scharf; denn es gilt

$$2 = \sqrt{q} - 1 = \ell - 1 \geq \lambda(\mathcal{X}) \geq \frac{2}{\ell-2} = 2 \; .$$

In diesem Kurventurm finden sich also Kurven X_n mit der Eigenschaft

$$\frac{g(X_n)}{\mathrm{card}\,(X_n(\mathbb{F}_q))} \sim \frac{1}{2} \; ;$$

wobei n beliebig groß gewählt werden kann. Dazu assoziierte geometrische Codes erfüllen

$$\frac{d}{n} + \frac{k}{n} \sim 1 + \frac{1-g}{n} \sim \frac{1}{2} \; .$$

Beispiel 6.5.11 Dieser Kurventurm liefert Codes beliebig großer Blocklänge von der Dimension $k \sim (n/4)$ mit Minimaldistanz $d \sim (n/4)$. Diese können also bis zu $1/8$ der Blocklänge an Fehlern korrigieren und haben eine Informationsrate $k/n \sim 1/4$. Die Plotkin-Schranke 5.2.5 liefert in diesem Fall $d/n = 1/4$ und $q = 9$ jedoch

$$\frac{k}{n} \leq 1 - \frac{1}{4}\cdot\frac{9}{8} = \frac{23}{32} \sim \frac{3}{4} \; .$$

Nun behandeln wir den Fall einer *Artin-Schreier-Erweiterung.*

Dazu sei $\ell = p^e$ eine Primzahlpotenz und $q = \ell^2$. Dann betrachten wir die rationalen Funktionen

$$(3) \quad f(Z) := \frac{Z^\ell}{1 + Z^{\ell-1}} \quad und \quad h(Z) := Z + Z^\ell \; .$$

Zunächst wollen wir diese Abbildungen genauer analysieren. Man rechnet sofort die folgende Transformationsformel nach.

$$\frac{1}{h(Z)} = \left(\frac{1}{Z}\right)^\ell \cdot \frac{1}{1 + \left(\frac{1}{Z}\right)^{\ell-1}} = f\left(\frac{1}{Z}\right) \; .$$

Zur weiteren Analyse ist das folgende Lemma hilfreich.

Lemma 6.5.12 *Sei* $q = \ell^2$ *wie oben Quadrat einer Primzahlpotenz* ℓ *. Dann gelten für die Spur bzw. Norm von* $\mathbb{F}_q$ *über* $\mathbb{F}_\ell$ *folgende Aussagen:*

1. $\mathrm{Tr}_{\mathbb{F}_\ell}^{\mathbb{F}_q}(\alpha) = \alpha + \alpha^\ell$.

2. $\mathrm{N}_{\mathbb{F}_\ell}^{\mathbb{F}_q}(\alpha) = \alpha^{\ell+1}$.

3. $\mathrm{Tr}_{\mathbb{F}_\ell}^{\mathbb{F}_q} : \mathbb{F}_q \to \mathbb{F}_\ell$ *ist surjektiv und die Fasern haben genau* ℓ *Elemente.*

4. $\mathrm{N}_{\mathbb{F}_\ell}^{\mathbb{F}_q} : \mathbb{F}_q^\times \to \mathbb{F}_\ell^\times$ *ist surjektiv und die Fasern haben genau* $\ell+1$ *Elemente.*

Beweis. Die Erweiterung $\mathbb{F}_q / \mathbb{F}_\ell$ hat den Grad 2 und seine Galoisgruppe besteht aus der Identität und dem Frobenius $\mathrm{F}_\ell : x \mapsto x^\ell$; vgl. Satz A.2.4. Somit folgen die Aussagen 1. und 2. aus der Tatsache A.1.7, dass die Spur die Summe der konjugierten und die Norm das Produkt der konjugierten Elemente ist. Der Kern der Spur besteht aus höchstens ℓ Elementen; nämlich den Nullstellen des Polynoms $T^\ell + T$. Durch Abzählen der Elemente bestätigt man die dritte Aussage. Der Kern der Norm hat höchstens $(\ell-1)$ Elemente; nämlich den Nullstellen des Polynoms $T^{\ell+1} - 1$. Durch Abzählen der Elemente bestätigt man die letzte Aussage. $\square$

Wenden wir das auf unsere Funktionen f und h an, so sehen wir

$$f(\alpha) = \frac{\mathrm{N}_{\mathbb{F}_\ell}^{\mathbb{F}_q}(\alpha)}{\mathrm{Tr}_{\mathbb{F}_\ell}^{\mathbb{F}_q}(\alpha)} \quad \text{und} \quad h(\alpha) = \mathrm{Tr}_{\mathbb{F}_\ell}^{\mathbb{F}_q}(\alpha) \ .$$

Wir setzen nun

$$\Omega := \{\alpha \in \mathbb{F}_q \ ; \ \alpha^{\ell-1} = -1 \} \subset \mathbb{P}^1_{\mathbb{F}_q}(\mathbb{F}_q) \ .$$

Damit folgt nun sofort das Lemma.

Lemma 6.5.13 *In der Situation von oben gilt:*

1. f *ist étale außerhalb* 0 *und* h *ist étale außerhalb* ∞ .

2. $f^{-1}(\infty) = \Omega \cup \{\infty\}$ *und* $f^{-1}(0) = \{0\}$

   $f(X_0(\mathbb{F}_q) - (\Omega \cup \{0,\infty\})) = X(\mathbb{F}_\ell) - \{0,\infty\}$

3. $h^{-1}(0) = \Omega \cup \{0\}$ *und* $h^{-1}(\infty) = \{\infty\}$

   $h(Y(\mathbb{F}_q) - (\Omega \cup \{0,\infty\})) = X(\mathbb{F}_\ell) - \{0,\infty\}$

Wir betrachten nun wieder das Konstruktionsverfahren von oben:

$$
\begin{array}{ccc}
X_1 & \xrightarrow{\ \xi_1\ } & Y = \mathbb{P}^1_{\mathbb{F}_q} \\[4pt]
\Big\downarrow{\scriptstyle \varsigma_1} & & \Big\downarrow{\scriptstyle h} \\[4pt]
X_0 = \mathbb{P}^1_{\mathbb{F}_q} & \xrightarrow{\ f\ } & X = \mathbb{P}^1_{\mathbb{F}_q}
\end{array}
$$

Induktiv bekommt man auf diese Weise kommutative Diagramme

$$
\begin{array}{ccccc}
X_{n+1} & \xrightarrow{\ \xi_{n+1}\ } & X_n & \longrightarrow & Y \\
\downarrow{\scriptstyle\zeta_{n+1}} & & \downarrow{\scriptstyle\zeta_n} & & \downarrow \\
X_n & \xrightarrow{\ \xi_n\ } & X_{n-1} & \longrightarrow & X
\end{array}
$$

Die Kurven sind geometrisch irreduzibel nach Lemma 6.5.7. Wir wollen nun zeigen

Satz 6.5.14 (Garcia-Stichtenoth) *In obiger Situation gilt*

$$
\operatorname{card}(X_n(\mathbb{F}_q)) \;\geq\; \ell^n \cdot (q-\ell) = \ell^{n+1} \cdot (\ell - 1)
$$

$$
g(X_n) \;=\; \begin{cases} (\ell^{\frac{n+1}{2}} - 1)^2 & \text{für } n \equiv 1 \quad \mathrm{mod}\ 2 \\[2mm] (\ell^{\frac{n}{2}} - 1) \cdot (\ell^{\frac{n}{2}+1} - 1) & \text{für } n \equiv 0 \quad \mathrm{mod}\ 2 \ . \end{cases}
$$

Damit folgt nämlich

$$
\frac{\operatorname{card}(X_{2n}(\mathbb{F}_q))}{g(X_{2n})} \;\geq\; \frac{\ell^{2n+1} \cdot (\ell - 1)}{(\ell^n - 1) \cdot (\ell^{n+1} - 1)} \;=\; \frac{\ell - 1}{1 - \dfrac{1}{\ell^n} \cdot \left(1 + \dfrac{1}{\ell}\right) + \dfrac{1}{\ell^{2n+1}}} \ .
$$

Dieser Limes geht gegen $(\ell - 1) = (\sqrt{q} - 1)$. Daraus folgt mit der Drinfeld-Vladut-Schranke und dem Lemma 6.5.1:

Korollar 6.5.15 *In obiger Situation gilt für den Limes*

$$
\lim_{n\to\infty} \frac{\operatorname{card}(X_n(\mathbb{F}_q))}{g(X_n)} \;=\; \sqrt{q} - 1 \ .
$$

Beispiel 6.5.16 Im Fall $\ell = 16$, also $q = 256$ erhält man mit dieser Methode beliebig lange Codes mit relativem Minimalabstand $d/n = 1/4$ und Informationsrate

$$
\frac{k}{n} \sim \frac{-d}{n} + 1 + \frac{-g(X)}{\operatorname{card}(X(\mathbb{F}_q))} \sim \frac{-1}{4} + 1 + \frac{-1}{15} \sim \frac{41}{60} \sim \frac{2}{3} \ .
$$

Die Plotkin-Schranke 5.2.5 liefert in diesem Fall $d/n = 1/4$ jedoch

$$
\frac{k}{n} \leq 1 - \frac{1}{4} \cdot \frac{256}{255} = \frac{191}{255} \sim \frac{3}{4} \ .
$$

Die Informationsrate $2/3$ ist schon eine deutliche Verbesserung gegenüber $1/4$ aus Beispiel 6.5.11 ; jedoch wird hier ein $256/9 \sim 28$-mal so großes Alphabet benutzt. Um diese Werte vergleichen zu können, sollte man den Umfang der verwendeten Alphabete berücksichtigen; also

$$
\frac{1}{4} \cdot \frac{\log 256}{\log 9} \sim \frac{2.5237}{4} \sim 0.631 \,\lesssim\, \frac{2}{3} \ .
$$

Also ergibt sich kein sehr großer Unterschied.

Wir beginnen den Beweis zu 6.5.14 mit einigen Hilfssätzen. Die Formel für die Anzahl der rationalen Punkte ist leicht zu gewinnen.

Lemma 6.5.17 *In der Situation von oben gilt*

$$\operatorname{card}(X_n(\mathbb{F}_q)) \geq \ell^n \cdot (q - \ell) = \ell^{n+1} \cdot (\ell - 1) \ .$$

Beweis. Man betrachte das Diagramm

$$
\begin{array}{ccccc}
X_{n+1} & \longrightarrow & X_1 & \xrightarrow{\ \xi_1\ } & Y \\
\downarrow{\scriptstyle \zeta_{n+1}} & & \downarrow{\scriptstyle \zeta_1} & & \downarrow{\scriptstyle h} \\
X_n & \longrightarrow & X_0 & \xrightarrow{\ f\ } & X
\end{array}
$$

von oben. Die Abbildung h ist étale außerhalb $\infty \in X$. Also ist der offene Teil außerhalb der endlich vielen Punkte von X_n, die über $\infty \in X$ liegen, gerade das Faserprodukt. Man setze nun

$$
\begin{aligned}
A_n \ &:= \ \{x_n \in X_n(\mathbb{F}_q) \ ; \ x_n \mapsto x_0 \in X_0 - (\Omega \cup \{0, \infty\})\} \\
&= \ \{x_n \in X_n(\mathbb{F}_q) \ ; \ x_n \mapsto x \in X(\mathbb{F}_\ell) - \{0, \infty\}\} \ .
\end{aligned}
$$

Die letzte Gleichheit gilt nach Lemma 6.5.13. Dann gilt $\zeta_{n+1}^{-1}(A_n) = A_{n+1}$ und über jedem $x_n \in A_n$ liegen genau ℓ Punkte. Geht nämlich $x_n \in A_n$ auf $x_0 \in X_0(\mathbb{F}_q)$ bzw. $x \in X(\mathbb{F}_\ell) - \{0, \infty\}$, so gibt es nach Lemma 6.5.12 genau ℓ Punkte $y \in Y(\mathbb{F}_q)$ mit $h(y) = x$. Jedes solche y erfüllt $y \notin \Omega \cup \{0, \infty\}$. Es ist $x' := (x, y) \in X_{n+1}$ ein $\mathbb{F}_q$-rationaler Punkt und dieser geht unter $X_{n+1} \to Y = X_0$ genau auf den Punkt $y \notin \Omega \cup \{0, \infty\}$. Daraus folgt die obige Behauptung. Für $n = 0$ besteht A_0 genau aus $(q - \ell) = \ell \cdot (\ell - 1)$ Punkten. $\qquad\square$

Die Berechnung der Geschlechter ist komplizierter; dazu folgendes Lemma.

Lemma 6.5.18 *In der Situation von oben ist* $h : Y = \mathbb{P}^1_{\mathbb{F}_q} \longrightarrow X = \mathbb{P}^1_{\mathbb{F}_q}$ *nur in* $\infty \in Y$ *verzweigt und es ist* $\deg(\operatorname{ram}(h)) = 2 \cdot (\ell - 1)$.

Beweis. Im endlichen Teil ist die Ableitung $h' = 1$ von h nullstellenfrei, also ist h dort unverzweigt. Mit der Hurwitzschen Geschlechterformel folgt

$$-2 = 2g(Y) - 2 = \ell \cdot (2g(X) - 2) + \deg(\operatorname{ram}(h)) = -2 \cdot \ell + \deg(\operatorname{ram}(h)) \ .$$

Daraus folgt $\deg(\operatorname{ram}(h)) = 2 \cdot (\ell - 1)$. $\qquad\square$

Für $n = 1$ ist die Berechnung noch leicht. Man betrachte das Diagramm

$$
\begin{array}{ccc}
X_1 & \xrightarrow{\ \xi_1\ } & Y = \mathbb{P}^1_{\mathbb{F}_q} \\
\downarrow{\scriptstyle \zeta_1} & & \downarrow{\scriptstyle h} \\
X_0 = Y & \xrightarrow{\ f\ } & X = \mathbb{P}^1_{\mathbb{F}_q}
\end{array}
$$

Nun ist f über ∞ unverzweigt, also ist X_1 das Faserprodukt von X_0 und Y über X in einer Umgebung von $\infty \in X$. Nach Lemma 6.5.18 ist h außerhalb ∞ unverzweigt; also ist X_1 insgesamt das Faserprodukt von X_0 und Y über X. Die Faser von f über ∞ besteht genau aus den ℓ rationalen Punkten $\Omega \cup \infty$. Mit Lemma 6.5.18 und der Geschlechterformel 6.1.15 folgt

$$2g(X_1) - 2 = \ell \cdot (2g(X_0) - 2) + \ell \cdot \deg(\mathrm{ram}(h)) \ .$$

Also gilt

$$g(X_1) = 1 - \ell + \ell \cdot (\ell - 1) = (\ell - 1)^2 \ .$$

Schon der Fall $n = 2$ ist mühsam. Man betrachte folgendes Diagramm

$$
\begin{array}{ccccc}
X_2 & \xrightarrow{\ \xi_2\ } & X_1 & \xrightarrow{\ \xi_1\ } & Y \\
\ \downarrow{\scriptstyle \zeta_2} & & \ \downarrow{\scriptstyle \zeta_1} & & \ \downarrow{\scriptstyle h} \\
X_1 & \xrightarrow{\ \xi_1\ } & X_0 & \xrightarrow{\ f\ } & X \\
\ \downarrow{\scriptstyle \zeta_1} & & \ \downarrow{\scriptstyle h} & & \\
Y & \xrightarrow{\ f\ } & X & &
\end{array}
$$

Weil h außerhalb ∞ étale ist, kann ζ_2 höchstens über der Menge $\Omega_1 \subset X_1$ verzweigen, wobei $\Omega_1 = \xi_1^{-1}(\Omega \cup \{\infty\}) = \xi_1^{-1}(f^{-1}(\infty))$. Man kann nun jeden Punkt $x_1 \in X_1$ in der Form $x_1 = (y, x_0)$ mit $f(y) = h(x_0)$ schreiben. Wenn ζ_2 über x_1 verzweigt, so ist $f(x_0) = \infty$, also $x_0 \in \Omega \cup \{\infty\}$. Jetzt unterscheiden wir zwei Fälle:

Ist $x_0 = \infty$, so ist $h(x_0) = \infty$ und für y hat man freie Wahl in $\Omega \cup \{\infty\}$. Insbesondere ist ξ_1 über x_0 unverzweigt, weil f über ∞ unverzweigt ist. Damit bekommt man ℓ Punkte x_1 über $x_0 = \infty$. Der Verzweigungsdivisor von ζ_2 hat über jedem dieser x_1 den Grad $2 \cdot (\ell - 1)$, genau wie h in ∞.

Ist $x_0 \in \Omega$, so ist $h(x_0) = 0$ und somit $y = 0$, weil das die einzige Nullstelle von f ist. Insbesondere sind also h und f in x_0 étale. Mit dem folgenden Lemma 6.5.19 sieht man, dass ζ_2 in x_1 unverzweigt ist und keinen Beitrag zu $\deg(\mathrm{ram}(\zeta_2))$ liefert. Insgesamt erhalten wir so $\deg(\mathrm{ram}(\zeta_2)) = \ell \cdot 2 \cdot (\ell - 1)$. Somit gilt

$$g(X_2) = 1 + \ell \cdot (g(X_1) - 1) + \frac{1}{2} \cdot \deg(\mathrm{ram}(h)) = 1 + \ell \cdot (\ell^2 - 2\ell) + \ell^2 - \ell = (\ell^2 - 1) \cdot (\ell - 1) \ .$$

Lemma 6.5.19 *Man betrachte das obige Diagramm*

$$
\begin{array}{ccccc}
X_2 & \xrightarrow{\ \xi_2\ } & X_1 & \xrightarrow{\ \xi_1\ } & Y \\
\ \downarrow{\scriptstyle \zeta_2} & & \ \downarrow{\scriptstyle \zeta_1} & & \ \downarrow{\scriptstyle h} \\
X_1 & \xrightarrow{\ \xi_1\ } & X_0 & \xrightarrow{\ f\ } & X \\
\ \downarrow{\scriptstyle \zeta_1} & & \ \downarrow{\scriptstyle h} & & \\
Y & \xrightarrow{\ f\ } & X & &
\end{array}
$$

Es sei z die Koordinate auf $\mathbb{P}^1_{\mathbb{F}_q}$ und es sei $\alpha \in \Omega$. Dann sei $\eta_1 := z/\alpha$ die Koordinate auf dem Raum $Y = \mathbb{P}^1_{\mathbb{F}_q}$ unten links und $\eta_2 := \alpha/z$ die Koordinate *auf dem Raum $Y = \mathbb{P}^1_{\mathbb{F}_q}$ oben rechts. Weiterhin bezeichne $x_0 \in X_0$ den Punkt zu $(z - \alpha)$. Über $x_0 \in X_0$ liegt genau ein Punkt $x_1 \in X_1$ mit $\xi_1(x_1) = x_0$ bzw. $x_2 \in X_1$ mit $\zeta_1(x_2) = x_0$. Dann gilt:*

1. *ζ_2 und ξ_2 sind étale in jedem Punkt $x'' \in X_2$ über $x_0 \in X_0$.*

2. *$(\eta_2 + 1/\eta_1)^\ell - (\eta_2 + 1/\eta_1) \in \mathcal{O}_{X_1,x_1}$*

3. *$(\eta_1 + 1/\eta_2)^\ell - (\eta_1 + 1/\eta_2) \in \mathcal{O}_{X_1,x_2}$*

Insbesondere gilt $(\eta_1 + 1/\eta_2) \in \mathcal{O}_{X_2,x''}$ und $(\eta_2 + 1/\eta_1) \in \mathcal{O}_{X_2,x''}$ in jedem Punkt $x'' \in X_2$ über $x_0 \in X_0$.

Beweis. Es reicht, die 2. und 3. Behauptungen zu zeigen, weil der Funktionenkörper von X_2 durch z, η_1, η_2 erzeugt wird und die Gleichungen étale Erweiterungen über den Punkten x_1 bzw. x_2 definieren; vgl. Beispiel B.3.11. Es ist η_1 lokaler Parameter auf X_1 in x_1 bzw. $1/\eta_2$ lokaler Parameter auf X_1 in x_2, weil ξ_1 étale in x_1 bzw. ζ_1 étale in x_2 ist. Es ist $z - \alpha$ lokaler Parameter auf X_0 in x_0. Man hat auf X_2 zwei Relationen

$$f(\alpha\eta_1) = h(z) \quad \text{und} \quad f(z) = h(\alpha\eta_2) \ ,$$

wobei z die Koordinate auf $X_0 = \mathbb{P}^1_{\mathbb{F}_q}$ ist. Aus der ersten folgt

$$\frac{(\alpha\eta_1)^\ell}{1 + (\alpha\eta_1)^{\ell-1}} = f(\alpha\eta_1) = h(z) = z + z^\ell = (z - \alpha) + (z - \alpha)^\ell \ .$$

Daraus folgt

$$z - \alpha = (\alpha\eta_1)^\ell (1 - (\alpha\eta_1)^{\ell-1} + \eta_1^\ell \cdot A_1) - (z - \alpha)^\ell \quad \text{mit } A_1 \in \mathcal{O}_{X_1,x_1} \ .$$

Weil $(z - \alpha)$ durch η_1^ℓ in $\mathcal{O}_{X_1,x_1}$ teilbar ist, erhält man

$$z - \alpha = (\alpha\eta_1)^\ell (1 - (\alpha\eta_1)^{\ell-1} + \eta_1^\ell \cdot A_2) \quad \text{mit } A_2 \in \mathcal{O}_{X_1,x_1} \ .$$

Somit erhält man für das Inverse

$$(I) \qquad \begin{aligned} \frac{1}{z - \alpha} &= (\alpha\eta_1)^{-\ell} \cdot (1 + (\alpha\eta_1)^{\ell-1} + (\alpha\eta_1)^\ell \cdot A_3) \\ &= \left(\frac{1}{\alpha\eta_1}\right)^\ell + \frac{1}{\alpha\eta_1} + A_3 \quad \text{mit } A_3 \in \mathcal{O}_{X_1,x_1} \ . \end{aligned}$$

Aus der zweiten Relation folgt

$$(*) \qquad \frac{z^\ell}{1 + z^{\ell-1}} = f(z) = h(\alpha\eta_2) = \alpha\eta_2 + (\alpha\eta_2)^\ell \ .$$

Die Partialbruchzerlegung von $1/(1 + z^{\ell-1})$ liefert

$$(**) \qquad \frac{1}{1 + z^{\ell-1}} = \frac{1}{\prod_{\omega \in \Omega}(z - \omega)} = \sum_{\omega \in \Omega} \frac{c_\omega}{z - \omega} \ ,$$

wobei

$$c_\omega = \prod_{\omega',\,\omega'\neq\omega} (\omega - \omega')^{-1} = \left[\frac{d}{dz}(1 + z^{l-1})\Big|_{z=\omega}\right]^{-1} = -\omega^{2-l} = \omega$$

wegen $l \equiv 0$ und $\omega^{l-1} = -1$ gilt. Also folgt wegen $\alpha^{l-1} = -1$ aus $(*)$

$$
\begin{aligned}
\eta_2 - \eta_2^l \;&=\; \frac{1}{\alpha} \cdot \frac{z^l}{1 + z^{l-1}} = \frac{1}{\alpha} \cdot \frac{\alpha^l + (z-\alpha)^l}{1 + z^{l-1}} \\[2mm]
(II) \qquad &=\; \frac{\alpha^{l-1}}{1 + z^{l-1}} + B_1 \quad \text{mit } B_1 \in \mathcal{O}_{X_0,x_0} \\[2mm]
&=\; \frac{-\alpha}{z-\alpha} + \alpha^{l-1} \sum_{\omega,\,\omega\neq\alpha} \frac{c_\omega}{z-\omega} + B_1 \quad \text{wegen } (**) \\[2mm]
&=\; \frac{-\alpha}{z-\alpha} + B_2 \quad \text{mit } B_2 \in \mathcal{O}_{X_0,x_0} \;.
\end{aligned}
$$

Aus (I) und (II) erhält man wegen $-\alpha = \alpha^l$

$$
\begin{aligned}
\eta_2 - \eta_2^l \;&=\; -\alpha\left(\frac{1}{\alpha\eta_1} + \left(\frac{1}{\alpha\eta_1}\right)^l + A_3\right) + B_2 \\[2mm]
&=\; \frac{-1}{\eta_1} + \left(\frac{1}{\eta_1}\right)^l + A_4 \quad \text{mit } A_4 \in \mathcal{O}_{X_1,x_1} \;.
\end{aligned}
$$

Somit erhält man letztendlich

$$\left(\eta_2 + \frac{1}{\eta_1}\right) - \left(\eta_2 + \frac{1}{\eta_1}\right)^l = A_4 \in \mathcal{O}_{X_1,x_1} \;.$$

Folglich ist $\zeta_2 : X_2 \to X_1$ étale über dem Punkt x_1 und die 2. Bedingung ist erfüllt. Wegen der Transformationsformel führt ein Wechsel des Parameters $z \mapsto 1/z$ und Spiegelung an der NW-SO-Diagonalen das Diagramm in sich über. Somit ist auch $\xi_2 : X_2 \to X_1$ étale über dem Punkt x_2 und die 3. Bedingung ist erfüllt. $\qquad\square$

Für den Fall $n \geq 3$ benötigen wir eine induktive Fassung von Lemma 6.5.19.

Lemma 6.5.20 *Es seien f und h die induzierten Morphismen $Y \longrightarrow X$ der projektiven Geraden wie oben. Weiterhin seien $\xi : X' \to Y$ und $\zeta : X' \to Y$ endliche Morphismen mit $\zeta(x') = 0$ und $\xi(x') = \infty$ für einen Punkt $x' \in X'$, die étale in x' sind. Man betrachte das folgende Diagramm mit kartesischen Quadraten*

$$
\begin{array}{ccccccc}
(Y_1' \times_{X'} Y_2') & \longrightarrow & Y_2' & \longrightarrow & X_1 & \longrightarrow & Y \\
\downarrow & & \downarrow & & \downarrow & & \downarrow{\scriptstyle h} \\
Y_1' & \longrightarrow & X' & \overset{\xi}{\longrightarrow} & Y & \underset{f}{\longrightarrow} & X \\
\downarrow & & \downarrow{\scriptstyle \zeta} & & & & \\
X_1 & \longrightarrow & Y & & & & \\
\downarrow & & \downarrow{\scriptstyle h} & & & & \\
Y & \overset{f}{\longrightarrow} & X & & & &
\end{array}
$$

Es sei ζ_1 bzw. η_1 bzw. η_2 bzw. ζ_2 die Koordinate auf $Y = \mathbb{P}^1_{\mathbb{F}_q}$ in der ersten bzw. zweiten bzw. dritten bzw. vierten Spalte. Die Morphismen ζ und ξ sollen folgende Kompatibilitätsbedingung erfüllen:

$$\left(\eta_2 + \frac{1}{\eta_1}\right) = A \in \mathcal{O}_{X',x'} \quad und \quad \left(\eta_1 + \frac{1}{\eta_2}\right) = B \in \mathcal{O}_{X',x'} .$$

Dann gilt:

1. *Die Projektionen*
$$p_i : Y'' := (Y'_1 \times_{X'} Y'_2)^{nor} \longrightarrow Y'_i$$
von der Normalisierung Y'' des Produktes $Y'_1 \times_{X'} Y'_2$ induzieren étale Abbildungen in jedem Punkt $y'' \in Y''$ über $x' \in X'$ für $i = 1, 2$.

2. $\left(\zeta_2 + \dfrac{1}{\zeta_1}\right)^\ell + \left(\zeta_2 + \dfrac{1}{\zeta_1}\right) = A_1 \in \mathcal{O}_{Y'_1,y_1}$ *für* $y_1 = p_1(y'') \in Y'_1$.

3. $\left(\zeta_1 + \dfrac{1}{\zeta_2}\right)^\ell + \left(\zeta_1 + \dfrac{1}{\zeta_2}\right) = A_2 \in \mathcal{O}_{Y'_2,y_2}$ *für* $y_2 = p_2(y'') \in Y'_2$.

Insbesondere gilt $(\zeta_1 + 1/\zeta_2) \in \mathcal{O}_{Y'',y''}$ und $(\zeta_2 + 1/\zeta_1) \in \mathcal{O}_{Y'',y''}$.

Beweis. Wie im Lemma 6.5.19 reicht es, die 2. und 3. Behauptung zu zeigen. Man hat folgende Relationen auf $\mathcal{O}_{Y'',y''}$

$$f(\zeta_1) = h(\eta_1) \quad und \quad f(\eta_2) = h(\zeta_2) .$$

Aus der ersten Relation folgt

$$\eta_1 + \eta_1^\ell = \frac{\zeta_1^\ell}{1 + \zeta_1^{\ell-1}} = \zeta_1^\ell(1 - \zeta_1^{\ell-1} + \zeta_1^\ell \cdot B_1) \text{ mit } B_1 \in \mathcal{O}_{Y'_1,y_1} .$$

Daran erkennt man $\eta_1 \in \zeta_1^\ell \cdot \mathcal{O}_{Y'_1,y_1}$. Also folgt

$$\eta_1 = \zeta_1^\ell(1 - \zeta_1^{\ell-1} + \zeta_1^\ell \cdot B_2) \text{ mit } B_2 \in \mathcal{O}_{Y'_1,y_1} .$$

Für das Inverse von η_1 erhält man somit

$$(*) \qquad \eta_1^{-1} = \zeta_1^{-\ell}(1 + \zeta_1^{\ell-1} + \zeta_1^\ell \cdot B_3) = \zeta_1^{-\ell} + \zeta_1^{-1} + B_3 \text{ mit } B_3 \in \mathcal{O}_{Y'_1,y_1} .$$

Aus der zweiten Relation folgt

$$(**) \qquad \zeta_2 + \zeta_2^\ell = \frac{\eta_2^\ell}{1 + \eta_2^{\ell-1}} = \frac{\eta_2}{1 + (1/\eta_2)^{\ell-1}} = \eta_2 + B_4 \text{ mit } B_4 \in \mathcal{O}_{X',x'} ,$$

weil $1/\eta_2$ im maximalen Ideal von $\mathcal{O}_{X',x'}$ liegt. Aus $(**)$ folgt mit der Voraussetzung und $(*)$

$$\zeta_2 + \zeta_2^\ell = \frac{-1}{\eta_1} + A + B_4 = -\zeta_1^{-\ell} - \zeta_1^{-1} - B_3 + A + B_4 .$$

Also gilt

$$\left(\zeta_2 + \frac{1}{\zeta_1}\right)^{\ell} + \left(\zeta_2 + \frac{1}{\zeta_1}\right) = A_1 \ \text{ mit } \ A_1 \in \mathcal{O}_{Y_1', y_1} \ .$$

Das ist die 2. Behauptung. Mit der Symmetrie folgt daraus die 3. Behauptung. $\quad\square$

Ziel ist es nun das folgende Lemma zu zeigen, das noch zum Beweis von Satz 6.5.14 fehlt.

Lemma 6.5.21 *In obiger Situation* $\zeta_n : X_n \longrightarrow X_{n-1}$ *gilt*

$$\deg\left(\mathrm{ram}(X_n/X_{n-1})\right) = 2 \cdot (\ell - 1) \cdot \ell^{\left[\frac{n+1}{2}\right]} \ .$$

Beweis. Wie im Fall $n = 2$ wählen wir unsere Bezeichnungen entsprechend. Man erhält dann das folgende kommutative Diagramm

$$
\begin{array}{ccccccccccc}
X_n & \xrightarrow{\xi_n} & X_{n-1} & \xrightarrow{\xi_{n-1}} & X_{n-2} & \xrightarrow{\xi_{n-2}} & \cdots & X_2 & \xrightarrow{\xi_2} & X_1 & \xrightarrow{\xi_1} & Y \\
\downarrow{\zeta_n} & & \downarrow{\zeta_{n-1}} & & \downarrow{\zeta_{n-2}} & & \cdots & \downarrow{\zeta_2} & & \downarrow{\zeta_1} & & \downarrow{h} \\
X_{n-1} & \xrightarrow{\xi_{n-1}} & X_{n-2} & \xrightarrow{\xi_{n-2}} & X_{n-3} & \xrightarrow{\xi_{n-3}} & \cdots & X_1 & \xrightarrow{\xi_1} & Y & \xrightarrow{f} & X \\
\downarrow{\zeta_{n-1}} & & \downarrow{\zeta_{n-2}} & & \downarrow{\zeta_{n-3}} & & \cdots & \downarrow{\zeta_1} & & \downarrow{h} & & \\
X_{n-2} & \xrightarrow{\xi_{n-2}} & X_{n-3} & \xrightarrow{\xi_{n-3}} & X_{n-4} & \cdots & X_1 & \xrightarrow{\xi_1} & Y & \xrightarrow{f} & X \\
\downarrow{\zeta_{n-2}} & & \downarrow{\zeta_{n-3}} & & \downarrow{\zeta_{n-4}} & & \downarrow{\zeta_1} & & \downarrow{h} & & \\
\vdots & & \vdots & & \vdots & & \vdots & & \vdots & & \vdots \\
X_3 & \xrightarrow{\xi_3} & X_2 & \xrightarrow{\xi_2} & X_1 & \xrightarrow{\xi_1} & Y & \xrightarrow{f} & X & & \\
\downarrow{\zeta_3} & & \downarrow{\zeta_2} & & \downarrow{\zeta_1} & & \downarrow{h} & & & & \\
X_2 & \xrightarrow{\xi_2} & X_1 & \xrightarrow{\xi_1} & Y & \xrightarrow{f} & X & & & & \\
\downarrow{\zeta_2} & & \downarrow{\zeta_1} & & \downarrow{h} & & & & & & \\
X_1 & \xrightarrow{\xi_1} & Y & \xrightarrow{f} & X & & & & & & \\
\downarrow{\zeta_1} & & \downarrow{h} & & & & & & & & \\
X_0 & \xrightarrow{f} & X & & & & & & & &
\end{array}
$$

Wir wollen nun studieren, in welchen Punkten ζ_n verzweigt, und den Verzweigungsindex berechnen. Dazu sind die Verzweigungspunkte zu zählen. Wir werden folgende Formel benutzen

$$\ell^{\left[\frac{n+1}{2}\right]} = \left(\sum_{t=0}^{\left[\frac{n+1}{2}\right]-1} \ell^t \cdot (\ell - 1)\right) + 1 \ .$$

Obige Formel wird die Anzahl der Punkte angeben, in denen ζ_n verzweigt; der Grad des Verzweigungsdivisors von ζ_n über jedem dieser Punkte ist $2 \cdot (\ell - 1)$. Für $n = 2$ ergibt sich $\ell^{[\frac{n+1}{2}]} = \ell^1$; das entspricht unserer Berechnung von oben.

Wir untersuchen, welche Punkte von X_n unter ζ_n verzweigen und berechnen ihre Verzweigungsindizes. Sei also $x_n \in X_n$ ein Verzweigungspunkt von ζ_n und $x := \zeta_n(x_n) \in X_{n-1}$. Wir bezeichnen im Folgenden mit z_j den Bildpunkt von x in dem X am Ende von Zeile j im obigen Diagramm. Man beachte, dass die Zeilen absteigend und bei n beginnend nummeriert sind. Mit Lemma 6.5.13 folgt sofort, dass es genau ein $t \in \{0, \dots, n-1\}$ mit folgender Eigenschaft gibt

$$0 = z_0 = z_1 = \dots = z_{t-1} \quad \text{und} \quad \infty = z_t = z_{t+1} = \dots = z_{n-1} \ .$$

Für jedes t wollen wir genau feststellen, wie viele Verzweigungspunkte $x \in X_{n-1}$ zu dieser Situation führen.

Im Fall $t = 0$ sind alle Abbildungen f über den fraglichen Punkten z_i étale und es liegen in Zeile 0 über ∞ genau $\ell = (\ell - 1) + 1$ rationale Punkte. Die vertikalen Pfeile sind voll verzweigt und alle horizontalen Pfeile sind étale über den entsprechenden Punkten. Somit überträgt sich in Zeile n das Verhalten von h in ∞ rechts außen auf die Abbildung ζ_n links außen.

Im Fall $t \geq 1$ betrachten wir in Zeile t die Kurve Y ; diese bezeichnen wir für den Moment mit X_0 . Es existieren genau $(\ell - 1)$ Punkte $x_0 \in X_0$, die unter f auf $z_t = \infty$ und unter h auf $z_{t-1} = 0$ gehen. Diese korrespondieren zu den Elementen $\alpha \in \Omega$ nach Lemma 6.5.13. Hier liegt nun die Situation von Lemma 6.5.19 vor. Daher sind in dem Quadrat links oberhalb die Morphismen ζ_2 und ξ_2 étale in jedem Punkt $x'' \in X_2$ über $x_0 \in X_0$. Also findet man ℓ Punkte in X_2 oberhalb von jedem x_0 und alle horizontalen Pfeile in Zeile $(t+1)$ rechts von X_2 sind étale in diesen Punkten. Ebenso sind alle vertikalen Pfeile von diesem X_2 nach unten étale in diesen Punkten. Dabei sind bei der Zählung der Punkte die Grade der Restklassenkörpererweiterungen berücksichtigt. Weiterhin ist die Kompatibiltätsbedingung aus 6.5.20 in jedem Punkt $x'' \in X_2$ über $x_0 \in X_0$ erfüllt. Daher wiederholt sich dieses Verfahren nach Lemma 6.5.20 nun, so dass man auf der NW-SO-Diagonalen sukzessiv in jedem Quadrat dieses Verhalten bekommt. Nach $r := n - t$ Schritten erreicht man Zeile n . Man hat aber höchstens t Schritte zur Verfügung, weil man sonst zuvor an den linken Rand des Diagramms stößt. Ist $r \leq t$, so ist ζ_n étale. Man bekommt also nur dann einen Verzweigungspunkt, wenn $t < r = n - t$ gilt. Also unterliegt t der Bedingung

$$2 \cdot t \leq n - 1 \ .$$

Weiterhin hat man bei jedem Schritt ℓ Punkte über dem Ausgangspunkt des letzten Quadrats. Also erhält man $\ell^t \cdot (\ell - 1)$ Punkte und die horizontalen Pfeile in Zeile $(n-1)$ sind étale. Also überträgt sich das Verhalten von h auf den Punkt $x \in X_{n-1}$. Somit erhalten wir

$$\deg\left(\mathrm{ram}(\zeta_n)\right) = \left(\sum_{t=0}^{[\frac{n-1}{2}]} \ell^t \cdot (\ell - 1) + 1 \right) \cdot 2 \cdot (\ell - 1) = \ell^{[\frac{n+1}{2}]} \cdot 2 \cdot (\ell - 1) \ ;$$

man beachte $[\frac{n-1}{2}] = [\frac{n+1}{2}] - 1$. Unter Benutzung der Hurwitzschen Geschlechterformel 6.1.15 folgt daraus durch Induktion sofort die Behauptung des Satzes 6.5.14

bzgl. der Geschlechter der Kurven X_n .

Zum besseren Verständnis der Situation mache man sich die Argumentation für den Fall $n = 6$ anhand des obigen Diagramms eventuell noch einmal klar. $\square$

Eine ganze Liste von Beispielen für Kurven mit vielen rationalen Punkten findet man in dem Artikel von van de Geer und van de Vlugt [vGvV]. Weiterhin gibt das Buch von Niederreiter und Xing [N-X] einen guten Überblick über den gegenwärtigen Stand der Forschung zum Thema dieses Abschnitts.

Kapitel 7

Rationale Punkte auf algebraischen Kurven

In diesem Kapitel werden wir einige klassische Ergebnisse über die Anzahl der rationalen Punkte auf einer glatten projektiv-algebraischen Kurve über einem endlichen Körper herleiten. Die Resultate sind eng verbunden mit der Zetafunktion einer projektiv-algebraischen Kurve. Wir werden in § 7.1 einen kurzen historischen Abriss der Entdeckungen von E. Artin, F.K. Schmidt und A. Weil gegeben. In § 7.2 wird die Rationalität der Zetafunktion hergeleitet und in § 7.3 wird die Artinsche Vermutung über die Nullstellen der Zetafunktion gezeigt, wobei wir dem Beweis von Bombieri folgen. Im abschließenden Abschnitt § 7.4 werden diese Resultate benutzt, um die Schranken für die Anzahl der rationalen Punkte auf einer glatten projektiv-algebraischen Kurve herzuleiten, die wir in § 6.4 schon angekündigt haben.

7.1 Zetafunktion einer algebraischen Kurve

Wir wiederholen einige Eigenschaften der *Riemannschen Zetafunktion*

$$\zeta(s) := \sum_{n=1}^{\infty} n^{-s} \quad \text{für } s \in \mathbb{C} \quad \text{mit } \Re(s) > 1 \ .$$

Diese Reihe konvergiert bekanntlich im angegebenen Bereich. Sie hat dort eine konvergente Eulersche Produktentwicklung

$$\zeta(s) = \prod_{p\,Primzahl} \frac{1}{1 - p^{-s}} \ .$$

Riemann zeigte, dass die Zetafunktion in eine meromorphe Funktion auf $\mathbb{C}$ mit einem einzigen Pol bei $s = 1$ ausgedehnt werden kann. Weiterhin zeigte er, dass die Funktion

$$\xi(s) := \frac{1}{2} s(s - 1)\Gamma(s/2)\zeta(s)$$

eine ganze Funktion ist und der Funktionalgleichung $\xi(s) = \xi(1 - s)$ genügt. Die bis heute unbewiesene *Riemannsche Vermutung* besagt, dass alle Nullstellen von $\xi(s)$ Realteil $1/2$ haben.

Später verallgemeinerte *Dedekind* Riemanns Theorie für beliebige Zahlkörper K ; das sind endliche Körpererweiterungen von $\mathbb{Q}$; durch die so genannte *Dedekindsche Zetafunktion*

$$\zeta_K(s) := \sum_{\mathfrak{a} \subset \mathcal{O}_K} \mathcal{N}(\mathfrak{a})^{-s} \quad \text{für} \ s \in \mathbb{C} \ \text{mit} \ \Re(s) > 1 \ ,$$

wobei die Summe über alle Ideale $\mathfrak{a} \neq 0$ im Zahlring $\mathcal{O}_K$ von K läuft. Dabei ist

$$\mathcal{N}(\mathfrak{a}) = \operatorname{card}(\mathcal{O}_K/\mathfrak{a})$$

die absolute Norm, also die Anzahl der Elemente des endlichen Ringes $\mathcal{O}_K/\mathfrak{a}$. Diese Reihe konvergiert wiederum im angegebenen Bereich. Sie besitzt dort eine Darstellung als Euler-Produkt

$$\zeta_K(s) = \prod_{\mathfrak{p} \subset \mathcal{O}_K} \frac{1}{1 - \mathcal{N}(\mathfrak{p})^{-s}}$$

wobei das Produkt über alle ganzen Primideale $\mathfrak{p}$ in $\mathcal{O}_K$ läuft. Später zeigte *Hecke*, dass die Dedekindsche Zetafunktion auch zu einer meromorphen Funktion auf $\mathbb{C}$ ausgedehnt werden kann und einer Funktionalgleichung genügt.

Die Produktentwicklung der Dedekindschen Zetafunktion benötigt nur zwei Eigenschaften des Ringes $\mathcal{O}_K$; nämlich dass jedes Ideal Produkt von Primidealen ist und die Restklassenringe $\mathcal{O}_K/\mathfrak{a}$ endlich sind. Diese Eigenschaften implizieren, dass die Norm multiplikativ ist. Daraus folgt im Wesentlichen die Produktentwicklung mit einfachen Konvergenzbetrachtungen. In 1923 stellte *E. Artin* fest, dass diese Eigenschaften auch in den Koordinatenringen glatter algebraischer Kurven über endlichen Körpern gelten; wie wir heute sagen. Die Primideale entsprechen dabei den abgeschlossenen Punkten einer glatten projektiven Kurve X über $\mathbb{F}_q$ und die ganzen Ideale entsprechen den effektiven Divisoren auf X . Artin bemerkte, dass diese Theorie einfacher als die Riemannsche bzw. Dedekindsche Theorie ist.

F.K. Schmidt verallgemeinerte 1931 die Ergebnisse von E. Artin. Um dies zu erläutern, fixieren wir einige Bezeichnungen für das Folgende

$\mathbb{F}_q$	einen endlichen Körper,
X	geometrisch irreduzible glatte projektive Kurve über $\mathbb{F}_q$,
$\operatorname{Div}(X)$	Menge der Divisoren auf X ,
$\operatorname{Div}_+(X)$	Menge der effektiven Divisoren auf X .

In seiner Arbeit [Sch] führte er die *Zetafunktion einer algebraischen Kurve*

$$\zeta_X(s) := \sum_{D \in \operatorname{Div}_+(X)} \mathcal{N}(D)^{-s} = \sum_{D \in \operatorname{Div}_+(X)} q^{-s \cdot \deg(D)}$$

ein, wobei

$$\mathcal{N}(D) := \mathrm{card}(\mathcal{O}(D)) = q^{\dim_{\mathbb{F}_q} \mathcal{O}(D)}$$

und $\mathcal{O}(D)$ der Restklassenring zum effektiven Divisor D ist. F.K. Schmidt arbeitete damals jedoch in der Sprache der Funktionenkörper; für weiterführende historische Anmerkungen sei auf Dieudonné [D, chap. VII, § 6.] verwiesen. Setzt man

$$t := q^{-s} \ ,$$

so folgt

$$Z_X(t) := \zeta_X(s) = \sum_{D \in \mathrm{Div}_+(X)} t^{\deg(D)} = \sum_{n=0}^{\infty} A_n t^n$$

wobei

$$A_n := \mathrm{card}\{D \in \mathrm{Div}_+(X) \ ; \ \deg(D) = n\}$$

die Anzahl der effektiven Divisoren vom Grad n ist. Jeder effektive Divisor schreibt sich in eindeutiger Weise als ganzzahlige Linearkombination in den abgeschlossenen Punkten von X. Also erhält man eine Eulersche Produktentwicklung

$$Z_X(t) = \zeta_X(s) = \prod_{x \in X} \frac{1}{1 - \mathcal{N}(x)^{-s}} = \prod_{x \in X} \frac{1}{1 - t^{\deg(x)}} = \prod_{d=1}^{\infty} \frac{1}{(1 - t^d)^{a_d}} \ ,$$

wobei

$$a_d := \mathrm{card}\left(\{x \in X \ ; \ \deg(x) = d\}\right)$$

ist. Man beachte stets

$$\mathcal{N}(x) = q^{\deg(x)} \ .$$

Man überlegt sich leicht, dass die Zahlen A_n und a_d endlich sind. Es reicht nämlich, dies für a_d zu zeigen. Dazu stelle man $X \to \mathbb{P}^1$ als r-fache Überlagerung dar. Dann gilt offenbar $a_d \leq r \cdot (q^d + 1)$. Insbesondere folgt damit auch, dass die Zetafunktion für $|qt| < 1$ konvergiert.

Artin zeigte schon, dass $Z_X(t)$ eine rationale Funktion mit Koeffizienten in $\mathbb{Q}$ ist und dass der Quotient $Z(1/qt)/Z(t)$ eine rationale Funktion mit bekannten Null- und Polstellen ist. Er vermutete, dass alle Nullstellen von $Z(t)$ auf der Kreislinie $|t| = q^{1/2}$ liegen. Artin verifizierte seine Vermutung an vielen Beispielen.

Die logarithmische Ableitung der Produktentwicklung von $Z_X(t)$ liefert

$$\begin{aligned}
t \cdot \frac{Z'_X(t)}{Z_X(t)} &= \sum_{x \in X} \frac{\deg(x) \cdot t^{\deg(x)}}{1 - t^{\deg(x)}} \\
&= \sum_{x \in X} \sum_{r=1}^{\infty} \deg(x) \cdot t^{r \deg(x)} \\
&= \sum_{n=1}^{\infty} \left(\sum_{d|n} d a_d\right) \cdot t^n = \sum_{n=1}^{\infty} N_n t^n \ ,
\end{aligned}$$

wobei

$$N_n := \sum_{d|n} da_d = \sum_{x \in X,\, \deg(x)|n} \deg(x) \ .$$

Nun teilt $\deg(x) := [k(x) : \mathbb{F}_q]$ die Zahl n genau dann, wenn der Restklassenkörper $k(x)$ ein Teilkörper von $\mathbb{F}_{q^n}$ ist. Weiterhin liefert ein abgeschlossener Punkt $x \in X$ von Grad $d = \deg(x)$ nach der Körpererweiterung $\mathbb{F}_{q^d}/\mathbb{F}_q$ genau d Punkte in $X(\mathbb{F}_{q^d})$ und somit genau d Punkte in $X(\mathbb{F}_{q^n})$ für $d \mid n$. Also gilt

$$N_n := \mathrm{card}\,(X(\mathbb{F}_{q^n})) \ .$$

Schließlich folgt

$$Z_X(t) = \sum_{n=0}^{\infty} A_n t^n = \prod_{d=1}^{\infty} \frac{1}{(1 - t^d)^{a_d}} = \exp\left(\sum_{n=1}^{\infty} N_n \frac{t^n}{n}\right) \ .$$

Beispiel 7.1.1 Es sei $X := \mathbb{P}^1_{\mathbb{F}_q}$. Dann erhält man für die Zetafunktion

$$\begin{aligned}
Z_X(t) &= \exp\left(\sum_{n=1}^{\infty} (q^n + 1)\frac{t^n}{n}\right) = \exp\left(\sum_{n=1}^{\infty} \frac{(qt)^n + t^n}{n}\right) \\
&= \exp\left(-\log(1 - qt) - \log(1 - t)\right) \\
&= \frac{1}{1 - qt} \cdot \frac{1}{1 - t} \ .
\end{aligned}$$

$\square$

F.K. Schmidt zeigte 1931 , dass die Zetafunktion von folgender Form ist

$$Z_X(t) = \frac{P_X(t)}{(1 - t) \cdot (1 - qt)} \ ,$$

wobei $P_X(t)$ ein Polynom vom Grad $2g$ über $\mathbb{Z}$ ist. Das obige Beispiel 7.1.1 bestätigt das im Fall $g = 0$. Mit dem Satz von Riemann-Roch 6.1.14 zeigt man die Funktionalgleichung

$$Z_X(1/qt) = (qt^2)^{1-g} \cdot Z_X(t) \ .$$

Die *Artinsche Vermutung*, auch "Riemannsche Vermutung in Funktionenkörperfall" genannt, bedeutet also, dass alle Nullstellen von $P_X(t)$ auf der Kreislinie $|t| = q^{1/2}$ liegen. Man zeigt leicht, dass dies äquivalent zu den Ungleichungen

$$|N_n - q^n - 1| \leq 2g \cdot q^{n/2} \quad \text{für alle } n \geq 1$$

ist, wie 1932 von *Hasse* bemerkt wurde. Hasse bewies dies auch für $g = 1$.

A. *Weil* bewies 1948 die Artinsche Vermutung. Er zeigte

$$P_X(t) = \prod_{\gamma=1}^{2g} (1 - \alpha_\gamma t) \ ,$$

wobei α_γ algebraische Zahlen mit $|\alpha_\gamma| = \sqrt{q}$ sind. Daraus folgt dann sofort die Hasse-Weil Schranke mit der Formel

$$\operatorname{card}(X(\mathbb{F}_{q^n})) = q^n + 1 - \sum_{\gamma=1}^{2g} \alpha_\gamma^n \ .$$

Beispiel 7.1.2 Es sei q eine Primzahlpotenz. Die *Hermite-Kurve* ist definiert als Nullstellenmenge

$$X := V\left(T_0^{q+1} + T_1^{q+1} + T_2^{q+1}\right) \subset \mathbb{P}^2_{\mathbb{F}_{q^2}}$$

in der projektiven Ebene über dem Körper $\mathbb{F}_{q^2}$ mit q^2 Elementen. Diese Kurve ist glatt und hat das Geschlecht $g(X) = q(q-1)/2$ nach Satz 8.3.16. Die Anzahl der rationalen Punkte ist

$$\operatorname{card}\left(X(\mathbb{F}_{q^2})\right) = q^3 + 1 = q^2 + 1 + 2gq \ .$$

Beweis. Die Norm $\mathrm{N}_{\mathbb{F}_q}^{\mathbb{F}_{q^2}} : \mathbb{F}_{q^2}^\times \longrightarrow \mathbb{F}_q^\times$, $\alpha \mapsto \alpha^{q+1}$ ist ein surjektiver Gruppenhomomorphismus, deren Kern aus $(q+1)$ Elementen besteht; vgl. Lemma 6.5.12. Damit bestimmt man leicht

$$X\left(\mathbb{F}_{q^2}\right) = \begin{cases} (1, \alpha, \beta) \ ; \ 1 + \alpha^{q+1} = -\beta^{q+1} \ \text{mit} \ \alpha \in \mathbb{F}_{q^2} , \ \beta \in \mathbb{F}_{q^2}^\times \\[2mm] (1, \alpha, 0) \ ; \ 1 = -\alpha^{q+1} \\[2mm] (0, 1, \beta) \ ; \ 1 = -\beta^{q+1} \ \text{mit} \ \beta \in \mathbb{F}_{q^2} \end{cases}$$

Im ersten Fall hat man $(q^2 - (q+1)) \cdot (q+1)$ Elemente und im zweiten bzw. dritten Fall $(q+1)$ Elemente. Insgesamt also $q^3 + 1$ Elemente. $\qquad\square$

7.2 Rationalität der Zetafunktion

Einem Divisor $D \in \operatorname{Div}(X)$ auf X hatten wir den $\mathbb{F}_q$-Vektorraum $L(D)$ zugeordnet. Wir können auch das lineare System

$$|D| := \left\{E \in \operatorname{Div}_+(X) \ ; \ E = D + \operatorname{div}(f) \ \text{für ein} \ f \in k(X)^\times\right\}$$

betrachten und man bekommt offenbar eine Bijektion zwischen dem projektiven Raum zu $L(D)$ und dem linearen System zu dem betrachteten Divisor

$$\mathbb{P}(L(D)) \xrightarrow{\sim} |D| \ ; \ (f \bmod \mathbb{F}_q^\times) \longmapsto D + \operatorname{div}(f) \ .$$

Weiterhin definieren wir für $n \in \mathbb{N}$

$$\begin{aligned} \operatorname{Div}^n(X) \quad &:= \quad \{D \in \operatorname{Div}(X) \ ; \ \deg(D) = n\} \\[1mm] \operatorname{Div}_+^n(X) \quad &:= \quad \{D \in \operatorname{Div}^n(X) \ ; \ D \geq 0\} \\[1mm] \operatorname{Pic}^n(X) \quad &:= \quad \operatorname{Div}^n(X)/k(X)^\times \end{aligned}$$

Hier bezeichnet $k(X)^\times$ die Aktion $(f, D) \mapsto D + \operatorname{div}(f)$ auf $\operatorname{Div}(X)$.

Die Klassenabbildung

$$\mathrm{cl} : \mathrm{Div}_+^n(X) \longrightarrow \mathrm{Pic}^n(X) \, ; \; D \mapsto \mathrm{cl}(D)$$

hat als Fasern die linearen Systeme

$$\mathrm{cl}^{-1}(D) \; = |D| \xrightarrow{\sim} \mathbb{P}\,(L(D)) \; .$$

Somit erhält man für die Anzahl der effektiven Divisoren vom Grad n die Formel

$$A_n := \mathrm{card}\left(\mathrm{Div}_+^n(X)\right) = \sum_{D \in \mathrm{Pic}^n(X)} \frac{q^{\dim L(D)} - 1}{q - 1} \; .$$

Für $n \geq 2g - 1$ ist nach dem Satz von Riemann-Roch 6.1.14 die obige Klassenabbildung $\mathrm{cl}\,|_{\mathrm{Div}_+^n(X)}$ surjektiv und die Fasern der Abbildung haben konstante Dimension

$$\mathrm{cl}^{-1}(D) \; = |D| \xrightarrow{\sim} \mathbb{P}\,(L(D)) \cong \mathbb{P}^{n-g}(\mathbb{F}_q) \; .$$

Für $D \in \mathrm{Div}^n(X)$ ist die Abbildung

$$\mathrm{Pic}^0(X) \xrightarrow{\sim} \mathrm{Pic}^n(X) \, ; \; \mathrm{cl}(E) \mapsto \mathrm{cl}(D + E)$$

bijektiv. Weiterhin ist die Gradabbildung $\deg : \mathrm{Div}(X) \longrightarrow \mathbb{Z}$ ein Gruppenhomomorphismus, der über $\mathrm{cl} : \mathrm{Div}(X) \to \mathrm{Pic}(X) := \coprod_{n \in \mathbb{Z}} \mathrm{Pic}^n(X)$ faktorisiert. Das Bild wird von der positiven ganzen Zahl

$$\delta := \mathrm{Min}\{\deg(D) \, ; \; D \in \mathrm{Div}(X) \;\; \mathrm{mit} \;\; \deg(D) > 0\}$$

erzeugt. Da der kanonische Divisor den Grad $2g - 2$ hat, teilt δ die Zahl $2g - 2$. Es ist $A_n = 0$ für alle $n \in \mathbb{N}$, die nicht Vielfaches von δ sind. Weiterhin sei

$$h := \mathrm{card}\left(\mathrm{Pic}^0(X)\right) \; .$$

Insgesamt erhalten wir für die Anzahl $A_{n\delta}$ der Divisoren vom Grad $n\delta \geq 2g - 1$

$$A_{n\delta} = h \cdot \mathrm{card}(|D|) = h \cdot \mathrm{card}\left(\mathbb{P}^{n\delta-g}(\mathbb{F}_q)\right) \quad \mathrm{für} \;\; n\delta \geq 2g - 1 \; .$$

Somit erhalten wir für die Zetafunktion einer algebraischen Kurve die vorläufige Form

$$Z_X(t) = \sum_{n=0}^{2g-2} A_n t^n + \sum_{n=n_0}^{\infty} h \cdot \mathrm{card}\left(\mathbb{P}^{n\delta-g}(\mathbb{F}_q)\right) \cdot t^{n\delta} \; ,$$

wobei $n_0 := 1+(2g-2)/\delta$ gewählt ist und $A_n \in \mathbb{N}$ für $0 \leq n \leq 2g-2$ zunächst nicht explizit bekannt sind. Den zweiten Term berechnen wir mit dem folgenden Lemma.

Lemma 7.2.1 *Für jeden Teiler δ von $2g - 2$ und $n_0 := 1 + (2g - 2)/\delta$ gilt*

$$\sum_{n=n_0}^{\infty} \mathrm{card}\left(\mathbb{P}^{n\delta-g}(\mathbb{F}_q)\right) \cdot t^{n\delta} = \frac{1}{q-1}\left(\frac{q^{1-g} \cdot (qt)^{2g-2+\delta}}{1 - (qt)^\delta} - \frac{1}{1 - t^\delta} + \sum_{n=0}^{n_0-1} t^{n\delta}\right) \; .$$

Beweis. Schreibt man $\mathbb{P}^n(\mathbb{F}_q)$ als Quotient von $\mathbb{F}_q^{n+1} - \{0\}$ nach der Aktion der multiplikativen Gruppe $\mathbb{F}_q^{\times}$, so sieht man

$$\operatorname{card}\left(\mathbb{P}^{n\delta-g}(\mathbb{F}_q)\right) = \frac{q^{n\delta+1-g} - 1}{q - 1} \ .$$

Also gilt

$$\sum_{n=n_0}^{\infty} \operatorname{card}\left(\mathbb{P}^{n\delta-g}(\mathbb{F}_q)\right) \cdot t^{n\delta} = \frac{1}{q-1} \cdot \sum_{n=n_0}^{\infty} (q^{n\delta+1-g} - 1) \cdot t^{n\delta} =$$

$$= \frac{1}{q-1} \cdot \left(q^{1-g} \cdot (qt)^{n_0\delta} \sum_{n=0}^{\infty} (qt)^{n\delta} - \sum_{n=0}^{\infty} t^{n\delta} + \sum_{n=0}^{n_0-1} t^{n\delta} \right) \ .$$

Mit der Formel für die geometrische Reihe folgt die Behauptung. $\qquad\square$

Somit folgt nach Lemma 7.2.1

$$(*) \qquad Z_X(t) = \sum_{n=0}^{2g-2} A_n t^n + \frac{h}{q-1} \left(\frac{q^{1-g} \cdot (qt)^{2g-2+\delta}}{1 - (qt)^{\delta}} - \frac{1}{1 - t^{\delta}} + \sum_{n=0}^{n_0-1} t^{n\delta} \right) \ .$$

$Z_X(t)$ ist also eine rationale Funktion mit einem einfachen Pol bei $t = 1$. Es ist $A_n = 0$, falls n nicht durch δ teilbar ist. Daher ist $Z_X(t)$ ein Funktion von t^{δ}.

Als nächstes wollen wir $\delta = 1$ zeigen. Dazu benötigen wir das folgende Lemma.

Lemma 7.2.2 *Es seien $n, m \in \mathbb{N}$ von Null verschieden und sei $d := \operatorname{ggT}(n, m)$ der größte gemeinsame Teiler und $k := \operatorname{kgV}(n, m)$ das kleinste gemeinsame Vielfache von n und m. Es seien $X' := X \otimes_{\mathbb{F}_q} \mathbb{F}_{q^n}$ und $x := \operatorname{Spec}(\mathbb{F}_{q^m}) \hookrightarrow X$ ein abgeschlossener Punkt von X vom Grad m. Dann zerfällt die Faser über x unter der Projektion $X' \to X$ in genau d Punkte $x' := \operatorname{Spec}(\mathbb{F}_{q^k}) \hookrightarrow X'$ vom Grad k. Insbesondere gilt daher*

$$\prod_{x' \mapsto x} (1 - t^{\deg x'}) = \prod_{\zeta \in \mu_n} (1 - (\zeta t)^{\deg x})$$

Dabei ist $\deg(x') := [k(x') : \mathbb{F}_q]$.

Beweis. Da x eine abgeschlossene Einbettung ist, ist das Faserprodukt $x \otimes \mathbb{F}_{q^n}$ eine abgeschlossene Einbettung der Faser über x in X'. Also ist die Faser genau das Produkt $\operatorname{Spec}(\mathbb{F}_{q^m} \otimes_{\mathbb{F}_q} \mathbb{F}_{q^n})$ und dieses spaltet in d Komponenten vom Typ $\operatorname{Spec}(\mathbb{F}_{q^k})$, weil $\mathbb{F}_{q^k}$ der kleinste Körper ist, der $\mathbb{F}_{q^m}$ und $\mathbb{F}_{q^n}$ enthält. Wegen $nm = dk$ folgt die Formel aus der Identität

$$(1 - t^k)^d = (1 - t^{nm/d})^d = \prod_{\zeta \in \mu_n} (1 - (\zeta t)^m) \ .$$

$\qquad\square$

Daraus folgt nun sofort das Korollar.

Korollar 7.2.3 *Für $n \in \mathbb{N}$ setze $X_n := X \otimes_{\mathbb{F}_q} \mathbb{F}_{q^n}$. Dann gilt*

$$Z_{X_n}(t^n) = \prod_{\zeta \in \mu_n} Z_X(\zeta t) \ .$$

Beweis. Mit Hilfe der Eulerschen Produktdarstellung von $Z_X(t)$ reduziert man die Behauptung auf die folgende Aussage: Für $x \in X$ gilt

$$\prod_{x' \mapsto x} (1 - t^{n \cdot \deg' x'}) = \prod_{\zeta \in \mu_n} (1 - (\zeta t)^{\deg x}) \ ,$$

wobei auf der linken Seite das Produkt über alle $x' \in X_n$ läuft, die über x bei der kanonischen Abbildung $X_n \to X$ liegen, und $\deg' x' := [k(x') : \mathbb{F}_{q^n}]$ ist. Nun gilt

$$n \cdot \deg' x' = [k(x') : \mathbb{F}_q] = \deg(x')$$

Dann folgt die Behauptung mit der Formel aus 7.2.2. $\qquad\qquad\qquad\qquad\square$

Korollar 7.2.4 *Es gilt $\delta = 1$ und somit hat $Z_X(t)$ die Darstellung*

$$Z_X(t) = \sum_{n=0}^{2g-2} \left(\sum_{D \in \mathrm{Pic}^n(X)} \frac{q^{\dim L(D)}}{q-1} \right) t^n + \frac{h}{q-1} \left(\frac{q^{1-g} \cdot (qt)^{2g-1}}{1-qt} - \frac{1}{1-t} \right) \ .$$

Beweis. Nach Korollar 7.2.3 gilt $Z_{X_\delta}(t^\delta) = \prod_{\zeta \in \mu_\delta} Z_X(\zeta t) = Z_X(t)^\delta$, weil $Z_X(t)$ eine Funktion von t^δ ist. Nun hat $Z_{X_\delta}(t)$ einen einfachen Pol bei $t = 1$, wie man aus der obigen Darstellung $(*)$ von $Z_{X_\delta}(t)$ erkennt. Also hat auch $Z_{X_\delta}(t^\delta)$ und damit auch $Z_X(t)^\delta$ einen einfachen Pol bei $t = 1$. Folglich muß $\delta = 1$ gelten. Wegen $\delta = 1$ erhält man aus der Formel $(*)$ die Darstellung

$$Z_X(t) = \sum_{n=0}^{2g-2} A_n t^n + \frac{h}{q-1} \left(\frac{q^{1-g} \cdot (qt)^{2g-1}}{1-qt} - \frac{1}{1-t} + \sum_{n=0}^{2g-2} t^n \right) \ .$$

Zur weiteren Vereinfachung der Formel für $Z_X(t)$ beachte

$$A_n = \sum_{D \in \mathrm{Pic}^n(X)} \frac{q^{\dim L(D)} - 1}{q-1} = \frac{-h}{q-1} + \sum_{D \in \mathrm{Pic}^n(X)} \frac{q^{\dim L(D)}}{q-1} \ ,$$

weil $\mathrm{Pic}^n(X)$ genau h Elemente hat. Daher kann man $Z_X(t)$ auch in der Form

$$Z_X(t) = \sum_{n=0}^{2g-2} \left(\sum_{D \in \mathrm{Pic}^n(X)} \frac{q^{\dim L(D)}}{q-1} \right) t^n + \frac{h}{q-1} \left(\frac{q^{1-g} \cdot (qt)^{2g-1}}{1-qt} - \frac{1}{1-t} \right) \ .$$

schreiben. $\qquad\qquad\qquad\qquad\qquad\qquad\qquad\qquad\qquad\qquad\qquad\qquad\square$

Formal hat $Z_X(t)$ die Form

$$Z_X(T) = \frac{P_X(t)}{(1-qt) \cdot (1-t)} \ ,$$

wobei $P_X(t) \in \mathbb{Z}[t]$ ein Polynom von Grad $2g$ ist. Man multipliziere dazu obige Darstellung mit dem Nenner $(1 - qt) \cdot (1 - t)$ und benutze, dass $A_{2g-2} \geq 1$ ist, weil für den kanonischen Divisor $\dim L(K_X) = g$ gilt.

Die Zetafunktion $Z_X(t)$ genügt der *Funktionalgleichung*

$$Z_X(t) = (qt^2)^{g-1} \cdot Z_X\left(\frac{1}{qt}\right) \ .$$

Das folgt aus dem Satz von Riemann-Roch 6.1.13. Für $0 \leq n \leq 2g - 2$ gilt

$$(q - 1) \cdot \left(\sum_{D \in \mathrm{Pic}^n(X)} \frac{q^{\dim L(D)}}{q - 1} \right) t^{\deg D} =$$

$$= \sum_{D \in \mathrm{Pic}^n(X)} q^{\dim L(D)} t^{\deg D}$$

$$= \sum_{D \in \mathrm{Pic}^n(X)} q^{\deg D + 1 - g + \dim L(K_X - D)} \cdot t^{\deg D}$$

$$= (qt^2)^{g-1} \sum_{D \in \mathrm{Pic}^n(X)} q^{\dim L(K_X - D)} \cdot (qt)^{\deg D - (2g-2)}$$

$$= (qt^2)^{g-1} \sum_{D \in \mathrm{Pic}^n(X)} q^{\dim L(K_X - D)} \cdot \left(\frac{1}{qt}\right)^{\deg(K_X - D)}$$

$$= (qt^2)^{g-1} \sum_{D \in \mathrm{Pic}^{(2g-2)-n}(X)} q^{\dim L(D)} \left(\frac{1}{qt}\right)^{\deg D} \ .$$

Für die letzte Gleichung beachte man, dass für ein volles Repräsentantensystem von $\mathrm{Pic}^n(X)$ durch die Zuordnung $D \mapsto K_X - D$ ein volles Repräsentantensystem von $\mathrm{Pic}^{(2g-2)-n}(X)$ geliefert wird. Für den zweiten Term aus der Darstellung von $Z_X(t)$ in Korollar 7.2.4 rechnet man die Transformation sofort nach

$$\frac{h}{q-1}\left(\frac{q^{1-g} \cdot (qt)^{2g-1}}{1 - qt} - \frac{1}{1 - t}\right) = (qt^2)^{g-1} \cdot \frac{h}{q-1}\left(\frac{q^{1-g} \cdot (1/t)^{2g-1}}{1 - 1/t} - \frac{1}{1 - 1/qt}\right) \ .$$

Wir fassen zusammen
$\square$

Satz 7.2.5 *Es sei X eine glatte geometrisch irreduzible projektiv-algebraische Kurve vom Geschlecht g über dem endlichen Körper $\mathbb{F}_q$. Dann hat ihre Zetafunktion*

$$Z_X(t) := \sum_{n=0}^{\infty} \mathrm{card}\left(\mathrm{Div}_+^n(X)\right) \cdot t^n = \exp\left(\sum_{n=0}^{\infty} \mathrm{card}\left(X(\mathbb{F}_{q^n})\right) \cdot \frac{t^n}{n}\right)$$

die Darstellung

$$Z_X(t) = \frac{P_X(t)}{(1 - qt) \cdot (1 - t)}$$

mit einem Polynom $P_X(t) \in \mathbb{Z}[t]$ vom Grad $2g$. Das Polynom hat die folgenden Eigenschaften

(1) $P_X(t) = (qt^2)^g \cdot P_X(1/qt)$

(2) $P_X(1) = \mathrm{card}\left(\mathrm{Pic}^0(X)\right)$

(3) *Schreibt man* $P_X(t) = a_0 + a_1 t^1 + \ldots + a_{2g} t^{2g} \in \mathbb{Z}[t]$ *, so gilt*

    (a) $a_0 = 1$ *und* $a_{2g} = q^g$

    (b) $a_{2g-\gamma} = q^{g-\gamma} a_\gamma$ *für* $0 \leq \gamma \leq 2g$.

    (c) $a_1 = \mathrm{card}\left(X(\mathbb{F}_q)\right) - (q+1)$.

(4) *Ist* $P_X(t) = \displaystyle\prod_{\gamma=1}^{2g} (1 - \alpha_\gamma t) \in \mathbb{C}[t]$ *, so kann man die Zahlen* α_γ *so nummerieren,*

    dass $\alpha_\gamma \alpha_{g+\gamma} = q$ *für* $1 \leq \gamma \leq g$ *gilt.*

(5) *Es sei* $X_n := X \otimes_{\mathbb{F}_q} \mathbb{F}_{q^n}$. *Dann gilt* $P_{X_n}(t) = \displaystyle\prod_{\gamma=1}^{2g} (1 - \alpha_\gamma^n t)$.

Beweis. (1) folgt aus der Funktionalgleichung für $Z_X(t)$.
(2) folgt aus der Formel in Korollar 7.2.4 über die Berechnung des Residuums

$$\frac{P_X(1)}{q-1} = \mathrm{res}_{t=1} Z_X(t) = \frac{h}{q-1} \ .$$

(3) Benutzt man die Funktionalgleichung (1), so folgt

$$P_X(t) = q^g t^{2g} P_X\left(\frac{1}{qt}\right) = \frac{a_{2g}}{q^g} + \frac{a_{2g-1}}{q^{g-1}} t + \ldots + q^g a_0 t^{2g}.$$

Somit gilt $a_{2g-\gamma} = q^{g-\gamma} a_\gamma$ für $\gamma = 0, \ldots, 2g$. Daraus folgt (b). Wegen $P_X(0) = 1$
ist $a_0 = 1$ und $a_{2g} = q^g$. Also gilt (a). Die Aussage (c) folgt aus $A_1 = \mathrm{card}\left(X(\mathbb{F}_q)\right)$
und Entwicklung von $Z_X(t)$ in eine Reihe:

$$\begin{aligned} Z_X(t) &= 1 + A_1 t^1 + \ldots \\ &= (1 + a_1 t^1 \ldots + a_{2g} t^{2g}) \cdot (1 + qt + \ldots) \cdot (1 + t + \ldots) \end{aligned}$$

(4) Nach (3) ist $a_{2g} \neq 0$, also ist $\alpha_\gamma \neq 0$ für $1 \leq \gamma \leq 2g$. Nach (1) gilt

$$P_X\left(\frac{1}{\alpha}\right) = 0 \Longleftrightarrow P_X\left(\frac{\alpha}{q}\right) = 0 \ .$$

Somit kann man die α_γ in der Form

$$\alpha_1, \frac{q}{\alpha_1}, \ldots, \alpha_\ell, \frac{q}{\alpha_\ell}; \sqrt{q}, \ldots, \sqrt{q}; -\sqrt{q}, \ldots, -\sqrt{q}$$

nummerieren. Dabei trete $\sqrt{q}$ genau m-mal und $-\sqrt{q}$ genau n-mal auf. Nun gilt
für die Anzahl $2g = 2\ell + m + n$. Nach (3a) ist $\prod_{\gamma=1}^{2g} \alpha_\gamma = q^g$. Somit ist n gerade

und damit auch m . Das ist die Behauptung.

(5) Aus Korollar 7.2.3 folgt

$$P_{X_n}(t^n) = \prod_{\zeta \in \mu_n} P_X(\zeta t) = \prod_{\zeta \in \mu_n} \prod_{\gamma=1}^{2g}(1 - \alpha_\gamma \zeta t) = \prod_{\gamma=1}^{2g}(1 - \alpha_\gamma^n t^n) \ . \qquad \square$$

Korollar 7.2.6 *Ist* $P_X(t) = \prod_{\gamma=1}^{2g}(1 - \alpha_\gamma t)$, *so gilt für jedes* $n \in \mathbb{N}$

$$\mathrm{card}\,(X(\mathbb{F}_{q^n})) = (q^n + 1) - \sum_{\gamma=1}^{2g} \alpha_\gamma^n \ .$$

Beweis. Das folgt aus dem letzten Satz 7.2.5/(3) in Fall $n = 1$. Der allgemeine Fall folgt daraus mit Satz 7.2.5/(5) unter Berücksichtigung von $X(\mathbb{F}_{q^n}) = X_n(\mathbb{F}_{q^n})$. $\square$

7.3 Riemannsche Vermutung im Kurvenfall

Wir übernehmen die Bezeichnungen des letzten Abschnittes. Es sei also

$\mathbb{F}_q$ ein endlicher Körper mit q Elementen,

X eine geometrisch irreduzible glatte projektiv-algebraische Kurve über $\mathbb{F}_q$.

Es sei

$$Z_X(t) = \exp\left(\sum_{n=1}^{\infty} \mathrm{card}\,(X(\mathbb{F}_{q^n})) \frac{t^n}{n} \right) = \frac{P_X(t)}{(1 - t) \cdot (1 - qt)}$$

die Zetafunktion von X . Das Polynom $P_X(t)$ schreibt sich in der Form

$$P_X(t) = \prod_{\gamma=1}^{2g} (1 - \alpha_\gamma t) \in \mathbb{Z}[t] \ ,$$

wobei $\alpha_\gamma^{-1} \in \mathbb{C}$ die Nullstellen von $P_X(t)$ sind.

Satz 7.3.1 (Hasse-Weil) *In obiger Situation gilt* $|\alpha_\gamma| = q^{1/2}$ *für* $\gamma = 1, \ldots, 2g$.

Man kann dieses Resultat zu einer Formel weiter ausbauen, die wir in § 7.4 benutzen werden. Dazu schreiben wir

$$\alpha_\gamma = q^{1/2} e^{i\vartheta_\gamma} \quad \text{mit} \quad \vartheta_\gamma \in \mathbb{R} \ .$$

Nach Satz 7.2.5 nehmen wir an, dass die Zahlen α_γ so nummeriert sind, dass $\alpha_\gamma \alpha_{g+\gamma} = q$ gilt. Wir betrachten ein trigonometrisches Polynom

$$f(\vartheta) := 1 + 2 \sum_{n \geq 1} c_n \cos(n\vartheta)$$

mit Koeffizienten $c_n \in \mathbb{R}$. Für $d \in \mathbb{N}$ mit $d \geq 1$ definieren wir das Polynom

$$\psi_d(t) = \sum_{n \geq 1} c_{dn} t^{dn} \ .$$

Insbesondere gilt

$$\psi_1(t) = \sum_{n \geq 1} c_n t^n \ .$$

Korollar 7.3.2 (Formule explicite de Weil) *Mit obigen Bezeichnungen gilt*

$$\sum_{\gamma=1}^{g} f(\vartheta_\gamma) + \sum_{d \geq 1} d a_d \psi_d(q^{-1/2}) = g + \psi_1(q^{-1/2}) + \psi_1(q^{1/2}) \ ,$$

wobei a_d die Anzahl der abgeschlossenen Punkte $x \in X$ mit $\deg(x) = d$ ist.

Beweis. Es reicht, den Fall $c_n = 1$ und $c_m = 0$ für $m \neq n$ zu betrachten. Es gilt

$$\sum_{\gamma=1}^{g} \alpha_\gamma^n + \alpha_{g+\gamma}^n + \sum_{d|n} d a_d = 1 + q^n \ .$$

Es ist nämlich $\sum_{d|n} d a_d = N_n := \operatorname{card}(X(\mathbb{F}_{q^n}))$ nach § 7.1 und somit folgt diese Formel aus Korollar 7.2.6. Teilt man diese Formel durch $q^{n/2}$, so folgt mit Satz 7.3.1

$$\sum_{\gamma=1}^{g} \left(e^{in\vartheta_\gamma} + e^{-in\vartheta_\gamma} \right) + \sum_{d|n} d a_d q^{-n/2} = q^{-n/2} + q^{n/2} \ .$$

Das ist genau die Behauptung in Fall $c_n = 1$ und $c_m = 0$ für $m \neq n$. $\qquad\square$

Zum Beweis von Satz 7.3.1 folgen wir den Ideen von Stepanov [Ste], die im Bourbaki-Vortrag von Bombieri ausgeführt sind; vgl. [Bom]. Wir beginnen mit zwei einfachen Hilfssätzen.

Lemma 7.3.3 *Es sei $n \in \mathbb{N}$. Dann gilt die Aussage von Satz 7.3.1 für eine Kurve $X/\mathbb{F}_q$ genau dann, wenn sie für die Kurve $X \otimes_{\mathbb{F}_q} \mathbb{F}_{q^n}$ gilt.*

Beweis. Das folgt aus Satz 7.2.5/(5). $\qquad\square$

Lemma 7.3.4 *Existiert eine Konstante $c \in \mathbb{R}$ derart, dass für jedes $n \in \mathbb{N}$ die Abschätzung*

$$|\operatorname{card}(X(\mathbb{F}_{q^n})) - (q^n + 1)| \leq c q^{n/2}$$

gilt, so ist die Behauptung von Satz 7.3.1 für die $\mathbb{F}_q$-Kurve X richtig.

Beweis. Man betrachte die Potenzreihenentwicklung um $t = 0$ von

$$\sum_{\gamma=1}^{2g} \frac{\alpha_\gamma t}{1 - \alpha_\gamma t} = \sum_{\gamma=1}^{2g} \sum_{n=1}^{\infty} (\alpha_\gamma t)^n = \sum_{n=1}^{\infty} \left(\sum_{\gamma=1}^{2g} \alpha_\gamma^n \right) t^n \ .$$

Nach Korollar 7.2.6 und Voraussetzung gilt

$$\left|\sum_{\gamma=1}^{2g} \alpha_\gamma^n\right| = |\operatorname{card}(X(\mathbb{F}_{q^n})) - (q^n + 1)| \leq cq^{n/2} \ .$$

Also ist der Konvergenzradius der obigen Reihe mindestens $q^{-1/2}$. Folglich muss $|\alpha_\gamma| \leq \sqrt{q}$ gelten. Mit Satz 7.2.5/(3a) folgt dann wegen $\prod_{\gamma=1}^{2g} |\alpha_\gamma| = q^g$ die Behauptung. $\square$

Man hat also die Existenz von Konstanten $c_1, c_2 \in \mathbb{R}$ mit $c_1 > 0$ und $c_2 > 0$ zu zeigen, so dass

$$q^n + 1 - c_1 q^{n/2} \leq \operatorname{card}(X(\mathbb{F}_{q^n})) \leq q^n + 1 + c_2 q^{n/2}$$

für alle $n \in \mathbb{N}$ gilt. Wegen Lemma 7.3.3 darf man geeignete Grundkörpererweiterungen vornehmen. Die obere Schranke folgt dann aus dem folgenden Ergebnis.

Lemma 7.3.5 *Erfüllt $X/\mathbb{F}_q$ die zusätzlichen Bedingungen, dass q ein Quadrat ist und der Abschätzung $q > (g+1)^4$ genügt, so folgt*

$$\operatorname{card}(X(\mathbb{F}_q)) < (q+1) + (2g+1)q^{1/2} \ .$$

Beweis. Ohne Einschränkung ist $g \geq 1$ und es existiert ein $\mathbb{F}_q$-rationaler Punkt y von X. Es ist $q = q_0^2$ für ein $q_0 \in \mathbb{N}$. Man definiert nun die natürlichen Zahlen

$$m := q_0 - 1 \quad \text{und} \quad n := 2g + q_0 \ .$$

Dann gilt

$$r := m + nq_0 = q - 1 + (2g+1)q_0 \ .$$

Wir zeigen mit dem Satz von Riemann-Roch die Existenz einer rationalen Funktion f auf X, die nur in y einen Pol von der Ordnung $\leq r$ hat und in allen anderen $\mathbb{F}_q$-rationalen Punkten von X verschwindet. Nach Voraussetzung gilt $q_0 > (g+1)^2$. Also sind $m \geq 2g+2$ und $n \geq 2g+2$. Nach Riemann-Roch 6.1.14 gilt

$$\begin{aligned} \dim L(my) &= m + 1 - g \\ \dim L(ny) &= n + 1 - g \ . \end{aligned}$$

Auf $L(ny)$ betrachten wir nun die getwistete $\mathbb{F}_q$-Vektorraumstruktur

$$c * f := c^{q_0} \cdot f \quad \text{für} \quad c \in \mathbb{F}_q \ .$$

Zur Unterscheidung schreiben wir $L(ny)^\sigma$, falls $L(ny)$ mit dieser Struktur versehen ist. Wegen $(c^{q_0})^{q_0} = c^q = c$ ist die additive Abbildung

$$L(ny)^\sigma \to L(nq_0 y) \ ; \ f \mapsto f^{q_0}$$

auch $\mathbb{F}_q$-linear ist. Sei (u_i) eine $\mathbb{F}_q$-Basis von $L(my)$. Jedes $F \in L(my) \otimes_{\mathbb{F}_q} L(ny)^\sigma$ hat eine eindeutige Darstellung.

$$(*) \qquad F = \sum_i u_i \otimes f_i \quad \text{mit} \quad f_i \in L(ny)^\sigma \ .$$

Man betrachte nun die Abbildung

$$\lambda_2 : L(my) \otimes_{\mathbb{F}_q} L(ny)^\sigma \longrightarrow L(ry) \; ; \quad \sum_i u_i \otimes f_i \longmapsto \sum_i u_i \cdot f_i^{q_0} \; .$$

Nach Definition von r ist sie wohldefiniert und $\mathbb{F}_q$-linear. Die Abbildung λ_2 ist injektiv, weil die Polordnung in y von $f_i^{q_0}$ stets ein Vielfaches von q_0 und die Polordnung von u_i kleiner als q_0 ist. Da die Darstellung $(*)$ eindeutig ist, kann man auch die Abbildung

$$\lambda_1 : L(my) \otimes_{\mathbb{F}_q} L(ny)^\sigma \longrightarrow L(ry) \; ; \quad \sum_i u_i \otimes f_i \longmapsto \sum_i u_i^{q_0} \cdot f_i$$

definieren. Diese Abbildung ist additiv; aber nicht $\mathbb{F}_q$-linear; es ist $\lambda_1(c \cdot f) = c^{q_0} \cdot f$. Die Abbildung λ_1 ist nicht injektiv, weil die Dimension der linken Seite größer als die Dimension des Bildes ist und somit die Kardinalität des Urbildraums größer als die des Bildraums ist. Die Abbildung λ_1 bildet nämlich in $L((mq_0 + n)y))$ ab und es gilt

$$(m + 1 - g) \cdot (n + 1 - g) = q_0^2 + q_0 - g - g^2 > mq_0 + n + 1 - g = q_0^2 + 1 + g$$

wegen $q_0 > (g + 1)^2$. Also existiert ein

$$F = \sum_i u_i \otimes f_i \in L(my) \otimes_{\mathbb{F}_q} L(ny)^\sigma$$

mit

$$\lambda_1(F) = 0 \quad \text{und} \quad \lambda_2(F) \neq 0 \; .$$

Setzt man nun $f := \lambda_2(F)$, so gilt $f(x) = 0$ für alle $x \in X(\mathbb{F}_q) - \{y\}$. Es gilt nämlich

$$
\begin{aligned}
f(x)^{q_0} &= \left(\textstyle\sum_i u_i(x) \cdot f_i(x)^{q_0} \right)^{q_0} \\
&= \textstyle\sum_i u_i(x)^{q_0} \cdot f_i(x)^q \\
&= \textstyle\sum_i u_i(x)^{q_0} \cdot f_i(x) \\
&= \left(\textstyle\sum_i u_i^{q_0} \cdot f_i \right)(x) \\
&= \lambda_1(F)(x) = 0 \; .
\end{aligned}
$$

Daher folgt

$$\operatorname{card}(X(\mathbb{F}_q)) - 1 \leq \deg(\mathrm{Null}(f)) \; ,$$

wobei $\mathrm{Null}(f)$ der Nullstellendivisor von f ist; vgl. Definition 8.3.7. Dieses f liegt in $L(ry)$, also hat der Polstellendivisor $\mathrm{Pol}(f)$ von f höchstens den Grad r. Somit folgt mit Satz 8.3.8

$$\operatorname{card}(X(\mathbb{F}_q)) - 1 \leq \deg(\mathrm{Null}(f)) = \deg(\mathrm{Pol}(f)) \leq r = q - 1 + (2g + 1)q_0 \; .$$

Daraus folgt die Behauptung.   □

Die untere Abschätzung folgt im Wesentlichen aus der oberen mittels geschickter Galoistheorie. Dafür benötigen wir folgendes einfache Ergebnis der Gruppentheorie.

Lemma 7.3.6 *Es sei* G *eine endliche Gruppe, die äußeres direktes Produkt* $C \times H$ *einer endlichen Gruppe* H *mit einer zyklischen Gruppe* $C = \langle \sigma \rangle$ *der Ordnung* n *ist. Die Gruppenordnung* $m = \mathrm{card}(H)$ *teile* n *. Dann existieren genau* m *zyklische Untergruppen* C_τ *von* G *der Ordnung* n *mit* $C_\tau \cap H = \{e\}$ *. Man kann die Untergruppen* C_τ *in der Form* $C_\tau := \langle \sigma \cdot \tau \rangle$ *mit* $\tau \in H$ *angeben.*

Beweis. Die Untergruppen $C_\tau := \langle \sigma \cdot \tau \rangle$ für $\tau \in H$ sind zyklisch von der Ordnung n, weil σ und τ kommutieren und die Ordnung von τ ein Teiler der Ordnung n von σ ist. Offenbar gilt $C_\tau \cap H = \{e\}$. Sei nun $\overline{C}$ eine zyklische Untergruppe von G der Ordnung n mit $\overline{C} \cap H = \{e\}$. Dann gilt $\overline{C} = \langle \overline{\sigma} \cdot \overline{\tau} \rangle$ mit $\overline{\sigma} \in C$ und $\overline{\tau} \in H$. Wegen $\overline{C} \cap H = \{e\}$ gilt $\overline{\sigma}^i \cdot \overline{\tau}^i \notin H$ für alle $1 \leq i < n$; also auch $\overline{\sigma}^i \notin H$ für alle $1 \leq i < n$. Daher gilt $C = \langle \overline{\sigma} \rangle$. Nun ist also $\overline{\sigma} = \sigma^j$ für ein j mit $(j, n) = 1$. Somit ist auch $(j, \mathrm{card}(H)) = 1$, und daher existiert ein $\tau \in H$ mit $\overline{\tau} = \tau^j$. Folglich gilt $\overline{C} = \langle \overline{\sigma} \cdot \overline{\tau} \rangle \subset \langle \sigma \cdot \tau \rangle = C_\tau$ und somit $\overline{C} = C_\tau$, weil beide Gruppen die Ordnung n haben. Die Gruppen C_τ sind auch paarweise verschieden. Gilt nämlich $C_\tau = C_{\overline{\tau}}$, so folgt $\sigma \cdot \overline{\tau} = (\sigma \cdot \tau)^i$ für ein i mit $1 \leq i < n$ und $(n, i) = 1$. Dann ist $\sigma\sigma^{-i} \in C \cap H = \{e\}$ und somit gilt $\sigma = \sigma^i$. Daraus folgt $i = 1$ und $\overline{\tau} = \tau$. $\qquad\qquad\square$

Lemma 7.3.7 *Man betrachte das folgende kommutative Diagramm von endlichen Morphismen von geometrisch zusammenhängenden glatten projektiv-algebraischen Kurven über dem Körper* $\mathbb{F}_q$ *bzw.* $\mathbb{F}_{q^n}$ *:*

$$
\begin{array}{ccc}
Y & \xleftarrow{\ \ n\ \ } & Y' = Y \otimes_{\mathbb{F}_q} \mathbb{F}_{q^n} \\
\downarrow{\scriptstyle m} & & \downarrow \\
X & \xleftarrow{\ \ n\ \ } & X' = X \otimes_{\mathbb{F}_q} \mathbb{F}_{q^n}
\end{array}
$$

Die Zahlen n *und* m *geben jeweils den Grad der Abbildung an, und es sei* m *ein Teiler von* n *. Die Erweiterung* $Y \to X$ *sei galoissch mit Gruppe* $\mathrm{Gal}(Y/X)$ *. Es sei* $C = \mathrm{Gal}(\mathbb{F}_{q^n}/\mathbb{F}_q) = \langle \sigma \rangle \cong \mathbb{Z}/\mathbb{Z}n$ *die Galoisgruppe von* $\mathbb{F}_{q^n}/\mathbb{F}_q$ *. Dann gilt:*

0. *Jedes* $y' \in Y'$ *über einem* $\mathbb{F}_q$ *-rationalen Punkt* $x \in X(\mathbb{F}_q)$ *ist* $\mathbb{F}_{q^n}$ *-rational.*

1. $C \times \mathrm{Gal}(Y/X)$ *ist die Galoisgruppe* $\mathrm{Gal}(Y'/X)$ *von* Y'/X *.*

2. *Für* $\tau \in \mathrm{Gal}(Y/X)$ *sind* $C_\tau := \langle \sigma \cdot \tau \rangle \subset \mathrm{Gal}(Y'/X)$ *die zyklischen Untergruppen der Ordnung* n *mit* $C_\tau \cap \mathrm{Gal}(Y/X) = \{e\}$ *; vgl. Lemma 7.3.6.*

Sei $Y' \to Y_\tau \to X$ *die Fixkurve zu* C_τ *für* $\tau \in \mathrm{Gal}(Y/X)$ *; vgl. B.3.7. Dann gilt:*

3.0. *Es gilt* $g(Y_\tau) = g(Y) = g(Y')$ *für alle* $\tau \in \mathrm{Gal}(Y'/X_0)$ *.*

3.1. *Zu jedem* $y_\tau \in Y_\tau(\mathbb{F}_q)$ *existiert genau ein* $y' \in Y'(\mathbb{F}_{q^n})$ *über* y_τ *.*

3.2. *Es sei* $x \in X(\mathbb{F}_q)$ *und* $y' \in Y'$ *ein Punkt über* x *; somit ist* $y' \in Y'(\mathbb{F}_{q^n})$ *. Es sei* $D(y'/X) \subset \mathrm{Gal}(Y'/X)$ *die Zerlegungsgruppe von* y' *über* X *und* $I(y'/X) \subset D(y'/X)$ *die Trägheitsgruppe. Es sei* $y_\tau \in Y_\tau$ *Bildpunkt von* y' *. Dann gilt* $y_\tau \in Y_\tau(\mathbb{F}_q)$ *genau dann, wenn* $C_\tau \subset D(y'/X)$ *gilt. Es ist* $I(y'/X) = D(y'/X) \cap \mathrm{Gal}(Y/X)$ *.*

3.3. *Ist* $C_\tau \subset D(y'/X)$, *so ist* $\{\overline{\tau} \in \mathrm{Gal}(Y/X) \,;\, C_{\overline{\tau}} \subset D(y'/X)\} = I(y'/X) \cdot \tau$.

4. *Es gilt*

$$m \cdot \mathrm{card}\,(X(\mathbb{F}_q)) = \sum_{\tau \in \mathrm{Gal}(Y/X)} \mathrm{card}\,(Y_\tau(\mathbb{F}_q)) \ .$$

Beweis. Im Beweis verwenden wir wohl bekannte Techniken der algebraischen Zahlentheorie, die im Anhang in Satz A.3.32 erläutert sind.

Zu 0. Sei $y \in Y$ der Bildpunkt von y' . Dann teilt $[k(y) : k(x)]$ den Grad $[Y : X] = m$, weil $Y \to X$ galoissch ist. Wenn nun $x \in X(\mathbb{F}_q)$ rational ist, so ist $k(y)$ in $\mathbb{F}_{q^n}$ wegen $m \,|\, n$ enthalten. Also ist y' dann $\mathbb{F}_{q^n}$ -rational.

Da Y geometrisch irreduzibel ist, ist $\mathbb{F}_q$ der Konstantenkörper von Y und somit auch von X . Somit folgt die Aussage 1. aus der Galoistheorie; vgl. Satz A.1.5. Die Aussage 2. folgt aus dem letzten Lemma 7.3.6.

Zu 3.0. Die Projektion $C_\tau \to \mathrm{Gal}\,(\mathbb{F}_{q^n}/\mathbb{F}_q)$ ist wegen $C_\tau \cap \mathrm{Gal}(Y/X) = \{e\}$ bijektiv. Daher gilt $k(Y_\tau) \cap \mathbb{F}_{q^n} = \mathbb{F}_q$ und somit $k(Y_\tau) \otimes_{\mathbb{F}_q} \mathbb{F}_{q^n} = k(Y')$. Daraus folgt $Y_\tau \otimes_{\mathbb{F}_q} \mathbb{F}_{q^n} \cong Y'$. Nach Satz 8.3.6 ändert sich das Geschlecht unter Grundkörpererweiterung nicht.

Zu 3.1. Man bemerke zuerst, dass der Restklassenkörper $k(y')$ stets den Körper $\mathbb{F}_{q^n}$ enthalten muss. Ist nun $y_\tau \in Y_\tau(\mathbb{F}_q)$, so gilt für jeden Punkt y' über y_τ

$$n = \mathrm{card}\,(C_\tau) \geq [k(y') : \mathbb{F}_{q^n}] \cdot [\mathbb{F}_{q^n} : k(y_\tau)] = [k(y') : \mathbb{F}_{q^n}] \cdot n \ ;$$

also $y' \in Y'(\mathbb{F}_{q^n})$. Da die Summe der Grade aller Punkte über y_τ kleiner gleich n ist, existiert genau ein Punkt y' über y_τ .

Zu 3.2. "$\to$" Jedes $\gamma \in C_\tau$ erfüllt $\gamma(y_\tau) = y_\tau$. Somit gilt $\gamma(y') = y'$ wegen 3.1. Also ist $\gamma \in D(y'/X)$.

"$\leftarrow$" Es sei $y \in Y$ bzw. $x \in X$ der Bildpunkt von y' in Y bzw. X . Wegen $C_\tau = \langle \sigma\tau \rangle \subset D(y'/X)$ ist $\tau(y') = \sigma^{-1}(y')$. Nun lässt σ die Faser über y invariant, also ist $\tau \in D(y/X)$ wegen $\tau \in \mathrm{Gal}(Y/X)$ und induziert ein Element in $\mathrm{Gal}(y'/x)$. Da die Aktion von τ auf den konstanten Funktionen die Identität ist, und $k(y') = \mathbb{F}_{q^n}$ aus den konstanten Funktionen auf Y' besteht, ist das Bild von τ in $\mathrm{Gal}(y'/x)$ die Identität. Daher liefert die Einschränkung der Projektion $D(y'/X) \to \mathrm{Gal}(y'/x)$ auf C_τ eine bijektive Abbildung

$$C_\tau \longrightarrow D(y'/X) \longrightarrow \mathrm{Gal}(y'/x) = \mathrm{Gal}(\mathbb{F}_{q^n}/\mathbb{F}_q) \ .$$

Somit gilt $[k(y') : k(y_\tau] = \mathrm{card}(C_\tau) = n$, und y_τ ist rational über $\mathbb{F}_q$.

Für die letzte Aussage hatten wir schon $D(y'/X) \cap \mathrm{Gal}(Y/X) \subset I(y'/X)$ gesehen. Sei umgekehrt $\sigma^i \cdot \tau \in I(y'/X)$. Nach $\mathrm{Gal}(y'/x)$ projiziert dies auf σ^i . Somit ist $\sigma^i = \mathrm{id}$, also $\sigma^i \cdot \tau = \tau \in \mathrm{Gal}(Y/X)$.

Zu 3.3. Es ist $I(y'/X) = \ker(D(y'/X) \to \mathrm{Gal}(y'/x))$. Die Inklusion $C_\tau \subset D(y'/X)$ bedeutet $\sigma\tau \in D(y'/X)$. Ist nun $\sigma\tau \in D(y'/X)$, so gilt für $\overline{\tau} \in \mathrm{Gal}(Y/X)$ genau dann $\sigma\overline{\tau} \in D(y'/X)$, wenn $\overline{\tau} \cdot \tau^{-1}$ in $D(y'/X) \cap \mathrm{Gal}(Y/X) = I(y'/X)$ liegt.

Die Aussage 4. folgt aus 3.1, 3.2 und 3.3. Wir betrachten die Faser des Punktes

$x \in X(\mathbb{F}_q)$ in Y'. Diese zerfällt in Punkte $y'_1, \ldots, y'_r \in Y'(\mathbb{F}_{q^n})$ nach 0. Dabei ist $r = \mathrm{card}\,(\mathrm{Gal}(Y'/X)/D(y'/X))$ für jedes $y' \in \{y'_1, \ldots, y'_r\}$. Nach 3.2 ist der Bildpunkt $y_\tau \in Y_\tau$ von y' genau dann $\mathbb{F}_q$-rational, wenn $C_\tau \subset D(y'/X)$ gilt. Da die Galoisgruppe $\mathrm{Gal}(y'/x) = \mathrm{Gal}(\mathbb{F}_{q^n}/\mathbb{F}_q)$ ein zyklischer Quotient der Ordnung n von $D(y'/X)$ ist, existiert mindestens eine Untergruppe C_τ mit $C_\tau \subset D(y'/X)$. Nach 3.3 liefert jedes y' somit genau einen rationalen Punkt $y_\tau \in Y_\tau(\mathbb{F}_q)$ für exakt $\mathrm{card}\,(I(y'/X))$ viele Werte τ. Für festes τ und laufendes y' sind diese Punkte nach 3.1 paarweise verschieden. Weiterhin hat man die Gleichung

$$m \cdot n \;=\; [Y' : X] \;=\; \mathrm{card}\,(\mathrm{Gal}(Y'/X)) \;=$$
$$=\; \mathrm{card}\,(\mathrm{Gal}(Y'/X)/D(y'/X)) \cdot \mathrm{card}\,((D(y'/X)/I(y'/X)) \cdot \mathrm{card}\,(I(y'/X))\;.$$

Da $D(y'/X)/I(y'/X) = \mathrm{Gal}(y'/x) = \mathrm{Gal}(\mathbb{F}_{q^n}/\mathbb{F}_q)$ exakt n Elemente hat, folgt

$$m = \mathrm{card}\,(\mathrm{Gal}(Y'/X)/D(y'/X)) \cdot \mathrm{card}\,(I(y'/X))\;.$$

Daran erkennt man, dass jedes $x \in X(\mathbb{F}_q)$ genau m Punkte $y_\tau \in Y_\tau(\mathbb{F}_q)$ in der disjunkten Vereinigung der $Y_\tau(\mathbb{F}_q)$ liefert. Weil jeder rationale Punkt $y_\tau \in Y_\tau(\mathbb{F}_q)$ auch einen rationalen Punkt in $X(\mathbb{F}_q)$ liefert, folgt die Behauptung. $\qquad\square$

Mit diesem Lemma folgt die untere Abschätzung unmittelbar.

Beweis zu Satz 7.3.1. Man wählt eine rationale Funktion auf X, die einen separablen Morphismus $X \to \mathbb{P}^1 = X_0$ induziert; vgl. Lemma 8.2.20. Dann sei $Y \to X$ die Kurve, die durch den Galoisabschluss des Funktionenkörpers $k(X)/k(\mathbb{P}^1)$ gegeben wird; vgl. Satz B.3.6. Somit bekommt man eine Situation wie im letzten Lemma:

$$
\begin{array}{ccc}
Y & \xleftarrow{\;\;n\;\;} & Y' = Y \otimes_{\mathbb{F}_q} \mathbb{F}_{q^n} \\[2pt]
\Big\downarrow{\scriptstyle m} & & \Big\downarrow \\[2pt]
X & \xleftarrow{\;\;n\;\;} & X' = X \otimes_{\mathbb{F}_q} \mathbb{F}_{q^n} \\[2pt]
\Big\downarrow{\scriptstyle n/m} & & \Big\downarrow \\[2pt]
X_0 & \xleftarrow{\;\;n\;\;} & X'_0 = X_0 \otimes_{\mathbb{F}_q} \mathbb{F}_{q^n}
\end{array}
$$

Die Zahlen n und m geben jeweils den Grad der Abbildung an, und n sei auch der Grad von Y über X_0. Insbesondere teilt m die Zahl n. Die Galoisgruppe $\mathrm{Gal}(Y/X) \subset \mathrm{Gal}(Y/X_0)$ ist eine Untergruppe. Wir wenden nun Lemma 7.3.7 für beide Situationen $Y \to X$ und $Y \to X_0$ an. Dann erhält man

$$m \cdot \mathrm{card}\,(X(\mathbb{F}_q)) = \sum_{\tau \in \mathrm{Gal}(Y/X)} \mathrm{card}\,(Y_\tau(\mathbb{F}_q))\;.$$

$$n \cdot \mathrm{card}\,(X_0(\mathbb{F}_q)) = \sum_{\tau \in \mathrm{Gal}(Y/X_0)} \mathrm{card}\,(Y_\tau(\mathbb{F}_q))\;.$$

Also folgt

$$m \cdot \mathrm{card}\,(X(\mathbb{F}_q)) = n \cdot \mathrm{card}\,(X_0(\mathbb{F}_q)) - \sum_{\tau \in \mathrm{Gal}(Y/X_0) - \mathrm{Gal}(Y/X)} \mathrm{card}\,(Y_\tau(\mathbb{F}_q))\;.$$

Mit der oberen Schranke 7.3.5 folgt dann

$$\begin{aligned}
m \cdot \operatorname{card}(X(\mathbb{F}_q)) &\geq n(q+1) - (n-m)(q+1+(2g(Y)+1)q^{1/2}) \\
&= m(q+1) - (n-m)(2g(Y)+1)q^{1/2} \ .
\end{aligned}$$

Also gilt

$$\operatorname{card}(X(\mathbb{F}_q)) \geq (q+1) - \frac{n-m}{m}(2g(Y)+1)q^{1/2} \ .$$

Die Größen $m, n, g(Y)$ sind invariant unter Körpererweiterungen. Somit gilt auch

$$\operatorname{card}(X(\mathbb{F}_{q^r})) \geq (q^r+1) - \frac{n-m}{m}(2g(Y)+1)q^{r/2}$$

für alle $r \in \mathbb{N}$. Damit ist der Beweis des Satzes von Weil erbracht. $\qquad\square$

7.4   Schranken für die Anzahl der Punkte

Als wesentliche Folgerung des letzten Abschnitts erhalten wir

Satz 7.4.1 (Weil-Schranke) *Es sei* X *eine geometrisch zusammenhängende glatte projektiv-algebraische Kurve über* $\mathbb{F}_q$ *vom Geschlecht* g *. Dann gilt für alle* $n \in \mathbb{N}$

$$|\operatorname{card}(X(\mathbb{F}_{q^n})) - (q^n+1)| \leq 2g \cdot q^{n/2} \ .$$

Beweis. Es gilt nach Korollar 7.2.6 und Satz 7.3.1

$$|\operatorname{card}(X(\mathbb{F}_{q^n})) - (q^n+1)| = \left| \sum_{\gamma=1}^{2g} \alpha_\gamma^n \right| \leq \sum_{\gamma=1}^{2g} |\alpha_\gamma^n| = 2g \cdot q^{n/2} \ . \qquad\square$$

Ein kleine Verbesserung der Abschätzung ist die Schranke von Serre, die wir hier ohne Beweis angeben wollen.

Satz 7.4.2 (Serre-Schranke) *Es sei* X *eine geometrisch zusammenhängende glatte projektiv-algebraische Kurve über* $\mathbb{F}_q$ *vom Geschlecht* g *. Dann gilt*

$$|\operatorname{card}(X(\mathbb{F}_q)) - (q+1)| \leq g \left[2q^{1/2} \right] \ .$$

In § 6.5 hatten wir für eine Primzahlpotenz q und $g \in \mathbb{N}$ die Größe

$$N(g,q) \ := \ \operatorname{Max} \left\{ \operatorname{card}(X(\mathbb{F}_q)) \ ; \ X/\mathbb{F}_q \ \begin{array}{l} \text{glatte, projektive Kurve} \\ \text{vom Geschlecht } g \end{array} \right\}$$

$$A(q) \ := \ \limsup_{g \to \infty} \ \frac{N(g,q)}{g}$$

eingeführt. Aus der Weil-Schranke folgt $A(q) \leq 2 \cdot \sqrt{q}$. Mit Hilfe der "Formule explicite" 7.3.2 lässt sich diese Schranke um den Faktor $1/2$ verbessern.

Satz 7.4.3 (Serre) *Es sei* X_λ ; $\lambda \in \mathbb{N}$ *eine Familie von Kurven über* $\mathbb{F}_q$ *mit den Geschlechtern* $g_\lambda = g(X_\lambda)$ *und es gelte* $g_\lambda \to \infty$ *für* $\lambda \to \infty$. *Es sei* $a_{\lambda,d}$ *die Anzahl der Punkte von* X_λ *vom Grad* d . *Dann gilt für jedes* $k \in \mathbb{N}$

$$\limsup \frac{1}{g_\lambda} \sum_{d=1}^{k} \frac{d a_{\lambda,d}}{q^{d/2} - 1} \leq 1 \quad \text{für } \lambda \to \infty .$$

Für $k = 1$ erhält man die Drinfeld-Vladut-Schranke.

Korollar 7.4.4 (Drinfeld-Vladut-Schranke)

$$A(q) \leq \sqrt{q} - 1 .$$

Nun zum *Beweis von 7.4.3.* Wir benutzen die "Formule explicite" 7.3.2.

$$\sum_{\gamma=1}^{g} f(\vartheta_\gamma) + \sum_{d \geq 1} d a_d \psi_d(q^{-1/2}) = g + \psi_1(q^{-1/2}) + \psi_1(q^{1/2})$$

wobei a_d die Anzahl der abgeschlossenen Punkte $x \in X$ mit $\deg(x) = d$ ist und

$$f(\vartheta) := 1 + 2 \sum_{n \geq 1} c_n \cos(n\vartheta)$$

ein trigonometrisches Polynom mit Koeffizienten $c_n \in \mathbb{R}$ ist. Für $d \in \mathbb{N}$ mit $d \geq 1$ ist

$$\psi_d(t) = \sum_{n \geq 1} c_{dn} t^{dn} .$$

Wir setzen nun voraus, dass die Koeffizienten so gewählt sind, dass gilt
(a) $f(\vartheta) \geq 0$ für alle $\vartheta \in \mathbb{R}$,
(b) $c_n \geq 0$ für alle $n \in \mathbb{N}$.
Die "Formule explicite" liefert unter diesen Bedingungen die Ungleichung

$$\sum_{1 \leq d \leq k} d a_d \psi_d(q^{-1/2}) \leq g + \psi_1(q^{-1/2}) + \psi_1(q^{1/2}) .$$

Nun haben wir freie Wahl in den Konstanten c_n , sofern die Bedingungen (a) und (b) erfüllt sind. Man wendet diese Ungleichung nun auf eine Folge von Funktionen f an, die gegen das Dirac-Maß im Nullpunkt von $\mathbb{R}/2\pi\mathbb{Z}$ konvergiert; die zugehörigen Konstanten c_n tendieren gegen 1 und somit $\psi_d(q^{-1/2})$ gegen $1/(q^{d/2} - 1)$. Der Grenzübergang $\lambda \to \infty$ liefert die Behauptung wegen $g_\lambda \to \infty$. Hat man nämlich $c_1, \ldots, c_n$ so gewählt, dass $\psi_d \sim 1/(q^{d/2} - 1)$ ist, so liefert der Grenzübergang $\lambda \to \infty$ nämlich $(\psi_1(q^{-1/2}) + \psi_1(q^{1/2}))/g_\lambda \to 0$. $\qquad \square$

Wir wollen noch festhalten

Notiz 7.4.5 Der obige Beweis liefert für eine Kurve X über $\mathbb{F}_q$ die Abschätzung

$$\operatorname{card}(X(\mathbb{F}_q)) \leq a_f g + b_f$$

mit

$$a_f = \frac{1}{\psi_1(q^{-1/2})} \quad \text{und} \quad b_f = 1 + \frac{\psi_1(q^{1/2})}{\psi_1(q^{-1/2})} .$$

Dabei können die Konstanten c_n , die f definieren, noch variiert werden.

Beweis. Unter den obigen Bedingungen (a) und (b) liefert die "Formule explicite" die Abschätzung

$$(\mathrm{card}\,(X(\mathbb{F}_q)) - 1) \cdot \psi_1(q^{-1/2}) + \sum_{2 \leq d \leq k} da_d \psi_d(q^{-1/2}) \leq g + \psi_1(q^{1/2})\ .$$

Daraus folgt die Behauptung. $\qquad\qquad\square$

Durch unser Beispiel 6.5.15 haben wir gezeigt, dass die Drinfeld-Vladut-Schranke scharf ist, falls q ein Quadrat ist. Im Fall $q = p^{2m+1}$ ist die Manin-Vermutung $A(p^{2m+1}) \leq p^m - 1$ bisher jedoch noch nicht bestätigt worden.

Kapitel 8

Geometrie der algebraischen Kurven

In diesem Kapitel wollen wir die Theorie der algebraischen Kurven entwickeln und Algorithmen zur Berechnung von wichtigen Größen erklären, die zu einer algebraischen Kurve assoziiert sind. Der hier gegebene Zugang zu den algebraischen Kurven geht auf Brill und Noether zurück; vgl. [D, chap. VI, § 6]. Eine ausführlichere Darstellung findet sich in dem Buch [Fu] von Fulton. In einigen Computer-Algebraprogrammen sind viele Algorithmen schon implementiert, wie z.B. MAGMA oder SINGULAR [G-P]. Man findet diese unter den URL

```
http://www.maths.usyd.edu.au:8000/u/magma/htmlhelp/MAGMA.html
http://www.singular.uni-kl.de/
```

In diesem Kapitel sei k stets ein perfekter Körper. Weil k somit nicht notwendig algebraisch abgeschlossen ist, verstehen wir unter dem n-dimensionalen affinen Raum $\mathbb{A}_k^n$ stets die Menge der maximalen Ideale in $k[\xi_1, \ldots, \xi_n]$. Entsprechend ist der projektive Raum $\mathbb{P}_k^n$ und auch die offene Überdeckung $\{U_0, \ldots, U_n\}$ zu verstehen, wobei jedes U_i isomorph zu $\mathbb{A}_k^n$ mit den Koordinaten $\xi_0/\xi_i, \ldots, \xi_n/\xi_i$ ist. Wir übernehmen hier die Notationen, die wir in Abschnitt § 6.1 eingeführt haben.

Unser Hauptziel ist es, die zentralen Sätze aus § 6.1 zu beweisen. Dort ist der Grundkörper jedoch nicht notwendig algebraisch abgeschlossen. Der Beweis dieser Sätze erfolgt im Wesentlichen nun so, dass man alles zunächst über dem algebraischen Abschluss zeigt und in einem zweiten Schritt sich den Abstieg auf den gegebenen Körper überlegt.

8.1 Ebene Kurven

Falls man konkret etwas über Kurven ausrechnen möchte, so muss man sich ein Modell der Kurve im 2-dimensionalen projektiven Raum suchen. Das geht aber nicht mehr mit einem nichtsingulären Modell, sondern man hat Singularitäten zuzulassen. Im Abschnitt 8.2 werden wir zeigen, wie man Modelle mit milden Singularitäten konstruiert. Hier sollen zunächst die wichtigsten Hilfsmittel über ebene Kurven bereitgestellt werden.

8.1.1 *Formen*

Im Folgenden sei k ein perfekter, nicht notwendig algebraisch abgeschlossener Körper. Eine Form F vom Grad d in $(n+1)$ Variablen ist ein homogenes Polynom

$$F(\xi_0, \ldots, \xi_n) = \sum_{i_0 + \ldots + i_n = d} a_{i_0, \ldots, i_n} \xi_0^{i_0} \cdots \xi_n^{i_n} \in k[\xi_0, \ldots, \xi_n]$$

vom Grad d bzw. das Nullpolynom. Für einen Punkt $x \in \mathbb{P}_k^n$ ist die Aussage $F(x) \neq 0$ wohldefiniert. Hat man zwei homogene Polynome F und G gleichen Grades gegeben, so ist ein Wert $F(x)/G(x) \in k(x)$ in Fall $G(x) \neq 0$ wohldefiniert. Der Funktionenkörper von $\mathbb{P}_k^n$ ist der nullte Bestandteil der homogenen Lokalisierung

$$k(\mathbb{P}_k^n) = \left\{ \frac{F}{G} \; ; \; F, G \in k[\xi_0, \ldots, \xi_n] \quad \text{Formen}, \; \deg F = \deg G, \; G \neq 0 \right\} \; .$$

Für $x \in \mathbb{P}_k^n$ wird der lokale Ring im Punkt x als Teilmenge von $k(\mathbb{P}_k^n)$ durch

$$\mathcal{O}_{\mathbb{P}_k^n, x} = \left\{ \frac{F}{G} \; ; \; F, G \quad \text{Formen mit} \; \deg F = \deg G, \; G(x) \neq 0 \right\}$$

gegeben; das sind also die in einer Umgebung von x *regulären Funktionen* auf $\mathbb{P}_k^n$. Ist $X \subset \mathbb{P}_k^n$ eine abgeschlossene (reduzierte) Untervarietät, so ist

$$\mathcal{O}_{X, x} = \left\{ f \,|\, X \; ; \; f \in \mathcal{O}_{\mathbb{P}_k^n, x} \right\}$$

der lokale Ring von X in $x \in X$; das sind die in einer Umgebung von x *regulären Funktionen* auf X. Dabei bedeutet $f \,|\, X$ die Restklasse von f modulo dem Definitionsideal von X. Ist X reduziert und irreduzibel, so gilt für den Körper der rationalen Funktionen auf X

$$k(X) = \left\{ \frac{F}{G} \,\Big|\, X \; ; \; F, G \in k[\xi_0, \ldots, \xi_n] \quad \text{Formen}, \; \deg F = \deg G, \; G|X \neq 0 \right\}$$

und die auf einer offenen Teilmenge $U \subset X$ regulären Funktionen sind

$$\mathcal{O}_X(U) := \bigcap_{x \in U} \mathcal{O}_{X, x} \subset k(X) \; .$$

Ist $X \subset \mathbb{P}_k^n$ eine abgeschlossene reduzierte Untervarietät, so erhält man für offene affine Untervarietäten $U \subset \mathbb{P}_k^n$, wie z.B. für $U = U_i$,

$$\mathcal{O}_X(U) := \left\{ f \,|\, X \; ; \; f \in \mathcal{O}_{\mathbb{P}_k^n}(U) \right\} \; ;$$

man muss sich hier auf affine Teilmengen U beschränken, weil man sonst eventuell zu wenig Funktionen erhält. Zum Beispiel besteht $\mathcal{O}_{\mathbb{P}_k^n}(\mathbb{P}_k^n) = k$ nur aus den konstanten Funktionen, während auf einer zweipunktigen Menge X auch nichtkonstante Funktionen existieren. Für eine affine Teilmenge $U \subset \mathbb{P}_k^n$ wird also jede reguläre Funktion auf $X \cap U$ durch eine reguläre Funktion auf U induziert.

Satz 8.1.1 (Noether) *Es seien* $F, G \in k[\xi_0, \xi_1, \xi_2]$ *Formen ohne gemeinsamen Primteiler. Es sei* $H \in k[\xi_0, \xi_1, \xi_2]$ *eine weitere Form. Dann sind äquivalent*

(a) *Es gibt Formen* A *und* B *mit*

$$H = A \cdot F + B \cdot G$$

und $\deg A = \deg H - \deg F$ *bzw.* $\deg B = \deg H - \deg G$.

(b) *Für alle* $x \in V(F) \cap V(G)$ *und* $i = 0, 1, 2$ *mit* $\xi_i(x) \neq 0$ *gilt*

$$\frac{H}{\xi_i^{\deg H}} \in \mathcal{O}_{\mathbb{P}_k^2, x} \left(\frac{F}{\xi_i^{\deg F}}, \frac{G}{\xi_i^{\deg G}} \right)$$

Beweis. (a) $\to$ (b) ist trivial.

(b) $\to$ (a) Seien nun $\zeta_1 = \xi_1/\xi_0$ und $\zeta_2 = \xi_2/\xi_0$ die inhomogenen Koordinaten. Aus der Bedingung in (b) folgt dann

$$\frac{H}{\xi_0^{\deg H}} \in \mathcal{O}_{\mathbb{P}_k^2, x} \left(\frac{F}{\xi_0^{\deg F}}, \frac{G}{\xi_0^{\deg G}} \right)$$

für alle $x \in \mathbb{P}_k^2$ mit $\xi_0(x) \neq 0$. Nach dem Lokal-Global-Prinzip folgt daraus

$$H(1, \zeta_1, \zeta_2) \in k[\zeta_1, \zeta_2] \cdot F(1, \zeta_1, \zeta_2) + k[\zeta_1, \zeta_2] \cdot G(1, \zeta_1, \zeta_2) \ .$$

Somit bekommt man eine Gleichung

$$\xi_0^N \cdot H = A^* \cdot F + B^* \cdot G$$

mit Polynomen $A^*, B^* \in k[\xi_0, \xi_1, \xi_2]$. Entsprechend findet man solche Gleichungen auch für ξ_1 bzw. ξ_2 . Wir setzen nun zunächst voraus, dass k unendlich viele Elemente hat. Da $V(F) \cap V(G)$ wegen der Teilerfremdheit von F und G aus endlich vielen Punkten besteht, existiert eine Linearform ℓ mit $\ell(x) \neq 0$ für alle $x \in V(F) \cap V(G)$. Für diese Linearform gilt dann auch

$$\ell^{3 \cdot N} \cdot H = A^* \cdot F + B^* \cdot G \ .$$

Nach Koordinatentransformation ist $\ell = \xi_0$ ohne Einschränkung. Nun ist aber die Multiplikation mit ξ_0 auf dem Restklassenring $k[\xi_0, \xi_1, \xi_2]/(F, G)$ nach Lemma 8.1.2 injektiv, weil $\xi_0(x) \neq 0$ für alle $x \in V(F) \cap V(G)$ ist. Daher hat man nach Umbenennung $H = A^* \cdot F + B^* \cdot G$. Entwickelt man $A^* = \sum_i A_i$ und $B^* = \sum_j B_j$ in homogene Bestandteile A_i bzw. B_j , so erhält man $H = A_m F + B_n G$ wobei $m = \deg H - \deg F$ und $n = \deg F - \deg G$ ist.

Falls k ein endlicher Körper ist, so nehme man zunächst eine Körpererweiterung mit dem algebraischen Abschluss $\overline{k}$ von k vor. Indem man eine Vektorraumbasis von $\overline{k}$ über k einführt, zeigt man leicht, dass die Relation in (a) über $\overline{k}$ zu einer Relation über k absteigt. $\qquad \square$

Lemma 8.1.2 *Es seien* $F, G \in k[\xi_0, \xi_1, \xi_2]$ *relativ prime Formen mit* $\xi_0(x) \neq 0$ *für alle* $x \in V(F) \cap V(G)$. *Dann ist* ξ_0 *ein Nichtnullteiler in* $k[\xi_0, \xi_1, \xi_2]/(F, G)$.

Beweis. Wir müssen zeigen, dass man aus einer Relation $\xi_0 \cdot H = A \cdot F + B \cdot G$ eine Relation $H = A^* \cdot F + B^* \cdot G$ gewinnen kann. Aus der gegebenen Relation folgt

$$A(0, \xi_1, \xi_2) \cdot F(0, \xi_1, \xi_2) = -B(0, \xi_1, \xi_2) \cdot G(0, \xi_1, \xi_2) \ .$$

Wegen $\xi_0(x) \neq 0$ für alle $x \in V(F) \cap V(G)$ sind $F(0, \xi_1, \xi_2)$ und $G(0, \xi_1, \xi_2)$ relativ prim, weil diese sonst eine gemeinsame Nullstelle hätten. Somit existiert ein $C \in k[\xi_1, \xi_2]$ mit $A(0, \xi_1, \xi_2) = C \cdot G(0, \xi_1, \xi_2)$ und $B(0, \xi_1, \xi_2) = -C \cdot F(0, \xi_1, \xi_2)$. Dann gilt

$$A - C \cdot G = \xi_0 \cdot A^* \quad \text{und} \quad B + C \cdot F = \xi_0 \cdot B^* \ .$$

Also bekommen wir

$$\xi_0 \cdot H = A \cdot F + B \cdot G = \xi_0 A^* F + CGF + \xi_0 B^* G - CGF = \xi_0 \cdot (A^* F + B^* G) \ .$$

Daraus folgt $H = A^* \cdot F + B^* \cdot G$. $\qquad\qquad\qquad\qquad\qquad\qquad\qquad\qquad\square$

8.1.2 *Multiplizität*

In diesem Abschnitt sei k stets ein algebraisch abgeschlossener Körper.

Im Folgenden sei $F \in k[\xi_0, \xi_1, \xi_2]$ eine Form vom Grad $\deg(F) = n$ und es sei $X = V(F) \subset \mathbb{P}_k^2$ die zugehörige projektiv-algebraische Varietät. Für den Punkt $x := (1, 0, 0) \in X$ definiert man die Multiplizität von X in x wie folgt:

Man entwickelt das inhomogene Polynom

$$f(\zeta_1, \zeta_2) := F(1, \zeta_1, \zeta_2) = f_m + \ldots + f_n$$

nach seinen homogenen Bestandteilen, dabei sei m der kleinste Index mit $f_m \neq 0$. Dann heißt $m_x(X) := m$ die *Multiplizität* von X in x. Falls x ein beliebiger Punkt ist, so transformiert man die Variablen auf obige Situation.

Satz 8.1.3 *Es gilt* $\dim(\mathcal{O}_{X,x}/\mathfrak{m}_x^r) = m \cdot r + c$ *für großes* $r \in \mathbb{N}$ *mit einer Konstanten* $c \in \mathbb{Z}$, *wobei* $\mathfrak{m}_x$ *das maximale Ideal von* $\mathcal{O}_{X,x}$ *ist. Daher ist die Definition der Multiplizität unabhängig von der Auswahl der Koordinaten.*

Beweis. Es sei $\mathfrak{M}_x \subset \mathcal{O}_{\mathbb{P}_k^2, x}$ das maximale Ideal. Dann ist nur

$$\dim \left(\mathcal{O}_{\mathbb{P}_k^2, x}/(f, \mathfrak{M}_x^r) \right) = m \cdot r - \frac{m(m-1)}{2} \quad \text{für alle } r \geq m$$

zu zeigen. Es sei $\mathfrak{M} := (\zeta_1, \zeta_2) \subset k[\zeta_1, \zeta_2]$ das maximale Ideal zu $x = (0, 0)$. Wir übernehmen die Bezeichnungen von oben. Dann gilt

$$\mathcal{O}_{\mathbb{P}_k^2, x}/(f, \mathfrak{M}_x^r) = k[\zeta_1, \zeta_2]/(f, \mathfrak{M}^r) \ .$$

Nun hat man für $r \geq m$ die exakte Sequenz

$$0 \longrightarrow k[\zeta_1, \zeta_2]/\mathfrak{M}^{r-m} \longrightarrow k[\zeta_1, \zeta_2]/\mathfrak{M}^r \longrightarrow k[\zeta_1, \zeta_2]/(f, \mathfrak{M}^r) \longrightarrow 0 \ ,$$

wobei $\overline{g} \in k[\zeta_1, \zeta_2]/\mathfrak{M}^{r-m}$ nach $\overline{fg} \in k[\zeta_1, \zeta_2]/\mathfrak{M}^r$ abgebildet wird. Daraus folgt

$$\dim\left(k[\zeta_1,\zeta_2]/(f,\mathfrak{M}^r)\right) = \dim\left(k[\zeta_1,\zeta_2]/\mathfrak{M}^r\right) - \dim\left(k[\zeta_1,\zeta_2]/\mathfrak{M}^{r-m}\right)$$

$$= \frac{r(r+1)}{2} - \frac{(r-m)(r-m+1)}{2} = rm - \frac{m(m-1)}{2} .$$

Daraus folgt die Behauptung. $\qquad\square$

Es ist $m_x(X) \geq 1$ genau dann, wenn $x \in X$ ist. Zerlegt man f_m in Linearfaktoren

$$f_m = \prod_{i=1}^{r} (\alpha_{2,i}\zeta_1 - \alpha_{1,i}\zeta_2)^{\mu_i} ,$$

so bezeichnet man die Geraden

$$L_i = V(\alpha_{2,i}\xi_1 - \alpha_{1,i}\xi_2)$$

als *Tangenten* an X in x. Die Zahl μ_i ist die *Vielfacheit* der Tangente. Ist $m = 1$, so ist X in x glatt und man spricht von einem *einfachen Punkt*. Wenn $\mu_i = 1$ für alle $i = 1, \ldots, r$ und $m \geq 2$ ist, so nennt man x einen *gewöhnlichen Mehrfachpunkt*. Das bedeutet also, dass jede Tangente einfach ist und sich die Tangenten paarweise transversal schneiden. Man beachte, dass im Fall $m \geq 3$ ein solcher Schnitt von der Singularität, die ein Achsenkreuz im $\mathbb{A}_k^m$ bildet, verschieden ist; d.h. ihre lokalen Ringe nicht isomorph sind. Wir sagen, zwei Kurven schneiden sich *transversal*, wenn ihre Tangentenmengen disjunkt sind.

Lemma 8.1.4 *Es seien* $f, g \in k[\zeta_1, \zeta_2]$ *mit Multiplizität* m *bzw.* n *in* x. *Haben* f *und* g *dort keine gemeinsame Tangente, so gilt* $\mathfrak{m}_x^r \subset \mathcal{O}_{\mathbb{A}_k^2, x}(f,g)$ *für alle* r *mit* $r \geq m + n - 1$.

Beweis. Es seien $L_1, \ldots, L_s$ bzw. $M_1, \ldots, M_t$ die Tangentengleichungen von f bzw. g durch x. Mit $L_i = L_s$ für $i > s$ und $M_j = M_t$ für $j > t$ setze $A_{0,0} = 1$ und

$$A_{i,j} := L_1 \cdot \ldots \cdot L_i \cdot M_1 \cdot \ldots \cdot M_j .$$

Wegen der Teilerfremdheit von L_σ und M_τ ist das System $(A_{i,j} \, ; \, i + j = d)$ linear unabhängig für alle $d \in \mathbb{N}$ und somit eine Basis der Formen vom Grad d. Es bezeichne (f, g) das von f und g aufgespannte Ideal in $\mathcal{O}_{\mathbb{A}_k^2, x}$. Nach dem Hilbertschen Nullstellensatz existiert ein $N \in \mathbb{N}$ mit $\mathfrak{m}_x^N \subset (f,g)$. Mit einem Beweis über absteigende Induktion reicht es daher $A_{i,j} \in (f,g) + \mathfrak{m}_x^{r+1}$ für alle $r \geq m+n-1$ und alle i, j mit $i + j = r$ zu zeigen. Wegen $i + j = r \geq m+n-1$ gilt $i \geq m$ oder $j \geq n$. Im Fall $i \geq m$ gilt $A_{i,j} = A_{m,0} \cdot B$ für eine Form B vom Grad $r - m$. Nun ist $A_{m,0} = f + h$, wobei jeder Term von h Grad $\geq (m+1)$ hat. Somit folgt $A_{i,j} = B \cdot f + B \cdot h \in (f,g) + \mathfrak{m}_x^{r+1}$. Im Fall $j \geq n$ verfährt man analog. $\qquad\square$

Satz 8.1.5 *Es sei* k *ein (beliebiger) Körper. Es sei* X *eine affine Kurve und* $x \in X$ *ein abgeschlossener Punkt. Man betrachte die folgenden Eigenschaften:*

(a) X *ist glatt in* x.

(b) *Der lokale Ring* $\mathcal{O}_{X,x}$ *ist ein diskreter Bewertungsring; vgl. A.3.27.*

Dann impliziert (a) *stets* (b) *und die Umkehrung gilt, wenn* k *perfekt ist.*

Beweis. (a) $\rightarrow$ (b) Man hat eine Beschreibung $X = V(f_2, \ldots, f_n) \subset \mathbb{A}^n_k$ in einer Umgebung U von x mit Polynomen $f_2, \ldots, f_n \in k[\zeta_1, \ldots, \zeta_n]$, so dass für die Jacobimatrix $\mathrm{rg}(\partial(f)/\partial(\zeta))(x) = n - 1$ gilt; vgl. Definition 6.1.1. Es sei $\mathfrak{m}_x \subset k[\zeta_1, \ldots, \zeta_n]$ das maximale Ideal zu x ; dieses ist durch n Elemente erzeugbar. Mit Hilfe der Rangbedingung rechnet man nach, dass die Restklassen $\overline{f}_2, \ldots \overline{f}_n$ in $\mathfrak{m}_x/\mathfrak{m}_x^2$ linear unabhängig über dem Restklassenkörper $k(x)$ sind. Also gewinnt man durch Hinzufügen eines geeigneten Polynoms f_1 eine Basis von $\mathfrak{m}_x/\mathfrak{m}_x^2$. Dann erzeugen $f_1, \ldots, f_n$ das maximale Ideal im lokalen Ring $\mathcal{O}_{\mathbb{A}^n_k, x}$ nach dem Lemma von Nakayama [A-M, Prop. 2.6]. Somit wird das maximale Ideal von $\mathcal{O}_{X,x}$ vom Element f_1 erzeugt; also von einem Element. Daraus folgt, dass $\mathcal{O}_{X,x}$ ein diskreter Bewertungsring ist, vgl. Satz A.3.28/(iii).

(b) $\rightarrow$ (a) Da k perfekt ist, ist die Restklassenkörpererweiterung $k(x)/k$ endlich und separabel; also verschwindet der Modul $\Omega^1_{k(x)/k}$ der relativen Differentialformen; vgl. Korollar A.5.7. Nun gilt nach Satz A.5.4/2

$$\Omega^1_{k(x)/k} = \Omega^1_{X,x}/\left(\mathfrak{m}_x\Omega^1_{X,x} + \mathcal{O}_{X,x}d(\mathfrak{m}_x)\right) \ ,$$

wobei $\mathfrak{m}_x \subset \mathcal{O}_{X,x}$ das maximale Ideal ist. Ist nun π ein lokaler Parameter in x , so gilt $\Omega^1_{X,x} = \mathcal{O}_{X,x}d\pi$; wie man mit dem Lemma von Nakayama sieht. Also wird $\Omega^1_{X,x}$ von einem Element erzeugt. Man betrachte eine Einbettung $X = V(I) \subset \mathbb{A}^n_k$. Dann müssen wir zeigen, dass I im Punkt x von $(n-1)$ Polynomen erzeugt wird. Nun gilt aber

$$\Omega^1_{X,x} = \Omega^1_{\mathbb{A}^n_k,x} / \left(I \cdot \Omega^1_{\mathbb{A}^n_k,x} + \sum_{f \in I} \mathcal{O}_{\mathbb{A}^n_k,x} \cdot df \right) \ .$$

Sei nun $g \in \mathcal{O}_{\mathbb{A}^n_k,x}$ eine Liftung von π . Also gilt

$$\Omega^1_{\mathbb{A}^n_k,x} = \mathcal{O}_{\mathbb{A}^n_k,x}dg + \sum_{f \in I} \mathcal{O}_{\mathbb{A}^n_k,x}df \ .$$

Nun ist $dg \neq 0$ in $\Omega^1_{\mathbb{A}^n_k,x} \otimes k(x)$. Dann existieren Elemente $f_2, \ldots, f_n \in I$ so, dass

$$\Omega^1_{\mathbb{A}^n_k,x} = \mathcal{O}_{\mathbb{A}^n_k,x}(dg, df_2, \ldots, df_n) \ .$$

Somit definieren $f_2, \ldots, f_n$ eine Kurve $X' \subset \mathbb{A}^n_k$, die in x glatt ist. Nach dem ersten Teil (a) $\rightarrow$ (b) ist $\mathcal{O}_{X',x}$ ein diskreter Bewertungsring. Der Ring $\mathcal{O}_{X,x}$ ist ein Restklassenring von $\mathcal{O}_{X',x}$. Da aber X Dimension 1 hat, folgt $\mathcal{O}_{X',x} = \mathcal{O}_{X,x}$ und somit stimmen X' und X in einer Umgebung von x überein. Also ist X glatt in x . $\qquad\qquad\square$

Satz 8.1.6 *Es seien* $y_1, \ldots, y_s \in \mathbb{P}^2_k$ *paarweise verschiedene rationale Punkte und* $m_1, \ldots, m_s$ *natürliche Zahlen. Für* $n \in \mathbb{N}$ *sei*

$$W_n \ := \ \{F \in k[\xi_0, \xi_1, \xi_2] \ ; \ F \text{ Form vom Grad } n\}$$
$$V(n, m_1y_1, \ldots, m_sy_s) \ := \ \{F \in W_n \ ; \ m_{y_i}(F) \geq m_i \ \text{ für } i = 1, \ldots, s \} \ .$$

Dann gilt

$$\dim W_n = \frac{(n+1)(n+2)}{2}$$

$$\dim V(n, m_1 y_1, \ldots, m_s y_s) \geq \frac{(n+1)(n+2)}{2} - \sum_{i=1}^{s} \frac{m_i(m_i+1)}{2} \ .$$

Im Fall $n \geq \left(\sum_{i=1}^{s} m_i \right) - 1$ *gilt sogar*

$$\dim V(n, m_1 y_1, \ldots, m_s y_s) = \frac{(n+1)(n+2)}{2} - \sum_{i=1}^{s} \frac{m_i(m_i+1)}{2} \ .$$

Beweis. Es gibt exakt $(n+1)(n+2)/2$ Monome vom Grad n . Jede Bedingung $m_{y_i}(F) \geq m_i$ wird durch $m_i(m_i+1)/2$ lineare Gleichungen beschrieben. Ist nämlich $y_i = (1,0,0)$ und entwickelt man $F \in W_n$ nach den inhomogenen Koordinaten $\zeta_1 = \xi_1/\xi_0$, $\zeta_2 = \xi_2/\xi_0$, so gilt

$$F(1, \zeta_1, \zeta_2) = \sum_{\nu=0}^{n} \left(\sum_{j+\ell=\nu} a_{j,\ell} \zeta_1^j \zeta_2^\ell \right) \ .$$

Dann ist $m_{y_i}(F) \geq m_i$ genau dann, wenn $a_{j,\ell} = 0$ für alle (j,ℓ) mit $j+\ell \leq m_i - 1$ gilt. Somit definiert jedes y_i genau $m_i(m_i+1)/2$ lineare Bedingungen.
Die letzte Behauptung beweisen wir durch Induktion nach $m := \sum_{i=1}^{s} m_i$. Ist $n \leq 1$ oder $m \leq 1$, so ist die Behauptung offenbar richtig. Sei also $n \geq 2$ und $m \geq 2$.
1. Fall: Seien $m_i = 1$ für alle $i = 1, \ldots, s$. Nach Induktionsvoraussetzung ist nur zu zeigen, dass $V(n, y_2, \ldots, y_s) \neq V(n, y_1, \ldots, y_s)$ gilt. Sei L_i eine Geradengleichung mit $L_i(y_i) = 0$ und $L_i(y_1) \neq 0$ für $i = 2, \ldots, s$ und L_0 eine Geradengleichung mit $L_0(y_1) \neq 0$. Dann ist

$$L_2 \cdot \ldots \cdot L_s \cdot L_0^{n-s+1} \in V(n, y_2, \ldots, y_s) - V(n, y_1, \ldots, y_s) \ .$$

2. Fall: Sei $m_i \geq 2$ für ein i . Ohne Einschränkung sei $m_1 \geq 2$ und $y_1 = (1,0,0)$. Nach Induktionsvoraussetzung gilt

$$\dim \left(V(n-1, (m_1-2)y_1, \ldots, m_s y_s) \,/\, V(n-1, (m_1-1)y_1, \ldots, m_s y_s) \right) = m_1 - 1 \ .$$

Daher existieren $F_0, \ldots, F_{m_1-2} \in V(n-1, (m_1-2)y_1, \ldots, m_s y_s)$ mit

$$F_i(1, \zeta_1, \zeta_2) = \zeta_1^{m_1-2-i} \cdot \zeta_2^i + \quad \text{Terme höherer Ordnung}$$

Dann sind $\xi_1 \cdot F_0, \ldots, \xi_1 \cdot F_{m_1-2}, \xi_2 \cdot F_{m_1-2} \in V(n, (m_1-1)y_1, \ldots, m_s y_s)$, und ihre Restklassen bilden eine Basis von $V(n, (m_1-1)y_1, \ldots, m_s y_s) \,/\, V(n, m_1 y_1, \ldots, m_s y_s)$.
Also gilt

$$\dim \left(V(n, m_1 y_1, \ldots, m_s y_s) \right) = \dim \left(V(n, (m_1-1)y_1, \ldots, m_s y_s) \right) - m_1 \ .$$

Daraus folgt durch Induktion die Behauptung. $\qquad \Box$

8.1.3 *Schnittzahl*

Zur Definition von Schnittzahlen ist es notwendig, allgemeine Kurven $V(F) \subset \mathbb{P}_k^2$ zu betrachten, wobei $F \in k[\xi_0, \xi_1, \xi_2]$ eine Form ist. Somit ist F nicht mehr durch die (reduzierte) Varietät bestimmt. Daher wollen wir hier der Deutlichkeit halber die Formen an Stelle der Varietät verwenden. Gegeben seien Formen $F, G \in k[\xi_0, \xi_1, \xi_2]$ vom Grad $m = \deg F$ bzw. $n = \deg G$. Es sei $x \in \mathbb{P}_k^2$ gegeben; sei etwa $x \notin V(\xi_0)$. Rechnen wir in den inhomogenen Koordinaten $\zeta_1 := \xi_1/\xi_0$ und $\zeta_2 := \xi_2/\xi_0$ und betrachten

$$f = f(\zeta_1, \zeta_2) := F(1, \zeta_1, \zeta_2) \quad \text{und} \quad g = g(\zeta_1, \zeta_2) := G(1, \zeta_1, \zeta_2) \ ,$$

so ist die *Schnittzahl* definiert durch

$$I(x, F \cap G) := \dim_k \left(\mathcal{O}_{\mathbb{P}_k^2, x} \, / \, (f, g) \right) \ .$$

Dabei bezeichnet $\dim_k$ die Dimension des Moduls als k-Vektorraum. Die Begriffsbildung ist so gemacht, dass diese Setzung auch für nichtrationale Punkte benutzt werden kann. Es gilt

$$I(x, F \cap G) = \sum_{x' \to x} I(x', F \cap G) \ ,$$

wobei die Summe über alle Punkte $x' \in \mathbb{P}_{\bar{k}}^2$ läuft, die über x liegen, wenn man mit dem algebraischen Abschluss $\bar{k}$ Grundkörpererweiterung vornimmt. Man nennt $I(x, F \cap G)$ die *Schnittzahl* der Kurven F und G.

Im Folgenden setzen wir stets voraus, dass k algebraisch abgeschlossen ist.

Satz 8.1.7 *Die Schnittzahl hat folgende Eigenschaften:*

1. $I(x, F \cap G) \geq 0$.
   $I(x, F \cap G) < \infty$ *genau dann, wenn* x *isolierter Punkt von* $V(F, G)$.
   $I(x, F \cap G) = 0$ *genau dann, wenn* $x \notin V(F, G)$.

2. $I(x, F \cap G)$ *ist invariant unter Koordinatentransformation.*

3. $I(x, F \cap G) = I(x, G \cap F)$.

4. $I(x, F \cap G) \geq m_x(F) \cdot m_x(G)$.
   $I(x, F \cap G) = m_x(F) \cdot m_x(G)$ *genau dann, wenn* $V(F)$ *und* $V(G)$ *keine gemeinsame Tangente in* x *haben.*

5. *Ist* $F = \prod_{i=1}^r F_i^{\mu_i}$, $G = \prod_{j=1}^s G_j^{\nu_j}$, *so gilt* $I(x, F \cap G) = \sum_{i,j} \mu_i \nu_j I(x, F_i \cap G_j)$.

6. $I(x, F \cap G_1) = I(x, F \cap G_2)$ *falls* $G_1 \equiv G_2 \bmod F$ *gilt.*

7. $I(x, F \cap G) = \mathrm{ord}_x^X(g)$ *falls* x *ein einfacher Punkt von* $X := V(F)$ *ist. Dabei ist* ord_x^X *die Bewertung der Ringes* $\mathcal{O}_{X,x}$; *vgl. 8.1.5.*

Weiterhin ist die Schnittform $I(x, \_ \cap \_)$ *durch die Bedingungen 1. - 6. eindeutig bestimmt und kann algorithmisch berechnet werden.*

Beweis. In 1. ist nur die zweite Aussage zu klären. Es ist $I(x, F \cap G) < \infty$ äquivalent dazu, dass eine Potenz $\mathfrak{m}_x^N$ des maximalen Ideals $\mathfrak{m}_x$ in dem von f und g erzeugten Ideals liegt. Nach Hilbertschen Nullstellensatz ist letzteres äquivalent dazu, dass x in $V(F) \cap V(G)$ isoliert ist.

2. und 3. sind trivial.

4. Man kann ohne Einschränkung $x = (1, 0, 0)$ annehmen. Sei $R = k[\zeta_1, \zeta_2]_\mathfrak{m}$ der lokale Ring $\mathcal{O}_{\mathbb{P}^2_k, x}$. Das maximale Ideal wird erzeugt von (ζ_1, ζ_2). Seien $m := m_x(F)$ und $n := m_x(G)$. Setze $f(\zeta_1, \zeta_2) = F(1, \zeta_1, \zeta_2)$ und $g(\zeta_1, \zeta_2) = G(1, \zeta_1, \zeta_2)$. Dann hat man eine exakte Sequenz

$$(*) \qquad R/\mathfrak{m}^n \oplus R/\mathfrak{m}^m \xrightarrow{\;\Psi\;} R/\mathfrak{m}^{m+n} \xrightarrow{\;\Phi\;} R/(\mathfrak{m}^{m+n}, f, g) \longrightarrow 0$$

$$(a, b) \qquad \longrightarrow \qquad af + bg$$

Daher gilt

$$\dim(R/\mathfrak{m}^n) + \dim(R/\mathfrak{m}^m) = \dim(\mathrm{Ker}(\Phi)) + \dim(\mathrm{Ker}(\Psi)) \; .$$

Die Restklassenabbildung $\mathcal{O}_{\mathbb{P}^2_k, x} / (f, g) \to R/(\mathfrak{m}^{m+n}, f, g)$ ist surjektiv. Daher gilt

$$\begin{aligned} I(x, F \cap G) \;\geq\;& \dim\left(R/(\mathfrak{m}^{m+n}, f, g)\right) \;=\; \dim(R/\mathfrak{m}^{m+n}) - \dim(\mathrm{Ker}(\Phi)) \\ \geq\;& \dim(R/\mathfrak{m}^{m+n}) - \dim(R/\mathfrak{m}^n) - \dim(R/\mathfrak{m}^m) \; . \end{aligned}$$

Nun kann man die rechte Seite ausrechnen

$$\frac{(m+n)(m+n+1)}{2} - \frac{m(m+1)}{2} - \frac{n(n+1)}{2} = m \cdot n \; .$$

Daraus folgt die erste Behauptung.

Nun gilt $\mathrm{Ker}(\Psi) = 0$ genau dann, wenn f und g paarweise verschiedene Tangenten in x haben. Ist $V(\ell)$ nämlich eine gemeinsame Tangente, so gilt $f_m = \ell f'$ und $g_n = \ell g'$, also ist $(g', -f') \in \mathrm{Ker}(\Psi) - \{0\}$. Ist $(a, -b) \in \mathrm{Ker}(\Psi) - \{0\}$, so seien $a_{n'}$ bzw. $b_{m'}$ die homogenen Bestandteile niedrigsten Grades von a bzw. b. Dann gilt $a_{n'} f_m = b_{m'} g_n$. Wenn nun f_m und g_n keinen gemeinsamen Faktor haben, muss g_n nun $a_{n'}$ teilen. Also gilt $n \leq n'$. Folglich verschwindet die Restklasse von a in $R/\mathfrak{m}^n$. Ebenso zeigt man $b = 0$ in $R/\mathfrak{m}^m$. Widerspruch!

Ist nun $I(x, F \cap G) = m \cdot n$, so gilt in der ersten Ungleichung die Gleichheit und $\mathrm{Ker}(\Psi) = 0$ gilt. Also haben F und G keine gemeinsamen Tangenten in x; wie wir soeben gesehen haben.

Haben umgekehrt F und G keine gemeinsame Tangente in x, so gilt $\mathfrak{m}^r \subset (f, g)$ für alle $r \geq m + n - 1$ nach Lemma 8.1.4. Somit gilt $R/(\mathfrak{m}^{m+n}, f, g) = R/(f, g)$. Weiterhin ist $\mathrm{Ker}(\Psi) = 0$. Somit ergibt die Bilanz der Dimensionen in der exakten Sequenz

$$\begin{aligned} I(x, F \cap G) \;=\;& \dim\left(R/(\mathfrak{m}^{m+n}, f, g)\right) \\ =\;& \dim(R/\mathfrak{m}^{m+n}) - \dim(R/\mathfrak{m}^n) - \dim(R/\mathfrak{m}^m) \;=\; m \cdot n \; . \end{aligned}$$

5. Ohne Einschränkung sind F und G teilerfremd. Dann reicht es zu zeigen

$$I(x, F \cap G_1 G_2) = I(x, F \cap G_1) + I(x, F \cap G_2) \; .$$

Da f und g_1 teilerfremd sind, hat man die exakte Sequenz

$$0 \longrightarrow R/(f,g_2) \longrightarrow R/(f,g_1g_2) \longrightarrow R/(f,g_1) \longrightarrow 0$$

$$h \longrightarrow hg_1$$

Zur Beweis der Injektivität der ersten Abbildung betrachte man eine Relation $hg_1 = af + bg_1g_2$ mit $a, b \in R$. Also gilt $(h - bg_2)g_1 = af$. Wegen der Teilerfremdheit von f und g_1 existiert ein $c \in R$ mit $h - bg_2 = cf$. Somit folgt $h = bg_2 + cf$. Daraus folgt die Injektivität. Die Formel in 5. folgt nun durch Betrachtung der Dimensionen in dieser exakten Sequenz.

6. ist trivial.

7. Da x ein einfacher Punkt von X ist, ist $\mathcal{O}_{X,x}$ ein diskreter Bewertungsring nach Satz 8.1.5. Somit gilt $\dim(\mathcal{O}_{X,x}/(g)) = \operatorname{ord}_x^X(g) \cdot \dim_k k(x)$.

Zur Eindeutigkeit: Wir wollen zeigen, dass man die Schnittzahl $I(x, F \cap G)$ aus den Eigenschaften 1. bis 6. berechnen kann. Ohne Einschränkung kann man $x = (1,0,0)$ wegen 2. und $I(x, F \cap G) = n \in \mathbb{N}$ als endlich wegen 1. annehmen. Wir beweisen nun durch Induktion nach n, dass man $I(x, F \cap G)$ berechnen kann. Der Induktionsanfang $n = 0$ ist durch 1. gesichert. Sei nun $I(x, F \cap G) = n \geq 1$. Es seien $f(\zeta_1, \zeta_2)$ bzw. $g(\zeta_1, \zeta_2)$ wie oben. Man betrachte nun $f(\zeta_1, 0)$ und $g(\zeta_1, 0)$.

1. Fall: Ist $f(\zeta_1, 0) = 0$, so gilt $f = \zeta_2 \cdot \tilde{f}$. Da f und g teilerfremd sind, ist $g(\zeta_1, 0) \neq 0$. Dann gilt nach 5.

$$I(x, f \cap g) = I(x, \zeta_2 \cap g) + I(x, \tilde{f} \cap g) .$$

Nun gilt $I(x, \zeta_2 \cap g) = I(x, \zeta_2 \cap g(\zeta_1, 0))$ nach 6. Da $V(\zeta_2)$ und $V(g(\zeta_1, 0))$ keine gemeinsame Tangente haben, gilt $I(x, \zeta_2 \cap g) = \operatorname{ord}_0(g(\zeta_1, 0))$ nach 4. Weiterhin ist $I(x, \zeta_2 \cap g) \geq 1$. Somit ist auf $I(x, \tilde{f} \cap g)$ die Induktionsvoraussetzung anwendbar.

2. Fall: $\deg(f(\zeta_1, 0)) = r < \infty$. Dann können wir ohne Einschränkung $f(\zeta_1, 0)$ und $g(\zeta_1, 0)$ als normiert annehmen wegen 6. Sei $s := \deg(g(\zeta_1, 0))$. Wegen 3. kann man $r \leq s$ annehmen. Man setze $h := g - \zeta_1^{s-r} f$. Dann folgt $I(x, f \cap g) = I(x, f \cap h)$ nach 6. Durch sukzessives Teilen reduziert man somit auf den 1. Fall. $\square$

Notiz 8.1.8 Sei $X = V(F) \subset \mathbb{P}_k^2$ eine Kurve und $L \subset \mathbb{P}_k^2$ eine Gerade. Genau dann ist L Tangente an X, wenn $I(x, X \cap L) \geq m_x(X) + 1$ gilt.

Beispiel 8.1.9 Mit den Eigenschaften der Schnittform kann man leicht die Schnittmultiplizität ausrechnen, wie wir an folgendem Beispiel demonstrieren wollen. Es seien

$$F := (\zeta_1^2 + \zeta_2^2)^2 + 3\zeta_1^2\zeta_2 - \zeta_2^3 \quad \text{und} \quad G := (\zeta_1^2 + \zeta_2^2)^3 - 4\zeta_1^2\zeta_2^2 .$$

Für den Punkt $x := (0,0)$ gilt $I(x, F \cap G) = 14$.

Nach Eigenschaft 6. können wir G ersetzen durch

$$G - (\zeta_1^2 + \zeta_2^2)F = \zeta_2((\zeta_1^2 + \zeta_2^2)(\zeta_2^2 - 3\zeta_1^2) - 4\zeta_1^2\zeta_2) = \zeta_2 G_1 ,$$

mit Eigenschaft 5. folgt

$$I(x, F \cap G) = I(x, F \cap \zeta_2) + I(x, F \cap G_1) .$$

Nach Eigenschaft 6. gilt nun

$$I(x, F \cap \zeta_2) = I(x, \zeta_1^4 \cap \zeta_2) = 4 \ .$$

Wegen $G_1 + 3F = \zeta_2(5\zeta_1^2 - 3\zeta_2^2 + 4\zeta_2^3 + 4\zeta_1^2\zeta_2) = \zeta_2 G_2$ folgt mit 6. und 5.

$$I(x, F \cap G_1) = I(x, F \cap \zeta_2 G_2) = I(x, F \cap \zeta_2) + I(x, F \cap G_2) \ .$$

Nun gilt $I(x, F \cap \zeta_2) = 4$ und nach Eigenschaft 4.

$$I(x, F \cap G_2) = m_x(F) \cdot m_x(G_2) = 3 \cdot 2 = 6 \ ,$$

weil F und G_2 in x paarweise verschiedene Tangenten haben. Somit folgt durch Addition $I(x, F \cap G) = 4 + 4 + 6 = 14$. $\qquad\qquad\square$

Satz 8.1.10 (Bezout) *Wenn F und G Formen vom Grad m bzw. n ohne gemeinsame Komponente sind, so gilt*

$$\sum_{x \in V(F) \cap V(G)} I(x, F \cap G) = m \cdot n.$$

Beweis. Wir dürfen annehmen, dass $\xi_0(x) \neq 0$ für alle $x \in V(F) \cap V(G)$ gilt. Dann setzen wir $f(\zeta_1, \zeta_2) = F(1, \zeta_1, \zeta_2)$ und $g(\zeta_1, \zeta_2) = G(1, \zeta_1, \zeta_2)$ Sei $V := k[\xi_0, \xi_1, \xi_2]$ und sei V_d der Raum der Formen vom Grad d . Weil F und G teilerfremd sind, hat man die exakte Sequenz

$$0 \longrightarrow V \overset{\Psi}{\longrightarrow} V \times V \overset{\Phi}{\longrightarrow} V \longrightarrow V/(F,G) \longrightarrow 0$$

$$C \longrightarrow (CG, -CF)$$

$$(A, B) \longrightarrow AF + BG \ .$$

Diese liefert eine exakte Sequenz der Formen für $d \geq m + n$

$$0 \longrightarrow V_{d-m-n} \overset{\Psi}{\longrightarrow} V_{d-m} \times V_{d-n} \overset{\Phi}{\longrightarrow} V_d$$

$$\longrightarrow V_d/(V_{d-m} \cdot F, V_{d-n} \cdot G) \longrightarrow 0$$

Daraus folgt

$$\dim\left(V_d/(V_{d-m} \cdot F, V_{d-n} \cdot G)\right) = m \cdot n \quad \text{für } d \geq m + n \ .$$

Nach Lemma 8.1.2 ist die Multiplikation

$$\xi_0 : V_d/(V_{d-m} \cdot F, V_{d-n} \cdot G) \longrightarrow V_{d+1}/(V_{d+1-m} \cdot F, V_{d+1-n} \cdot G)$$

injektiv und somit aus Dimensionsgründen bijektiv. Somit liefert der Ringmorphismus

$$k[\zeta_1, \zeta_2]/(f, g) \longrightarrow (k[\xi_0, \xi_1, \xi_2]/(F, G))_{(\xi_0)} \ , \quad \zeta_i \mapsto \xi_i/\xi_0$$

eine Bijektion auf die homogene Lokalisierung. Folglich gilt

$$\dim\left(k[\zeta_1, \zeta_2]/(f, g)\right) = \dim\left(V_{m+n}/(V_n \cdot F, V_m \cdot G)\right) = m \cdot n \ .$$

Andererseits gilt auch

$$\sum_{x \in V(F) \cap V(G)} I(x, F \cap G) = \dim\left(k[\zeta_1, \zeta_2]/(f, g)\right) \ .$$

Daraus folgt die Behauptung. $\qquad\qquad\square$

Korollar 8.1.11 *Es sei* $F \in k[\xi_0, \xi_1, \xi_2]$ *eine irreduzible Form vom Grad* n *. Es sei* $X = V(F)$ *und* $m_x := m_x(F)$ *die Multiplizität von* F *im Punkt* x *. Dann gilt*

$$\sum_{x \in X} \frac{m_x \cdot (m_x - 1)}{2} \leq \frac{(n-1) \cdot (n-2)}{2} \ .$$

Beweis. Sei $F = \sum_{i_0 + i_1 + i_2 = n} f_{i_0, i_1, i_2} \xi_0^{i_0} \xi_1^{i_1} \xi_2^{i_2}$. Wäre $\partial F / \partial \xi_i \equiv 0$ für $i = 0, 1, 2$, so wäre die Charakteristik p vom Grundkörper k positiv und F wäre von der Form

$$F = \sum_{j_0 + j_1 + j_2 = n/p} f_{pj_0, pj_1, pj_2} \xi_0^{p \cdot j_0} \xi_1^{p \cdot j_1} \xi_2^{p \cdot j_2} \ .$$

Da k perfekt ist, gilt $f_{pj_0, pj_1, pj_2} = g_{j_0, j_1, j_2}^p$, und somit wäre $F = G^p$ für

$$G := \sum_{j_0 + j_1 + j_2 = n/p} g_{j_0, j_1, j_2} \xi_0^{j_0} \xi_1^{j_1} \xi_2^{j_2} \ .$$

Das wäre ein Widerspruch zur Irreduzibilität von F . Also können wir ohne Einschränkung $\partial F / \partial \xi_0 \not\equiv 0$ voraussetzen. Dann ist $\partial F / \partial \xi_0$ eine Form vom Grad $(n-1)$ und es gilt $m_x(\partial F / \partial \xi_0) \geq m_x(F) \geq m_x(F) - 1$. Mit Satz 8.1.10 folgt dann

$$n(n-1) = \sum_{x \in V(F)} I\left(x, F \cap \tfrac{\partial F}{\partial \xi_0}\right) \geq \sum_{x \in V(F)} m_x(F) \cdot m_x\left(\frac{\partial F}{\partial \xi_0}\right)$$

$$\geq \sum_{x \in V(F)} m_x(F)(m_x(F) - 1) \ .$$

Man setze nun

$$r := \frac{(n-1)(n+2)}{2} - \sum_{x \in V(F)} \frac{m_x(F)(m_x(F) - 1)}{2} \geq 0 \ .$$

Nach Satz 8.1.6 gilt für die Dimension d des Raumes der Formen G vom Grad $\deg(G) = (n-1)$ mit $m_x(G) \geq m_x(F) - 1$

$$d \geq \frac{n(n+1)}{2} - \sum_{x \in V(F)} \frac{m_x(F) \cdot (m_x(F) - 1)}{2} \ .$$

Nun wähle man einfache Punkte $y_1, \ldots, y_r \in V(F)$. Wegen $d - r \geq 1$ existiert so eine Form G vom Grad $(n-1)$, die noch zusätzlich $m_{y_i}(G) \geq 1$ für $i = 1, \ldots, r$

erfüllt, weil jedes y_i eine lineare Bedingung definiert. Mit dem Satz 8.1.10 von Bezout folgt dann

$$
\begin{aligned}
n(n-1) = \deg(F) \cdot \deg(G) &= \sum_{x \in V(F) \cap V(G)} I(x, F \cap G) \\
&\geq r + \sum_{x \in V(F) \cap V(G)} m_x(F) \cdot (m_x(F) - 1) \ .
\end{aligned}
$$

Setzt man in diese Ungleichung den Ausdruck für r von oben ein, so folgt die Behauptung. $\qquad\square$

8.2 Desingularisierung von Kurven

In diesem Abschnitt soll ein Verfahren zur Desingularisierung von ebenen Kurvensingularitäten mittels Aufblasungen und quadratischen Transformationen dargestellt werden. Insbesondere wird zu einer gegebenen ebenen Kurve ein birational äquivalentes Modell konstruiert, das nur gewöhnliche Mehrfachpunkte als Singularitäten hat. Hartshorne beschreibt in seinem Buch [H, Chap. IV, § 3] einen anderen Zugang. Dort wird das nichtsinguläre Modell zu einem Funktionenkörper mittels Normalisierung, Definition B.3.5, eines ebenen Modells gebildet; vgl. Satz B.3.6. Ausgehend von einer normalen bzw. glatten Kurve zeigt er, dass man diese in den dreidimensionalen projektiven Raum einbetten kann und durch eine geeignete Projektion auf den zweidimensionalen projektiven Raum sogar ein ebenes, birational äquivalentes Modell finden kann, das als Singularitäten nur gewöhnliche Doppelpunkte hat.

8.2.1 *Aufblasungen*

Im Folgenden sei k ein algebraisch abgeschlossener Körper.

Es sei $x := (0,0) \in \mathbb{A}_k^2$ der Ursprung der Ebene. Weiterhin sei ein Polynom

$$
f(\xi_1, \xi_2) = \sum_{i,j} \alpha_{i,j} \cdot \xi_1^i \xi_2^j = f_m + \ldots + f_n \in k[\xi_1, \xi_2]
$$

vom Grad n mit homogenen Bestandteilen f_μ vom Grad μ und $f_m \neq 0$ gegeben. Es sei $X = V(f)$ die Varietät von f ; der Punkt x hat also die Multiplizität m auf X . Die *Aufblasung* von $\mathbb{A}_k^2$ im Punkt x ist definiert durch

$$
B := V(\eta_2 \xi_1 - \eta_1 \xi_2) \subset U := \mathbb{P}_k^1 \times \mathbb{A}_k^2.
$$

Dabei seien (η_1, η_2) die homogenen Koordinaten des $\mathbb{P}_k^1$ und (ξ_1, ξ_2) die Koordinaten des $\mathbb{A}_k^2$. Die Projektion $\pi : B \to \mathbb{A}_k^2$ ist außerhalb von x ein Isomorphismus und die Faser über x ist $E := \pi^{-1}(x) \cong \mathbb{P}_k^1$; man nennt sie *exzeptionelle Gerade der Aufblasung*. Der Raum B kann durch die offenen affinen Mengen

$$
U_1 := U - V(\eta_2) \quad \text{und} \quad U_2 := U - V(\eta_1)
$$

überdeckt werden. Auf $B \cap U_1$ kann man die Koordinate $\zeta_1 := \eta_1/\eta_2$ einführen; somit gilt $\xi_1 = \zeta_1 \cdot \xi_2$ über $B \cap U_1$. Dann ist

$$\varphi_1 : \mathbb{A}_k^2 \xrightarrow{\sim} B \cap U_1 \ ; \ (\zeta_1, \xi_2) \mapsto ((\zeta_1, 1), \zeta_1\xi_2, \xi_2) \in \mathbb{P}_k^1 \times \mathbb{A}_k^2$$

eine Karte. Die Komposition von φ_1 mit der Projektion $\pi : B \to \mathbb{A}_k^2$ liefert die Abbildung

$$\pi \circ \varphi_1 : \mathbb{A}_k^2 \xrightarrow{\ \varphi_1\ } B \xrightarrow{\ \pi\ } \mathbb{A}_k^2 \ ; \ (\zeta_1, \xi_2) \longmapsto (\zeta_1\xi_2, \xi_2) \ ;$$

also $(\pi \circ \varphi_1)^*\xi_1 = \zeta_1\xi_2$ und $(\pi \circ \varphi_1)^*\xi_2 = \xi_2$. Über U_1 definiert man

$$\tilde{f}(\zeta_1, \xi_2) := \frac{f(\zeta_1\xi_2, \xi_2)}{\xi_2^m} = f_m(\zeta_1, 1) + \ldots + \xi_2^{n-m}f_n(\zeta_1, 1) \ .$$

Über U_2 ist $\zeta_2 := \eta_2/\eta_1$ eine Koordinate, und somit gilt $\xi_2 = \zeta_2 \cdot \xi_1$ auf $B \cap U_2$. Damit hat man über U_2 eine Darstellung

$$\tilde{g}(\xi_1, \zeta_2) := \frac{f(\xi_1, \zeta_2\xi_1)}{\xi_1^m} = f_m(1, \zeta_2) + \ldots + \xi_1^{n-m}f_n(1, \zeta_2) \ .$$

Über $B \cap U_1 \cap U_2$ gilt

$$\tilde{f} = \frac{f(\xi_1, \xi_2)}{\xi_2^m} = \frac{\xi_1^m}{\xi_2^m} \cdot \frac{f(\xi_1, \xi_2)}{\xi_1^m} = \frac{\xi_1^m}{\xi_2^m} \cdot \tilde{g} = \left(\frac{\eta_1}{\eta_2}\right)^m \cdot \tilde{g} \ .$$

Da η_1/η_2 auf $U_1 \cap U_2$ nullstellenfrei ist, erhält man so eine wohldefinierte Varietät

$$\tilde{X} := B \cap \left(V(\tilde{f}) \cup V(\tilde{g})\right) \subset \mathbb{P}_k^1 \times \mathbb{A}_k^2 \ .$$

Man zeigt leicht, dass $\tilde{X}$ der topologische Abschluss von $\pi^{-1}(X - x)$ in B ist. Über U_1 ist $\tilde{X} \cap U_1 = V(\tilde{f})$ bzw. über U_2 ist $\tilde{X} \cap U_2 = V(\tilde{g})$ eine ebene Kurve. Die exzeptionelle Gerade E wird über U_1 durch $V(\xi_2)$ und über U_2 durch $V(\xi_1)$ beschrieben. Somit hat man die Schnittzahl $I(\tilde{x}, \tilde{X} \cap E)$ für jedes $\tilde{x} \in \tilde{X}$ definiert.

Notiz 8.2.1 In obiger Situation, also $m := m_x(X)$, gilt:

(a) Die induzierte Abbildung $\pi : \tilde{X} \to X$ ist ein Isomorphismus außerhalb von x.
(b) $\pi^{-1}(x) = \{x_1, \ldots, x_s\}$, wobei $x_i = (x_{i1}, x_{i2}) \in \mathbb{P}_k^1$ für $i = 1, \ldots, s$ exakt die Nullstellen von $f_m(\eta_1, \eta_2)$ sind.
(c) Weiterhin gilt $m_{x_i}(\tilde{X}) \leq I(x_i, \tilde{X} \cap E) = r_i$, wobei E die exzeptionelle Faser ist und r_i die Multiplizität der Tangente $(x_{i2}\xi_1 - x_{i1}\xi_2)$ von X in x ist.
(d) Ist $V(\xi_2)$ keine Tangente an X in x, so gilt $\xi_2^{m-1}\mathcal{O}_{\tilde{X}}(\tilde{U}) \subset \mathcal{O}_X(U)$, wobei $U \subset X$ eine offene affine Umgebung von x und $\tilde{U} := \pi^{-1}(U)$ ist.
(e) $\mathcal{O}_{\tilde{X}}(\tilde{U})$ ist ein endlicher $\mathcal{O}_X(U)$-Modul für alle offenen affinen Teilmengen $U \subset X$.

Beweis. (a) ist klar und (b) folgt aus den Darstellungen von $\tilde{f}$ bzw. $\tilde{g}$.

(c) Ohne Einschränkung sei $V(\xi_2)$ nicht tangential an X in x . Dann gilt nach den Eigenschaften der Schnittzahl 8.1.7/4. bzw. 6. bzw. 7.

$$m_{x_i}(\tilde{X}) \le I(x_i, \tilde{f} \cap \xi_2) = I(x_i, f_m(\zeta_1, 1) \cap \xi_2) = r_i \ .$$

(e) Nach einer Variablentransformation können wir annehmen, dass $V(\xi_2)$ keine Tangente an X in x ist. Dann gilt $f_m(1,0) \ne 0$. Somit erfüllt

$$h := \sum_{i \ge m} \alpha_{i,0} \xi_1^{i-m} \Big|_X \in \mathcal{O}_X$$

die Bedingung $h(x) = \alpha_{m,0} = f_m(1,0) \ne 0$. Nun erzeugt ζ_1 die $\mathcal{O}_X$-Algebra $\mathcal{O}_{\tilde{X}}$ in der Umgebung $X - V(h)$, welche x enthält. Wegen $\xi_1 = \zeta_1 \cdot \xi_2$ gilt nun

$$\xi_2^{m-1} \zeta_1^i = \xi_1^i \xi_2^{m-1-i} \in \mathcal{O}_X \quad \text{für} \quad 0 \le i \le m - 1 \ .$$

Dann erfüllt ζ_1 eine Ganzheitsgleichung vom Grad m über X ; nämlich

$$
\begin{aligned}
\tilde{f} \ &= \ \sum_{i+j \ge m} \alpha_{i,j} (\zeta_1 \xi_2)^i \xi_2^{j-m} = \sum_{i+j \ge m} \alpha_{i,j} \zeta_1^{m-j} \xi_1^{i+j-m} \\
&= \ \left(\sum_{i \ge m} \alpha_{i,0} \xi_1^{i-m} \right) \zeta_1^m + \sum_{j=1}^{m-1} \left(\sum_{i \ge m-j} \alpha_{i,j} \xi_1^{i+j-m} \right) \zeta_1^{m-j} + \\
&\qquad\qquad + \sum_{j \ge m} \left(\sum_{i \ge m-j} \alpha_{i,j} \xi_1^i \right) \xi_2^{j-m}
\end{aligned}
$$

wobei man $\xi_1 = \zeta_1 \xi_2$ ausgenutzt hat. Man beachte, dass $\tilde{f} = 0$ auf $\tilde{X}$ gilt und dass der Koeffizient von ζ_1^m in x invertierbar ist.

(d) Da $V(\xi_2)$ keine Tangente an X in x ist, erfüllt ζ_1 eine Ganzheitsgleichung vom Grad m nach dem Beweis zu (e). Weiterhin gilt $\xi_2^{m-1} \zeta_1^i = \xi_1^i \xi_2^{m-1-i} \in \mathcal{O}_X$ für $0 \le i \le m-1$. Daraus folgt die Behauptung (d). $\qquad\square$

Für den Fall eines gewöhnlichen Mehrfachpunktes stellen wir die spezielleren Ergebnisse zusammen.

Notiz 8.2.2 In obiger Situation sei zusätzlich x ein gewöhnlicher Mehrfachpunkt. Dann gilt:

(a) $\tilde{X}$ ist in jedem Punkt x_i über x glatt.

(b) Das maximale Ideal $\mathfrak{m}_x$ zu x wird auf $\tilde{X}$ lokal zu einem Hauptideal und definiert dort somit einen Divisor x . Die Multiplizität des Divisors x auf $\tilde{X}$ ist 1 in jedem Punkt x_i über x . Ist ξ_i nicht Tangenete an X in x , so ist ξ_i lokaler Parameter in jedem $\tilde{x} \in \tilde{X}$ über x .

(c) Über x liegen genau $m_x(X)$ paarweise verschiedene Punkte.

(d) Ist $V(\xi_2)$ keine Tangente, so gilt

$$\operatorname{ord}_{x_i}^{\tilde{X}} \left(\frac{\partial f}{\partial \xi_1} \right) = m_x(X) - 1 \ .$$

Beweis. (a) folgt aus 8.2.1/(c).

(b) Das maximale Ideal $\mathfrak{m}_x$ zu x wird auf $\tilde{X}$ lokal zu einem Hauptideal, das von ξ_1 bzw. ξ_2 erzeugt werden kann. Dann folgt (b) aus 8.2.1/(c).

(c) folgt aus 8.2.1/(b).

(d) Man hat die Produktzerlegung $f_m = \prod_{j=1}^{m}(x_{j2}\xi_1 - x_{j1}\xi_2)$ mit paarweise verschiedenen Linearfaktoren, da x ein gewöhnlicher Mehrfachpunkt ist. Da $V(\xi_2)$ keine Tangente ist, gilt $x_{j2} \neq 0$ für alle $j = 1, \ldots, m$. Wegen $\xi_1 = \zeta_1 \cdot \xi_2$ hat man

$$\frac{\partial f}{\partial \xi_1}(\zeta_1\xi_2,\xi_2) = \xi_2^{m-1} \cdot \left(\sum_{i=1}^{m} x_{i2} \prod_{j \neq i}(x_{j2}\zeta_1 - x_{j1}) + \text{ höhere Terme} \right).$$

Der Klammerausdruck verschwindet nicht in x_i ; dort ist $\zeta_1(x_i) = x_{i1}/x_{i2}$. Denn es gilt für die Nullstellen $x_{i1}/x_{i2} \neq x_{j1}/x_{j2}$ für $i \neq j$. Nun ist $\mathrm{ord}_{x_i}^{\tilde{X}}(\xi_2) = 1$ nach 8.2.1/(c). Daraus folgt die Behauptung. $\qquad\square$

Lemma 8.2.3 *Es sei* $X = V(F) \subset \mathbb{P}_k^2$ *eine irreduzible Kurve. Es sei* $x \in X$ *ein gewöhnlicher Mehrfachpunkt der Ordnung* m *. Es seien* $x_1, \ldots, x_m \in \tilde{X}$ *die Punkte über* x *in der Aufblasung* $\tilde{X}$ *von* X *in* x *. Es seien* $G, H \in k[\xi_0, \xi_1, \xi_2]$ *Formen. Dann ist die Bedingung 8.1.1(b) im Punkt* x *erfüllt, wenn*

$$\mathrm{ord}_{x_i}^{\tilde{X}}(H) \geq \mathrm{ord}_{x_i}^{\tilde{X}}(G) + m - 1$$

für alle i *gilt. Dabei ist* $\mathrm{ord}_{\tilde{x}}^{\tilde{X}}(H)$ *für eine Form* H *durch* $\mathrm{ord}_{\tilde{x}}^{\tilde{X}}(H/\xi^{\deg(H)})$ *definiert, wobei* ξ_i *eine Koordinate mit* $\xi_i(x) \neq 0$ *ist.*

Beweis. Ohne Einschränkung sei $\xi_0(x) \neq 0$ und $V(\xi_2)$ schneide X transversal in x . Im Folgenden bezeichnen ζ_1, ζ_2 die Koordinaten auf $\mathbb{P}_k^2 - V(\xi_0)$. Nach Voraussetzung gilt

$$\zeta_2^{1-m} \cdot \frac{H(1,\zeta_1,\zeta_2)}{G(1,\zeta_1,\zeta_2)} \in \mathcal{O}_{\tilde{X},x_i} \quad \text{für} \quad i = 1, \ldots, m \ .$$

Nach Notiz 8.2.1(d) folgt dann

$$\zeta_2^{m-1} \cdot \left(\zeta_2^{1-m} \frac{H(1,\zeta_1,\zeta_2)}{G(1,\zeta_1,\zeta_2)} \right) \in \mathcal{O}_{X,x} \ .$$

Also gilt

$$\frac{H}{\xi_0^{\deg H}} \in \mathcal{O}_{\mathbb{P}_k^2,x}\left(\frac{F}{\xi_0^{\deg F}}, \frac{G}{\xi_0^{\deg G}} \right) \ ,$$

weil $\mathcal{O}_{X,x} = \mathcal{O}_{\mathbb{P}_k^2,x}/(F/\xi_0^{\deg F})$ gilt. $\qquad\square$

Lemma 8.2.4 *Es sei* $X = V(F) \subset \mathbb{P}_k^2$ *eine irreduzible Kurve, die als Singularitäten höchstens gewöhnliche Mehrfachpunkte hat. Für die Koordinate* ξ_0 *gelte, dass* $V(\xi_0)$ *die Kurve* X *transversal in den einfachen Punkten* $x_1, \ldots, x_n$ *schneide. Es* *sei* $\pi : \tilde{X} \to X$ *die Aufblasung von* X *in seinen singulären Punkten, also die Desingularisierung von* X *. Für* $m \in \mathbb{N}$ *setze*

$$E_m := m \cdot (\tilde{x}_1 + \ldots + \tilde{x}_n) - \sum_{y \in \tilde{X}} (m_{\pi(y)}(X) - 1) \cdot y \ ,$$

wobei $\tilde{x}_1, \ldots, \tilde{x}_n \in \tilde{X}$ *die eindeutig bestimmten Punkte mit* $\pi(\tilde{x}_i) = x_i$ *für* $i = 1, \ldots, n$ *sind. Dann ist jedes* $a \in L(\tilde{X}, E_m)$ *von der Form* $a = A/\xi_0^m$ *für eine Form* A *vom Grad* m *.*

Beweis. Jedes $a \in L(E_m)$ ist von der Form H/G mit Formen H , G gleichen Grades. Dann erfüllen $\xi_0^m H$ und G die Noetherbedingung 8.1.1/(b) nach Lemma 8.2.3. Also findet man Formen A und B mit $\xi_0^m H = AG + BF$ nach Satz 8.1.1. Insbesondere ist $\deg(A) = m$. Dann ist $a = A/\xi_0^m$. $\qquad\square$

Definition 8.2.5 Es sei $X = V(F) \subset \mathbb{P}_k^2$ eine irreduzible Kurve, die als Singularitäten höchstens gewöhnliche Mehrfachpunkte hat. Dann definiert man für eine Form G , die keine Komponente mit F gemeinsam hat, den *Divisor der Form* G durch

$$\mathrm{div}(G) = \sum_{y \in \tilde{X}} \mathrm{ord}_y^{\tilde{X}}(G) \cdot y \ .$$

Dabei ist $\tilde{X}$ die Aufblasung von X in allen Singularitäten und $\mathrm{ord}_y^{\tilde{X}}(G) = \mathrm{ord}_y^{\tilde{X}}(g)$ die Ordnung im diskreten Bewertungsring $\mathcal{O}_{\tilde{X},y}$ der Funktion $g := G/H$, wobei H eine Form vom Grad $\deg(G)$ mit $H(\pi(y)) \neq 0$ ist. Insbesondere gilt $\mathrm{div}(G) \geq 0$.

Satz 8.2.6 (Noether) *Es sei* $X = V(F) \subset \mathbb{P}_k^2$ *eine irreduzible Kurve, die als Singularitäten höchstens gewöhnliche Mehrfachpunkte hat. Sei* $\pi : \tilde{X} \to X$ *die Aufblasung von* X *in allen Singularitäten. Dann setze*

$$E := \sum_{y \in \tilde{X}} \left(m_{\pi(y)}(X) - 1 \right) \cdot y \ .$$

Es seien D *und* D' *effektive äquivalente Divisoren auf* $\tilde{X}$ *. Ist* G *eine Form mit* $\mathrm{div}(G) = D + E + A$ *mit einem effektiven Divisor* A *, so existiert eine Form* G' *mit* $\mathrm{div}(G') = D' + E + A$ *und* $\deg G = \deg G'$ *.*

Eine Form mit $\mathrm{div}(G) \geq E$ *heißt auch zu* F *adjungierte Form.*

Beweis. Es gilt $D = D' - \mathrm{div}(h)$. Nun ist h ein Quotient H/H' von zwei Formen gleichen Grades. Also gilt $D + \mathrm{div}(H) = D' + \mathrm{div}(H')$. Dann folgt

$$\mathrm{div}(GH) = \mathrm{div}(H) + D + E + A = \mathrm{div}(H') + D' + E + A \geq \mathrm{div}(H') + E \ .$$

Nach Lemma 8.2.3 und Satz 8.1.1 existieren Formen F' und G' mit

$$GH = F'F + G'H' \ .$$

Sodann folgt $\mathrm{div}(G') = \mathrm{div}(GH) - \mathrm{div}(H') = D' + E + A$. Wegen $\deg H = \deg H'$ folgt auch $\deg G = \deg G'$. $\qquad\square$

8.2.2 *Cremona-Transformation*

Im Folgenden sei k ein algebraisch abgeschlossener Körper.

In diesem Abschnitt betrachten wir eine ebene projektiv-algebraische Kurve

$$X := V(F) \subset \mathbb{P}^2_k$$

die durch ein irreduzibles homogenes Polynom

$$F(\xi_0, \xi_1, \xi_2) = \sum_{i=0}^{n} F_i(\xi_1, \xi_2)\xi_0^{n-i} \in k[\xi_0, \xi_1, \xi_2]$$

gegeben ist, wobei $F_i(\xi_1, \xi_2) \in k[\xi_1, \xi_2]$ Formen vom Grad i sind. Weiterhin wollen wir die folgenden *Fundamentalpunkte*

$$x_0 := (1,0,0) \;,\; x_1 =: (0,1,0) \;,\; x_2 := (0,0,1) \in \mathbb{P}^2_k$$

und die *exzeptionellen Geraden*

$$L_0 := V(\xi_0) \;,\; L_1 := V(\xi_1) \;,\; L_2 := V(\xi_2) \subset \mathbb{P}^2_k$$

auszeichnen. Weiterhin sei

$$U := \mathbb{P}^2_k - V(\xi_0\xi_1\xi_2) = \mathbb{P}^2_k - (L_0 \cup L_1 \cup L_2) \;.$$

Dann betrachten wir den Morphismus

$$\varphi : \mathbb{P}^2_k - \{x_0, x_1, x_2\} \longrightarrow \mathbb{P}^2_k \;;\; (\xi_0, \xi_1, \xi_2) \longmapsto (\xi_1\xi_2 \,,\, \xi_0\xi_2 \,,\, \xi_0\xi_1) \;.$$

Dann ist $\varphi|_U : U \longrightarrow U$ ein Isomorphismus von U; denn in den inhomogenen Koordinaten $\eta_1 := \xi_1/\xi_0$, $\eta_2 := \xi_2/\xi_0$ gilt $\varphi(\eta_1, \eta_2) = (\eta_1^{-1}, \eta_2^{-1})$. Weiterhin gilt

$$\varphi|_U \circ \varphi|_U = \mathrm{id}_U$$

$$\varphi\left(\mathbb{P}^2_k - \{x_0, x_1, x_2\}\right) = U \cup \{x_0, x_1, x_2\}$$

$$\varphi^{-1}(x_0) = L_0 - \{x_1, x_2\}$$

$$\varphi(\overline{x_i, y_i}) = \overline{x_i, y_i'} \quad \text{für } y_i \in L_i \text{ und } y_i' = \iota(y_i) \text{ für } i = 0, 1, 2 \;,$$

wobei $\iota : L_0 \to L_0$ die Reziprokenabbildung $\iota(0, \lambda_1, \lambda_2) = (0, \lambda_2, \lambda_1)$ für $i = 0$ ist bzw. für $i = 1, 2$ analog definiert ist. $\overline{x, y}$ ist die Gerade durch x und y im $\mathbb{P}^2_k$. Genau genommen gilt nur $\varphi\left(\overline{x_i, y_i} - \{x_i\}\right) = \overline{x_i, y_i'} - \{\iota(y_i)\}$, jedoch setzt sich der Morphismus $\varphi|(\overline{x_i, y_i} - \{x_i\})$ auf die gesamte Gerade $\overline{x_i, y_i}$ fort.

Definition 8.2.7 Obiger Morphismus φ heißt *Cremona-Transformation* mit Zentrum $\{x_0, x_1, x_2\}$.

Sind $x_0, x_1, x_2 \in \mathbb{P}^2_k$ paarweise verschiedene Punkte, so kann man die Koordinaten ξ_0, ξ_1, ξ_2 des $\mathbb{P}^2_k$ natürlich so wählen, dass x_0, x_1, x_2 in genannter Form dargestellt werden können. Somit bekommt man zu jeder Wahl von drei paarweise verschiedenen Punkten eine Cremona-Transformation mit Zentrum $\{x_0, x_1, x_2\}$.

Ist nun $X = V(F)$ mit einer irreduziblen Form F, aber nicht eine der exzeptionellen Geraden, so ist $X \cap U$ offen und nicht leer. Insbesondere ist $F_n(\xi_1, \xi_2) \neq 0$. Dann ist das Urbild $\tilde{X}_U := \varphi^{-1}(X \cap U)$ eine irreduzible affine Kurve. Ihr Abschluss $\tilde{X} \subset \mathbb{P}^2_k$ ist eine projektiv-algebraische Kurve. Der Morphismus φ liefert einen birationalen Isomorphismus

$$\varphi : \tilde{X} - \{x_0, x_1, x_2\} \longrightarrow X .$$

Weiterhin ist $\tilde{\tilde{X}} = X$. Hat F den Totalgrad $\deg(F) = n$, so hat

$$\varphi^* F := F(\xi_1\xi_2, \xi_0\xi_2, \xi_0\xi_1) = \sum_{i=0}^{n} F_i(\xi_0\xi_2, \xi_0\xi_1) \cdot (\xi_1\xi_2)^{n-i}$$

den Totalgrad $2n$. Im Folgenden sei

$$r_i := m_{x_i}(X)$$

die Multiplizität von X in x_i für $i = 0, 1, 2$.

Man definiert:

X ist *in guter Position*, wenn keine exzeptionelle Gerade Tangente an X in einem fundamentalen Punkt ist.

X ist *in exzellenter Position*, wenn X in guter Position ist, X die Gerade L_0 transversal in n verschiedenen (einfachen) nichtfundamentalen Punkten schneidet sowie L_1 und L_2 transversal in jeweils $n - r_0$ (einfachen) nichtfundamentalen Punkten schneidet. Speziell ist $r_1 = r_2 = 0$.

Da die Anzahl der singulären Punkte von $X = V(F)$ endlich ist, kann man das *kombinatorische Geschlecht* definieren durch

$$\overline{g}(X) := \frac{(n-1)(n-2)}{2} - \sum_{x \in V(F)} \frac{m_x(m_x - 1)}{2} .$$

Nach Korollar 8.1.11 ist $\overline{g}(X) \geq 0$.

Lemma 8.2.8 *In obiger Situation gelten die folgenden Eigenschaften:*

1. *Es ist $\xi_0^{r_0}$ die höchste Potenz von ξ_0, die $\varphi^* F$ teilt.*

2. *Es gilt $\varphi^* F = \xi_0^{r_0} \xi_1^{r_1} \xi_2^{r_2} \cdot \tilde{F}$ mit einer irreduziblen Form $\tilde{F}$. Es ist $\tilde{X} = V(\tilde{F})$ und $\deg(\tilde{F}) = 2n - r_0 - r_1 - r_2$.*

3. $m_{x_0}(\tilde{X}) = n - r_1 - r_2$.

4. *Für $y_0 \in L_0 - \{x_1, x_2\}$ ist $\overline{x_0, y_0}$ genau dann tangential an X in x_0, wenn $y_0' := \iota(y_0)$ in $\tilde{X}$ liegt.*

5. *Ist X ist guter Position, so auch $\tilde{X}$.*

6. *Es sei X in guter Position. Ist $y \in L_0$, so gilt $m_y(\tilde{X}) \leq I(y, \tilde{F} \cap \xi_0)$ und*

$$\sum_{y \in L_0 - \{x_1, x_2\}} m_y(\tilde{X}) \leq \sum_{y \in L_0 - \{x_1, x_2\}} I(y, \tilde{F} \cap \xi_0) = r_0 .$$

7. *Es sei* X *in exzellenter Position. Dann gilt:*
(a) *Die singulären Punkte von* $\tilde{X} \cap U$ *korrespondieren isomorph zu den singulären Punkten von* $X \cap U$.
(b) x_0 , x_1 , x_2 *sind gewöhnliche Mehrfachpunkte von* $\tilde{X}$ *mit den Vielfachheiten* $m_{x_0}(\tilde{X}) = n$ *und* $m_{x_i}(\tilde{X}) = n - r_0$ *für* $i = 1, 2$.
(c) *Für* $i = 1, 2$ *besteht* $\tilde{X} \cap L_i$ *nur aus fundamentalen Punkten.*
(d) *Für das kombinatorische Geschlecht gilt*

$$\overline{g}(\tilde{X}) = \overline{g}(X) - \sum_{y \in L_0 - \{x_1, x_2\}} \frac{m_y(\tilde{X})(m_y(\tilde{X}) - 1)}{2} \ .$$

Beweis. 1. Wegen $m_{x_0}(X) = r_0$ gilt nach Definition der Multiplizität

$$F(\xi_0, \xi_1, \xi_2) = \sum_{i=r_0}^{n} F_i(\xi_1, \xi_2) \xi_0^{n-i} \ \text{und} \ F_{r_0} \neq 0 \ .$$

Also kann man in $\varphi^* F$ exakt den Faktor $\xi_0^{r_0}$ herausziehen.
2. folgt aus 1, weil $k[\xi_0, \xi_1, \xi_2]$ faktoriell ist.
3. Es gilt

$$(*) \quad \tilde{F} = \varphi^* F \cdot \xi_0^{-r_0} \xi_1^{-r_1} \xi_2^{-r_2} = \sum_{i=0}^{n-r_0} F_{r_0+i}(\xi_2, \xi_1) \xi_1^{(n-r_1-r_0-i)} \xi_2^{(n-r_2-r_0-i)} \xi_0^i \ .$$

Man betrachte nun in den inhomogenen Koordinaten $(\eta_1, \eta_2) := (\xi_1/\xi_0, \xi_2/\xi_0)$ die Entwicklung von

$$\frac{\tilde{F}}{\xi_0^{2n-r_0-r_1-r_2}} = \sum_{i=0}^{n-r_0} F_{r_0+i}(\eta_2, \eta_1) \cdot \eta_1^{(n-r_1-r_0-i)} \eta_2^{(n-r_2-r_0-i)} \ .$$

Der homogene Bestandteil niedrigsten Grades ist also $F_n(\eta_2, \eta_1) \cdot \eta_1^{-r_1} \eta_2^{-r_2}$. Somit ist die Multiplizität $n - r_1 - r_2$ in x_0 , weil $F_n \neq 0$ gilt, wie eingangs festgestellt wurde.
4. Es ist $\overline{x_0, y_0}$ genau dann Tangente an X in x_0 , wenn $F_{r_0}(y_0) = 0$ gilt. Es gilt $\tilde{F}(y_0') = F_{r_0}(y_0) \cdot y_{0,2}^{n-r_1-r_0} \cdot y_{0,1}^{n-r_2-r_0}$ nach Formel $(*)$. Wegen $y_0 \in L_0 - \{x_1, x_2\}$ ist somit $y_0' \in \tilde{X}$ genau dann, wenn $F_{r_0}(y_0) = 0$ gilt.
5. Es ist L_0 genau dann tangential an $\tilde{X}$ in x_1 , wenn $I(x_1, \tilde{F} \cap \xi_0) > m_{x_1}(\tilde{X})$ gilt; vgl. Satz 8.1.7/4. Also gilt dies wegen 3. genau dann, wenn

$$I\left(x_1, \left(F_{r_0}(\xi_2/\xi_1, 1) \cdot (\xi_2/\xi_1)^{n-r_2-r_0}\right) \cap (\xi_0/\xi_1)\right) > n - r_2 - r_0$$

oder äquivalent

$$I\left(x_1, (F_{r_0}(\xi_2/\xi_1, 1)) \cap (\xi_0/\xi_1)\right) > 0$$

oder äquivalent

$$F_{r_0}(0, 1) = 0$$

gilt. Es ist aber $L_1 = V(\xi_1)$ nicht tangential an X in x_0 , somit ist

$$I(x_0, F \cap \xi_1) = r_0 \ .$$

Nun hat man

$$\frac{F}{\xi_0^n} = \sum_{i=r_0}^{n} F_i(\xi_1/\xi_0,\, \xi_2/\xi_0) \ .$$

Wegen

$$r_0 = I(x_0, F \cap \xi_1) = \mathrm{ord}_{x_0}\left(F_{r_0}(0, \xi_2/\xi_0)\right)$$

folgt $F_{r_0}(0, \xi_2/\xi_0) \neq 0$. Letzteres ist wegen $F_{r_0}(0, \xi_2/\xi_0) = \alpha(\xi_2/\xi_0)^{r_0}$ für ein $\alpha \in k^\times$ gleichbedeutend mit $F_{r_0}(0, 1) \neq 0$. Insgesamt sehen wir, dass L_0 nicht tangential an $\tilde{X}$ in x_0 sein kann.

Für die übrigen Geraden folgt die Behauptung aus Symmetriegründen.

6. Die Behauptung $m_y(\tilde{X}) \leq I(y, \tilde{F} \cap \xi_0)$ folgt mit Satz 8.1.7/4. Mit der Darstellung $(*)$ von $\tilde{F}$ folgt

$$\sum_{y \in L_0 - \{x_1, x_2\}} I(y, \tilde{F} \cap \xi_0) = \sum_{y \in L_0 - \{x_1, x_2\}} I(y, F_{r_0}(\xi_1, \xi_2) \cap \xi_0) = r_0 \ .$$

Nach dem Satz von Bezout 8.1.10 ist die letzte Summe gleich r_0, weil x_1 und x_2 nach den Beweis zu 5. keine Nullstellen von F_{r_0} sind.

7. Die Aussage (a) ist trivial, weil $\varphi|_U$ ein Isomorphismus ist.

(b) Nach 3. gilt $m_{x_0}(\tilde{X}) = n$ wegen $r_1 = r_2 = 0$. Analog zeigt man $m_{x_i}(\tilde{X}) = n - r_0$ für $i = 1, 2$. Nun folgt die Behauptung aus der Geometrie der Abbildung φ. Das Bild einer Geraden $\overline{x_0, y_0}$ mit $y_0 \in L_0$ ist die Gerade $\overline{x_0, y_0'}$, wobei $y_0' := \iota(y_0) \in L_0$ der reziproke Punkt ist. Damit erhält man eine bijektive Korrespondenz auf der Menge der Geraden durch x_0, da jede solche Gerade die exzeptionelle L_0 in genau einem Punkt schneidet. Für $y_0 \in L_0$ ist $\overline{x_0, y_0}$ Tangente an $\tilde{X}$ in x_0 nur für $y_0 \in L_0 - \{x_1, x_2\}$ nach 5. Somit entsprechen nach 4. die Tangenten an $\tilde{X}$ genau den Geraden $\overline{x_0, y_0}$ mit $y_0 \in X \cap L_0$ wegen $\tilde{X} = X$. Da X in exzellenter Position ist, erhält man so exakt n paarweise verschiedene Tangenten an $\tilde{X}$ in x_0. Wegen $m_{x_0}(\tilde{X}) = n$ ist somit x_0 ein gewöhnlicher Mehrfachpunkt.

Für die Punkte x_1 und x_2 argumentiert man analog.

(c) Wegen $r_1 = r_2 = 0$ folgt die Behauptung aus 6.

(d) Man berechnet die Größen $\bar{g}$ wie folgt, indem man 7(a),(b) und (c) benutzt:

$$
\begin{aligned}
2\bar{g}(\tilde{X}) &= (2n - r_0 - 1)(2n - r_0 - 2) - n(n-1) + \\
&\quad -2 \cdot (n - r_0)(n - r_0 - 1) - S(U) - S(L_0 - \{x_1, x_2\}) \\
&= [(n-1)(n-2) - r_0(r_0 - 1) - S(U)] - S(L_0 - \{x_1, x_2\}) \\
&= 2\bar{g}(X) - \sum_{y \in L_0 - \{x_1, x_2\}} m_y(\tilde{X})(m_y(\tilde{X}) - 1)
\end{aligned}
$$

Dabei ist $S(U)$ der Beitrag der singulären Punkte aus U und $S(L_0 - \{x_1, x_2\})$ der Beitrag der nichtfundamentalen Punkte von $\tilde{X} \cap L_0$. $\qquad \square$

Satz 8.2.9 *Es sei $X \subset \mathbb{P}^2_k$ eine geometrisch irreduzible Kurve über einem perfekten, nicht notwendig algebraisch abgeschlossenen Körper k. Dann existiert nach einer endlichen Körpererweiterung von k eine endliche Folge von quadratischen Transformationen von $\mathbb{P}^2_k$, so dass die transformierte Kurve nur gewöhnliche Mehrfachpunkte als Singularitäten hat.*

Beweis. Da die Behauptung Grundkörpererweiterung erlaubt und die folgenden Überlegungen nur endlich viele Elemente des algebraischen Abschluss benutzt, können wir annehmen, dass k algebraisch abgeschlossen ist. Für eine Teilmenge $V \subset \mathbb{P}_k^2$ setze

$$S_X(V) := \{y \in V \cap X ; \; y \text{ nicht gewöhnlicher Mehrfachpunkt von } X\} \; ;$$

dabei wird ein einfacher Punkt von X auch als gewöhnlicher Mehrfachpunkt betrachtet. Man setze

$$r_X(V) := \sum_{y \in S_X(V)} m_y(X) \; .$$

Sei nun x_0 ein singulärer Punkt von $X = V(F)$, der nicht gewöhnlicher Mehrfachpunkt ist. Dann wählt man Punkte x_1 und x_2, so dass X in exzellenter Lage bezüglich der Punkte x_0, x_1, x_2 ist. Auf die Frage nach der Existenz solcher Punkte gehen wir weiter unten ein. Nun gilt mit $U := \mathbb{P}_k^2 - (L_0 \cup L_1 \cup L_2)$

$$r_X(X) = r_0 + r_X(U).$$

Nun unterwerfen wir die Kurve $X = V(F)$ der Cremona-Transformation, die durch die Punkte x_0, x_1, x_2 gegeben wird. Dadurch erhalten wir eine zu X birational äquivalente Kurve $\tilde{X} = V(\tilde{F})$. Nach Lemma 8.2.8/7(a) gilt

$$r_{\tilde{X}}(U) = r_X(U) \; .$$

Nach Lemma 8.2.8/7(b) und (c) gilt

$$S_{\tilde{X}}(\tilde{X}) \subset S_{\tilde{X}}(U) \cup S_{\tilde{X}}(L_0 - \{x_1, x_2\}) \; .$$

Also folgt nach Lemma 8.2.8/6

$$r_{\tilde{X}}(\tilde{X}) = r_{\tilde{X}}(U) + r_{\tilde{X}}(L_0) \le r_X(U) + r_0 = r_X(X).$$

Ist $S_{\tilde{X}}(L_0) = S_{\tilde{X}}(L_0 - \{x_1, x_2\}) \ne \emptyset$, so gilt nach Lemma 8.2.8/7(d)

$$\overline{g}(\tilde{X}) = \overline{g}(X) - \sum_{y \in L_0 - \{x_1, x_2\}} \frac{m_y(\tilde{X})(m_y(\tilde{X}) - 1)}{2} < \overline{g}(X) \; .$$

Ist $S_{\tilde{X}}(L_0) = \emptyset$, so ist $r_{\tilde{X}}(L_0) = 0 < r_0$. Also $r_{\tilde{X}}(\tilde{X}) < r_X(X)$ und $\overline{g}(\tilde{X}) \le \overline{g}(X)$. Also wird durch diesen Prozess die Summe $r_X(X) + \overline{g}(X)$ um mindestens 1 reduziert. Weil nach Korollar 8.1.11 das kombinatorische Geschlecht durch 0 nach unten begrenzt ist, erhält man so nach endlich vielen Schritten eine zu X birational äquivalente Kurve, die nur gewöhnliche Mehrfachpunkte als Singularitäten hat. $\qquad\square$

Im Folgenden wollen wir uns mit der Existenz von Punkten in exzellenter Lage zu einer gegebenen Kurve beschäftigen. Im Fall der Charakteristik 0 ist das Problem leicht zu lösen, während es in positiver Charakteristik etwas schwieriger ist.

Lemma 8.2.10 *Es sei k ein Körper der Charakteristik 0. Es sei $F \in k[\xi_0, \xi_1, \xi_2]$ eine irreduzible Form vom Grad n mit Multiplizität $m \ge 1$ in $x_0 = (1, 0, 0)$. Dann existieren rationale Punkte $x_1, x_2 \in \mathbb{P}_k^2 - \{x_0\}$ derart, dass F in exzellenter Position bezüglich der Punkte x_0, x_1, x_2 ist.*

Beweis. Wir betrachten die Entwicklung

$$F = \sum_{i=m}^{n} F_i(\xi_1, \xi_2)\xi_0^{n-i}$$

von F nach ξ_0 . Es ist $F_m(\xi_1, \xi_2) \neq 0$, weil die Multiplizität in x_0 gleich m ist. Also ist $F(1, \xi_2) \neq 0$. Insbesondere existieren nun Werte $\alpha \in k$ mit $F(1, \alpha) \neq 0$. Für $\alpha \in k$ betrachte man die Verbindungsgerade $L_\alpha = \overline{x_0, y_\alpha}$ mit $y_\alpha = (0, 1, \alpha)$. Dann gilt

$$G_\alpha(t) := F\,|\,L_\alpha = \sum_{i=m}^{n} F_i(1, \alpha)t^{n-i} = F_m(1, \alpha) \cdot t^{n-m} + \ldots + F_n(1, \alpha)$$

wobei t ein Parameter von L_α in der Form $(t, 1, \alpha)$ ist. Ist $F(1, \alpha) \neq 0$, so trifft L_α genau dann F transversal in $(n - m)$ Punkten außerhalb x_0 , wenn $V(F, \partial F/\partial \xi_0) \cap L_\alpha = \{x_0\}$ gilt. Das ist offenbar richtig, weil

$$\frac{dG_\alpha(t)}{dt}(\tau) = \frac{\partial F(\xi_0, \xi_1, \xi_2)}{\partial \xi_0}(1, \alpha, \tau)$$

gilt und die Schnittzahl von F mit L_α genau n ist. Nun ist $\partial F/\partial \xi_0 \neq 0$ wegen $\mathrm{char}(k) = 0$. Also besteht $V(F, \partial F/\partial \xi_0)$ nur aus endlich vielen Punkten. Somit kann man zwei Geraden L_1 und L_2 durch x_0 sowie eine dritte Gerade L_0 mit $x_0 \notin L_0$ finden, die $V(F)$ in n Punkten transversal schneidet. Die Punkte x_1 und x_2 sind die Schnittpunkte von L_0 mit L_2 bzw. L_1 . $\qquad\square$

Im Fall $\mathrm{char}(k) = p > 0$ müssen wir etwas weiter ausholen.

Ein Punkt $x \in X = V(F)$ der Multiplizität m auf einer Kurve X vom Grad n heißt *ungeeignet für eine Cremona-Transformation* von X , wenn durch x unendlich viele Geraden L existieren, die X in weniger als $(n - m)$ Punkten schneiden. Wie aus dem Beweis zu Lemma 8.2.10 folgt, gilt dann notwendig $p\,|\,(n - m)$.

Lemma 8.2.11 *Es sei k ein algebraisch abgeschlossener Körper der positiven Charakteristik p . Weiterhin sei $F \in k[\xi_0, \xi_1, \xi_2]$ eine irreduzible Form vom Grad n und $X = V(F) \subset \mathbb{P}_k^2$. Dann gilt:*
(a) Es gibt höchstens einen ungeeigneten Punkt in X .
(b) Es existieren Geraden im $\mathbb{P}_k^2$, die X in n Punkten transversal schneiden.

Beweis. Wir bezeichnen mit $\mathbb{P}_k^{2*}$ die Menge der Hyperebenen im k^3 durch 0 . Man hat die bijektive Zuordnung

$$\mathbb{P}_k^2 \longrightarrow \mathbb{P}_k^{2*} \; ; \; x := (x_0, x_1, x_2) \longmapsto \mathrm{Ker}(\ell_x)$$

dabei ist $\ell_x := x_0 X_0 + x_1 X_1 + x_2 X_2$ die Linearform, deren Koeffizienten die Koordinaten des Punktes x sind. Man überlegt sich leicht, dass somit $\mathbb{P}_k^{2*}$ genau der Menge der Geraden im $\mathbb{P}_k^2$ entspricht. Weiterhin macht man sich schnell klar, dass die Menge der Geraden durch einen Punkt $y := (y_0, y_1, y_2)$ genau einer Geraden im $\mathbb{P}_k^{2^*}$ entspricht; nämlich der Nullstellenmenge der Geradengleichung $\eta_0 y_0 + \eta_1 y_1 + \eta_2 y_2 = 0$. Zum Beweis des Lemmas benötigen wir die duale Kurve $X^* = V(F^*)$ zu X. Ohne Einschränkung gilt $n = \deg(F) \geq 2$. Bezeichnen wir mit X_{ns} den nichtsingulären Ort von X; das ist das Komplement von X nach einer endlichen Menge. Auf X_{ns} hat man die Tangentenabbildung

$$dF : X_{ns} \longrightarrow \mathbb{P}_k^{2^*} \; ; \; x \mapsto \left(\frac{\partial F}{\partial \xi_0}(x), \frac{\partial F}{\partial \xi_1}(x), \frac{\partial F}{\partial \xi_2}(x) \right) \; ,$$

die einem Punkt $x \in X$ die Tangente an X in x zuordnet. Zur Beschreibung des Bildes von dF benutzen wir das homogene Ideal

$$I := \mathrm{Ker}\left(k[\eta_0, \eta_1, \eta_2] \longrightarrow k[\xi_0, \xi_1, \xi_2]/(F) \right) \; ; \; \eta_i \mapsto \overline{\partial F/\partial \xi_i} \quad \mathrm{mod} \; F \; .$$

Da F irreduzibel ist, ist I ein Primideal. Wie im Beweis zu Korollar 8.1.11 ausgeführt ist, ist das totale Differential $dF \not\equiv 0$ und somit auch $dF \not\equiv 0 \mod F$, weil F irreduzibel und $\deg(dF) < \deg(F)$ ist. Somit ist $I \neq (\eta_0, \eta_1, \eta_2)$. Würde $V(I)$ aus einem Punkt $\{(z_0, z_1, z_2)\}$ bestehen, so würde $\partial F/\partial \xi_i = z_i + a_i F$ mit einem $a_i \in k[\xi_0, \xi_1, \xi_2]$ gelten. Mit dem Satz von Euler

$$\deg(F) \cdot F = \sum_{i=0}^{2} \frac{\partial F}{\partial \xi_i} \cdot \xi_i$$

würde dann aus Gradgründen folgen

$$\deg(F) \cdot F = \sum_{i=0}^{2} z_i \cdot \xi_i + a_i F \cdot \xi_i = \sum_{i=0}^{2} z_i \cdot \xi_i \; .$$

Also würde F die Form $z_0 \xi_0 + z_1 \xi_1 + z_2 \xi_2$ teilen; das ist wegen $n \geq 2$ ausgeschlossen. Somit ist $V(I)$ eine irreduzible Kurve in $\mathbb{P}_k^2$, die man in der Form $V(I) = V(F^*)$ mit einer Form F^* beschreiben kann. Für $H \in I$ gilt

$$H\left(\frac{\partial F}{\partial \xi_0}, \frac{\partial F}{\partial \xi_1}, \frac{\partial F}{\partial \xi_2} \right) = G \cdot F \; ,$$

also gilt $H(dF(x)) = 0$ für alle $x \in X = V(F)$. Folglich gilt $dF(X_{ns}) \subset V(I)$.

Ist nun x_0 ein ungeeigneter Punkt für X mit Multiplizität m, so ist $V(I)$ eine Gerade. Denn $dF(X_{ns})$ enthält unendlich viele Punkte einer Geraden; nämlich alle Punkte in $\mathbb{P}_k^{2^*}$, die Geraden durch x_0 entsprechen und X in weniger als $n - m$ Punkten schneiden. Weil $dF(X_{ns}) \subset V(I)$ gilt und $V(I)$ irreduzibel ist, ist $V(I)$ eine Gerade. Da die Geraden von $\mathbb{P}_k^{2^*}$ eineindeutig den Punkten von $\mathbb{P}_k^2$ entsprechen, kann es höchstens einen ungeeigneten Punkt für X geben. Die zweite Behauptung ist eine Folge der ersten Aussage. $\qquad\qquad\Box$

Nun zum *Beweis von Satz 8.2.9 im Fall positiver Charakteristik* des Grundkörpers.

Ist x ein ungeeigneter Punkt von X, so wähle man gute Geraden L_0, L_1, L_2, die X jeweils in n Punkten transversal schneiden und x nicht treffen, so dass die Schnittpunkte $L_0 \cap L_i$ nicht zu X für $i = 1, 2$ gehören. Solche existieren nach dem Lemma 8.2.11. Dann betrachte man die Cremona-Transformation zu diesen Geraden. Sei $\{x_0\} = L_1 \cap L_2$ der Schnittpunkt der Geraden L_1 und L_2. Es sei $r := m_{x_0}(F)$. Damit bekommt man eine transformierte Gleichung $\tilde{F}$, die birational äquivalent zu F ist. Dann gilt $n' := \deg(\tilde{F}) = 2n - r$. Wegen $n \equiv m \mod p$ gilt

$$n' - m = 2n - r - m \equiv n - r \mod p \ .$$

Wählt man x_0 derart, dass $r = 0$ oder $r = 1$ ist, so erhält man $n' - m \not\equiv 0 \mod p$. Somit ist der zu x korrespondierende Punkt $\tilde{x}$ nicht mehr ungeeignet. Man beachte, dass bei dieser Transformation auch die Abschätzung

$$r_{\tilde{X}}(X) + \overline{g}(\tilde{X}) \leq r_X(X) + \overline{g}(X)$$

gilt. Daher kann man wie im Beweis zu Satz 8.2.9 fortfahren. $\qquad\square$

8.2.3 *Nichtsinguläre Modelle*

Zunächst soll der Zusammenhang zwischen der Punktmenge einer glatten projektiv-algebraischen Kurve und den diskreten Bewertungen seines Funktionenkörpers geklärt werden. Wir werden im Folgenden den Begriff des Morphismus von algebraischen Varietäten benutzen. In voller Allgemeinheit findet sich die Definition in B.1.8. Meistens reicht hier schon die Vorstellung aus, dass ein Morphismus lokal eine polynomiale Abbildung von einer affin-algebraischen Menge in eine andere ist; vgl. Satz B.1.2. Im Folgenden sei k ein beliebiger perfekter Körper.

Satz 8.2.12 *Es sei X eine irreduzible projektiv-algebraische Kurve. Es sei $L \supset k(X)$ eine Körpererweiterung seines Funktionenkörpers. Weiterhin sei $R \subset L$ ein diskreter Bewertungsring von L mit $k \subset R$ und $k(X) \not\subset R$. Dann existiert genau ein $x \in X$ mit $\mathcal{O}_{X,x} \subset R$. Ist X glatt in x, so gilt $k(X) \cap R = \mathcal{O}_{X,x}$.*

Beweis. Es sei X eine Untervarietät von $\mathbb{P}_k^n$. Es sei $\mathrm{ord} : L \to \mathbb{Z}$ die Bewertungsfunktion zu R. Seien nun $\xi_0, \ldots, \xi_n$ die Koordinaten des $\mathbb{P}_k^n$. Ohne Einschränkung sei X in keiner linearen Untervarietät von $\mathbb{P}_k^n$ enthalten; somit definieren alle Quotienten ξ_i/ξ_j nicht verschwindende rationale Funktionen auf X. Ohne Einschränkung sei

$$\mathrm{ord}(\xi_1/\xi_0) = \mathrm{Max}\{\mathrm{ord}(\xi_i/\xi_j) \ ; \ i, j \in \{0, \ldots, n\}\} \ .$$

Dann gilt

$$\mathrm{ord}(\xi_i/\xi_0) = \mathrm{ord}(\xi_1/\xi_0) - \mathrm{ord}(\xi_1/\xi_i) \geq 0 \ ,$$

also $\xi_1/\xi_0, \ldots, \xi_n/\xi_0 \in R$. Somit ist $\mathcal{O}_X(X \cap U_0) \subset R$, wobei $U_0 := \mathbb{P}_k^n - V(\xi_0)$ ist. Ist $\mathfrak{m} \subset R$ das maximale Ideal von R, so ist

$$\mathfrak{m}_x := \mathfrak{m} \cap \mathcal{O}_X(X \cap U_0)$$

ein Primideal. Wäre $\mathfrak{m}_x = 0$, so wäre $k(X) \subset R$. Also gilt $\mathfrak{m}_x \neq 0$. Da $\mathcal{O}_X(X \cap U_0)$ ein Ring der Dimension 1 ist, ist $\mathfrak{m}_x$ ein maximales Ideal von $\mathcal{O}_X(X \cap U_0)$ und korrespondiert somit zu einem abgeschlossenen Punkt $x \in X \cap U_0$. Dann gilt offenbar $\mathcal{O}_{X,x} \subset R$. Ist X in x glatt, so ist $\mathcal{O}_{X,x}$ ein diskreter Bewertungsring nach Satz 8.1.5. Also ist $\mathcal{O}_{X,x} \subset k(X) \cap R$ eine Inklusion von diskreten Bewertungsringen von $k(X)$. Folglich gilt Gleichheit.

Die Eindeutigkeit ist trivial. Wären $x_1, x_2 \in X$ mit $\mathcal{O}_{X,x_i} \subset R$ und $x_1 \neq x_2$, so gäbe es eine rationale Funktion $f \in k(X)$ mit $f(x_1) = 0$ und $f(x_2) \neq 0$. Dann wäre $\mathrm{ord}(f) \geq 1$ wegen $f \in \mathfrak{m}_{x_1} \subset \mathfrak{m}$, wobei $\mathfrak{m}_{x_1}$ das maximale Ideal von $\mathcal{O}_{X,x_1}$ bzw. $\mathfrak{m}$ das maximale Ideal von R ist. Andererseits wäre $f \in \mathcal{O}_{X,x_2}^{\times}$; also auch in $R^{\times}$ und damit $\mathrm{ord}(f) = 0$. Das ist aber nicht möglich. $\qquad\square$

Korollar 8.2.13 *Es sei X eine glatte zusammenhängende projektiv-algebraische Kurve. Dann entsprechen die abgeschlossenen Punkte $x \in X$ eineindeutig den diskreten Bewertungsringen R des Funktionenkörpers $k(X)$ mit $k \subset R$. Mit anderen Worten, jeder solche Bewertungsring ist von der Form $R = \mathcal{O}_{X,x}$ und jede Bewertung auf $k(X)$, die auf k trivial ist, ist von der Form ord_x .*

Definition 8.2.14 Eine *rationale Abbildung* $\varphi : X \dashrightarrow Y$ zwischen reduzierten Varietäten ist ein Morphismus $\varphi : U \longrightarrow Y$, der auf einer offenen dichten Teilmenge $U \subset X$ definiert ist. Zwei rationale Abbildungen φ und $\tilde{\varphi}$ heißen gleich, wenn sie auf einer offenen dichten Teilmenge von X übereinstimmen. Genauer ist eine rationale Abbildung also eine Äquivalenzklasse von Morphismen $\varphi : U \longrightarrow Y$, wobei U eine offene dichte Teilmengen von X ist.

Korollar 8.2.15 *Jede rationale Abbildung $\varphi : X \dashrightarrow \mathbb{P}_k^n$ von einer glatten Kurve in einen projektiven Raum ist ein Morphismus. Insbesondere ist jede rationale Abbildung $\varphi : X \dashrightarrow Y$ in eine projektiv-algebraische Kurve ein Morphismus; sie ist also in jedem Punkt von X definiert. Speziell liefert jede rationale Funktion $f \in k(X)$ einen Morphismus $f : X \to \mathbb{P}_k^1$.*

Beweis. Sei $x \in X$ ein abgeschlossener Punkt. Nach Satz 8.1.5 ist $\mathcal{O}_{X,x}$ ein diskreter Bewertungsring von $k(X)$. Wie im Beweis zu Satz 8.2.12 zeigt man, dass nach geeigneter Umnummerierung der Koordinaten $\xi_0, \ldots, \xi_n$ des $\mathbb{P}_k^n$ alle zurückgezogenen Funktionen $\varphi^*(\xi_i/\xi_0) \in \mathcal{O}_{X,x}$ sind. Dann ist $\varphi : X \dashrightarrow \mathbb{P}_k^n$ im Punkt x definiert. $\qquad\square$

Beispiel 8.2.16 Es sei $X \subset \mathbb{P}_k^2$ eine irreduzible projektiv-algebraische Kurve über einem algebraisch-abgeschlossenen Körper, die höchstens gewöhnliche Mehrfachpunkte als Singularitäten hat. Es sei $\pi : \tilde{X} \to X$ die Aufblasung von X in seinen singulären Punkten, somit ist $\tilde{X}$ glatt nach Notiz 8.2.2. Eine Cremona-Transformation mit Zentrum $\{x_0, x_1, x_2\}$ liefert eine rationale Abbildung $\varphi : X \dashrightarrow X'$. Somit ist auch $\varphi \circ \pi : X \dashrightarrow X'$ eine rationale Abbildung. Da $\tilde{X}$ glatt ist, ist $\varphi \circ \pi$ überall definiert und ist somit ein Morphismus $\varphi \circ \pi : \tilde{X} \to X'$ nach Korollar 8.2.15. Nun betrachten wir die Punkte $\tilde{x}_1, \ldots, \tilde{x}_r \in \tilde{X}$ über x_0 und wollen die Bilder dieser Punkte bestimmen; insbesondere wenn x_0 ein singulärer Punkt ist. Dazu seien die Koordinaten so gewählt, dass $x_0 = (1, 0, 0)$, $x_1 = (0, 1, 0)$, $x_2 = (0, 0, 1)$ und

$$X \cap U_0 = V(f) \subset U_0 := \mathbb{P}_k^2 - V(\xi_0) \ .$$

Es sei

$$f = f_r(\zeta_1, \zeta_2) + \ldots + f_n(\zeta_1, \zeta_2)$$

die Entwicklung von f nach homogenen Bestandteilen in den inhomogenen Koordinaten ζ_1, ζ_2 auf U_0. Nun gilt

$$f_r(\zeta_1, \zeta_2) = \prod_{i=1}^{r} (\tilde{x}_{i,2}\zeta_1 - \tilde{x}_{i,1}\zeta_2) \ .$$

Da x_0 ein gewöhnlicher Mehrfachpunkt ist, liegen exakt r Punkte $\tilde{x}_1 \ldots, \tilde{x}_r \in \tilde{X}$ über x_0, die durch $\tilde{x}_i := (\tilde{x}_{i,1}, \tilde{x}_{i,2})$ bezüglich geeigneter Koordinatenfunktionen gegeben werden, vgl. Notiz 8.2.2. Nun ist $\varphi^*(\zeta_i^{-1}) = \zeta_i$ und daher gilt

$$\frac{\zeta_1}{\zeta_2}\left((\varphi \circ \pi)(\tilde{x}_i)\right) = (\varphi \circ \pi)^*\left(\frac{\zeta_1}{\zeta_2}\right)(\tilde{x}_i) = \pi^*\left(\frac{\zeta_2}{\zeta_1}\right)(\tilde{x}_i) = \frac{\tilde{x}_{i,2}}{\tilde{x}_{i,1}} \ .$$

Der Punkt $\tilde{x}_i$ wird somit auf den Punkt $x_i' := (0, \tilde{x}_{i,2}, \tilde{x}_{i,1})$ abgebildet. Insbesondere sind die Bildpunkte von $\tilde{x}_i$ für $i = 1, \ldots, r$ paarweise verschieden und somit auch glatte Punkte von X', wenn X in guter Position ist, wie mit Lemma 8.2.8/6 folgt. Ist X in exzellenter Position, so hat X' auch nur gewöhnliche Mehrfachpunkte als Singularitäten. Weiterhin kann man den Morphismus $\varphi \circ \pi : \tilde{X} \to X'$ als Aufblasung von X' in seinen singulären Punkten betrachten, weil der birationale Morphismus von $\tilde{X} \dashrightarrow \tilde{X}'$ von $\tilde{X}$ in die Aufblasung $\tilde{X}' \to X'$ von X' nach Korollar 8.2.15 ein Morphismus und damit auch ein Isomorphismus ist.

Insbesondere folgt im Hinblick auf Satz 8.2.21, dass man eine glatte projektiv-algebraische Kurve $\tilde{X}$ mit einem gegebenen Punkt $x_0 \in \tilde{X}$ als Aufblasung $\pi : \tilde{X} \to X$ einer ebenen Kurve $X \subset \mathbb{P}_k^2$ darstellen kann, wobei X im Bildpunkt $\pi(x_0)$ glatt ist $\qquad\square$

Korollar 8.2.17 *Ist X eine glatte zusammenhängende algebraische Kurve und Y eine irreduzible projektiv-algebraische Kurve, so hat man eine bijektive Korrespondenz zwischen der Menge der nichtkonstanten Morphismen von Kurven und der Menge der k-Körpermorphismen*

$$\mathrm{Mor}(X, Y) \xrightarrow{\ \sim\ } \mathrm{Mor}_k(k(Y), k(X)) \ ; \ \varphi \mapsto \varphi^*$$

wobei φ^* das Zurückziehen von Funktion mit φ ist. Insbesondere entsprechen dabei die Isomorphismen von Kurven den k-Isomorphismen der Funktionenkörper.

Beweis. Wir müssen nur zeigen, dass jeder k-Körpermorphismus $\Phi : k(Y) \to k(X)$ von einem Morphismus $\varphi : X \to Y$ induziert wird. Die Abbildung φ ist durch die Abbildung der Koordinatenfunktionen festgelegt. Das Bild einer Koordinatenfunktion ist eine rationale Funktion auf X. Somit wird dadurch auf dem Durchschnitt der Definitionsbereiche dieser endlich vielen rationalen Funktionen eine rationale Abbildung $\varphi : X \dashrightarrow Y$ definiert. Nach Korollar 8.2.15 ist diese rationale Abbildung überall definiert, also ein Morphismus. $\qquad\square$

Im Folgenden wollen wir nun die Existenz eines nichtsingulären Modells einer irreduziblen algebraischen Kurve X herleiten.

Definition 8.2.18 Ein *Funktionenkörper* K über dem Grundkörper k ist eine endlich erzeugte Körpererweiterung K/k vom Transzendenzgrad 1 . Es gibt also ein über k transzendentes Element $t \in K$, so dass K ein endlichdimensionaler $k(t)$-Vektorraum ist .

Beispiel 8.2.19 Es sei X eine irreduzible projektiv-algebraische Kurve über dem Körper k . Dann ist der Körper $k(X)$ der rationalen Funktionen auf X ein Funktionenkörper über k .

Lemma 8.2.20 *Es sei k ein perfekter Körper und K/k ein Funktionenkörper vom Transzendenzgrad 1 . Dann existieren Elemente $\xi, \zeta \in K$ mit $K = k(\xi, \eta)$ und ein irreduzibles separables Polynom $F(\xi_1)(\xi_2) \in (k[\xi_1])[\xi_2]$ mit $F(\xi, \eta) = 0$. Insbesondere gilt $\partial F / \partial \xi_2 \not\equiv 0$.*

Beweis. Der Funktionenkörper K ist endlich erzeugt über dem Grundkörper k und hat Transzendenzgrad 1 über k . Da k perfekt ist, existiert ein Element $\xi \in K$, so dass $K/k(\xi)$ separabel ist; vgl. Satz A.5.8. Nach dem Satz vom primitiven Element existiert dann ein $\eta \in K$, so dass $K = k(\xi, \eta)$ gilt. Da der Transzendenzgrad von K/k jedoch 1 ist, existiert ein irreduzibles Polynom $F \in k[\xi_1, \xi_2]$ mit $F(\xi, \eta) = 0$. Insbesondere gilt $\partial F / \partial \xi_2 \not\equiv 0$, weil η separabel über $k(\xi)$ ist. $\qquad\square$

Jede Kurve ist also birational äquivalent zu einer Kurve im $\mathbb{P}_k^2$. Mittels des Desingularisierungsverfahrens können wir sogar das folgende Resultat zeigen.

Satz 8.2.21 *Es sei k algebraisch abgeschlossen. Jede glatte irreduzible projektiv-algebraische Kurve X lässt sich als Aufblasung einer ebenen Kurve $V(F)$ mit nur gewöhnlichen Mehrfachpunkten als Singularitäten darstellen, wobei die Zentren der Aufblasung genau die singulären Punkte von $V(F)$ sind. Dabei kann ein gegebener Punkt von X noch als glatter Punkt von $V(F)$ realisiert werden.*

Beweis. Nach Lemma 8.2.20 ist der Funktionenkörper $k(X)$ der Quotientenkörper eines Ringes von der Form $k[\zeta_1, \zeta_2]/(f)$, wobei $f \in k[\zeta_1, \zeta_2]$ ein irreduzibles Polynom ist. Setzt man $\zeta_1 := \xi_1/\xi_0$ bzw. $\zeta_2 := \xi_2/\xi_0$ und

$$F(\xi_0, \xi_1, \xi_2) := \xi_0^{\deg f} \cdot f\left(\frac{\xi_1}{\xi_0}, \frac{\xi_2}{\xi_0}\right)$$

so ist $F \in k[\xi_0, \xi_1, \xi_2]$ ein homogenes irreduzibles Polynom. Nach Satz 8.2.9 kann man F so transformieren, dass die Singularitäten von F nur gewöhnliche Mehrfachpunkte sind. Sei nun $\tilde{X}$ die Aufblasung von $V(F)$ in seinen singulären Punkten. Dann ist $\tilde{X}$ eine glatte irreduzible Kurve und man hat einen birationalen Morphismus $\tilde{X} \to V(F)$. Nach Korollar 8.2.15 liftet der birationale Morphismus $X \dashrightarrow V(F)$ zu einem Isomorphismus $X \longrightarrow \tilde{X}$. Der Zusatz folgt mit Beispiel 8.2.16. $\qquad\square$

Andere Konstruktionen des nichtsingulären Modells zu einer irreduziblen projektiv-algebraischen Kurve gewinnt man durch den Prozess des Normalisierens B.3.6 bzw. durch sukzessives Aufblasen aller nichtsingulären Punkte. Wir wollen diese hier nur kurz andeuten. Diese Verfahren arbeiten auch für *nicht notwendig algebraisch abgeschlossene* Körper k . Theoretisch sind diese Verfahren übersichtlicher, aber algorithmisch schwieriger zu kontrollieren.

Satz 8.2.22 *Es sei k ein perfekter Körper. Es sei X eine glatte irreduzible projektiv-algebraische Kurve X. Dann existiert ein birationaler Morphismus $\varphi : X \to Y \subset \mathbb{P}^2_k$ auf eine ebene projektiv-algebraische Kurve $Y := V(F)$, wobei F ein separables irreduzibles Polynom ist. Ist $\varphi : X \to Y \subset \mathbb{P}^2_k$ wie oben, so gilt:*

1. *Es ist X die Normalisierung von Y.*

2. *Man gewinnt X aus Y, indem man sukzessiv alle singulären Punkte auf Y sowie alle singulären Punkte in den nachfolgenden Aufblasungen aufbläst.*

Beweis. Wie in Satz 8.2.21 zeigt man mit Lemma 8.2.20, dass man einen birationalen Morphismus $\varphi : X \to Y$ auf eine ebene Kurve Y hat. Der Funktionenkörper von Y ist isomorph zu $k(X)$ vermöge φ^*.

1. Nach Satz 8.1.5 ist der lokale Ring $\mathcal{O}_{X,x}$ normal. Sein Quotientenkörper ist der Funktionenkörper $k(X)$. Also sind die Funktionenringe $\mathcal{O}_X(\varphi^{-1}(V))$ die Normalisierungen von den Ringen $\mathcal{O}_Y(V)$ für alle offenen affinen $V \subset Y$; vgl. Lemma 8.2.25.

2. Es sei Z eine irreduzible algebraische Kurve und $Z' \to Z$ eine Aufblasung in einem abgeschlossenen Punkt $z \in Z$ und sei $z' \in Z'$ ein Punkt über z. Dann ist der induzierte Morphismus $\mathcal{O}_{Z,z} \hookrightarrow \mathcal{O}_{Z',z'}$ genau dann bijektiv, wenn $\mathcal{O}_{Z,z}$ normal, also Z in z glatt ist. Das maximale Ideal von $\mathcal{O}_{Z,z}$ wird nämlich zu einem Hauptideal in $\mathcal{O}_{Z',z'}$; also impliziert $\mathcal{O}_{Z,z} = \mathcal{O}_{Z',z'}$, dass Z in z normal ist. Die Umkehrung hatten wir bei der Betrachtung von Aufblasungen gesehen. Ist nun $V \subset Y$ eine offene affine Teilmenge von Y, so liefert das sukzessive Aufblasen von singulären Punkten eine aufsteigende Folge

$$\mathcal{O}_Y(V) \subset \mathcal{O}_{Y_1}(\varphi^{-1}(V)) \subset \ldots \subset \mathcal{O}_{Y_n}(\varphi_n^{-1}(V)) \subset k(X) = k(Y) ,$$

wobei $\varphi_n : Y_n \to Y_{n-1} \to \ldots \to Y$ die Folge der Aufblasungen ist. Alle Ringe sind in der Normalisierung von $\mathcal{O}_Y(V)$ in $k(Y)$ enthalten, weil nach Notiz 8.2.1 die Aufblasung eines Punktes in einer Kurve endlich über der Ausgangskurve liegt. Letzteres ist ein endlich erzeugter $\mathcal{O}_Y(V)$-Modul und somit noethersch; vgl. Satz A.4.8. Daher wird die aufsteigende Kette stationär. Also erhält man so ein glattes Modell von Y. Zu Abschätzungen für die Anzahl der benötigten Aufblasungen findet man in [H, Chap. V, Prop. 3.8] weitere Auskünfte. Man kann die Anzahl der benötigten Aufblasungen durch das arithmetische Geschlecht der Kurve abschätzen. $\square$

Satz 8.2.23 *Es sei k ein perfekter Körper. Dann ist die Zuordnung*

$$\begin{pmatrix} \text{Glatte irreduzible} \\ \text{projektiv-algebraische Kurven}, \\ \text{Nichtkonstante Morphismen} \end{pmatrix} \xrightarrow{\sim} \begin{pmatrix} \text{Funktionenkörper von} \\ \text{Transzendenzgrad } 1, \\ k\text{-Körpermorphismen} \end{pmatrix}$$

$$\begin{aligned} X &\longmapsto k(X) \\ (\varphi : X \to Y) &\longmapsto (\varphi^* : k(Y) \to k(X)) \end{aligned}$$

eine Äquivalenz von Kategorien.

Beweis. Es ist nur noch zu zeigen, dass jeder Funktionenkörper K/k von einer glatten projektiv-algebraischen Kurve X induziert wird. Nach Lemma 8.2.20 ist jeder Funktionenkörper K ein Quotientenkörper eines Ringes von der Form $k[\zeta_1, \zeta_2]/(f)$, wobei $f \in k[\zeta_1, \zeta_2]$ ein irreduzibles Polynom ist. Wie im Beweis zu Satz 8.2.21 ausgeführt, assoziiert man zu f eine ebene projektiv-algebraische Kurve Y. Wie im Beweis zu Satz 8.2.22 dargelegt, findet man über die Normalisierung einen birationalen Morphismus $X \to Y$ von einer nichtsingulären Kurve X nach Y. Der Funktionenkörper von X ist K. Somit ist X ein nichtsinguläres Modell von K. $\qquad\square$

Definition 8.2.24 Die nichtsinguläre projektiv-algebraische Kurve zu einem Funktionenkörper K/k heißt das *nichtsinguläre Modell* von K/k. Nach Korollar 8.2.17 ist es bis auf Isomorphie eindeutig bestimmt.

Lemma 8.2.25 *Jeder nichtkonstante Morphismus $\varphi : X \to Y$ von irreduziblen projektiv-algebraischen Kurven ist endlich und surjektiv. Für jede offene affine Teilmenge $V \subset Y$ und $U := \varphi^{-1}(V)$ ist $\mathcal{O}_X(U)$ ein endlich erzeugter $\mathcal{O}_Y(V)$-Modul.*

Beweis. Die Punkte $x \in X$ korrespondieren eineindeutig zu allen Bewertungen v_x von $k(X)$, die auf k trivial sind. Jedes v_x induziert eine Bewertung v_y auf $k(Y)$ und es gilt $y = \varphi(x) \in Y$, da sich die Bewertungsringe $\mathcal{O}_{Y,\varphi(x)} \subset \mathcal{O}_{X,x}$ bei einem Morphismus $\varphi : X \to Y$ dominieren. Dann beschreibt U exakt die Menge derjenigen Bewertungen v_x von $k(X)$ mit $x \in U$, die eine Bewertung v_y von $k(Y)$ für ein $y \in V$ fortsetzen. Nun gilt für die Ringe der regulären Funktionen

$$A = \mathcal{O}_Y(V) = \bigcap_{y \in V} \mathcal{O}_{Y,y} \subset B := \mathcal{O}_X(U) = \bigcap_{x \in U} \mathcal{O}_{X,x} \ .$$

B ist der ganze Abschluss von A in $k(X)$, weil $k(X)/k(Y)$ endlich ist und U alle Bewertungen parametrisiert, die die Bewertung v_y von $k(Y)$ für ein $y \in V$ fortsetzen. Nach Satz A.4.8 ist B ein endlicher A-Modul und die kanonische Abbildung $\mathrm{MaxSpec}(B) \to \mathrm{MaxSpec}(A)$ ist surjektiv. Da $V \subset Y$ ein offener affiner Teil einer Kurve ist, gilt $V = \mathrm{MaxSpec}(A)$. Da B der ganze Abschluss von A in $k(X)$ ist, sind die maximalen Ideale von B genau die Punkte von U. Folglich ist $\varphi : U \to V$ surjektiv. Weiterhin sind für jedes $g \in B$ die regulären Funktionen auf $U_g := U - V(g)$ durch $\mathcal{O}_X(U_g) = B_g$ gegeben. Somit ist $(U, \mathcal{O}_X|U)$ eine affine Varietät. Daher ist $\varphi : X \to Y$ endlich; vgl. Definition B.3.1. $\qquad\square$

Korollar 8.2.26 *Jede nichtkonstante rationale Funktion $f \in k(X)$ auf einer glatten geometrisch irreduziblen projektiv-algebraischen Kurve X liefert einen Morphismus $f : X \to \mathbb{P}^1_k$, der endlich und surjektiv ist.*

Beweis. Das folgt aus Korollar 8.2.15 und Lemma 8.2.25. $\qquad\square$

Satz 8.2.27 *Es sei $\varphi : X \longrightarrow Y$ ein nichtkonstanter Morphismus glatter, zusammenhängender projektiv-algebraischer Kurven. Es sei $V \subsetneq Y$ eine offene affine Teilmenge und es sei $U := \varphi^{-1}(V) \subset X$. Dann ist $\mathcal{O}_X(U)$ ein endlich erzeugter freier $\mathcal{O}_Y(V)$-Modul vom Rang $n := [k(X) : k(Y)]$. Für die Anzahl der Punkte in der Faser über $y \in Y$, mit Vielfachheit gezählt, gilt*

$$\sum_{x\,,\,\varphi(x)=y} \dim_{k(y)} \mathcal{O}_{X,x}/\mathcal{O}_{X,x}\mathfrak{m}_y = [k(X) : k(Y)] \ .$$

Dabei ist $\mathfrak{m}_y \subset \mathcal{O}_{Y,y}$ das maximale Ideal von $\mathcal{O}_{Y,y}$.

Beweis. Nach Lemma 8.2.25 ist $\mathcal{O}_X(U)$ ein endlich erzeugter $\mathcal{O}_Y(V)$-Modul. Der Ring $\mathcal{O}_Y(V)$ ist ein noetherscher normaler Integritätsring von Dimension 1; also ein Dedekindring. Nun ist $\mathcal{O}_X(U)$ torsionsfrei und somit endlich erzeugter lokalfreier $\mathcal{O}_Y(U)$-Modul, weil $\mathcal{O}_Y(V)$ ein Dedekindring ist; das bedeutet, dass für jede Lokalisierung nach einem Primideal von $\mathcal{O}_Y(V)$ der lokalisierte Modul eine Basis hat. Die Länge einer solchen Basis ist lokal konstant auf Y und somit konstant, weil Y zusammenhängend ist. Der Rang dieses Moduls ist gleich dem Grad der Funktionenkörpererweiterung. Die Formel für die Anzahl der Punkte in einer Faser ergibt sich durch die Basiserweiterung

$$
\begin{array}{ccc}
\mathcal{O}_{X,x} & \longrightarrow & \mathcal{O}_{X,x}/\mathcal{O}_{X,x}\mathfrak{m}_y \\
\downarrow & & \downarrow \\
\mathcal{O}_{Y,y} & \longrightarrow & \mathcal{O}_{Y,y}/\mathcal{O}_{Y,y}\mathfrak{m}_y \; .
\end{array}
\qquad \square
$$

Korollar 8.2.28 *In obiger Situation gilt für jedes $y \in Y$*

$$
\sum_{i=1}^{r} e_i \cdot [k(x_i) : k(y)] = [k(X) : k(Y)] \; ,
$$

wobei $x_1, \ldots, x_r \in X$ die Punkte über y sind und e_i der Verzweigungsindex von φ in x_i für $i = 1, \ldots, r$ ist. Der Verzweigungsindex ist die natürliche Zahl e_i mit $\mathfrak{m}_{x_i}^{e_i} = \mathfrak{m}_y \mathcal{O}_{X,x_i}$.

Beweis. Das folgt aus der obigen Formel wegen

$$
\dim_{k(y)} \mathcal{O}_{X,x_i}/\mathcal{O}_{X,x_i}\mathfrak{m}_y = e_i \cdot [k(x_i) : k(y)] \; .
\qquad \square
$$

Vergleiche hierzu den entsprechenden Satz aus der algebraischen Zahlentheorie A.3.32.

Satz 8.2.29 *Es sei $\varphi : X' \to X = V(F) \subset \mathbb{P}_k^2$ die Desingularisierung einer irreduziblen Kurve X . Ist $g \in \mathcal{O}_{X,x}$ mit $g \neq 0$, so gilt*

$$
I(x, F \cap g) = \sum_{x' \mapsto x} \operatorname{ord}_{x'}(g) \cdot [k(x') : k] \; .
$$

Beweis. Ohne Einschränkung habe g eine Nullstelle in x . Es sei U eine offene affine Umgebung von x . Sie sei so klein gewählt, dass x die einzige Nullstelle von g in U ist. Weiterhin sei $U' := \varphi^{-1}(U) \subset X'$. Dann setzen wir $R = \mathcal{O}_X(U)$ und $R' := \mathcal{O}_{X'}(U')$. Dann gilt nach Definition der Schnittzahl

$$
I(x, F \cap g) = \dim\,(R/Rg) \; .
$$

Nun hat man ein kommutatives Diagramm mit exakten Zeilen

$$
\begin{array}{ccccccccc}
0 & \longrightarrow & R & \stackrel{g\cdot}{\longrightarrow} & R & \longrightarrow & R/Rg & \longrightarrow & 0 \\
& & \downarrow{\scriptstyle \varphi^*} & & \downarrow{\scriptstyle \varphi^*} & & \downarrow{\scriptstyle \overline{\varphi^*}} & & \\
0 & \longrightarrow & R' & \stackrel{g\cdot}{\longrightarrow} & R' & \longrightarrow & R'/R'g & \longrightarrow & 0 \; .
\end{array}
$$

Nun ist φ^* injektiv. Daher erhält man die lange exakte Sequenz

$$0 \longrightarrow \mathrm{Ker}(\overline{\varphi^*}) \longrightarrow R'/\varphi^*R \longrightarrow R'/\varphi^*R \longrightarrow \mathrm{Coker}(\overline{\varphi^*}) \longrightarrow 0 \ .$$

Nun ist R'/φ^*R endlichdimensionaler k-Vektorraum. Folglich gilt

$$\dim\left(\mathrm{Ker}(\overline{\varphi^*})\right) = \dim\left(\mathrm{Coker}(\overline{\varphi^*})\right) \ .$$

Damit folgt dann

$$\dim\left(R/Rg\right) = \dim\left(R'/R'g\right) \ .$$

Weiterhin ist

$$\dim\left(R'/R'g\right) = \sum_{x' \mapsto x} \mathrm{ord}_{x'}(g) \cdot [k(x') : k] \ .$$

Somit ist die Behauptung bewiesen. $\square$

8.3   Satz von Riemann-Roch

Es sei X eine glatte geometrisch zusammenhängende projektiv-algebraische Kurve über einem algemeinen Körper k. Weiterhin sei D ein Divisor auf X. Die Formel von Riemann-Roch liefert einen exakten Ausdruck für die Dimension von $L(D)$ in Abhängigkeit vom Grad von D, dem Geschlecht $g(X)$ von X und der Dimension von $L(K_X - D)$, wobei K_X ein kanonischer Divisor von X ist. Für Divisoren vom Grad $\deg(D) > 2g(X)-2$ verschwindet der Korrekturterm, der mit dem kanonischen Divisor verbunden ist. Das Geschlecht von X, genauer das geometrische Geschlecht, war in 6.1.6 durch $g(X) := \dim \Omega_X(X) = \dim L(K_X)$ definiert. In diesem Abschnitt werden wir die Formel von Riemann-Roch beweisen und auch eine konkrete Fassung für das Geschlecht herleiten.

8.3.1   *Formel von Riemann-Roch*

Im Folgenden sei k ein beliebiger Körper.

Theorem 8.3.1 (Riemann-Roch) *Es sei X eine glatte geometrisch zusammenhängende projektiv-algebraische Kurve über k. Es sei $g(X)$ das Geschlecht von X und K_X ein kanonischer Divisor auf X. Für jeden Divisor D auf X gilt*

$$\dim L(D) - \dim L(K_X - D) \ = \ \deg(D) + 1 - g(X) \ .$$

Zum Beweis dieser Formel zeigt man, dass der Ausdruck

$$\gamma(X) := \deg(D) + 1 - \dim L(D) + \dim L(K_X - D)$$

unabhängig von der Wahl des Divisors D, also gleich einer Konstanten ist. Wie wir in Satz 8.3.9 gleich schon sehen werden, besteht $L(0)$ für den Nulldivisor nur aus den konstanten Funktionen. Somit ist $\dim L(0) = 1$. Nun kann man $D = 0$ in die Formel von Riemann-Roch einsetzen und erhält

$$\gamma(X) = 0 + 1 - \dim L(0) + \dim L(K_X) = \dim L(K_X) = g(X) \ .$$

Also ist die Konstante $\gamma(X)$ das Geschlecht $g(X)$ von X .

Bevor wir in den Beweis einsteigen, wollen wir einige Folgerungen ziehen:

Korollar 8.3.2 *Es gilt* $\deg(K_X) = 2g(X) - 2$.

Korollar 8.3.3 *Für* $\deg(D) \geq 2g(X) - 1$ *ist* $\dim L(D) = \deg(D) + 1 - g(X)$.

Korollar 8.3.4 *Ist* $\deg(D) \geq 2g(X)$, *so gilt* $\dim L(D - x) = \dim L(D) - 1$ *für jeden rationalen Punkt* x *von* X .

Korollar 8.3.2 folgt aus 8.3.1 mit $\dim L(K_X) = g(X)$, weil $L(0) = k$ nach Satz 8.3.9 gilt. Die beiden anderen Korollare folgen aus der Tatsache, dass $L(D') = 0$ gilt, wenn $\deg(D') < 0$ ist, wie wir in Satz 8.3.9 sehen werden. $\square$

In diesem Abschnitt wollen wir die Aussagen auf den Fall eines algebraisch abgeschlossenen Körper reduzieren und einige Aussagen über Divisoren herleiten, die über jedem Grundkörper gelten, um in den nachfolgenden Abschnitten einheitlich den Grundkörper k als algebraisch abgeschlossen voraussetzen zu können. Es sei also X wie in Theorem 8.3.1; die Kurve X bleibt also bei Grundkörpererweiterung glatt, zusammenhängend und projektiv.

Im Folgenden betrachten wir eine Körpererweiterung k'/k . Die Kurve $X \subset \mathbb{P}^n_k$ werde als Nullstellenmenge der Formen $F_1, \ldots, F_N \in k[\xi_0, \ldots, \xi_n]$ gegeben. Dann können wir diese Formen in $k'[\xi_0, \ldots, \xi_n]$ auffassen und erhalten so eine Kurve $X' := V(F_1, \ldots, F_N) \subset \mathbb{P}^n_{k'}$; diese Kurve bezeichnen wir auch mit $X \otimes_k k'$. Da X glatt und geometrisch zusammenhängend ist, ist es X' auch; insbesondere ist X' irreduzibel und reduziert. Hat man eine offene affine Teilmenge $U \subset X$ gegeben, so ist $A := \mathcal{O}_X(U)$ Integritätsring, wenn $U \neq \emptyset$ gilt. Dann ist auch $A' := A \otimes_k k'$ wieder Integritätsring. Der Quotientenkörper $Q(A)$ ist gleich dem Körper $k(X)$ der rationalen Funktionen auf X . Daher gilt auch

$$k(X') = Q(A') = Q(A) \otimes_k k' = k(X) \otimes_k k' \; .$$

Sei nun $D \in \mathrm{Div}(X)$ ein Divisor auf X . Dann gibt es eine offene Überdeckung $(U_1, \ldots, U_r)$ von X , so dass D auf jedem U_i ein Hauptdivisor $D \,|\, U_i = \mathrm{div}(f_i) \,|\, U_i$ für $i = 1, \ldots, r$ ist. Dann induziert D den Divisor $D' \in \mathrm{Div}(X')$, der durch

$$D' \,|\, U_i' = \mathrm{div}(f_i \otimes 1) \,|\, U_i'$$

definiert ist, wobei $U_i' = U_i \otimes_k k'$ ist und f_i als Funktion $f_i \otimes 1$ auf X' aufgefasst ist. Ist $U \subset X$ wie oben und $f \in A$ mit $f \neq 0$, so gilt

$$\dim_k(A/Af) = \dim_{k'}(A'/A'f) \; .$$

Damit folgt unmittelbar $\deg(D) = \deg(D')$.

Falls f ein maximales Ideal $\mathfrak{m}_x$ in A erzeugt, so ist $k(x) = A/Af$ der Restklassenkörper im Punkt $x \in X$. Ist nun zusätzlich k'/k noch separabel, so zerfällt das Tensorprodukt

$$k(x) \otimes_k k' = (A/Af) \otimes_k k' = \prod_{x' \mapsto x} k(x')$$

in ein Produkt von Restklassenkörpern $k(x')$ von Punkten $x' \in V(f \otimes 1)$, die über x liegen. Insbesondere erhalten wir so:

Bemerkung 8.3.5 Ist k'/k separabel, so hat der auf k' erweiterte Divisor die Form $D' = \sum\limits_{x' \mapsto x} n_x \cdot x' \in \mathrm{Div}(X')$ für $D = \sum\limits_{x \in X} n_x \cdot x \in \mathrm{Div}(X)$.

Für den Raum der Differentiale ist die kanonische Abbildung

$$\Omega^1_{X/k} \otimes_k k' \longrightarrow \Omega^1_{X'/k'} , \quad \omega \mapsto \omega \otimes k'$$

bijektiv nach Satz A.5.4/1. Insbesondere induziert ein kanonischer Divisor K_X auf X einen kanonischen Divisor $K_{X'}$ auf X' , und diese Bildung ist mit dem Zurückziehen von Divisoren verträglich. Wir fassen die Resultate zusammen:

Lemma 8.3.6 *Es sei X wie oben eine glatte geometrisch zusammenhängende projektiv-algebraische Kurve. Es sei k'/k eine Körpererweiterung. Dann sei $X' := X \otimes_k k'$ die durch Konstantenerweiterung gebildete Kurve. Es sei K_X ein kanonischer Divisor auf X und D ein Divisor auf X . Es bezeichne D' den von D auf X' induzierten Divisor. Dann gilt:*

1. $\deg(D) = \deg(D')$.

2. $(K_X)'$ *ist ein kanonischer Divisor auf X' .*

3. *Der kanonische Morphismus*

$$L(X, D) \otimes_k k' \xrightarrow{\ \sim\ } L(X \otimes_k k', D \otimes_k k')$$

ist ein Isomorphismus.

4. *Für das Geschlecht gilt $g(X) = g(X')$.*

Beweis. 1. und 2. hatten wir oben schon gezeigt.
3. Es sei $(U_1, \ldots, U_r)$ eine offene affine Überdeckung von X , so dass D auf U_i Hauptdivisor $D|U_i = \mathrm{div}(f_i)|U_i$ für $i = 1, \ldots, r$ ist. Dieser induziert den Divisor $D' \in \mathrm{Div}(X')$, der durch

$$D'|U_i' = \mathrm{div}(f_i \otimes 1)|U_i'$$

definiert ist, wobei $U_i' = U_i \otimes_k k'$ ist und f_i als Funktion $f_i \otimes 1$ auf X' aufgefasst ist. Ist $A_i := \mathcal{O}_X(U_i)$ und $A_i' := \mathcal{O}_{X'}(U_i')$ mit den Notationen von oben, so gilt

$$L(D) = \bigcap_{i=1}^{r} A_i f_i \subset k(X) \quad \text{und} \quad L(D') = \bigcap_{i=1}^{r} A_i' f_i' \subset k(X') ,$$

wobei $f_i' := f_i \otimes 1 \in A_i' := A_i \otimes_k k'$ ist. Dann gilt

$$L(D) \otimes_k k' = \bigcap_{i=1}^{r} ((A_i f_i) \otimes_k k') = \bigcap_{i=1}^{r} ((A_i \otimes_k k')(f_i \otimes 1)) = L(X \otimes_k k', D \otimes_k k') ,$$

weil $k \to k'$ eine flache Ringerweiterung ist. Man kann die Gleichheit auch leicht nachrechnen, indem man eine k-Vektorraumbasis von k' einführt. Bei der Durchschnittsbildung sind alle Teilmengen kanonisch als Teil von $k(X) \otimes_k k' = k(X')$ aufzufassen.

4. folgt aus 2. und 3, weil das Geschlecht die k-Dimension von $L(K_X)$ ist. $\qquad\square$

Definition 8.3.7 In Satz 8.1.5 hatten wir gesehen, dass der lokale Ring $\mathcal{O}_{X,x}$ ein diskreter Bewertungsring ist. Somit hat man für jedes $f \in k(X) - \{0\}$ an jedem abgeschlossenen Punkt $x \in X$ eine wohldefinierte Ordnung $\mathrm{ord}_x(f)$ erklärt. Dann heißt

$$\mathrm{div}(f) := \textstyle\sum_{x \in X} \mathrm{ord}_x(f) \cdot x \qquad\qquad \textit{Divisor von } f \ ,$$

$$\mathrm{Null}(f) := \textstyle\sum_{x \in X} \mathrm{Max}\left\{0, \mathrm{ord}_x(f)\right\} \cdot x \qquad \textit{Nullstellendivisor von } f \ ,$$

$$\mathrm{Pol}(f) := \textstyle\sum_{x \in X} - \mathrm{Min}\left\{0, \mathrm{ord}_x(f)\right\} \cdot x \qquad \textit{Polstellendivisor von } f \ .$$

Satz 8.3.8 *Für jede rationale Funktion* $f \in k(X) - \{0\}$ *gilt :*

1. $\mathrm{div}(f) = \mathrm{Null}(f) - \mathrm{Pol}(f)$

2. $\deg(\mathrm{Null}(f)) = \deg(\mathrm{Pol}(f)) = [k(X) : k(f)]$ *falls* f *nicht konstant ist.*

3. $\deg(\mathrm{div}(f)) = 0$.

Beweis. 1. ist trivial.

2. Nach Lemma 8.3.6 können wir k als algebraisch abgeschlossen voraussetzen. Die Funktion f ist nicht konstant, also $f \notin k$. Also ist $k(X)/k(f)$ eine endliche Körpererweiterung. Weiterhin definiert f einen endlichen Morphismus $f : X \to \mathbb{P}^1_k$ nach Korollar 8.2.26. Nun ist

$$\deg(\mathrm{Null}(f)) = \sum_{f(x)=0} \mathrm{ord}_x(f) \cdot [k(x) : k] = \dim_k(\mathcal{O}_X/f^*(\mathfrak{m}_0) \cdot \mathcal{O}_X) \ ,$$

und

$$\deg(\mathrm{Pol}(f)) = \sum_{f(x)=\infty} - \mathrm{ord}_x(f) \cdot [k(x) : k] = \dim_k(\mathcal{O}_X/f^*(\mathfrak{m}_\infty) \cdot \mathcal{O}_X) \ .$$

Nach Satz 8.2.27 folgt daraus $\deg(\mathrm{Null}(f)) = \deg(\mathrm{Pol}(f)) = [k(X) : k(f)]$.

3. Ohne Einschränkung sei $f \in k(X) - k$, also ist f nicht konstant. Dann folgt die Behauptung aus 1. und 2. $\qquad\square$

Satz 8.3.9 *Für jeden Divisor* $D \in Div(X)$ *gilt:*

$$\dim L(D) \ \leq \ \max\left\{0, 1 + \deg D\right\} \ .$$

Insbesondere gilt $L(0) = k$ *und* $\deg(D) \geq 0$ *, wenn* $L(D) \neq 0$ *ist.*

Beweis. Nach Lemma 8.3.6 dürfen wir annehmen, dass k algebraisch abgeschlossen ist. Für $f \in L(D)$ mit $f \neq 0$ gilt $\mathrm{div}(f) + D \geq 0$. Also gilt nach Satz 8.3.8

$$0 = \deg(\mathrm{div}(f)) \geq - \deg(D) \ .$$

Somit gilt $L(D) = 0$, falls $\deg(D) < 0$ gilt. Nun folgt durch Induktion über den Grad von D die Behauptung. Man betrachte nämlich einen Punkt $x \in X - \operatorname{supp}(D)$, so dass ein $f \in L(D)$ mit $f(x) \neq 0$ existiert. Dann ist die Auswertungsfunktion $\operatorname{ev}_x : L(D) \longrightarrow k$; $f \mapsto f(x)$ eine lineare Abbildung. Sie ist nach Wahl von x surjektiv, also ist

$$\dim L(D - x) = \dim \operatorname{Ker}(\operatorname{ev}_x) = \dim L(D) - 1 \ .$$

Daraus folgt durch Induktion die Behauptung. Für die Zusätze bemerke man, dass für die konstanten Funktionen $k \subset L(0)$ gilt. Der Rest folgt aus der bewiesenen Dimensionsabschätzung. $\qquad\square$

8.3.2 *Satz von Riemann*

Im Folgenden sei k ein algebraisch abgeschlossener Körper.

Im letzten Abschnitt hatten wir die obere Abschätzung für $\dim L(D)$ gesehen, hier werden wir nun eine untere Abschätzung für $\dim L(D)$ herleiten. Für endliche Mengen S von Punkten von X und Divisoren $D = \sum_{x \in X} n_x \cdot x$ von X definiert man den k-Vektorraum

$$L^S(D) := \{ f \in k(X) \ ; \ \operatorname{ord}_x(f) + n_x \geq 0 \ \text{ für alle } x \in S \} \ .$$

Lemma 8.3.10 *Für* $D' = \sum_{x \in S} n'_x \cdot x \geq D = \sum_{x \in S} n_x \cdot x$ *gilt:*

(a) $L^S(D) \subset L^S(D')$.

(b) $\dim \big(L^S(D') / L^S(D) \big) = \deg(D' - D)$.

Beweis. Die Aussage (a) ist trivial.
(b) Da $\mathcal{O}_{X,x}$ ein diskreter Bewertungsring ist, existiert eine Funktion $f_x \in k(X)$ mit $\operatorname{ord}_x(f_x) = 1$ und $f_x(y) \neq 0$ für alle $y \in S - \{x\}$. Dann ist

$$(f_x^{-\nu_x} \ ; \ n_x < \nu_x \leq n'_x \ \text{ für alle } x \in S)$$

eine Basis von $L^S(D') / L^S(D)$. $\qquad\square$

Lemma 8.3.11 *Es sei* $\xi \in k(X)$ *eine nichtkonstante rationale Funktion auf* X *. Dann gibt es eine Konstante* $\gamma \in \mathbb{N}$ *mit*

$$\dim L(r \cdot \operatorname{Pol}(\xi)) \geq r \cdot \deg(\operatorname{Pol}(\xi)) - \gamma \ \text{ für alle } r \in \mathbb{N} \ .$$

Beweis. Die Funktion ξ definiert einen endlichen Morphismus $\xi : X \to \mathbb{P}^1_k$ nach Korollar 8.2.26. Es ist $\mathcal{O}_X(U_0)$ ein endlich erzeugter freier $k[\xi]$-Modul vom Rang

$$n := [k(X) : k(\xi)] = \deg(\operatorname{Pol}(\xi))$$

nach Satz 8.3.8, wobei $U_0 := \mathbb{P}^1_k - \{\infty\}$ ist. Man betrachte eine $k[\xi]$-Basis $(w_1, \ldots, w_n)$ von $\mathcal{O}_X(U_0)$. Dann ist sie auch eine $k(\xi)$-Basis von $k(X)$. Weiterhin sei

$$-\tau := \operatorname{Min} \big\{ \operatorname{ord}_x(w_\nu) \ ; \ x \in \operatorname{supp}(\operatorname{Pol}(\xi)) \ , \ 1 \leq \nu \leq n \big\} \ .$$

Dann gilt

$$\xi^\varrho \cdot w_\nu \in L((r + \tau)\operatorname{Pol}(\xi)) \quad \text{für alle} \quad 0 \le \varrho \le r \,,\ 1 \le \nu \le n \ .$$

Nun ist dieses System $(\xi^\varrho \cdot w_\nu \,;\, 1 \le \nu \le n \,,\, 0 \le \varrho \le r,)$ linear unabhängig über dem Grundkörper k . Also gilt

$$\dim L(r \cdot \operatorname{Pol}(\xi)) \ge r \cdot \deg(\operatorname{Pol}(\xi)) - \gamma \ ,$$

wobei $\gamma := (\tau - 1) \cdot \deg(\operatorname{Pol}(\xi))$ ist. $\qquad\square$

Satz 8.3.12 (Riemann) *Es gibt eine Konstante* $\gamma \in \mathbb{N}$ *mit*

$$\dim L(D) \ge \deg(D) + 1 - \gamma$$

für alle Divisoren D *von* X .

Definition 8.3.13 Die kleinste Konstante $\gamma(X) \in \mathbb{N}$ mit der Eigenschaft aus obigem Satz nennt man das *arithmetische Geschlecht* von X .

Es wird sich herausstellen, dass das arithmetische Geschlecht $\gamma(X)$ gleich dem geometrischen Geschlecht $g(X)$ ist; vgl. Einleitung zu Abschnitt § 8.3.1.

Bevor wir mit dem Beweis beginnen, schieben wir einige Vorbemerkungen ein:

Für einen Divisor $D \in \operatorname{Div}(X)$ setzt man

$$S(D) := \deg(D) + 1 - \dim L(D) \ .$$

Notiz 8.3.14 Die Funktion $S : \operatorname{Div}(X) \to \mathbb{Z}$ hat folgende Eigenschaften:
1. $S(0) = 0$
2. Sind zwei Divisoren D und D' äquivalent, so gilt $S(D) = S(D')$.
3. Es gilt $S(D) \le S(D')$ für alle Divisoren D und D' mit $D \le D'$.

Beweis. 1. Es ist $L(0) = k$ nach Satz 8.3.9, also gilt $S(0) = 0$.
2. Sind D und D' äquivalent, so gilt $D = D' + \operatorname{div}(f)$ für ein $f \in k(X)$ mit $f \ne 0$. Dann ist die Abbildung $L(D') \longrightarrow L(D), h \mapsto hf$, ein Isomorphismus. Somit folgt $S(D) = S(D')$, weil $\deg(D) = \deg(D')$ nach Satz 8.3.8 gilt.
3. Die kanonische Abbildung $L(D')/L(D) \to L^S(D')/L^S(D)$ ist offenbar injektiv für $S := \operatorname{supp}(D) \cup \operatorname{supp}(D')$. Daraus folgt mit Lemma 8.3.10 die Behauptung. $\qquad\square$

Beweis von Satz 8.3.12. Sei nun $\xi \in k(X)$ eine nichtkonstante rationale Funktion auf X . Nach den oben hergeleiteten Eigenschaften der Funktion $S(D)$ und Lemma 8.3.11 reicht es zu zeigen, dass zu jedem Divisor D ein zu D äquivalenter Divisor D' existiert, so dass $D' \le r \cdot \operatorname{Pol}(\xi)$ für ein $r \in \mathbb{N}$ gilt. Nun definiert ξ einen endlichen Morphismus $\xi : X \to \mathbb{P}^1_k$. Es existiert ein Polynom $f \in k[\xi] - \{0\}$ mit $f(\xi(x)) = 0$ für alle $x \in \operatorname{supp}(D) - \operatorname{supp}(\operatorname{Pol}(\xi))$. Somit existiert ein $n \in \mathbb{N}$ und ein $r \in \mathbb{N}$ mit

$$D \le n \cdot \operatorname{div}(f(\xi)) + r \cdot \operatorname{Pol}(\xi) \ .$$

Setzt man $D' := D - \operatorname{div}(f(\xi)^n)$, so gilt $D \sim D'$ und $D' \le r \cdot \operatorname{Pol}(\xi)$. $\qquad\square$

Korollar 8.3.15 *Zu jeder Kurve X gibt es ein $N \in \mathbb{N}$, so dass für alle Divisoren D von X mit $\deg(D) \geq N$ gilt $\dim L(D) = \deg(D) + 1 - \gamma(X)$.*

Beweis. Nach Definition von $\gamma := \gamma(X)$ gibt es einen Divisor D_0 auf X derart, dass $\dim L(D_0) = \deg(D_0) + 1 - \gamma$ gilt. Insbesondere ist $S(D_0)$ maximal. Setze nun $N := \deg(D_0) + \gamma$. Für Divisoren D mit $\deg(D) \geq N$ gilt $\deg(D - D_0) + 1 - \gamma > 0$. Nach Satz 8.3.12 ist dann $L(D - D_0) \neq 0$. Also gibt es ein $f \in k(X) - \{0\}$ mit $D - D_0 + \mathrm{div}(f) \geq 0$. Somit gilt

$$D \sim D + \mathrm{div}(f) \geq D_0 \ .$$

Nach Notiz 8.3.14 folgt dann $S(D_0) \leq S(D)$. Nun ist $S(D_0) = \gamma$ maximal, also folgt $S(D) = \gamma$. $\qquad\qquad\qquad\square$

8.3.3 *Kanonischer Divisor*

Im Folgenden sei k ein algebraisch abgeschlossener Körper.

Es sei $X = V(F) \subset \mathbb{P}_k^2$ eine irreduzible Kurve vom Grad $n := \deg(F)$ und sei $\pi : \tilde{X} \to X$ die Desingularisierung von X; vgl. Satz 8.2.22; der Morphismus $\tilde{X} \to X$ ist also birational. Es seien $y_1, \ldots, y_s$ die singulären Punkte von X mit den Vielfachheiten $m_i := m_{y_i}(X)$ für $i = 1, \ldots, s$. Dann definiert man das *kombinatorische Geschlecht* von X durch

$$\overline{g}(X) = \frac{(n-1)(n-2)}{2} - \sum_{i=1}^{s} \frac{m_i(m_i - 1)}{2} \ .$$

Nach Satz 8.1.11 ist $\overline{g}(X) \geq 0$. Man zeigt nun den folgenden Satz.

Satz 8.3.16 (Noether) *In der Situation von oben gilt:*

(a) $\gamma(\tilde{X}) \leq \overline{g}(X)$, *wobei* $\gamma(\tilde{X})$ *das arithmetische Geschlecht ist.*

(b) *Es gilt* $\gamma(\tilde{X}) = \overline{g}(X)$, *falls* X *nur gewöhnliche Mehrfachpunkte als Singularitäten hat.*

Beweis. (b) Nach Notiz 8.2.2 kann man $\pi : \tilde{X} \to X$ als Aufblasung in allen singulären Mehrfachpunkten von X interpretieren. Wir benutzen die Formel aus Korollar 8.3.15 mit einem Divisor $E_m \in \mathrm{Div}(\tilde{X})$ großen Grades, so dass man $\dim L(E_m)$ anderweitig bestimmen kann. Für $m \in \mathbb{N}$ sei

$$W_m \ := \ \big\{ G \in k[\xi_0, \xi_1, \xi_2] \ ; \ G \text{ ist Form vom Grad } m \big\}$$

$$V_m \ := \ \big\{ G \in W_m \ ; \ m_{y_i}(G) \geq m_{y_i}(X) - 1 \ \text{ für } i = 1, \ldots, s \big\}$$

Dann gilt nach Satz 8.1.6

$$\dim V_m = \frac{(m+1)(m+2)}{2} - \sum_{i=1}^{s} \frac{m_i(m_i - 1)}{2} \quad \text{falls } m \geq \left(\sum_{i=1}^{s} (m_i - 1) \right) - 1 \ .$$

Man betrachte nun den Divisor

$$E := \sum_{i=1}^{s} (m_i - 1) \cdot \tilde{y}_i \in \mathrm{Div}(\tilde{X}) \ \text{ mit } \ \tilde{y}_i := \sum_{\tilde{y} \mapsto y_i} \tilde{y} \ .$$

Weiterhin sei eine Koordinate ξ_0 derart gewählt, dass $X \cap V(\xi_0)$ aus exakt n einfachen Punkten $x_1, \ldots, x_n$ besteht. Im Folgenden identifizieren wir Punkte auf $\tilde{X}$ und X via π außerhalb des singulären Ortes von X . Der Divisor

$$E_m := m \cdot (x_1 + \ldots + x_n) - E \in \mathrm{Div}(\tilde{X})$$

hat den Grad

$$\deg(E_m) = m \cdot n - \sum_{i=1}^{s} m_i(m_i - 1)$$

nach Notiz 8.2.2. Für jedes $m \in \mathbb{N}$ ist die lineare Abbildung

$$V_m \longrightarrow L(E_m) \ ; \ \ A \mapsto A/\xi_0^m$$

surjektiv nach Lemma 8.2.4. Ihr Kern ist $F \cdot W_{m-n}$ für $n = \deg(F)$. Daher gilt

$$\dim L(E_m) = \dim V_m - \dim W_{m-n} \ .$$

Daraus folgt nun einerseits mit Satz 8.1.6 für großes $m \geq n$

$$\dim L(E_m) = \frac{(m+1)(m+2)}{2} - \sum_{i=1}^{s} \frac{m_i(m_i-1)}{2} - \frac{(m-n+1)(m-n+2)}{2} \ .$$

Andererseits gilt nach Korollar 8.3.15 für großes m :

$$\dim L(E_m) = \deg E_m + 1 - \gamma(\tilde{X}) = mn - \sum_{i=1}^{s} m_i(m_i - 1) + 1 - \gamma(\tilde{X}) \ .$$

Somit erhält man durch eine kleine Rechnung die Behauptung.
(a) Nach Satz 8.2.9 existiert eine endliche Folge $X' \dashrightarrow X$ von Cremona-Transformationen, so dass $X' \subset \mathbb{P}_k^2$ nur gewöhnliche Mehrfachpunkte als Singularitäten hat. Die rationale Abbildung $X' \dashrightarrow X$ ist birational. Nach Lemma 8.2.8/7 gilt nun $\overline{g}(X') \leq \overline{g}(X)$. Weiterhin ist $\tilde{X}$ die Aufblasung von X' in seinen singulären Punkten. Nach (b) gilt $\gamma(\tilde{X}) = \overline{g}(X')$. Also gilt $\gamma(\tilde{X}) \leq \overline{g}(X)$. $\qquad\square$

Notiz 8.3.17 Ist in obiger Situation $\pi : \tilde{X} \to X$ die Desingularisierung einer irreduziblen Kurve $X = V(F) \subset \mathbb{P}_k^2$ vom Grad $n := \deg(F)$, die nur gewöhnliche Mehrfachpunkte als Singularitäten hat, so gilt:

1. $\deg(E_{n-3}) = 2\gamma(\tilde{X}) - 2$

2. $\dim L(E_{n-3}) \geq \gamma(\tilde{X})$.

Beweis. 1. Die Formel $\deg(E_{n-3}) = 2\gamma(\tilde{X}) - 2$ folgt durch Einsetzen aus den Formeln für $\gamma(\tilde{X})$ und $\deg(E_m)$.
2. In der Notation des obigen Satzes ist $m := (n-3) < n$. Also gilt $W_{m-n} = 0$, und somit ist $V_{n-3} \xrightarrow{\sim} L(E_{n-3})$ ein Isomorphismus. Die Formel aus Satz 8.1.6 liefert die Behauptung. $\qquad\square$

Lemma 8.3.18 *Es sei* $X = V(F) \subset \mathbb{P}_k^2$ *eine irreduzible Kurve vom Grad* n *, die höchstens gewöhnliche Mehrfachpunkte als Singularitäten besitzt. Es sei* $\pi : \tilde{X} \to X$ *die Desingularisierung von* X *. Weiterhin sei*

$$E := \sum_{y \in \tilde{X}} (m_{\pi(y)}(X) - 1) \cdot y \in \mathrm{Div}(\tilde{X}) \ .$$

Für jede ebene Kurve G *vom Grad* $n - 3$ *ist* $\mathrm{div}(G) - E$ *ein kanonischer Divisor auf* $\tilde{X}$ *. Zur Definition des Divisors einer Form siehe 8.2.5.*

Beweis. Die Koordinaten seien so gewählt, dass $X \cap V(\xi_0) = \{x_1, \ldots, x_n\}$ aus n paarweise verschiedenen einfachen Punkten besteht. Weiterhin soll keine Tangente an X in einem Mehrfachpunkt durch den Punkt $(0, 1, 0)$ verlaufen und der Punkt $(0, 1, 0)$ liege nicht in X . Man setze nun

$$f_1(\zeta_1, \zeta_2) := \frac{\partial F}{\partial \xi_1}(1, \zeta_1, \zeta_2) \ \text{ und } \ f_2(\zeta_1, \zeta_2) := \frac{\partial F}{\partial \xi_2}(1, \zeta_1, \zeta_2) \ .$$

Weiterhin wollen wir den Divisor

$$E_m := m \cdot (x_1 + \ldots + x_n) - E \in \mathrm{Div}(\tilde{X}) \ .$$

betrachten. Da alle Divisoren der Form $\mathrm{div}(G) - E$ mit Formen G vom Grad $n - 3$ zueinander äquivalent sind, reicht es zu zeigen, dass $E_{n-3} = \mathrm{div}(\xi_0^{n-3}) - E$ äquivalent zu einem kanonischen Divisor ist. Setzt man $\zeta_i := \xi_i / \xi_0$ für $i = 1, 2$, so reicht es zu zeigen

$$\mathrm{div}(d\zeta_1) = \mathrm{div}(f_2) + E_{n-3} \ .$$

Wegen $f_2 = (\partial F / \partial \xi_2) / \xi_0^{n-1}$ ist die Behauptung äquivalent zu

$$(*) \qquad \mathrm{div}(d\zeta_1) = \mathrm{div}\left(\frac{\partial F}{\partial \xi_2}\right) - 2 \cdot (x_1 + \ldots + x_n) - E \ .$$

Auf X gilt $f_1 d\zeta_1 + f_2 d\zeta_2 = 0$. Somit gilt für alle $y \in \tilde{X}$

$$\begin{aligned}
\mathrm{ord}_y(d\zeta_1) \ &= \ \mathrm{ord}_y(f_2) + \mathrm{ord}_y(d\zeta_2) - \mathrm{ord}_y(f_1) \\[2mm]
&= \ \mathrm{ord}_y\left(\frac{\partial F}{\partial \xi_2}\right) + \mathrm{ord}_y(d\zeta_2) - \mathrm{ord}_y\left(\frac{\partial F}{\partial \xi_1}\right) \ .
\end{aligned}$$

Wir berechnen nun den Divisor $\mathrm{div}(d\zeta_1)$ in $y \in \tilde{X}$. Wir unterscheiden drei Fälle:

Ist $y = x_i$ für ein i , so ist $\zeta_2^{-1} = \xi_0 / \xi_2$ ein uniformisierender Parameter in x_i , weil $V(\xi_0)$ die Kurve X transversal schneidet und $(0, 1, 0) \notin X$ gilt. Daher gilt nun $d\zeta_2 = -\zeta_2^{-2} d(\zeta_2^{-1})$ und somit $\mathrm{ord}_y(d\zeta_2) = -2$. Die Kurve X trifft $V(\xi_0)$ in n paarweise verschiedenen Punkten. Parametrisiert man die Gerade $V(\xi_0)$ durch $\{(0, t, 1) \ ; \ t \in k\}$, so ist $\Phi(t) := F(0, t, 1)$ ein Polynom. $\Phi(t)$ hat exakt n paarweise verschiedene Nullstellen und hat den Grad n wegen $(0, 1, 0) \notin X$. Also sind seine Nullstellen einfach. Die Ableitung nach t ist gleich der partiellen Ableitung von F nach ξ_1 . Daher gilt $\mathrm{ord}_y(\partial F / \partial \xi_1) = 0$. Somit gilt die Gleichung $(*)$ im Punkt y wegen $y \notin \mathrm{supp}(E)$.

Sei nun $x = (1, \alpha_1, \alpha_2)$ und $y \in \tilde{X}$ ein Punkt über x. Da eine Variablentransformation der Form $(\zeta_1, \zeta_2) \mapsto (\zeta_1 - \alpha_1, \zeta_2 - \alpha_2)$ die Differentiale invariant lässt, können wir $x = (1, 0, 0)$ annehmen. Dann spalten wir diesen Fall in zwei Betrachtungen auf.

$V(\xi_2)$ sei Tangente an X in x. Nach Voraussetzung ist x kein Mehrfachpunkt, weil keine Tangente in einem Mehrfachpunkt durch den Punkt $(0, 1, 0)$ gehen sollte; diese Bedingung ist mit einer Transformation $(\zeta_1, \zeta_2) \mapsto (\zeta_1 - \alpha_1, \zeta_2 - \alpha_2)$ verträglich. Also ist X glatt in x. Dann ist ζ_1 uniformisierender Parameter in x, weil $V(\xi_2)$ Tangente an X in x ist und somit ζ_2 nicht uniformisierender Parameter sein kann. Daher ist $\mathrm{ord}_y(d\zeta_1) = 0$. Da x ein glatter Punkt auf X ist, ist in der Gleichung $f_1 d\zeta_1 + f_2 d\zeta_2 = 0$ mindestens ein Wert $f_1(x) \neq 0$ oder $f_2(x) \neq 0$. Im Fall $f_1(x) \neq 0$ wäre ζ_2 aber lokaler Parameter. Somit gilt $f_2(x) \neq 0$ und damit und $\mathrm{ord}_y(\partial F/\partial \xi_2) = 0$. Dann gilt die Gleichung $(*)$ im Punkt y wegen $y \notin \mathrm{supp}(E)$.

$V(\xi_2)$ sei nicht Tangente an X in x. Dann ist ζ_2 uniformisierender Parameter in y nach Notiz 8.2.2/(c). Also gilt $\mathrm{ord}_y(d\zeta_2) = 0$ und $\mathrm{ord}_y(f_1) = m_x - 1 = \mathrm{ord}_y(E)$ nach Notiz 8.2.2/(d) Also gilt $(*)$ in jedem Punkt $y \in \tilde{X}$. $\square$

Korollar 8.3.19 *Der kanonische Divisor K_X einer glatten zusammenhängenden projektiv-algebraischen Kurve X von arithmetischem Geschlecht $\gamma(X)$ hat den Grad $2\gamma(X) - 2$. Weiterhin gilt $\dim L(K_X) \geq \gamma(X)$.*

Beweis. Das folgt aus Lemma 8.3.18 und Notiz 8.3.17, weil jede glatte projektiv-algebraische Kurve sich als Aufblasung einer ebenen Kurve mit nur gewöhnlichen Mehrfachpunkten als Singularitäten schreiben lässt; vgl. Satz 8.2.21. $\square$

8.3.4 *Beweis des Satzes von Riemann-Roch*

Im Folgenden sei k ein algebraisch abgeschlossener Körper.

Für den Beweis des Satzes von Riemann-Roch muß man im wesentlichen noch folgendes Lemma beweisen.

Lemma 8.3.20 (Noether) *Ist $L(D) \neq 0$ und $L(K_X - D - x) \neq L(K_X - D)$ für einen Punkt $x \in X$, so gilt $L(D + x) = L(D)$.*

Beweis. Wir wollen die Bezeichnungen von Lemma 8.3.18 beibehalten. Daher heißt die betrachtete Kurve im Folgenden $\tilde{X}$ und X ist eine ebene, zu $\tilde{X}$ birational äquivalente Kurve im $\mathbb{P}^2_k$. Wir stellen uns also $\tilde{X}$ als Aufblasung $\pi := \tilde{X} \to X$ einer Kurve $X = V(F) \subset \mathbb{P}^2_k$ vor, wobei F eine Form vom Grad n ist, die nur gewöhnliche Mehrfachpunkte als Singularitäten hat; vgl. Satz 8.2.21; und im Punkt $\pi(x)$ glatt ist; vgl. Beispiel 8.2.16. Weiterhin können wir die Koordinaten so wählen, dass $V(\xi_0)$ die Kurve X in einfachen Punkten $x_1, \ldots, x_n$ transversal schneidet, die von $\pi(x)$ verschieden sind. Nach Lemma 8.3.18 ist

$$K_{\tilde{X}} := E_{n-3} := (n-3) \cdot (x_1 + \ldots + x_n) - E$$

ein kanonischer Divisor. Wegen $L(D) \neq 0$ ist D äquivalent zu einem effektiven Divisor. Also dürfen wir $D \geq 0$ voraussetzen. Dann gilt $L(K_{\tilde{X}} - D) \subset L(E_{n-3})$. Daher kann man nach Lemma 8.2.4 jedes Element aus $L(E_{n-3})$ als Quotienten G/ξ_0^{n-3}

mit einer Form G vom Grad $n - 3$ schreiben, wobei G eine zu F adjungierte Form ist; vgl. Satz 8.2.6. Betrachte nun ein $h \in L(K_{\tilde{X}} - D) - L(K_{\tilde{X}} - D - x)$. Dann ist h von der Form $h = G/\xi_0^{n-3}$. Es ist

$$\mathrm{div}(G) = D + E + A \quad \text{mit} \quad A \geq 0 \quad \text{aber} \quad A \not\geq x \ .$$

Nun wählt man eine Gerade L durch x , die $V(F)$ in einem einfachen Divisor B vom Grad $(n - 1)$ außerhalb x schneidet; vgl. Satz 8.1.10 von Bezout. Dann gilt

$$\mathrm{div}(LG) = (D + x) + E + (A + B) \ .$$

Sei nun $f \in L(D + x) - \{0\}$. Ist $D' := \mathrm{div}(f) + D$, so müssen wir $D' \geq 0$ zeigen. Es ist $D' + x \geq 0$. Wegen $D + x \sim D' + x$ existiert nach Satz 8.2.6 eine Form H mit $\mathrm{div}(H) = (D' + x) + E + (A + B)$ und $\deg(H) = \deg(LG)$. Also gilt $\deg(H) = n - 2$. Nun enthält B schon $(n - 1)$ paarweise verschiedene kollineare Punkte und H hat den Grad $(n-2)$. Nach dem Satz 8.1.10 von Bezout muß H die Gerade L als Komponente enthalten. Insbesondere ist $H(x) = 0$. Nun ist jedoch $x \notin \mathrm{supp}(E + (A + B))$, also gilt $D' + x \geq x$ und damit $D' \geq 0$. $\qquad\square$

Beweis von Satz 8.3.1 für einen algebraisch abgeschlossenen Grundkörper.

Wir haben für jeden Divisor D die Gleichung

$$\dim L(D) = \deg(D) + 1 - \gamma(X) + \dim L(K_X - D)$$

zu zeigen. Im Folgenden sei $\gamma := \gamma(X)$. Wir unterscheiden zwei Fälle:
1. Fall $L(K_X - D) = 0$: Hier machen wir Induktion nach $\dim L(D)$.
Ist $L(D) = 0$ und $L(K_X - D) = 0$, so gilt nach Satz 8.3.12 und Korollar 8.3.19

$$
\begin{aligned}
0 &= \dim L(D) & &\geq \deg(D) + 1 - \gamma \\
0 &= \dim L(K_X - D) & &\geq 2\gamma - 2 - \deg(D) + 1 - \gamma
\end{aligned}
$$

Dann folgt $0 = \deg(D) + 1 - \gamma$; also die behauptete Identität.
Sei nun $\dim L(D) = 1$. Nach Satz 8.3.12 gilt $\deg(D) \leq \gamma$. Wegen $L(D) \neq 0$ dürfen wir D als effektiv voraussetzen. Somit ist $L(K_X - D) \subset L(K_X)$ höchstens von der Kodimension $\deg(D)$. Also gilt

$$\dim L(K_X) - \deg D \leq \dim L(K_X - D) = 0 \ .$$

Nach Korollar 8.3.19 ist $\dim_k L(K_X) \geq \gamma$. Damit folgt

$$
\begin{aligned}
1 &= \dim L(D) - \dim L(K_X - D) \\
&\leq 1 - \dim L(K_X) + \deg(D) \leq 1 - \gamma + \deg(D) \leq 1 \ .
\end{aligned}
$$

Also gilt überall Gleichheit und die Behauptung folgt.
Sei nun $\dim L(D) \geq 2$. Dann existiert ein $x \in X$ mit

$$\dim L(D - x) = \dim L(D) - 1 \ .$$

Also ist $L(D - x) \neq 0$ wegen $\dim_k L(D) \geq 2$. Dann gilt nach Lemma 8.3.20

$$L(K_X - (D - x)) = L(K_X - D) = 0 \ .$$

Also folgt mit der Induktionsvoraussetzung

$$\dim L(D) = \dim L(D - x) + 1 = \deg(D - x) + 1 - \gamma + 1 = \deg(D) + 1 - \gamma \ .$$

2. Fall $L(K_X - D) \neq 0$: Dann gilt $\deg(K_X - D) \geq 0$ nach Satz 8.3.9. Nach Korollar 8.3.19 ist $\deg(K_X) = 2\gamma - 2$; also gilt $\deg D \leq 2\gamma - 2$. Wenn die Riemann-Rochsche Formel im Fall $L(K_X - D) \neq 0$ falsch wäre, existierte ein Divisor maximalem Grades, für den die Formel falsch ist. Wir wählen ein solches D und werden einen Widerspruch dadurch herleiten, dass wir die Gültigkeit der Formel auch für dieses D nachweisen. Wegen der Maximalität von D ist die Formel für den Divisor $D + x$ für jedes $x \in X$ richtig. Damit folgt

$$\dim L(D + x) = \deg(D + x) + 1 - \gamma + \dim L(K_X - (D + x)) \ .$$

Wegen $L(K_X - D) \neq 0$ existiert ein $x \in X$ mit

$$\dim L(K_X - D - x) = \dim L(K_X - D) - 1 \ .$$

Ist $L(D) = 0$, so setze $D' := K_X - D$. Es ist $D = K_X - D'$ und $L(K_X - D') = 0$; somit hat man auf den ersten Fall reduziert. Ist $L(D) \neq 0$, so gilt $L(D + x) = L(D)$ nach Lemma 8.3.20 wegen $L(K_X - D - x) \neq L(K_X - D)$. Daraus folgt mit den obigen Gleichungen

$$\dim L(D) = \dim L(D + x) = \deg(D) + 1 - \gamma + \dim L(K_X - D) \ .$$

Damit ist der Satz von Riemann-Roch bewiesen, wenn der Grundkörper k algebraisch abgeschlossen ist. Der Fall eines allgemeinen Grundkörpers folgt aus dem behandelten Fall mit Lemma 8.3.6. $\square$

8.4   Residuensatz

In der Theorie der Riemannschen Flächen kennt man den Residuensatz in der folgenden Form; vgl. [Fo, Theorem 10.21]:

Es sei X eine kompakte Riemannsche Fläche und $x_1, \ldots, x_n \in X$ endlich viele paarweise verschiedene Punkte. Man setze $X' := X - \{x_1, \ldots, x_n\}$. Dann gilt für jede holomorphe Differentialform $\omega \in \Omega_X(X')$ auf X' , dass die Summe der Residuen $\sum_{i=1}^{n} \mathrm{res}_{x_i} \omega = 0$ verschwindet.

Man kann diesen Satz mit Hilfe des Satzes von Stokes beweisen. In diesem Kapitel soll ein analoger Satz im Fall einer glatten projektiv-algebraischen Kurve X über einem perfekten Körper k behandelt werden. Zunächst werden wir das Residuum von rationalen Differentialformen algebraisch einführen. Dazu benötigen wir einige Hilfssätze.

Lemma 8.4.1 *Es sei* k *ein Körper und* $K := k((z)) := Q(k[[z]])$ *der Quotientenkörper des formalen Potenzreihenringes in der Variablen* z *; also der Ring der Laurentreihen in* z *mit Koeffizienten in* k *. Dann ist der Koeffizient* a_{-1} *der Laurentreihenentwicklung der Differentialform, vgl. A.5.11*

$$\omega = \left(\sum_{i \in \mathbb{Z}} a_i z^i \right) \cdot dz \in \Omega^1_{K/k} = k((z)) \cdot dz$$

unabhängig von der Wahl des lokalen Parameter z *.*

Beweis. Es sei ζ ein weiterer lokaler Parameter von $k[[z]]$. Also gilt $z = \varepsilon \cdot \zeta$ mit einer Einheit $\varepsilon \in k[[z]]$. Für einen lokalen Parameter ζ von $k[[z]]$ sei

$$c[\zeta]\,(\omega) := a_{-1} \quad \text{für} \quad \omega = \left(\sum_{i \in \mathbb{Z}} a_i \zeta^i \right) d\zeta \ .$$

Dann ist $c[\zeta] : \Omega^1_{K/k} \longrightarrow k$ eine k-lineare Abbildung mit

$$c[\zeta]\,(\omega) = 0 \quad \text{für alle} \quad \omega \in k[[z]] \cdot dz \ ,$$

$$c[\zeta]\,(df) = 0 \quad \text{für alle} \quad f \in K \ .$$

Da jede Laurentreihe in z eine Summe aus einer Potenzreihe in z – somit auch Potenzreihe in ζ – und einer endlichen Linearkombination von Termen der Form $a \cdot z^m$ mit $m \leq -1$ ist, reicht es die Behauptung für $\omega = z^m dz$ mit $m \in \mathbb{Z}$ und $m \leq -1$ zu zeigen. Wegen $z = \varepsilon \cdot \zeta$ gilt $dz = \zeta d\varepsilon + \varepsilon d\zeta$.
Im Fall $m = -1$ gilt

$$\frac{dz}{z} = \frac{d\varepsilon}{\varepsilon} + \frac{d\zeta}{\zeta} \ .$$

Nun ist $d\varepsilon/\varepsilon$ aber regulär, weil ε eine Einheit ist. Somit ist $c[\zeta]\,(d\varepsilon/\varepsilon) = 0$ und daher $c[\zeta]\,(dz/z) = c[\zeta]\,(d\zeta/\zeta)$.
Im Fall $m \leq -2$ müssen wir $c[\zeta]\,(z^m dz) = 0$ zeigen. Im Fall der Charakteristik 0 ist man wegen $z^m dz = dz^{(m+1)}/(m+1)$ somit fertig, weil $c[\zeta]\,(df) = 0$ für alle $f \in K$ gilt. Sei nun $\mathrm{char}(k) = p > 0$. Im Fall $p \nmid (m+1)$ ist man ebenso fertig. Im Folgenden betrachten wir den Fall $p \mid (m+1)$; dann ist m von der Form $m = \mu \cdot p^\alpha - 1$ mit $p \nmid \mu$. Nach Lemma 8.4.2 ist die Abbildung

$$\Phi : \Omega^1_{K/k} \longrightarrow \Omega^1_{K/k}/dK \ , \quad f \cdot d\xi \mapsto \overline{f^{p^\alpha} \cdot \xi^{p^\alpha - 1} d\xi}$$

unabhängig von der Auswahl des Parameters ξ von $k[[z]]$. Wegen $c[\xi]\,(df) = 0$ für alle $f \in K$ induziert $c[\xi]$ eine k-lineare Abbildung

$$\overline{c[\xi]} : \Omega^1_{K/k}/dK \longrightarrow k \ .$$

Offenbar gilt

$$\overline{c[\xi]}\,(\Phi(\omega)) = (c[\xi]\,(\omega))^{p^\alpha} \ .$$

Im Fall $\xi = z$ hat man

$$z^m dz = z^{\mu p^\alpha - 1} dz = (z^{\mu - 1})^{p^\alpha} z^{p^\alpha - 1} dz \ ,$$

also gilt

$$\overline{z^m dz} = \Phi(z^{\mu-1} dz) \ .$$

Somit gilt

$$c[\zeta]\,(z^m dz) = \big(c[\zeta]\,(z^{\mu-1} dz)\big)^{p^\alpha} \ .$$

Daher ist das Verschwinden von $c[\zeta]\,(z^m dz)$ gleichbedeutend mit dem Verschwinden von $c[\zeta]\,(z^{\mu-1} dz)$. Da p nicht μ teilt, so ist $z^{\mu-1} dz = d(z^\mu/\mu)$ und daher $c[\zeta]\,(z^{\mu-1} dz) = 0$ und somit $c[\zeta]\,(z^m dz) = 0$. $\qquad\qquad\square$

Lemma 8.4.2 *Es sei k ein Körper mit positiver Charakteristik p. Es sei K/k eine Körpererweiterung mit $\dim_K\big(\Omega^1_{K/k}\big) = 1$. Es sei $d\xi$ ein Erzeuger von $\Omega^1_{K/k}$. Für jedes $\alpha \in \mathbb{N}$ ist die Abbildung*

$$\Phi : \Omega^1_{K/k} \longrightarrow \Omega^1_{K/k}/dK \ , \ f \cdot d\xi \mapsto \overline{f^{p^\alpha} \cdot \xi^{p^\alpha-1} d\xi}$$

additiv und unabhängig von der Wahl des Erzeugers $d\xi$ von $\Omega^1_{K/k}$.

Beweis. Die Additivität ist offenbar richtig. Es sei $d\eta$ ein weiterer Erzeuger von $\Omega^1_{K/k}$. Dann gilt $d\eta = f \cdot d\xi$ mit einem $f \in K^\times$. Wegen $d(\xi\eta) = \xi d\eta + \eta d\xi$ folgt

$$\xi d\eta \equiv -\eta d\xi \quad \mathrm{mod}\ dK \ .$$

Für die Behauptung ist nur

$$\eta^{p^\alpha-1} d\eta \equiv f^{p^\alpha} \xi^{p^\alpha-1} d\xi \quad \mathrm{mod}\ dK$$

zu zeigen. Man zeigt durch Induktion

$$
\begin{aligned}
f^{p^\alpha}\xi^{p^\alpha-1} d\xi = f^{p^\alpha-1}\xi^{p^\alpha-1} d\eta &\equiv (-1) f^{p^\alpha-1}\xi^{p^\alpha-2}\eta d\xi && \mathrm{mod}\ dK \\
&\equiv (-1)^{p^\alpha-1} f\eta^{p^\alpha-1} d\xi = \eta^{p^\alpha-1} d\eta && \mathrm{mod}\ dK
\end{aligned}
$$

Man beachte im Fall $p = 2$, dass $-1 = 1$ ist. Daraus folgt die Behauptung. $\qquad\square$

Definition 8.4.3 Es sei k ein perfekter Körper und ℓ/k eine endliche Körpererweiterung. Es sei $L := \ell((z))$ der Quotientenkörper des Potenzreihenringes in der Variablen z; das ist der Ring der Laurentreihen der Form $f = \sum_{i \geq n}^{\infty} a_i z^i$ mit $n \in \mathbb{Z}$. Dann definiert man das *Residuum der Differentialform* $f \cdot dz$ durch

$$\mathrm{res}_{L/k,(z=0)}(f \cdot dz) := \mathrm{Tr}_{\ell/k}(a_{-1}) \ .$$

Dabei ist $\mathrm{Tr}_{\ell/k} : \ell \longrightarrow k$ die Spurabbildung. Falls es aus dem Zusammenhang klar ist, dass wir das Residuum über k betrachten, so werden wir L/k beim Symbol $\mathrm{res}_{L/k,(z=0)}$ weglassen und einfach $\mathrm{res}_{(z=0)}$ schreiben.

Es sei nun X eine glatte projektiv-algebraische Kurve über k, und ω eine rationale Differentialform auf X. Dann definiert man das Residuum von ω in einem abgeschlossenen Punkt $x \in X$ folgendermaßen: Im lokalen Ring $\mathcal{O}_{X,x}$ – das ist ein diskreter Bewertungsring – wähle man einen lokalen Parameter z. Die Komplettierung

$\widehat{\mathcal{O}}_{X,x}$ nach seinem maximalen Ideal ist kanonisch isomorph zum formalen Potenzreihenring $k(x)[[z]]$; vgl. Satz A.3.29. Somit besitzt ω eine Darstellung $\omega = f \cdot dz$ mit $f = \left(\sum_{i \geq n}^{\infty} a_i z^i \right) \in k(x)((z))$; vgl. Satz A.5.11. Dann heißt

$$\mathrm{res}_x(\omega) := \mathrm{Tr}_{k(x)/k}(a_{-1}) \in k$$

das *Residuum* der Differentialform ω . Nach den Vorüberlegungen ist das Residuum wohldefiniert. Offenbar ist es auch mit Grundkörpererweiterung k'/k verträglich:

$$\mathrm{res}_x(\omega) = \sum_{x' \mapsto x} \mathrm{res}_{x'}(\omega \otimes_k k') \ .$$

Von besonderer Bedeutung für uns ist der Residuensatz, den wir ja in 6.1.12 schon kennen gelernt haben.

Satz 8.4.4 (Residuensatz) *Es sei* X *eine glatte projektiv-algebraische Kurve und es sei* ω *eine rationale Differentialform auf* X *. Dann existieren endlich viele Punkte* $x_1, \ldots, x_r$ *in* X *mit* $\mathrm{res}_x(\omega) = 0$ *für alle* $x \in X$ *mit* $x \neq x_1, \ldots, x_r$ *, und es gilt*

$$\sum_{x \in X} \mathrm{res}_x(\omega) = 0 \ .$$

Zunächst überlegt man sich die Aussage im Fall der projektiven Geraden.

Lemma 8.4.5 *Es sei* $X = \mathbb{P}^1_k$ *die projektive Gerade über einem Körper* k *und es sei* ω *eine rationale Differentialform auf* X *mit* $\omega \neq 0$ *. Dann hat* ω *nur endlich viele Polstellen* $x_1 \ldots, x_n$ *, und es gilt*

$$\sum_{i=1}^{n} \mathrm{res}_{x_i} \omega = 0 \ .$$

Beweis. Weil das Residuum mit Grundkörpererweiterung verträglich ist, dürfen wir k als algebraisch abgeschlossen voraussetzen. Wir betrachten nun zunächst den Spezialfall

$$\omega = \frac{q_0 + q_1 \zeta^1 + \ldots + q_{n-1} \zeta^{n-1}}{\zeta^n} d\zeta \ ,$$

wobei $n \in \mathbb{N}$ und $q(\zeta) := q_0 + q_1 \zeta^1 + \ldots + q_{n-1} \zeta^{n-1} \in k[\zeta]$ vom Grad $\deg(q) \leq (n-1)$ ist. Dann gilt

$$\mathrm{res}_0(\omega) \ = q_{n-1}$$

$$\mathrm{res}_x(\omega) \ = 0 \qquad \text{für alle } x \neq 0, \infty \text{ wegen } \omega \in \Omega^1_{X/k,x}$$

$$\mathrm{res}_\infty(\omega) = -q_{n-1}$$

Es ist nämlich $z := 1/\zeta$ ein lokaler Parameter in ∞ und es ist $d\zeta = (-1/z^2)dz$. Somit gilt

$$\omega = \frac{q(\zeta)}{\zeta^n} \cdot d\zeta = -q\left(\frac{1}{z}\right) z^{n-2} \cdot dz = \left(-q_0 z^{n-2} - \ldots - q_{n-1} z^{-1}\right) dz \ .$$

Also verschwindet in diesem Fall die Summe der Residuen. Ist $q(\zeta) \in k[\zeta]$ ein Polynom und $\omega = q(\zeta) \cdot d\zeta$, so folgt wie oben $\mathrm{res}_x(\omega) = 0$ für alle $x \in \mathbb{P}^1_k$. Also ist auch in diesem Fall die Summe der Residuen 0 . Eine allgemeine rationale Differentialform besitzt eine Partialbruchzerlegung

$$\omega = \left(q_0(\zeta) + \sum_{i=1}^s \frac{q_i(\zeta)}{(\zeta - x_i)^{n_i}} \right) \cdot d\zeta \ ,$$

wobei $q_i(\zeta) \in k[\zeta]$ für $i = 0, \ldots, s$ Polynome sind und $\deg(q_i(\zeta)) \leq n_i - 1$ für $i \geq 1$ gilt. Daraus folgt mit Obigem die Behauptung. $\qquad\square$

Der Beweis des Residuensatzes erfolgt nun durch Reduktion auf obigen Spezialfall mit Hilfe von klassischen Methoden der algebraischen Zahlentheorie. Wir führen diese Reduktion zunächst in einem Spezialfall durch, der alle wesentlichen Rechnungen schon beinhalten wird. Wesentliches Hilfsmittel dafür ist die Spurabbildung. Es sei L/K eine endliche separable Körpererweiterung und K/k ein Funktionenkörper. Da L/K separabel ist, gilt für den Vektorraum der Differentialformen, dass der kanonische Morphismus nach Lemma A.5.6

$$L \otimes_K \Omega^1_{K/k} \xrightarrow{\sim} \Omega^1_{L/k} \ , \ (l \otimes \omega) \mapsto l \cdot \omega$$

ein Isomorphismus ist. Die Spurabbildung $\mathrm{Tr}_{L/K} : L \to K$ kann man zu einer K-linearen Abbildung

$$\mathrm{Tr}_{L/K} : \Omega^1_{L/k} \longrightarrow \Omega^1_{K/k} \ , \ f \otimes dz \mapsto \mathrm{Tr}_{L/K}(f) \cdot dz$$

übertragen, wobei dz ein Erzeuger von $\Omega^1_{K/k}$ ist.

Lemma 8.4.6 *Es sei ℓ/k eine endliche Körpererweiterung, und $k[[\eta]] \hookrightarrow \ell[[\xi]]$ eine endliche Erweiterung von formalen Potenzreihenringen, so dass die Erweiterung ihrer Quotientenkörper $K := k((\eta)) \hookrightarrow L := \ell((\xi))$ separabel ist. Dann gilt für jede Laurentreihe $f = \sum_{i \geq n}^\infty a_i \xi^i$*

$$\mathrm{Tr}_{\ell/k}(\mathrm{res}_{(\xi=0)}(f \cdot d\xi)) = \mathrm{res}_{(\eta=0)} \left(\mathrm{Tr}_{L/K}(f \cdot d\xi) \right) \ .$$

Beweis. Man kann die Erweiterung der diskreten Bewertungsringe zerlegen in

$$k[[\eta]] \hookrightarrow \ell[[\eta]] \hookrightarrow \ell[[\xi]] \ .$$

Nach Definition der Spur kann man beide Fälle getrennt behandeln. Der erste Fall $k[[\eta]] \hookrightarrow \ell[[\eta]]$ ist trivial wegen

$$\mathrm{Tr}_{\ell((\eta))/k((\eta))} \left(\sum_{i \in \mathbb{Z}} a_i \eta^i \cdot d\eta \right) = \left(\sum_{i \in \mathbb{Z}} \mathrm{Tr}_{\ell/k}(a_i)\eta^i \right) \cdot d\eta \ .$$

Im zweiten Fall $\ell[[\eta]] \hookrightarrow \ell[[\xi]]$ sei e der Verzweigungsindex; also gilt $\varepsilon \cdot \xi^e = \eta$ mit einer Einheit $\varepsilon \in \ell[[\xi]]$. Da das Residuum nach Lemma 8.4.1 unabhängig von der

Wahl des lokalen Parameters ist, kann man η durch $c \cdot \eta$ für ein $c \in \ell^\times$ ersetzen. Daher können wir annehmen, dass

$$\varepsilon = 1 + \sum_{j \geq 1} c_j \xi^j \in \ell[[\xi]]$$

gilt. Nach Satz A.3.11 gilt $\mathrm{Tr}_{\ell((\eta))/k((\eta))}(\ell[[\xi]]) \subset \ell[[\eta]]$. Somit reicht es, die Behauptung für $f = \xi^m$ mit $m \in \mathbb{Z}$ mit $m \leq -1$ zu zeigen. Es sei $p := \mathrm{char}(\ell)$ die Charakteristik des Grundkörpers.

Wir unterscheiden nun zwei Fälle.

Falls die Charakteristik p nicht e teilt, so ist $\varepsilon = \alpha^e$ eine e-te Potenz. Indem man ξ durch $\alpha^{-1}\xi$ ersetzt, kann man ohne Einschränkung $\xi^e = \eta$ annehmen, weil das Residuum nach Lemma 8.4.1 unabhängig von der Wahl des lokalen Parameters ist. Also gilt

$$e\xi^{e-1} \cdot d\xi = d\eta \ .$$

Nach Division mit Rest schreibt sich $m = q \cdot e + r$ mit $0 \leq r \leq (e-1)$. Dann gilt

$$\xi^m \cdot d\xi = \eta^q(\xi^r \cdot d\xi) = \frac{\eta^q}{e} \cdot \xi^{r-(e-1)} d\eta \ .$$

Somit gilt

$$\mathrm{Tr}_{L/K}(\xi^m \cdot d\xi) = \begin{cases} \eta^q d\eta & \text{für } r = (e-1) \\ 0 & \text{sonst } . \end{cases}$$

Im ersten Fall ist nämlich $\mathrm{Tr}_{L/K}(\eta^q) = e \cdot \eta^q$. Im zweiten Fall gilt $\mathrm{Tr}_{L/K}(\xi^a) = 0$ für $a := r - (e-1)$ wegen $a \not\equiv 0 \mod e$; man betrachte dazu etwa die Matrixdarstellung bezüglich der Basis $\xi^0, \ldots, \xi^{e-1}$. Mit dieser Formel folgt dann die Behauptung im Fall $p \nmid e$ und insbesondere die Behauptung im Fall $\mathrm{char}(k) = 0$. Für $m = -1$ ist nämlich $q = -1$ und $r = e - 1$.

Für den Fall $p \mid e$ müssen wir etwas weiter ausholen. Im Folgenden bezeichne $\mathrm{N}_{L/K} : L^\times \longrightarrow K^\times$ die Norm; vgl. Definition A.1.6. Dann gilt

$$(*) \qquad \begin{aligned} \mathrm{Tr}_{L/K}(df) &= d\left(\mathrm{Tr}_{L/K}(f)\right) \ , \\ \mathrm{Tr}_{L/K}\left(\frac{df}{f}\right) &= \frac{d\left(\mathrm{N}_{L/K}(f)\right)}{\mathrm{N}_{L/K}} \ . \end{aligned}$$

Das folgt unmittelbar, indem man Basiserweiterung $K \hookrightarrow K'$ mit einem Zerfällungskörper von L/K vornimmt und dort die Identitäten nachweist. Man erhält nämlich ein kartesisches Diagramm

$$\begin{array}{ccc} L & \longrightarrow & L' := \prod_{i=1}^{n} L_i \ , \quad f \mapsto (f_1, \ldots, f_n) \ , \\ \uparrow & & \uparrow \\ K & \longrightarrow & K' \ . \end{array}$$

Weil L/K separabel ist, ist $K' \xrightarrow{\sim} L_i$ ein Isomorphismus für $i = 1, \ldots, n$. Nun gilt

$$\mathrm{Tr}_{L'/K'}(df) \quad = \quad \sum_{i=1}^{n} \mathrm{Tr}_{L_i/K'}(df_i) \quad = \quad \sum_{i=1}^{n} df_i \quad = \quad d(f_1 + \cdots + f_n) \ ,$$

$$\mathrm{Tr}_{L'/K'}\left(\frac{df}{f}\right) \quad = \quad \sum_{i=1}^{n} \mathrm{Tr}_{L_i/K'}\left(\frac{df_i}{f_i}\right) \quad = \quad \sum_{i=1}^{n} \left(\frac{df_i}{f_i}\right) \quad = \quad \frac{d(f_1 \cdot \ldots \cdot f_n)}{f_1 \cdot \ldots \cdot f_n} \ .$$

Daraus folgen die obigen Formeln $(*)$. Man betrachte nun $\omega = \xi^m d\xi$ mit $m \leq -1$. Wir müssen zeigen:

$$\mathrm{res}_{(\xi=0)}(\omega) = \mathrm{res}_{(\eta=0)}(\mathrm{Tr}_{L/K}(\omega)) \ .$$

($\dagger$) Falls nun $p \nmid (m+1)$, so gilt $\omega = df$ für $f := (m+1)^{-1}\xi^{(m+1)}$ und somit

$$\mathrm{res}_{(\xi=0)}(\omega) = \mathrm{res}_{(\xi=0)}(df) = 0$$

$$\mathrm{res}_{(\eta=0)}\left(\mathrm{Tr}_{L/K}(\omega)\right) = \mathrm{res}_{(\eta=0)}\left(\mathrm{Tr}_{L/K}(df)\right) = \mathrm{res}_{(\eta=0)}\left(d\,\mathrm{Tr}_{L/K}(f)\right) = 0$$

Also gilt die Behauptung in dem Fall $p \nmid (m+1)$.
Im Fall $m = -1$ ist $\omega = \xi^{-1}d\xi$. Das Minimalpolynom von ξ ist $T^e - \eta$, also $N_{L/K}(\xi) = (-1)^{e+1}\eta$. Somit folgt nach den Formeln $(*)$

$$\mathrm{Tr}_{L/K}\left(\frac{d\xi}{\xi}\right) = \frac{d\eta}{\eta} \ .$$

Also gilt die Behauptung im Fall $m = -1$.
Sei also nun $m \leq -2$ und $p \mid (m+1)$. Dann schreibt man $m = \mu \cdot p^\alpha - 1$ für ein $\mu \leq -1$ und $p \nmid \mu$. Es ist $\mathrm{res}_{(\eta=0)}(\mathrm{Tr}_{L/K}(\omega)) = 0$ zu zeigen. Dazu benötigt man die Überlegungen aus Lemma 8.4.2. Wir betrachten das Diagramm

$$
\begin{array}{ccc}
\Omega^1_{L/k} \xrightarrow{\ \Phi\ } \Omega^1_{L/k}/dL \ , & \qquad f d\eta \xrightarrow{\ \Phi\ } \overline{f^{p^\alpha} \cdot \eta^{p^\alpha-1}d\eta} \\
\Big\downarrow {\scriptstyle \mathrm{Tr}_{L/K}} \quad \Big\downarrow {\scriptstyle \overline{\mathrm{Tr}}_{L/K}} & \Big\downarrow \qquad\qquad \Big\downarrow \\
\Omega^1_{K/k} \xrightarrow{\ \Phi\ } \Omega^1_{K/k}/dK \ , & \mathrm{Tr}_{L/K}(f) \cdot d\eta \xrightarrow{\ \Phi\ } \overline{(\mathrm{Tr}_{L/K}(f))^{p^\alpha} \cdot \eta^{p^\alpha-1}d\eta} \\
\Big\downarrow {\scriptstyle \mathrm{res}_{(\eta=0)}} \quad \Big\downarrow {\scriptstyle \overline{\mathrm{res}}_{(\eta=0)}} & \Big\downarrow \qquad\qquad \Big\downarrow \\
k \xrightarrow{\ \mathbb{F}\ } k \ , & a \xrightarrow{\quad\quad} a^{p^\alpha}
\end{array}
$$

Die induzierten Abbildungen sind wegen $\mathrm{Tr}_{L/K}(dL) \subset dK$ und $\mathrm{res}_{(\eta=0)}(dK) = 0$ wohldefiniert. Wegen $\left(\mathrm{Tr}_{L/K}(f)\right)^{p^\alpha} = \mathrm{Tr}_{L/K}(f^{p^\alpha})$ ist die angegebene Formel für die rechte vertikale Abbildung korrekt. Das untere Quadrat ist kommutativ, weil

$$\mathrm{res}_{(\eta=0)}\left(\left(\sum_{i\in\mathbb{Z}} a_i\eta^i\right)^{p^\alpha} \cdot \eta^{p^\alpha-1}\right) = a_{-1}^{p^\alpha}$$

gilt. Nun gilt $\overline{\xi^m d\xi} = \Phi(\xi^{\mu-1}d\xi)$ und daher

$$\mathrm{res}_{(\eta=0)}\left(\mathrm{Tr}_{L/K}(\xi^m d\xi)\right) = \left(\mathrm{res}_{(\eta=0)}\left(\mathrm{Tr}_{L/K}(\xi^{\mu-1}d\xi)\right)\right)^{p^\alpha} \ .$$

Somit reicht es,

$$\operatorname{res}_{(\eta=0)} \left(\operatorname{Tr}_{L/K}(\xi^{\mu-1} d\xi) \right) = 0$$

zu zeigen. Wegen $p \nmid \mu$ ist man fertig nach dem Fall (†) . $\qquad\square$

Satz 8.4.7 (Spurformel) *Es sei* $\varphi : X \longrightarrow Y$ *ein endlicher Morphismus glatter, projektiv-algebraischer Kurven über einem perfekten Körper* k . *Der Morphismus induziere eine separable Erweiterung der zugeordneten Funktionenkörper. Es sei* ω *eine rationale Differentialform auf* X *mit* $\omega \neq 0$. *Ist* $y \in Y$ *ein abgeschlossener Punkt und* $\varphi^{-1}(y) = \{x_1, \ldots, x_r\}$ *die Faser über* y , *so gilt*

$$\sum_{i=1}^{r} \operatorname{res}_{x_i}(\omega) = \operatorname{res}_y \left(\operatorname{Tr}_{X/Y}(\omega) \right) \ .$$

Beweis. Es reicht, die Behauptung nach der Basiserweiterung $\mathcal{O}_{Y,y} \hookrightarrow \widehat{\mathcal{O}}_{Y,y}$ zu beweisen, weil das Residuum und die Spur damit verträglich sind. Nun hat man einen kanonischen Isomorphismus

$$\prod_{i=1}^{r} \mathcal{O}_{X,x_i} \otimes_{\mathcal{O}_{Y,y}} \widehat{\mathcal{O}}_{Y,y} \xrightarrow{\sim} \prod_{i=1}^{r} \widehat{\mathcal{O}}_{X,x_i} \ .$$

Da die Spurabbildung mit der Produktzerlegung verträglich ist, folgt mit Lemma 8.4.6

$$\operatorname{res}_y \left(\operatorname{Tr}_{X/Y}(\omega) \right) = \sum_{i=1}^{r} \operatorname{res}_y \left(\operatorname{Tr}_{\widehat{\mathcal{O}}_{X,x_i}/\widehat{\mathcal{O}}_{Y,y}}(\omega) \right) = \sum_{i=1}^{r} \operatorname{res}_{x_i}(\omega) \ .$$

Im letzten Schritt hat man zusätzlich zu Lemma 8.4.6 noch die Spurschachtelungsformel Satz A.1.7 zu benutzen. $\qquad\square$

Mit der Spurformel 8.4.7 folgt der *Beweis des Residuensatzes 8.4.4* nun unmittelbar aus dem Spezialfall 8.4.5, indem man die gegebene projektiv-algebraische Kurve X als endliche Überlagerung $X \longrightarrow \mathbb{P}^1_k$ darstellt, die eine separable Erweiterung der Funktionenkörper induziert; vgl. Lemma 8.2.20. $\qquad\square$

8.5   Hurwitzsche Geschlechterformel

In § 6.1 hatten wir schon die Hurwitzsche Geschlechterformel formuliert, die in diesem Abschnitt nun bewiesen werden soll.

Einem endlichen Morphismus $f : Y \longrightarrow X$ von glatten projektiv-algebraischen Kurven über einem Körper k ordnet man einen Verzweigungsdivisor

$$\operatorname{ram}(f) := \sum_{y \in Y} \operatorname{ord}_y \left(f^*(dt_{f(y)}) \right) \cdot y$$

wie folgt zu: Für einen abgeschlossenen Punkt $x \in X$ sei t_x ein lokaler Parameter im Punkt x. Man betrachte einen abgeschlossenen Punkt $y \in Y$ mit $f(y) = x$. Das zurückgezogene Differential $f^*(dt_{f(y)}) \in \Omega^1_{Y,y}$ ist ein Vielfaches von dt_y, also

$$f^*(dt_{f(y)}) = h \cdot dt_y \ .$$

Dann ist

$$\operatorname{ord}_y \left(f^*(dt_{f(y)}) \right) := \operatorname{ord}_y(h) \in \mathbb{N} \ .$$

Diese Zahl ist unabhängig von der Wahl des lokalen Parameters $t_{f(y)}$ in $f(y)$ und somit wohldefiniert. Sie ist fast immer 0, wenn $f : Y \to X$ eine separable Erweiterung der Funktionenkörper liefert. Das zurückgezogene Differential erzeugt nämlich fast überall den Modul der Differentialformen $\Omega^1_{Y/k}$.

Im so genannten zahm verzweigten Fall – vgl. Definition 8.5.1 – kann man diesen Index leicht berechnen. Man betrachte dazu die Erweiterung $\mathcal{O}_{X,x} \to \mathcal{O}_{Y,y}$ der lokalen Ringe. Dann schreibt sich der lokale Parameter t_x als Element von $\mathcal{O}_{Y,y}$ in der Form

$$f^* t_x = u \cdot t_y^e$$

mit einer Einheit $u \in \mathcal{O}^{\times}_{Y,y}$. Somit gilt in $\Omega^1_{Y/k,y}$

$$f^* dt_x = u \cdot e \cdot t_y^{e-1} \cdot dt_y + t_y^e \cdot du \ .$$

Falls also e nicht durch die Charakteristik des Grundkörpers teilbar ist, gilt

$$\operatorname{ord}_y \left(f^* dt_x \right) = (e - 1) \quad \text{falls} \quad p \nmid e \ .$$

Definition 8.5.1 In obiger Situation heißt der Morphismus $f : Y \to X$ *unverzweigt* oder *étale* in y, falls der Index $e = 1$ ist; sonst nennt man ihn *verzweigt* in y. Man nennt $e(y/x) := e$ den Verzweigungsindex von f im Punkt y.
Ist $f : Y \to X$ verzweigt in y, so heißt f in y *zahm verzweigt*, falls die Charakteristik des Grundkörpers nicht e teilt. Im anderen Fall spricht man von *wilder Verzweigung.*

Notiz 8.5.2 Ist $f : Y \to X$ in $y \in Y$ zahm verzweigt mit Verzweigungsindex e, so gilt $e - 1 = \operatorname{ord}_y \left(f^* dt_{f(y)} \right)$. Ist f in y wild verzweigt, so gilt $\operatorname{ord}_y \left(f^* dt_{f(y)} \right) \geq e$.

Satz 8.5.3 (Hurwitz) *Es sei $f : Y \longrightarrow X$ ein endlicher Morphismus von glatten, geometrisch zusammenhängenden, projektiv-algebraischen Kurven vom Geschlecht g_Y bzw. g_X. Weiterhin sei die Funktionenkörpererweiterung $k(Y)/k(X)$ separabel. Dann gilt*

$$2g_Y - 2 = [\,Y : X\,] \cdot (2g_X - 2) + \deg \left(\operatorname{ram}(f) \right) \ .$$

Ist f höchstens zahm verzweigt, so gilt

$$2g_Y - 2 = [\,Y : X\,] \cdot (2g_X - 2) + \sum_{y \in Y} (e(y/x) - 1) \ .$$

Dabei bezeichnet $[\,Y : X\,] := [\,k(Y) : k(X)\,]$ den Grad der Funktionenkörpererweiterung.

Beweis. Ohne Einschränkung sei k algebraisch abgeschlossen. Es sei $K_X := \operatorname{div}(dt_X)$ ein kanonischer Divisor auf X; dabei sei t_X eine rationale Funktion auf X. Da $f: Y \to X$ eine separable Erweiterung der Funktionenkörper induziert, verschwindet das Differential $f^* dt_X$ nicht und erzeugt somit den Raum der rationalen Differentialformen auf Y. Insbesondere ist $f^* dt_X$ ein kanonischer Divisor auf Y. Nach Korollar 8.3.2 gilt

$$2g_Y - 2 \ = \ \deg\left(\operatorname{div}(f^* dt_X)\right) \ ,$$

$$2g_X - 2 \ = \ \deg\left(\operatorname{div}(dt_X)\right) \ .$$

Wählt man t_X etwa so, dass t_X in allen Bildpunkten $x \in X$ von Verzweigungspunkten einfach ist; also so dass dt_X den Modul der Differentiale $\Omega^1_{X/k,x}$ erzeugt, so zeigt man leicht

$$\deg\left(\operatorname{div}(f^* dt_X)\right) = n \cdot \deg\left(\operatorname{div}(dt_X)\right) + \deg\left(\operatorname{ram}(f)\right) \ .$$

Über jedem Punkt, in dem dt_X eine Null- bzw. Polstelle hat, liegen exakt n Punkte mit Vielfachheit 1, weil f dort unverzweigt ist; vgl. Satz 8.2.27. Der weitere Term ergibt sich über die Definition des Verzweigungsdivisors. Daraus folgt die erste Behauptung.

Die zweite Behauptung folgt aus der ersten mit der Notiz 8.5.2. $\qquad\square$

Kapitel 9

Implementierung von geometrischen Codes

In diesem Kapitel wollen wir Algorithmen für Codierungs- und Decodierungsverfahren von Goppa-Codes erklären. Wie schon zuvor sei k stets ein perfekter Körper. Häufig werden wir Grundkörpererweiterungen vornehmen müssen, um betrachtete Punkte als rational voraussetzen zu können. Daher werden wir an einigen Stellen von Anfang an den Grundkörper als algebraisch abgeschlossen voraussetzen. Man macht sich meist sehr schnell klar, dass man ebenso gut mit einem nicht notwendig algebraisch abgeschlossenen Körper starten kann und bei Bedarf Grundkörpererweiterung vornimmt.

9.1 Codierung

In diesem Abschnitt geht es im Wesentlichen um eine konstruktive Variante des Satzes von Riemann-Roch; nämlich um die Konstruktion einer Basis von $L(D)$. Wir folgen dem klassischen Verfahren von Hensel und Landsberg; vgl. [H-L]. Es findet sich eine weitergehende Darstellung auch in [Co]. Die wesentliche Idee des Beweises ist es durch einen rekursiven Prozess eine spezielle Ganzheitsbasis von $L(D)_\infty$ für einen gegebenen Divisor D auf einer Kurve X zu konstruieren, wenn $X \to \mathbb{P}^1_k$ als zahme Überlagerung gegeben ist. Dabei ist $L(D)_\infty$ die Menge der rationalen Funktionen auf X, deren Divisor außerhalb ∞ größer gleich $-D$ ist.

Wir betrachten ein geometrisch irreduzibles Polynom

$$f(\zeta, \eta) = \sum_{i=0}^{n} p_i(\zeta) \cdot \eta^i \in k[\zeta, \eta] \ .$$

Es seien $m := \deg_\zeta(f)$ und $n := \deg_\eta(f)$ die partiellen Grade von f. Wir setzen voraus, dass f als Polynom in η nichtverschwindende Diskriminante hat. Es sei $\zeta := \xi_1/\xi_0$ und $\eta := \xi_2/\xi_0$, so dass man die assoziierte homogene Form

$$F(\xi_0, \xi_1, \xi_2) := \xi_0^{\deg(f)} \cdot f(\zeta, \eta) \in k[\xi_0, \xi_1, \xi_2]$$

bekommt. Weiterhin sei

$$X \longrightarrow V(F) \subset \mathbb{P}_k^2$$

die Desingularisierung der Nullstellenmenge von F . Dann ist X eine glatte geometrisch zusammenhängende projektiv-algebraische Kurve über k . Die rationale Funktion ζ liefert nach Korollar 8.2.26 eine endliche surjektive Abbildung

$$\zeta : X \longrightarrow \mathbb{P}_k^1 \ .$$

Wir setzen voraus, dass diese Abbildung ζ über ∞ unverzweigt ist. Wir betrachten
nun einen Divisor $D \in \mathrm{Div}(X)$ auf X . Dazu definieren wir

$$L(D)_\infty := \{\, g \in k(X) \,;\, \mathrm{div}(g) + D \geq 0 \ \text{außerhalb} \ \infty \,\}$$

Es ist $L(D)_\infty$ ein endlich erzeugter freier Modul über $k[\zeta] = \mathcal{O}_{\mathbb{P}_k^1}(U_0)$ vom Rang
$n = \deg_\eta(f)$, wobei wie üblich $U_0 := \mathbb{P}_k^1 - \{\infty\}$ ist.

Für eine Zahl $a \in \overline{k}$ sei ebenfalls mit a das (maximale) Ideal $\mathfrak{m}_a$ aller Polynome
in $k[\zeta]$ bezeichnet, die in a verschwinden; das ist also der zu a korrespondierende
Punkt in $U_0 = \mathbb{P}_k^1 - \{\infty\} \cong \mathbb{A}_k^1$. Es seien $x_1, \ldots, x_r \in X$ die Punkte, die über
dem Punkt $a \in U_0$ liegen. Diese Punkte entsprechen also den Fortsetzungen der
Bewertung ord_a von $k(\zeta)$ auf $k(X)$. Es seien $e_1, \ldots, e_r$ die Verzweigungsindizes
dieser Bewertung an den Punkten $x_1, \ldots, x_r$. Ist a rational, so wird ein lokaler
Parameter im Punkt a durch $\zeta - a$ gegeben. Ein lokaler Parameter ξ_i in x_i
erfüllt

$$\xi_i^{e_i} = u_i \cdot (\zeta - a) \ ,$$

wobei u_i eine Einheit in $\mathcal{O}_{X,x_i}$ ist. Weiterhin seien zu den Punkten $x_1, \ldots, x_r$
ganze Zahlen $n_1, \ldots, n_r$ assoziiert. Wir betrachten nun eine Basis $w_1, \ldots, w_n$ von
$k(X)$ über $k(\zeta)$; es ist $n = \deg_\eta(f)$, weil f irreduzibel ist und X birational
zu $V(F)$ ist. Das bleibt auch eine Basis nach Grundkörpererweiterung mit $\overline{k}$. Wir
betrachten nun einen Punkt $a \in \mathbb{A}_k^1$. Für jedes $w_\nu \in k(X)$ mit $\mathrm{ord}_{x_i}(w_\nu) \geq n_i$
haben wir dann die *Puiseux-Entwicklung in* x_i nach Satz A.3.29

$$w_\nu = \xi_i^{-n_i} \cdot \sum_{j=0}^{\infty} w_{\nu,i,j} \cdot \xi_i^j \in k(x_i)((\xi_i)) \ .$$

wobei die Koeffizienten $w_{\nu,i,j} \in k(x_i)$ im Restklassenkörper $k(x_i)$ liegen. Dann
definiert man die Determinante

$$D(\underline{w})(a) := \det \begin{pmatrix} w_{1,1,0}, \ldots, w_{1,1,e_1-1}, & \cdots, & w_{1,r,0}, \ldots, w_{1,r,e_r-1} \\ \vdots & \cdots & \vdots \\ w_{n,1,0}, \ldots, w_{n,1,e_1-1}, & \cdots, & w_{n,r,0}, \ldots, w_{n,r,e_r-1} \end{pmatrix} \ .$$

Wegen $\sum_{i=1}^r e_i \cdot [k(x_i) : k(a)] = n$ nach Korollar 8.2.28 ist die obige Matrix qua-
dratisch mit Determinante $D(\underline{w})(a) \in k(a)$. Da wir uns nur dafür interessieren, ob
$D(\underline{w})(a) = 0$ oder $\neq 0$ ist, ist die Einführung einer Basis von $k(x_i)$ über $k(a)$ zur
genauen Definition von $D(\underline{w})(a)$ vernachlässigt.

Im Folgenden wird diese Betrachtung nun für jeden Punkt $a \in \mathbb{A}^1_k$ benötigt. Dann bezeichnen wir mit $x_1(a), \ldots, x_{r_a}(a)$ die Punkte aus X, die über a liegen. Die Zahlen $n_i(a)$ zu den Punkten $x_i(a)$ werden durch den Divisor $D \in \mathrm{Div}(X)$ erklärt.

Lemma 9.1.1 *Es sei ein Divisor*

$$D := \sum_{x \in X} n_x \cdot x \in \mathrm{Div}(X)$$

gegeben. Für $a \in \mathbb{A}^1_k$ sei $n_i(a) := n_{x_i(a)}$. Es seien $w_1, \ldots, w_n \in L(D)_\infty$ ratio-nale Funktionen gegeben; wobei $n := [k(X) : k[\zeta]$ ist. Dann sind die Funktionen $w_1, \ldots, w_n$ genau dann eine Basis von $L(D)_\infty$ über $k[\zeta]$, wenn $D(\underline{w})(a) \neq 0$ für alle $a \in \mathbb{A}^1_k$ gilt.

Beweis. Die Behauptung ist mit Körpererweiterung verträglich, somit dürfen wir vor-aussetzen, dass k algebraisch abgeschlossen ist.

" $\rightarrow$ " Ist $D(\underline{w})(a) = 0$ für ein $a \in k$, so existieren $\lambda_1, \ldots, \lambda_n \in k$, wobei nicht alle 0 sind, mit

$$(*) \qquad \sum_{\nu=1}^n \lambda_\nu \cdot w_{\nu,i,j} = 0 \text{ für alle } 1 \le i \le r,\, 0 \le j \le e_i - 1 \ .$$

Ist etwa $\lambda_1 \neq 0$ so ist $(w_1, \ldots, w_n)$ genau dann eine Basis von $L(D)_\infty$, wenn $(w_1', w_2, \ldots, w_n)$ eine Basis ist, wobei $w_1' = \sum_{\nu=1}^n \lambda_\nu \cdot w_\nu$ gesetzt ist. Wegen der Relationen $(*)$ ist

$$w := (\zeta - a)^{-1} \sum_{\nu=1}^n \lambda_\nu \cdot w_\nu \in L(D)_\infty \ ;$$

also $w_1' \in (\zeta - a) \cdot L(D)_\infty$. Das ist für ein Basiselement aber nicht möglich. Also kann $(w_1, \ldots, w_n)$ keine Basis von $L(D)_\infty$ sein.

" $\leftarrow$ " Sei nun $D(\underline{w})(a) \neq 0$ für alle $a \in k$. Dann betrachtet man die Diskriminante

$$d(\underline{w}) := \det\big((\sigma(w_1), \ldots, \sigma(w_n))_{(\sigma \in G)}\big)^2 \ ,$$

wobei G die Menge der $k[\zeta]$-Einbettungen von $k(X)$ in einen algebraischen Ab-schluß von $k(X)$ über $k[\zeta]$ ist. Es ist $(\sigma(w_\nu))_{\sigma \in G})$ also die Menge der konjugierten Elemente zu w_ν. Dann ist $d(\underline{w})$ ein Element von $k(\zeta)$ und es ist nicht 0. Ist nämlich zum Beispiel $a \in k$ derart, dass über a die Abbildung ζ unverzweigt ist, so gilt

$$d(\underline{w}) = D^2(\underline{w})(a) \cdot (\zeta - a)^{2 \cdot \sum_{i=1}^n n_i} + \text{höhere Terme in } (\zeta - a)$$

Das folgt daraus, dass die Entwicklung von w_ν in dem Punkt x_i, der über a liege, eine formale Laurentreihe in $(\zeta - a)$ vom Untergrad $-n_i$ ist. Also ist $d(\underline{w}) \neq 0$, weil $D(\underline{w})(a) \neq 0$ gilt. Folglich ist $(w_1, \ldots, w_n)$ linear unabhängig und daher eine $k(\zeta)$-Basis von $k(X)$. Somit besitzt jedes $w \in L(D)_\infty$ eine eindeutige Darstellung

$$w = \sum_{\nu=1}^n \frac{q_\nu(\zeta)}{q(\zeta)} \cdot w_\nu$$

mit $q_\nu(\zeta)$, $q(\zeta) \in k[\zeta]$. Weiterhin seien diese Polynome so gewählt, dass sie keinen gemeinsamen Faktor haben. Dann bleibt noch zu zeigen, dass $q(\zeta)$ konstant ist. Dazu reicht es zu zeigen, dass $q(a) \neq 0$ für alle $a \in k$ ist. Nehmen wir das Gegenteil an, so können wir $q(\zeta) = (\zeta - a) \cdot \widetilde{q}(\zeta)$ schreiben. Somit bekommt man

$$\widetilde{w} := \sum_{\nu=1}^{n} \frac{q_\nu(a)}{\zeta - a} \cdot w_\nu = \widetilde{q}(\zeta) \cdot w - \sum_{\nu=1}^{n} \frac{q_\nu(\zeta) - q_\nu(a)}{\zeta - a} \cdot w_\nu \ .$$

Daran erkennt man $\widetilde{w} \in L(D)_\infty$. Nun ist aber $D(\underline{w})(a) \neq 0$. Die Puiseuxentwicklung von $\widetilde{w}$ in den Punkten über a zeigt aber, dass $\widetilde{w}$ nicht zu $L(D)_\infty$ gehören kann, falls $D(\underline{w})(a) \neq 0$ gilt, weil nicht alle $q_\nu(a)$ verschwinden. $\square$

Reduktionsschritte zur Konstruktion einer Basis von $L(D)_\infty$

Bezeichnungen 9.1.2 *Es sei $\overline{k}$ ein algebraischer Abschluss von k .*

1. Es sei $D = \sum_{x \in X} n_x \cdot x$ ein Divisor auf X .

2. Es sei $(w_1, \ldots, w_n)$ ein über $k[\zeta]$ linear unabhängiges System in $L(D)_\infty$.

3. Es seien rationale Punkte $a_h \in \mathbb{A}^1_k$ für $1 \leq h \leq s$ gegeben.

4. Es seien $x_{i,h} \in X$ die Punkte mit $\zeta(x_{i,h}) = a_h$ für $1 \leq i \leq r_h$, $1 \leq h \leq s$.

5. Es sei $\xi_{i,h}$ ein lokaler Parameter von $\mathcal{O}_{X,x_{i,h}}$ in $x_{i,h}$.

6. Es seien $e_{i,h}$ die Verzweigungsindizes von ζ in $x_{i,h}$.

7. Für jedes $1 \leq i \leq r_h$ und $1 \leq h \leq s$ seien ganze Zahlen $n_{i,h} \in \mathbb{Z}$ gegeben, so dass $n_x = n_{i,h}$ für $x = x_{i,h}$ gilt.

8. Es sei $supp(D) \subset \{x_{i,h} \; ; \; 1 \leq i \leq r_h , 1 \leq h \leq s\}$.

9. Es sei $D(\underline{w})(a) \neq 0$ für alle $a \neq a_h$ für $1 \leq h \leq s$.

Wir lassen den zweiten Index h weg, wenn aus dem Zusammenhang die Symbolik klar ist.

Es seien im Folgenden diese Voraussetzungen erfüllt. Wir werden nun ein Rekursionsverfahren erklären, dass in endlichen vielen Schritten das System $(w_1, \ldots, w_n)$ in ein System überführt, das den Bedingungen von Lemma 9.1.1 genügt. Man erhält so eine Ganzheitsbasis von $L(D)_\infty$. Dazu ist nun nur noch die Determinantenbedingung für alle Punkte $a \in \{a_1, \ldots, a_s\}$ zu betrachten. Sei also ein $a \in \{a_1, \ldots, a_s\}$ gegeben, so dass $D(\underline{w})(a) = 0$ gilt. Dann existieren Zahlen $\lambda_1, \ldots, \lambda_n \in k = k(a)$, wobei nicht alle 0 sind, so dass

$$(*) \qquad \sum_{\nu=1}^{n} \lambda_\nu \cdot w_{\nu,i,j} = 0 \ \text{für alle } 1 \leq i \leq r , 0 \leq j \leq e_i - 1$$

gilt. Es sei h der größte Index mit $\lambda_h \neq 0$. Dann setzt man

$$w'_j := \begin{cases} w_j & \text{für } j \neq h \\ \sum_{j=1}^{h} \lambda_j w_j / (\zeta - a) & \text{für } j = h \end{cases} \ .$$

Wegen der Relation $(*)$ gilt $w_j' \in L(D)_\infty$ für $1 \leq j \leq n$. Nach endlich vielen Schritten erhält man so eine Ganzheitsbasis $\underline{w}$ von $L(D)_\infty$, also eine $k[\zeta]$-Basis von $L(D)_\infty$. Es gilt nämlich

$$d(w_1,\ldots,w_n) = d(w_1',\ldots,w_n') \cdot (\zeta - a)^2 \cdot \lambda_h^{-2} \ .$$

Weiterhin erfüllt jedes System $(w_1,\ldots,w_n)$ in $L(D)_\infty$, dass $d(w_1,\ldots,w_n) \cdot a(\zeta)$ ein Polynom in ζ ist, wobei

$$a(\zeta) := \prod_{h=1}^{s} (\zeta - a_h)^{2 \cdot \sum_{i=1}^{r_h} n_{i,h}} \ .$$

Also führt dieses Verfahren nach endlich vielen Schritten zum Ziel. $\square$

Reduktionsschritte zur Konstruktion einer Basis von $L(D)$

Jetzt wird aus einer $k[\zeta]$-Basis $(w_1,\ldots,w_n)$ von $L(D)_\infty$ eine k-Basis von $L(D)$ konstruiert. Dazu betrachtet man die Puiseux-Entwicklung in den Punkten $x_1,\ldots,x_r$, die über ∞ liegen,

$$w_\nu = \left(\frac{1}{\zeta}\right)^{m_\nu} \sum_{j=0}^{\infty} w_{\nu,i,j} \left(\frac{1}{\zeta}\right)^j \in k(x_i)\left(\left(\frac{1}{\zeta}\right)\right) \ ,$$

wobei $m_\nu := \mathrm{Min}_{i=1}^r\{\mathrm{ord}_{x_i}(w_\nu)\} \in \mathbb{Z}$ ist. Nach Voraussetzung sind alle Punkte über ∞ unverzweigt bei der Abbildung ζ. Daher ist $1/\zeta$ ein lokaler Parameter in jedem Punkt über ∞. Man nennt die Basis $(w_1,\ldots,w_n)$ *normal*, wenn die Determinante

$$D(\underline{w})(\infty) = \det \begin{pmatrix} w_{1,1,0}, & \cdots & , w_{1,n,0} \\ \vdots & \cdots, & \vdots \\ w_{n,1,0}, & \cdots & , w_{n,n,0} \end{pmatrix}$$

von 0 verschieden ist. Wir nehmen an, dass unsere Basis $(w_1,\ldots,w_n)$ so geordnet ist, dass

$$m_1 \geq m_2 \geq \ldots \geq m_\ell \geq 0 > m_{\ell+1} \geq \ldots \geq m_n$$

gilt. Es kann natürlich $\ell = 0$ auftreten.

Lemma 9.1.3 *Aus einer Ganzheitsbasis $(w_1,\ldots,w_n)$ von $L(D)_\infty$ kann man in endlich vielen Reduktionsschritten eine normale Ganzheitsbasis konstruieren.*

Beweis. Ist die Basis $(w_1,\ldots,w_n)$ nicht normal, so existieren Zahlen $\lambda_1,\ldots,\lambda_n \in k$, wobei nicht alle 0 sind, mit

$$\sum_{\nu=1}^{n} \lambda_\nu \cdot w_{\nu,i,0} = 0 \quad \text{für alle } 1 \leq i \leq r \ .$$

Es sei h der größte Index mit $\lambda_h \neq 0$. Dann setzt man $w_\nu' := w_\nu$ für $\nu \neq h$ und

$$w_h' := \sum_{\nu=1}^{h} \lambda_\nu \zeta^{(m_\nu - m_h)} w_\nu \ .$$

Dann ist $(w_1', \ldots, w_n')$ eine Ganzheitsbasis von $L(D)_\infty$ wegen $(m_\nu - m_h) \geq 0$.
Man erhält so eine Ganzheitsbasis $(w_1', \ldots, w_n')$ derart, dass

$$w_\nu' = \left(\frac{1}{\zeta}\right)^{m_\nu'} \sum_{j=0}^{\infty} w_{\nu,i,j}' \left(\frac{1}{\zeta}\right)^{j}$$

gilt, wobei $m_\nu' = m_\nu$ für $\nu \neq h$ und $m_h' \geq m_h + 1$ gilt. Es gilt nun

$$\sum_{\nu=1}^{n} m_\nu' \geq \left(\sum_{\nu=1}^{n} m_\nu\right) + 1 \ .$$

Nun macht man sich noch klar, dass nur endlich viele Reduktionsschritte notwendig sind. Denn $2 \cdot \sum_{\nu=1}^{n} m_\nu$ ist höchstens die Ordnung von $d(w_1, \ldots, w_n)$ in ∞. Letztere ist beschränkt durch den Grad des Polynoms $d(w_1, \ldots, w_n) \cdot a(\zeta)$, wobei

$$a(\zeta) = \prod_{h=1}^{s} (\zeta - a_h)^{2 \cdot \sum_{i=1}^{r_h} n_{i,h}}$$

ist. Diese Ordnung ist beschränkt durch $d + 2snN$, wobei d der Grad der Diskriminanten von $\zeta \,|\, \mathbb{A}_k^1$ ist und $N := \max\{\,|n_{i,h}|\,\}$ gilt. Weil bei jedem Schritt die Summe $\sum_{\nu=1}^{n} m_\nu$ um 1 steigt, reichen endlich viele Schritte. Somit erhält man nach endlichen vielen Schritten eine normale Basis von $L(D)_\infty$. $\qquad\square$

Lemma 9.1.4 *Ist* $(w_1, \ldots, w_n)$ *eine normale Basis von* $L(D)_\infty$, *so ist*

$$\left(\zeta^h \cdot w_\nu \ ; \ 0 \leq h \leq m_\nu \,,\, 1 \leq \nu \leq \ell\right)$$

eine Basis von $L(D)$ *über* k.

Beweis. Weil $(w_1, \ldots, w_n)$ linear unabhängig über $k[\zeta]$ ist, sind die Produkte $\zeta^h \cdot w_\nu$ linear unabhängig über k. Weiterhin ist klar, dass diese Produkte zu $L(D)$ gehören. Somit bleibt zu zeigen, dass jedes $g \in L(D)$ sich als Linearkombination in den $\zeta^h \cdot w_\nu$ mit Koeffizienten in k schreiben läßt. Nun ist jedes $g \in L(D)$ auch in $L(D)_\infty$. Somit kann man g in der Form $g = \sum_{\nu=1}^{n} q_\nu \cdot w_\nu$ schreiben, wobei $q_\nu \in k[\zeta]$ Polynome in ζ sind. Sei $d_\nu := \deg(q_\nu)$ und m das Minimum der $m_\nu - d_\nu$ für $1 \leq \nu \leq n$. Dann hat g eine Darstellung der Form

$$g = \left(\frac{1}{\zeta}\right)^{m} \sum_{\nu=1}^{n} c_\nu \cdot w_{\nu,i,0} + \text{Terme höherer Ordnung}\ .$$

Nach Voraussetzung ist die Determinante $D(\underline{w})(\infty) \neq 0$. Somit existiert ein i_0 derart, dass $\sum_{\nu=1}^{n} c_\nu \cdot w_{\nu,i_0,0} \neq 0$ gilt. Für diesen Index i_0 gilt dann $\mathrm{ord}_{x_{i_0}}(g) = m$. Wegen $g \in L(D)$ und $\mathrm{supp}(D) \cap \mathrm{Pol}(\zeta) = \emptyset$ gilt $m \geq 0$. Daher gilt $d_\nu \leq m_\nu$. Das bedeutet, dass g sich in dem angegebenen System darstellen lässt. $\qquad\square$

Satz 9.1.5 (Konstruktive Berechnung einer Basis von $L(D)$)

Es sei X *eine glatte, projektiv-algebraische Kurve und sei* D *ein Divisor auf* X. *Dann existiert eine endliche Grundkörpererweiterung, so dass man eine Basis von* $L(D)$ *konstruktiv finden kann. Der Algorithmus im Fall eines algebraisch abgeschlossenen Grundkörpers verläuft so:*

1. *Man bestimme eine rationale Funktion ζ , die eine separable Körpererweiterung von $k(X)$ über $k(\zeta)$ definiert, so dass $\zeta : X \to \mathbb{P}^1_k$ unverzweigt über ∞ ist.*

2. *Man bestimme ein primitives Element η der separablen Körpererweiterung $k(X)$ über $k(\zeta)$.*

3. *Man bestimme eine minimale Gleichung $f(T_1, T_2) \in k[T_1, T_2]$, die (ζ, η) annulliert.*

4. *Ist $n := \deg_{T_2}(F)$, so ist $\eta^0, \ldots, \eta^{n-1}$ eine $k(\zeta)$ -Basis von $k(X)$.*

5. *Man bestimme die Diskriminante $d(\eta^0, \ldots, \eta^{n-1})$; das ist die Resultante vom Polynom $f(\zeta)(T_2)$.*

6. *Man bestimme die Nullstellen $a_1, \ldots, a_s$ der Diskriminante bzw. die Bilder des Trägers $\operatorname{supp}(D)$ im $\mathbb{P}^1_k$.*

7. *Man bestimme alle Verzweigungspunkte $x_{i,h}$; diese liegen über der Nullstellenmenge der Diskriminanten.*

8. *Man bestimme alle Verzweigungsindizes $e_{i,h}$.*

9. *Man bestimme ganze Zahlen $n_{i,h}$ zu dem Divisor D wie in Lemma 9.1.1.*

10. *Man bestimme ein minimales Polynom $q(\zeta)$ so dass $w_\nu := q(\zeta) \cdot \eta^{\nu-1} \in L(D)_\infty$ gilt.*

11. *Mit den Reduktionsverfahren zur Konstruktion einer Basis von $L(D)_\infty$ erstelle man aus dem System $(w_1 \ldots, w_n)$ eine Ganzheitsbasis von $L(D)_\infty$.*

12. *Mit den Reduktionsverfahren zur Konstruktion einer Basis von $L(D)$ erstelle man aus dem System $(w_1 \ldots, w_n)$ eine k -Basis von $L(D)$.*

Damit ergibt sich folgendes

Schema für Codierung eines Goppa-Codes.

Es sei X eine glatte projektiv-algebraische Kurve über dem endlichen Körper $\mathbb{F}_q$. Es sei G ein Divisor auf X , weiterhin seien $P_1, \ldots, P_n$ rationale Punkte auf X . Man findet diese rationalen Punkte eigentlich nur dadurch, dass man ein birationales Modell $X \to V(F) \subset \mathbb{P}^2_k$ wählt und durch sukzessives Einsetzen in die Gleichung F alle rationalen Punkte des $\mathbb{P}^2_k$ austestet. Dann bestimme man eine Basis $(f_1, \ldots, f_k)$ von $L(G)$ nach dem Verfahren 9.1.5; dabei ist eventuell eine Erweiterung des Grundkörpers erforderlich. Danach sieht der Codiervorgang folgendermaßen aus:

$$\boxed{\mathbb{F}_q^k = \{\ \text{Wörter des Klartextes}\ \}} \longrightarrow \boxed{\{\ \text{Wörter des codierten Textes}\ \} \subset \mathbb{F}_q^n}$$

$$\mathbb{F}_q^k \ni (c_1 \ldots, c_k) \longrightarrow \left(\sum_{i=1}^k c_i f_i(P_1), \ldots, \sum_{i=1}^k c_i f_i(P_n) \right) \in \mathbb{F}_q^n$$

9.2   Decodierung nach Skorobogatov und Vladut

Es sei X eine glatte geometrisch zusammenhängende projektiv-algebraische Kurve über einem endlichen Körper $\mathbb{F}_q$ vom Geschlecht g. Es seien $P_1, \ldots, P_n$ rationale Punkte auf X; d.h. Punkte, deren Koordinaten in $\mathbb{F}_q$ liegen. Diese Punkte seien paarweise verschieden. Wir betrachten dann den *Evaluations*-Divisor

$$D = P_1 + \ldots + P_n \ .$$

Es sei G ein weiterer Divisor auf X, der nicht die Punkte $P_1, \ldots, P_n$ trifft. Es gelte stets

$$2g - 2 < \deg(G) < n = \deg(D) \ .$$

In diesem Abschnitt werden wir ein Verfahren für eine (unvollständige) Decodierung des residuellen Goppa-Code $C_\Omega(D, G)$ vorstellen; vgl. [S-V]. Nach Satz 6.2.6 gilt

$$k^* := \dim C_\Omega(D, G) \quad = \quad \deg(D) - \deg(G) + g - 1$$

$$d^* := d(C_\Omega(D, G)) \quad \geq \quad \delta^* := \deg(G) + 2 - 2g \ .$$

Insbesondere kann dieser Code bis zu

$$\left[\frac{d^* - 1}{2} \right] \geq \left[\frac{\delta^* - 1}{2} \right] = \left[\frac{\deg(G) - 1}{2} \right] - (g - 1)$$

Fehler erkennen und korrigieren. Wir betrachten nun eine natürliche Zahl t mit

$$t \leq \left[\frac{\delta^* - 1}{2} \right] \ .$$

Wir werden eine maximum-likelihood Decodierung

$$\delta : C_\Omega(D, G) + \mathbb{B}_t^n(0) \longrightarrow C_\Omega(D, G)$$

konstruieren, wobei $\mathbb{B}_t^n(0)$ der n-dimensionale Ball mit Radius t ist, so dass

$$\delta(c + e) = c \quad \text{für alle} \quad c \in C_\Omega(D, G) \quad \text{und} \quad e \in \mathbb{B}_t^n(0)$$

gilt. Dabei geht man so ähnlich vor wie in § 3.5, indem man zu einem empfangenen Wort $a = c + e \in \mathbb{F}_q^n$ mit $w(e) \leq t$ eine fehlerlokalisierende Funktion konstruiert. Da man nicht mehr auf dem $\mathbb{P}_{\mathbb{F}_q}^1$ sondern auf einer allgemeinen Kurve X rechnet, sieht das hier komplizierter aus. Das fehlerlokalisierende Polynom ist durch eine rationale Funktion zu ersetzen, die eventuell auch mehr Nullstellen als die vorgeschriebenen Fehlerstellen hat. Um das beschreiben zu können, benötigt man einen Hilfsdivisor, den wir G' nennen wollen. G' habe folgende Eigenschaften:

$$
\begin{aligned}
&\quad 1. \quad \mathrm{supp}(G') \cap \mathrm{supp}(D) = \emptyset \\
(SV) \quad &\quad 2. \quad \deg(G') < \deg(G) - (2g - 2) - t = \delta^* - t \\
&\quad 3. \quad \dim L(G') > t \ .
\end{aligned}
$$

Zunächst soll die Existenz solcher Divisoren behandelt werden. Dabei soll natürlich t so groß wie möglich sein. Hierfür gibt es aber folgende Einschränkungen.

Notiz 9.2.1 Es sei $\delta^* := \deg(G) - (2g - 2)$ der designierte Abstand des residuellen Goppa-Codes $C_\Omega(D, G))$. Dann gilt:

1. Erfüllt G' die Bedingungen (SV) , so gilt $t \leq (\delta^* - 1)/2$.
2. Ist $t \in \mathbb{N}$ mit $0 \leq t \leq (\delta^* - 1 - g)/2$, so existiert stets ein Divisor G' mit den obigen Eigenschaften.

Beweis. 1. Nach Satz 6.1.5 gilt $t \leq \dim L(G') - 1 \leq \deg(G')$. Nach der 2. Eigenschaft für G' folgt dann $t \leq \delta^* - t - 1$. Daraus folgt die Behauptung.
2. Setze zunächst $G'' := (g + t)P_1$, wobei P_1 ein rationaler Punkt auf X ist. Weiterhin sei $n_j := \mathrm{ord}_{P_j}(G'')$ für $j = 1, \ldots, n$. Dann existiert eine rationale Funktion f auf X mit $n_j = \mathrm{ord}_{P_j}(f)$ für $j = 1, \ldots, n$. Setze nun $G' := G'' - \mathrm{div}(f)$. Dann erfüllt G' die 1. Bedingung $\mathrm{supp}(G') \cap \mathrm{supp}(D) = \emptyset$ und $\deg(G') = g + t$. Wegen $g + 2t < \delta^*$ ist die 2. Bedingung erfüllt. Die 3. Bedingung folgt mit dem Satz von Riemann-Roch 6.1.13. $\square$

Für das Folgende fixieren wir nun einen Divisor G' und eine Zahl $t \in \mathbb{N}$ mit den obigen Eigenschaften (SV) . Weiterhin sei ein Wort

$$a = c + e \in \mathbb{F}_q^n \quad \text{mit} \quad c \in C_\Omega(D, G) \quad \text{und} \quad e \in \mathbb{B}_t^n(0)$$

gegeben. Dann sind c und e eindeutig durch a bestimmt wegen $d^* \geq \delta^* \geq 2t + 1$. Es wird im Folgenden nun ein Algorithmus beschrieben, der es ermöglicht, c aus a zu berechnen. Dazu setze

$$M = M(e) := \{j \in \{1, \ldots, n\} \, ; \, e_j \neq 0\} \ .$$

Weiterhin sei

$$E := \sum_{j \in M} P_j$$

der Divisor der fehlerhaften Stellen. Entscheidend für den Algorithmus ist die Paarung

$$\mathbb{F}_q^n \times L(G) \quad \longrightarrow \quad \mathbb{F}_q$$

$$(a, f) \quad \longmapsto \quad [a, f] := \sum_{i=1}^n a_i f(P_i) \ .$$

Nach Satz 6.2.8 ist $C_\Omega(D, G)$ das orthogonale Komplement zu $C_L(D, G)$, also

$$C_\Omega(D, G) = \{c \in \mathbb{F}_q^n \, ; \, [c, f] = 0 \quad \text{für alle} \quad f \in L(G)\} \ .$$

Somit gilt

$$[a, f] = [c, f] + [e, f] = [e, f] \ .$$

Bei gegebenem a ist also der Wert $[e, f]$ für jedes $f \in L(G)$ bekannt. Es bleibt die Aufgabe, aus diesen Werten den Vektor $e \in \mathbb{B}_t^n(0)$ zu bestimmen. In einem ersten Schritt wird eine fehlerlokalisierende Funktion $\sigma \in L(G')$ mit $\sigma \neq 0$ und $\sigma(P_j) = 0$ für alle $j \in M$ konstruiert. Hierzu fixieren wir

$$g_1, \ldots, g_{\ell'} \quad \text{Basis von} \quad L(G') \text{ und}$$

$$h_1, \ldots, h_\ell \quad \text{Basis von} \quad L(G - G') \ .$$

Insbesondere ist $h_\lambda \cdot g_{\lambda'} \in L(G)$.

Lemma 9.2.2 *Es sei* $a = c + e$ *wie oben. Das lineare Gleichungssystem*

$$\sum_{\lambda'=1}^{\ell'} [a, h_\lambda g_{\lambda'}] \cdot X_{\lambda'} = 0 \quad \text{für} \quad \lambda = 1, \dots, \ell$$

hat eine nichttriviale Lösung. Ist $(x_1, \dots, x_{\ell'}) \in \mathbb{F}_q^{\ell'}$ *eine nichttriviale Lösung, so erfüllt die rationale Funktion* $\sigma := \sum_{\lambda'=1}^{\ell'} x_{\lambda'} g_{\lambda'} \in L(G')$ *die Bedingungen* $\sigma \neq 0$ *und* $\sigma(P_j) = 0$ *für alle* $j \in M := M(e)$ *; also* $\sigma \in L(G' - E) - \{0\}$.

Beweis. Für den Divisor E der fehlerhaften Stellen gilt $\deg(E) \leq t$. Weiterhin ist

$$L(G' - E) = \text{Ker}\left(\text{ev}_{E,G'} : L(G') \to \mathbb{F}_q^{w(e)}\right)$$

der Kern der Evaluationsabbildung. Somit gilt

$$\dim L(G' - E) \geq \dim L(G') - w(e) > t - w(e) \geq 0 \ .$$

Also existiert ein $s \in L(G' - E)$ mit $s \neq 0$. Man betrachte nun die Darstellung

$$s = \sum_{\lambda'=1}^{\ell'} x_{\lambda'} g_{\lambda'} \in L(G') \ .$$

Dieses Element s erfüllt dann

$$0 = [e, h_\lambda s] = [a, h_\lambda s] = \sum_{\lambda'=1}^{\ell'} x_{\lambda'} [a, h_\lambda g_{\lambda'}] \quad \text{für alle} \quad \lambda = 1, \dots, \ell \ .$$

Die erste Gleichung folgt mit $h_\lambda \cdot s \in L(G - E)$, also weil $h_\lambda(P_j) \cdot s(P_j) = 0$ für $j \in M$ gilt. Die zweite Gleichung folgt aus $[c, h_\lambda s] = 0$ wegen $h_\lambda \cdot s \in L(G)$. Also ist $(x_1, \dots, x_{\ell'}) \in \mathbb{F}_q^{\ell'}$ eine nichttriviale Lösung.

Sei nun $x \in \mathbb{F}_q^{\ell'}$ eine nichttriviale Lösung. Da $x \neq 0$ und $g_1, \dots, g_{\ell'}$ eine Basis ist, ist $\sigma \neq 0$. Sei nun $j \in M$. Nach Voraussetzung (SV) gilt

$$\deg(G - G' - E) \geq \deg(G) - \deg(G') - t > 2g - 2 \ .$$

Somit kann man die Dimension von $L(G - G' - E)$ nach Korollar 6.1.14 exakt ausrechnen und erhält $L(G - G' - E) \neq L(G - G' - \sum_{i \in M - \{j\}} P_i)$. Daher existiert eine rationale Funktion $h \in L(G - G')$ mit $h(P_i) = 0$ für $i \in M - \{j\}$ und $h(P_j) \neq 0$. Wegen $\sigma h \in L(G)$ gilt

$$[a, \sigma h] = [e, \sigma h] = \sum_{i \in M} e_i \sigma(P_i) h(P_i) = e_j \sigma(P_j) h(P_j) \ .$$

Also gilt $\sigma(P_j) = 0$ genau dann, wenn $[a, \sigma h] = 0$ ist. Nun hat man aber eine Linearkombination

$$h = \sum_{\lambda=1}^{\ell} y_\lambda h_\lambda \ .$$

Also gilt

$$[a, \sigma h] = \sum_{\lambda=1}^{\ell} y_\lambda [a, \sigma h_\lambda] = \sum_{\lambda=1}^{\ell} y_\lambda \left(\sum_{\lambda'=1}^{\ell'} [a, h_\lambda g_{\lambda'}] x_{\lambda'} \right) = 0 \ .$$

Also gilt $\sigma(P_j) = 0$. Daraus folgt die Behauptung. $\qquad\square$

Notiz 9.2.3 Der zweite Teil des Beweises zeigte

$$L(G' - E) = \mathrm{Ker} \left(\ \ L(G') \quad \longrightarrow \quad \mathrm{Hom}_{\mathbb{F}_q}(L(G - G'), \mathbb{F}_q) \ \ \right)$$
$$\sigma \quad \longmapsto \quad (h \mapsto [e, h\sigma])$$

für $e \in \mathbb{B}_t^n(0)$. Die Gradbeschränkungen (SV) lieferten $L(G' - E) \neq 0$ und somit eine fehlerlokalisierende Funktion σ . Diese kann jedoch noch weitere Nullstellen P_i für $i \notin M(e)$ haben. Die Nullstellenmenge

$$N(\sigma) := \{j \in \{1, \ldots, n\} \ ; \ \sigma(P_j) = 0\}$$

von $\sigma \in L(G)$ charakterisiert also nicht exakt die Fehlermenge $M(e)$, sondern es gilt nur die Inklusion $M(e) \subset N(\sigma)$. Aber es gilt

$$\mathrm{div}(\sigma) + G' - \sum_{i \in N(\sigma)} P_i \geq 0$$

und somit $\mathrm{card}(N(\sigma)) \leq \deg(G')$. $\qquad\square$

Lemma 9.2.4 *Es seien* $a = c + e$ *und* σ *wie oben. Es sei* $(f_1, \ldots, f_k)$ *eine Basis von* $L(G)$. *Das lineare Gleichungssystem*

$$\sum_{j \in N(\sigma)} f_\kappa(P_j) \cdot X_j = [a, f_\kappa] \quad \textit{für} \quad \kappa = 1, \ldots, k$$

hat eine eindeutig bestimmte Lösung; nämlich den Fehlervektor $(e_j)_{j \in N(\sigma)}$.

Beweis. Wegen $[a, f] = [e, f]$ für alle $f \in L(G)$ ist der Fehlervektor eine Lösung. Hat man einen zweiten Lösungsvektor $\tilde{e} = (\tilde{e}_j)_{j \in N(\sigma)}$, so gilt $[e - \tilde{e}, f] = 0$ für alle $f \in L(G)$. Weil $C_\Omega(D, G)$ das orthogonale Komplement zu $C_L(D, G)$ ist, liegt $e - \tilde{e}$ in $C_\Omega(D, G)$. Da jedoch der Hammingabstand

$$d_H(e, \tilde{e}) \leq \mathrm{card}(N(\sigma)) \leq \deg(G')$$

nach Notiz 9.2.3 erfüllt, folgt $e = \tilde{e}$ wegen $d(C_\Omega(D, G)) \geq \delta^* > \deg(G')$. $\qquad\square$

Damit können wir den Decodierungsalgorithmus wie folgt zusammenfassen:

Satz 9.2.5 (Decodierung von residuellen Goppa-Codes) *Es sei* $C_\Omega(D, G)$ *ein residueller Goppa-Code wie oben mit*

$$2g - 2 < \deg(G) < n := \deg(D) \ .$$

Setzt man $\delta^* := \deg(G) + 2 - 2g$ *und* $t^* := [(\delta^* - 1 - g)/2]$ *, so existiert ein Divisor* G' *auf* X *, der obige Bedingung (SV) für* t^* *erfüllt. Im Folgenden sei nun* $t \geq t^*$ *eine natürliche Zahl, so dass ein solcher Divisor* G' *existiert. Nach Notiz 9.2.1 gilt insbesondere* $t \leq (\delta^* - 1)/2$ *. Der nachfolgend beschriebene Algorithmus kann alle Wörter* $a \in \mathbb{F}_q^n$ *mit höchstens* t *Fehlern korrigieren.*

0. Man bestimme Basen

$$
\begin{aligned}
g_1, \ldots, g_{\ell'} & \quad \text{Basis von} \quad L(G'), \\
h_1, \ldots, h_\ell & \quad \text{Basis von} \quad L(G - G'), \\
f_1, \ldots, f_k & \quad \text{Basis von} \quad L(G) .
\end{aligned}
$$

1. Man bestimme eine nichttriviale Lösung $(x_1, \ldots, x_{\ell'}) \in \mathbb{F}_q^{\ell'}$ *des linearen Gleichungssystems*

$$
\sum_{\lambda'=1}^{\ell'} [a, h_\lambda g_{\lambda'}] \cdot X_{\lambda'} = 0 \quad \text{für} \quad \lambda = 1, \ldots, \ell .
$$

Falls so eine Lösung nicht existiert, enthält das Wort a *mehr als* t *Fehler und kann nicht decodiert werden.*

2. Man setze

$$
\sigma := \sum_{\lambda'=1}^{\ell'} x_{\lambda'} g_{\lambda'} \in L(G')
$$

und bestimme die Nullstellenmenge

$$
N(\sigma) := \{ j \in \{1, \ldots, n\} \; ; \; \sigma(P_j) = 0 \} .
$$

3. Man bestimme eine Lösung $(e_j)_{j \in N(\sigma)}$ *des linearen Gleichungssystems*

$$
\sum_{j \in N(\sigma)} f_\kappa(P_j) \cdot X_j = [a, f_\kappa] \quad \text{für} \quad \kappa = 1, \ldots, k
$$

und setze $e_i = 0$ *für* $i \notin N(\sigma)$ *und* $e := (e_1, \ldots, e_n) \in \mathbb{F}_q^n$ *.*

4. Man prüfe nach, ob $w(e) \leq t$ *gilt. Mit den Kontrollgleichungen* $[c, f_\kappa] = 0$ *für alle* $\kappa = 1, \ldots, k$ *prüfe man, ob* $c := a - e \in C_\Omega(D, G)$ *gilt. Falls beide Bedingungen erfüllt sind, so decodiere man* a *in* c *. Ansonsten kann man* a *nicht decodieren.*

Man beachte, dass eine nichttriviale Lösung $(x_1, \ldots, x_{\ell'}) \in \mathbb{F}_q^{\ell'}$ im 1. Schritt existieren kann und dass man dazu auch im 3. Schritt eine Lösung finden kann, die aber nicht zu einer Decodierung führt. Daher ist die Kontrollrechnung im 4. Schritt notwendig. Das kann aber nicht auftreten, wenn der Fehlervektor e die Bedingung $w(e) \leq t$ erfüllt.

Notiz 9.2.6 Obiger Algorithmus kann leicht zur Decodierung von Goppa-Codes der Form $C_L(D, G)$ umgeschrieben werden. Dazu definiert man für $\omega \in \Omega(D - G)$ das "residuelle Syndrom"

$$
[a, \omega] := \sum_{i=1}^{n} a_i \operatorname{res}_{P_i}(\omega) .
$$

Analog zu obigem Vorgehen benutzt man nun das orthogonale Komplement

$$C_L(D,G) = \{c \in \mathbb{F}_q^n \; ; \; [c,\omega] = 0 \quad \text{für alle} \quad \omega \in \Omega(D-G)\} \; .$$

Man beachte weiterhin, dass dieser Algorithmus nicht die volle Fehlerkorrekturmöglichkeit von $C_\Omega(D,G)$ ausnutzt; einerseits weil $\delta^* \leq d(C_\Omega(D,G))$ gilt und andererseits weil die Existenz des Hilfsdivisors G' nur für kleines t gewährleistet ist. Die Existenz von G' ist nach Notiz 9.2.1 nur für Werte von $t \leq (\delta^* - 1 - g)/2$ gesichert; es wird also um $g/2$ die volle Fehlerkorrekturmöglichkeit verfehlt.

9.3 Decodierung nach Feng und Rao

Wir betrachten wieder eine Situation wie in § 9.2. Es sei X eine glatte geometrisch zusammenhängende projektiv-algebraische Kurve über einem endlichen Körper $\mathbb{F}_q$ vom Geschlecht g. Es seien $P, P_1, \ldots, P_n$ rationale Punkte auf X. Diese Punkte seien paarweise verschieden. Wir betrachten den *Evaluations-Divisor*

$$D = P_1 + \ldots + P_n \; .$$

Weiterhin sei $t \in \mathbb{N}$ und

$$G := (2g + 2t - 1) \cdot P \; .$$

Wir setzen stets voraus, dass

$$\deg(G) < \deg(D)$$

gilt. In diesem Abschnitt werden wir ein Verfahren für eine (unvollständige) Decodierung des residuellen Goppa-Code $C_\Omega(D,G)$ vorstellen, das eine Decodierung bis zum designierten Hammingabstand

$$t = \frac{\delta^* - 1}{2} = \frac{(\deg(G) + 2 - 2g) - 1}{2}$$

liefert; vgl. [F-R]. Dieses Verfahren von Feng und Rao verläuft methodisch so ähnlich wie das Verfahren von Skorobogatov und Vladut. Jedoch ist es hier wesentlich komplizierter, weil man eine fehlererkennende Funktion nicht so einfach konstruieren kann, wie es in in § 9.2 erfolgte. Dort setzte man die Existenz eines Divisors G' voraus, der gewisse Bedingungen zu erfüllen hatte, so dass man als einfache Folgerung aus der Dimensionsformel von Riemann-Roch 6.1.14 die Existenz einer fehlererkennenden Funktion nachweisen konnte und auch durch Lösen von linearen Gleichungssystemen konstruieren konnte; vgl. Notiz 9.2.3. Zu beachten ist, dass die Existenz solcher Divisoren G' für den designierten Abstand nicht gewährleistet ist. Hier ersetzt man den Divisor G' durch $\tilde{t} \cdot P$ mit $\tilde{t} \leq g+t$, wobei P der rationale Punkt von oben ist.

Wir betrachten nun ein Wort $a \in \mathbb{F}_q^n$ der Form

$$a = c + e \in \mathbb{F}_q^n \quad \text{mit} \quad c \in C_\Omega(D,G) \quad \text{und} \quad e \in \mathbb{B}_t^n(0) \; .$$

Dann sind c und e eindeutig durch a bestimmt wegen $d^* \geq \delta^* \geq 2t + 1$. Es sei

$$M = M(e) := \{j \in \{1, \ldots, n\} \; ; \; e_j \neq 0\} \; .$$

und

$$E := \sum_{j \in M} P_j$$

der Divisor der Fehlerstellen. Wie in § 9.2 benutzen wir die kanonische Paarung

$$\mathbb{F}_q^n \times L(G) \longrightarrow \mathbb{F}_q$$

$$(a, f) \longmapsto [a, f] := \sum_{i=1}^{n} a_i f(P_i) \; .$$

Nach Satz 6.2.8 ist $C_\Omega(D, G)$ das orthogonale Komplement zu $C_L(D, G)$. Also gilt

$$C_\Omega(D, G) = \{c \in \mathbb{F}_q^n \; ; \; [c, f] = 0 \;\; \text{für alle} \;\; f \in L(G)\} \; .$$

Somit gilt

$$[a, f] = [c, f] + [e, f] = [e, f] \; .$$

Bei gegebenem a ist also der Wert $[e, f]$ für jedes $f \in L((2g + 2t - 1) \cdot P)$ bekannt. Zur Bestimmung einer fehlererkennenden Funktion betrachten wir $L(\tilde{t} \cdot P)$ für ein geeignetes $\tilde{t}$. Man zeigt wie in § 9.2

$$L(\tilde{t} \cdot P - E) = \text{Ker} \left(L(\tilde{t} \cdot P) \longrightarrow \text{Hom}_{\mathbb{F}_q}(L((2g + t - 1) \cdot P), \mathbb{F}_q) \right)$$

$$\sigma \longmapsto (h \mapsto [e, h\sigma])$$

für $e \in \mathbb{B}_t^n(0)$. Dazu beachte man

$$L((2g + t - 1) \cdot P - E) \neq L((2g + t - 1) \cdot P - E + P_j)$$

wegen $\deg((2g + t - 1) \cdot P - E) \geq 2g - 1$. Nach der Abschätzung von Riemann-Roch 6.1.13. ist $L(\tilde{t} \cdot P - E) \neq 0$ für $\tilde{t} \geq g + t$, also existiert eine fehlererkennende Funktion. Das Problem ist nun, dass die Funktion $h\sigma$ nicht mehr in $L((2g+2t-1)\cdot P)$ liegt, wenn $\tilde{t} \geq t + 1$ ist. Damit ist aus der Kenntnis von dem empfangenen Wort a nicht mehr das Syndrom $[e, h\sigma]$ abzulesen. Letzteres ist nur bekannt für $\tilde{t} \leq t$. Nun betrachtet man sukzessiv $\tilde{t} = t + 1, \ldots, g + t$, wobei man schrittweise folgende Fälle unterscheidet:

1. $L(\tilde{t} \cdot P - E) \neq 0$
2. $L(\tilde{t} \cdot P - E) = 0$

Im 1. Fall hat man eine fehlererkennende Funktion, die man ja zunächst suchen will. Im 2. Fall wird man die Syndrome $[e, h\sigma]$ für $\sigma \in L((\tilde{t} + 1) \cdot P)$ bestimmen. Danach kann man die Fallunterscheidung für $\tilde{t} + 1$ betrachten und gegebenenfalls eine fehlererkennende Funktion $\sigma \in L((\tilde{t} + 1) \cdot P)$ konstruktiv berechnen. Für $\tilde{t} = g + t$ ist $\tilde{t} + 2g + t - 1 = 3g + 2t - 1$ und $L(\tilde{t} \cdot P - E) \neq 0$.

Zur weiteren Betrachtung benötigen wir den folgenden Begriff.

Definition 9.3.1 Eine *Ordnungsbasis* von $L(m \cdot P - F)$, wobei F ein effektiver Divisor auf X mit $P \notin \text{supp}(F)$ ist, ist eine Basis $(g_0, \ldots, g_m)$ von $L(m \cdot P - F)$ mit $\text{ord}_P(g_\mu) = -\mu$ für alle μ. Man beachte dabei, dass nicht alle μ besetzt sind. Im Fall $m \geq 2g - 1 + \deg(F)$ gibt es genau $g + \deg(F)$ Lücken nach dem Satz von Riemann-Roch 6.1.14.

Nun fixiere

$$g_0, \ldots, g_{2g+t-1} \qquad \text{Ordnungsbasis von } L((2g+t-1) \cdot P),$$
$$f_0, \ldots, f_{3g+2t-1} \qquad \text{Ordnungsbasis von } L((3g+2t-1) \cdot P)$$

Dabei sei die erste ein Teil der zweiten Ordnungsbasis. Beide Ordnungsbasen haben genau g Lücken. Das bedeutet insbesondere, dass diese Lücken für $\mu \leq 2g+t-1$ auftreten.

Zur Bestimmung der Syndrome $[e, h\sigma]$ für $h \in L((2g+t-1) \cdot P)$ betrachten wir die Syndrommatrix

$$S = (S_{\lambda,\lambda'}) \quad \text{mit} \quad S_{\lambda,\lambda'} := [e, g_\lambda g_{\lambda'}] = \sum_{i=1}^{n} e_i g_\lambda(P_i) g_{\lambda'}(P_i) \ .$$

Es ist e nicht bekannt sondern nur a . Wegen $L((2g+2t-1) \cdot P) = C_\Omega(D,G)^\perp$ gilt

$$S_{\lambda,\lambda'} := [e, g_\lambda g_{\lambda'}] = [a, g_\lambda g_{\lambda'}] \quad \text{für alle } \lambda, \lambda' \quad \text{mit} \quad \lambda + \lambda' \leq 2g+2t-1 \ .$$

Ferner kennt man auch alle $[e, f_\kappa]$ für $\kappa = 0, \ldots, 2g+2t-1$, da $f_\kappa \in L(G)$ für diese κ gilt . Wir betrachten nun eine Zahl $s \in \mathbb{N}$ mit

$$2g + 2t \leq s \leq 3g + 2t - 1$$

und setzen
$$\tilde{t} := s - (2g+t-1) \quad \text{also} \quad t+1 \leq \tilde{t} \leq g+t \ .$$

Insbesondere ist s keine Lücke. Wir machen im Folgenden die Annahmen

1. $L((\tilde{t}-1) \cdot P - E) = 0,$
2. $S_{\lambda,\lambda'} = [e, g_\lambda g_{\lambda'}]$ bekannt für alle (λ, λ') mit $\lambda + \lambda' < s,$
3. $[e, f_\kappa]$ bekannt für alle $\kappa < s$.

In dieser Situation interessieren uns

1. $L(\tilde{t} \cdot P - E)$
2. $S_{\lambda,\lambda'} = [e, g_\lambda g_{\lambda'}]$ für alle (λ, λ') mit $\lambda + \lambda' = s$
3. $[e, f_s]$

Wir wollen zeigen, dass alle Syndrome $S_{\lambda,\lambda'} = [e, g_\lambda g_{\lambda'}]$ für (λ, λ') mit $\lambda + \lambda' = s$ berechnet werden können.

Lemma 9.3.2 *Es sei $L((\tilde{t}-1) \cdot P - E) = 0$. Es sei ein Paar (ℓ, ℓ') von natürlichen Zahlen mit $\ell + \ell' = s$ gegeben. Dann bezeichne*

$$Z_{\lambda_0} \quad \text{die } \lambda_0\text{-te Zeile der Syndrommatrix } (S_{\lambda,\lambda'})_{\lambda \leq \ell, \lambda' < \ell'} \quad \text{und}$$
$$S_{\lambda'_0} \quad \text{die } \lambda'_0\text{-te Spalte der Syndrommatrix } (S_{\lambda,\lambda'})_{\lambda < \ell, \lambda' \leq \ell'} \ .$$

(a) Es sei ℓ eine Nichtlücke und es sei eine Linearkombination $Z_\ell = \sum_{\lambda < \ell} x_\lambda Z_\lambda$ gegeben. Dann erfüllt $\zeta := g_\ell - \sum_{\lambda < \ell} x_\lambda g_\lambda$ die Bedingung $[e, \zeta g] = 0$ für alle Funktionen $g \in L((\ell'-1) \cdot P)$. Insbesondere gilt $\ell \geq \tilde{t}$.

(a') Es sei ℓ' eine Nichtlücke und es sei eine Linearkombination $S_{\ell'} = \sum_{\lambda' < \ell'} y_{\lambda'} S_{\lambda'}$.

Dann erfüllt $\sigma := g_{\ell'} - \sum_{\lambda' < \ell'} y_{\lambda'} g_{\lambda'}$ *die Bedingung* $[e, g\sigma] = 0$ *für alle Funktionen* $g \in L((\ell - 1) \cdot P)$. *Somit* $\ell' \geq \tilde{t}$ *und* $\ell \leq 2g + t - 1$.

(b) *Sind die Bedingungen aus* (a) *und* (a') *erfüllt, so gilt*

$$T_{\ell,\ell'} := \sum_{\lambda < \ell} x_\lambda S_{\lambda,\ell'} = \sum_{\lambda' < \ell'} y_{\lambda'} S_{\ell,\lambda'} \ .$$

Insbesondere ist $T_{\ell,\ell'}$ *unabhängig von den Darstellungen von* Z_ℓ *bzw.* $S_{\ell'}$.

(c) *Sind die Bedingungen aus* (a) *und* (a') *erfüllt, so gilt*

$$[e, \zeta g_{\ell'}] = [e, g_\ell \sigma] = S_{\ell,\ell'} - T_{\ell,\ell'} \ .$$

(d) *Ist* ℓ *eine Nichtlücke und gibt es ein* $\zeta = g_\ell - \sum_{\lambda < \ell} x_\lambda g_\lambda \in L(\ell \cdot P - E)$, *so ist die Bedingung* (a) *erfüllt. Ist zusätzlich noch die Bedingung* (a') *erfüllt, so gilt für den in* (b) *definierten Term* $T_{\ell,\ell'} = [e, g_\ell g_{\ell'}]$.

(d') *Ist* ℓ' *eine Nichtlücke und gibt es ein* $\sigma = g_{\ell'} - \sum_{\lambda' < \ell'} y_\lambda g_\lambda \in L(\ell' \cdot P - E)$, *so ist die Bedingung* (a') *erfüllt. Ist zusätzlich noch die Bedingung* (a) *erfüllt, so gilt für den in* (b) *definierten Term* $T_{\ell,\ell'} = [s, g_\ell g_{\ell'}]$.

Beweis. (a) Wegen der Zeilenrelation gilt für alle $\lambda' < \ell'$

$$[e, \zeta g_{\lambda'}] = [e, g_\ell g_{\lambda'}] - \sum_{\lambda < \ell} x_\lambda [e, g_\lambda g_{\lambda'}] = S_{\ell,\lambda'} - \sum_{\lambda < \ell} x_\lambda S_{\lambda,\lambda'} = 0 \ .$$

Wäre nun $\ell \leq \tilde{t} - 1$, so wäre $\ell' - 1 = s - \ell - 1 \geq s - \tilde{t} = 2g + t - 1$. Somit wäre ζ in $\mathrm{Ker}(L((\tilde{t} - 1) \cdot P) \to \mathrm{Hom}(L(2g + t - 1), \mathbb{F}_q))$, also $\zeta \in L((\tilde{t} - 1) \cdot P - E)$. Letzteres ist aber 0 nach Voraussetzung, während $\zeta \neq 0$ ist. Somit folgt $\ell \geq \tilde{t}$.

(a') beweist man analog. Wegen $\ell = s - \ell' \leq s - \tilde{t} = 2g + t - 1$ folgt die letzte Behauptung.

(b) Wegen der Darstellung in (a) und (a') gilt

$$\sum_{\lambda < \ell} x_\lambda S_{\lambda,\ell'} = \sum_{\lambda < \ell} x_\lambda \left[\sum_{\lambda' < \ell'} y_{\lambda'} S_{\lambda,\lambda'} \right] = \sum_{\lambda' < \ell'} y_{\lambda'} S_{\ell,\lambda'} \ .$$

(c) Die Behauptung folgt aus (b)

$$\begin{aligned}
[e, \zeta g_{\ell'}] &= [e, g_\ell g_{\ell'}] - \sum_{\lambda < \ell} x_\lambda [e, g_\lambda g_{\ell'}] &&= S_{\ell,\ell'} - T_{\ell,\ell'} \\
&= [e, g_\ell g_{\ell'}] - \sum_{\lambda' < \ell'} y_{\lambda'} [e, g_\ell g_{\lambda'}] &&= [e, g_\ell \sigma] \ .
\end{aligned}$$

(d) Wegen der Gestalt von ζ gilt

$$[e, g_\ell g_{\lambda'}] = [e, \zeta g_{\lambda'}] + \sum_{\lambda < \ell} x_\lambda [e, g_\lambda g_{\lambda'}] \quad \text{für alle } \lambda' \leq 2g + t - 1 \ .$$

Wegen $\zeta \in L(\ell \cdot P - E)$ ist $[e, \zeta g_{\lambda'}] = 0$. Also gilt

$$[e, g_\ell g_{\lambda'}] = \sum_{\lambda < \ell} x_\lambda [e, g_\lambda g_{\lambda'}] \quad \text{für alle} \quad \lambda' \le 2g + t - 1 \ .$$

Das liefert eine Darstellung der ℓ-ten Zeile wie in (a). Also ist die Bedingung aus (a) erfüllt. Die letzte Behauptung folgt aus (c) wegen $[e, \zeta g_\ell] = 0$ für $\zeta \in L(\ell \cdot P - E)$.

(d') beweist man analog. $\qquad\qquad\qquad\qquad\qquad\qquad\qquad\qquad\qquad\qquad\qquad\quad$ $\square$

Damit ergibt sich nun folgende Argumentation von Feng und Rao:

Man listet alle $\ell \in \{0, \ldots, 2g + t - 1\}$ auf, die die Bedingungen (a) , (a') bzw. (d) , (d') aus Lemma 9.3.2 erfüllen. Im Folgenden sei $\ell' := s - \ell$ gesetzt. Sei also

$$
\begin{aligned}
H &:= \{\tilde{t}, \ldots, 2g + t - 1\} \\
I &:= \{\ell \in \{0, \ldots, 2g + t - 1\} \ ; \ (\ell, \ell') \ \text{Nichtlücken, die (a)} \,\&\, \text{(a') erfüllen}\} \\
J &:= \{\ell \in \{0, \ldots, 2g + t - 1\} \ ; \ \ell \ \text{Nichtlücke, die (d) erfüllt}\} \\
J' &:= \{\ell \in \{\tilde{t}, \ldots, s\} \ ; \ \ell' \ \text{Nichtlücke, die (d') erfüllt}\} \\
A &:= J \cap J' \\
B &:= I - [J \cup J']
\end{aligned}
$$

Nun gilt

1. $I \subset H$ $\qquad\qquad\qquad\qquad\qquad\qquad$ nach 9.3.2(a) & (a')
2. $J \subset H$ und $J' \subset H$ $\qquad\qquad\quad$ nach 9.3.2(d) & (a) bzw. (d') & (a')
3. $A \subset I$ $\qquad\qquad\qquad\qquad\qquad\qquad$ nach 9.3.2(d) & (d')
4. $\mathrm{card}(J) \ge g$ und $\mathrm{card}(J') \ge g$

Zu 4. Es gilt $\dim L((2g + t - 1) \cdot P - E) = g + t - \deg(E)$ nach Riemann-Roch 6.1.14. Somit hat $L((2g + t - 1) \cdot P - E)$ eine Ordnungsbasis mit mindestens g Elementen. Daraus folgt 4.

Sodann folgert man

$$
\begin{aligned}
\mathrm{card}(A) - \mathrm{card}(B) &\ge \mathrm{card}(J \cap J') - \mathrm{card}(H - (J \cup J')) \\
&= \mathrm{card}(J) + \mathrm{card}(J') - \mathrm{card}(H) \\
&\ge 2g - (2g + t - 1 - (\tilde{t} - 1)) = (\tilde{t} - t) > 0 \ .
\end{aligned}
$$

Zu jedem $\ell \in I$ berechnet man $T_{\ell, \ell'}$ wie in Lemma 9.3.2(b), wobei $\ell' := s - \ell$ gesetzt ist. Aus diesem Element berechnet sich

$$V(\ell, \ell') := \alpha T_{\ell, \ell'} + \sum_{\kappa < s} \alpha_\kappa [e, f_\kappa] \ ,$$

wobei

$$f_s = \alpha g_\ell g_{\ell'} + \sum_{\kappa < s} \alpha_\kappa f_\kappa$$

ist. Man beachte, dass alle Syndrome $[e, f_\kappa]$ für $\kappa < s$ bekannt sind. Weiterhin gilt nach Lemma 9.3.2 (d) bzw. (d') dann

$$V(\ell, \ell') = [e, f_s] \quad \text{für} \quad \ell \in I \cap J \quad \text{oder} \quad \ell \in I \cap J' \ .$$

Man erhält also für $\ell \in I \cap [J \cup J']$ den richtigen Wert. Insbesondere erhält man für $\ell \in A \subset I \cap [J \cup J']$ den richtigen Wert. Für $\ell \in B$ erhält man eventuell einen falschen Wert. Wegen $\mathrm{card}(A) > \mathrm{card}(B)$ überwiegen diejenigen $\ell \in I$, die den richtigen Wert $V(\ell, \ell') = [e, f_s]$ auswerfen. Somit gewinnt man über Mehrheitsentscheid den richtigen Wert $[e, f_s]$ und kann somit die Syndrommatrix $S = (S_{\lambda, \lambda'})$ in der Nebendiagonalen $\lambda + \lambda' = s$ auffüllen. Denn die Berechnung von $S_{\lambda, \lambda'} = [e, g_\lambda g_{\lambda'}]$ für $\lambda + \lambda' = s$ ist äquivalent zu der von $[e, f_s]$, falls man die Werte $[e, f_{s'}]$ für alle $s' < s$ kennt, da $g_\lambda g_{\lambda'}$ in dem von $(f_{s'})_{0 \leq s' \leq s}$ aufgespannten Untervektorraum liegt. Wegen $\mathrm{card}(A) > \mathrm{card}(B)$ existieren insbesondere Nichtlücken ℓ und ℓ' mit $\ell + \ell' = s$!

Wir fassen die erzielten Resultate zusammen:

Satz 9.3.3 *Es sei $s \in \mathbb{N}$ mit $2g + 2t \leq s \leq 3g + 2t - 1$ und sei $\tilde{t} := s - (2g + t - 1)$. Weiterhin sei $L((\tilde{t} - 1) \cdot P - E) = 0$. Es seien alle Syndrome $[e, f_\kappa]$ für $\kappa < s$ bekannt. Dann existiert ein Paar (ℓ, ℓ') von Nichtlücken mit*

$$\ell + \ell' = s \quad und \quad 0 \leq \ell, \; \ell' \leq 2g + t - 1 \; .$$

Es sei I die Menge der ℓ, so dass (ℓ, ℓ') Nichtlücken sind und die Bedingungen (a) und (a') aus Lemma 9.3.2 erfüllen. Zu jedem $\ell \in I$ sei $V(\ell, \ell')$ der oben definierte Wert. Dann tritt ein Wert am häufigsten auf und dieser stimmt mit dem tatsächlichen Wert $[e, f_s]$ überein.

Satz 9.3.4 *Es sei $\tilde{t} := \mathrm{Min}\{t' \; ; \; L(t' \cdot P - E) \neq 0\}$. Dann gilt $\tilde{t} \leq g + t$. Man kann alle Syndrome $[e, f_\kappa]$ für $0 \leq \kappa \leq \tilde{t} + (2g + t - 1)$ konstruktiv berechnen. Man bekommt eine fehlerlokalisierende Funktion σ in*

$$L(\tilde{t} \cdot P - E) = \mathrm{Ker}\,(\quad L(\tilde{t} \cdot P) \quad \longrightarrow \quad \mathrm{Hom}_{\mathbb{F}_q}(L((2g + t - 1) \cdot P), \mathbb{F}_q) \quad)$$
$$\sigma \quad \longmapsto \quad (h \mapsto [e, h\sigma])$$

konstruktiv als Lösung eines linearen Gleichungssystems. Die benötigten Syndrome betreffen nur die Funktionen f_κ für $0 \leq \kappa \leq \tilde{t} + 2g + t - 1$. Für die Nullstellenmenge

$$N(\sigma) := \{j \in \{1, \ldots, n\} \; ; \; \sigma(P_j) = 0\}$$

gilt $\mathrm{card}(N(\sigma)) \leq \tilde{t} \leq g + t$.

Satz 9.3.5 *Es sei $\tilde{t}$ wie in Satz 9.3.4 und $s := \tilde{t} + (2g + t - 1)$. Dazu sei eine fehlererkennende Funktion $\sigma \in L(\tilde{t} \cdot P - E) - \{0\}$ gegeben. Es sei $(f_0, \ldots, f_s)$ eine Ordnungsbasis von $L(s \cdot P)$. Das lineare Gleichungssystem*

$$\sum_{j \in N(\sigma)} f_\kappa(P_j) \cdot X_j = [a, f_\kappa] \quad für \quad \kappa = 0, \ldots, s$$

hat eine eindeutig bestimmte Lösung; nämlich den Fehlervektor $(e_j)_{j \in N(\sigma)}$.

Beweis. Das folgt wie in 9.2.4. Offenbar ist der Fehlervektor eine Lösung. Zu Beweis der Eindeutigkeit beachte man, dass die Differenz zweier Lösungen e und $\tilde{e}$ in $C_\Omega(D, s \cdot P)$ liegt. Für den Hammingabstand gilt

$$d\left(C_\Omega(D, s \cdot P)\right) \geq s - 2g + 2 \geq \tilde{t} + t + 1 > \operatorname{card}(N(\sigma)) \geq d_H(e, \tilde{e}) \ .$$

Daher folgt $e = \tilde{e}$. $\qquad\qquad\qquad\qquad\qquad\qquad\qquad\qquad\qquad\qquad\qquad\qquad\quad$ $\square$

Abschließend wollen wir den Algorithmus formal zusammenfassen:

Satz 9.3.6 (Decodierung von residuellen Goppa-Codes) *Es sei X eine glatte geometrisch zusammenhängende projektiv-algebraische Kurve über einem endlichen Körper $\mathbb{F}_q$ vom Geschlecht g . Es seien $P, P_1, \ldots, P_n$ rationale Punkte auf X . Diese Punkte seien paarweise verschieden. Der Evaluations-Divisor sei*

$$D \ = \ P_1 + \ldots + P_n \ .$$

Weiterhin sei $t \in \mathbb{N}$ und

$$G := (2g + 2t - 1) \cdot P \ .$$

Der residuelle Goppa-Code $C_\Omega(D, G)$ hat den designierten Abstand $\delta^* := 2t+1$ und die Dimension $k^* = n - g - 2t$. Dieser Code kann mit dem nachfolgend beschriebenen Algorithmus t Fehler erkennen und konstruktiv korrigieren. Es sei $a \in \mathbb{F}_q^n$ gegeben.

0. *Man bestimme vorab*

$$\begin{aligned} g_0, \ldots, g_{2g+t-1} \quad &\textit{Ordnungsbasis von } L((2g + t - 1) \cdot P) \ , \\ f_0, \ldots, f_{3g+2t-1} \quad &\textit{Ordnungsbasis von } L((3g + 2t - 1) \cdot P) \ . \end{aligned}$$

Dabei sei die erste ein Teil der zweiten Ordnungsbasis. Dann berechne man für alle Paare (ℓ, ℓ') mit $0 \leq \ell, \ell' \leq 2g + t - 1$ und $\ell + \ell' \leq 3g + 2\ell - 1$ die Darstellung

$$g_\ell g_{\ell'} = \sum_{0 \leq \kappa \leq \ell + \ell'} a_\kappa^{\ell, \ell'} f_\kappa$$

1. *Man bestimme alle Syndrome*

$$\begin{aligned} S_{\lambda, \lambda'} \ &:= \ [a, g_\lambda g_{\lambda'}] \quad \textit{für alle Nichtlücken } (\lambda, \lambda') \quad \textit{mit } \lambda + \lambda' \leq 2g + 2t - 1 \\ S_\kappa \ &:= \ [a, f_\kappa] \quad \textit{für alle } \kappa \quad \textit{mit } 0 \leq \kappa \leq 2g + 2t - 1 \end{aligned}$$

2. *Für $s = 2g + 2t, \ldots, 3g + 2t$ durchlaufe man die folgende Schleife*

2.1. *Man setze $\tilde{t} := s - (2g + t - 1)$. Falls $\tilde{t} = g + t + 1$ ist, wird der Algorithmus abgebrochen.*

2.2. *Man betrachte das lineare Gleichungssystem*

$$\sum_{\lambda < \tilde{t}} S_{\lambda, \lambda'} \cdot X_\lambda = 0 \quad \textit{für } \lambda' \leq 2g + t - 1 \ .$$

Man bestimme eine nichttriviale Lösung $(x_0, \ldots, x_{\tilde{t}-1})$ dieses linearen Gleichungssystems und setze

$$\sigma := \sum_{\lambda < \tilde{t}} x_\lambda g_\lambda \in L((\tilde{t} - 1) \cdot P - E) \ .$$

Falls eine nichttriviale Lösung existiert, so gehe man zu Schritt 3 .

2.3. Für jedes Paar (ℓ, ℓ') *von Nichtlücken mit* $\ell + \ell' = s$ *prüfe man nach, ob die Bedingungen* (a) *und* (a') *aus 9.3.2 erfüllt sind. Falls das gilt, so setze man mit den Werten* x_λ *aus 9.3.2* (a)

$$V(\ell, \ell') := \frac{1}{a_{\ell+\ell'}^{\ell,\ell'}} \left[\sum_{\lambda < \ell} x_\lambda S_{\lambda, \ell'} - \sum_{\kappa < s} a_\kappa^{\ell,\ell'} [e, f_\kappa] \right] \ .$$

2.4. Unter allen $V(\ell, \ell')$ *tritt ein Wert am häufigsten auf; etwa* $V(\ell_0, \ell_0')$. *Dann setze man*

$$S_s := [e, f_s] = V(\ell_0, \ell_0')$$

gleich diesem Wert und

$$S_{\ell, \ell'} := \sum_{\kappa \leq s} a_\kappa^{\ell,\ell'} S_\kappa \quad \text{für alle Nichtlücken} \quad (\ell, \ell') \quad \text{mit} \quad \ell + \ell' = s \ .$$

Man gehe zurück.

2.5. Findet diese Schleife kein σ , *so wird der Algorithmus abgebrochen.*

3. Man bestimme die Nullstellenmenge

$$N(\sigma) := \{ j \in \{1, \ldots, n\} \ ; \ \sigma(P_j) = 0 \} \ .$$

4. Man bestimme eine Lösung $(e_j)_{j \in N(\sigma)}$ *des linearen Gleichungssystems*

$$\sum_{j \in N(\sigma)} f_\kappa(P_j) \cdot X_j = [a, f_\kappa] \quad \text{für} \quad \kappa = 0, \ldots, s - 1$$

und setze $e_i = 0$ *für* $i \notin N(\sigma)$ *und* $e := (e_1, \ldots, e_n) \in \mathbb{F}_q^n$.

5. Man prüfe nach, ob $w(e) \leq t$ *gilt. Mit den Kontrollgleichungen* $[c, f_\kappa] = 0$ *für alle* $\kappa = 1, \ldots, 2g + 2t - 1$ *prüfe man, ob* $c := a - e \in C_\Omega(D, G)$ *gilt. Falls beide Bedingungen erfüllt sind, so decodiere man* a *in* c .

Hat dieser Algorithmus keine Lösung gefunden, so hat a *mehr als* t *Fehler und kann nicht decodiert werden.*

Anhang A

Kommutative Algebra

Kommutative Algebra ist ein wichtiges Hilfsmittel in der algebraischen Geometrie; genauer zur Behandlung von Fragen der lokalen algebraischen Geometrie. Daher sollen in diesem Anhang einige für dieses Buch besonders wichtige Themen aus der Algebra und kommutativen Algebra in kurzer Form zusammengestellt werden. Dabei werden wir teilweise auf Beweise verzichten bzw. nur skizzieren. Als generelle Referenz wird auf das Buch von Atiyah und MacDonald [A-M] verwiesen. Wir setzen voraus, dass der Leser mit den Anfängen der kommutativen Algebra vertraut ist, wie sie üblicherweise in Vorlesungen über Algebra angesprochen werden. Wir gehen hier nur auf die Theorie der ganzen Ringerweiterungen bzw. der Differentiale intensiver ein.

A.1 Galoistheorie

Wir fassen hier die zentralen Definitionen und Fakten der Galoistheorie zusammen. Im Folgenden sei K/k stets eine Körpererweiterung. Dann sei

$$\operatorname{Aut}(K) \quad := \quad \{\, \sigma : K \xrightarrow{\sim} K \ ; \ \sigma \ \text{Ringisomorphismus}\,\}$$
$$\operatorname{Aut}(K/k) \quad := \quad \{\, \sigma \in \operatorname{Aut}(K) \ ; \quad \sigma|k = \operatorname{id}_k\,\}$$

Definition A.1.1 Es sei K ein Körper.

1. Für eine Untergruppe $G < \operatorname{Aut}(K)$ definiert man den *Fixkörper* zu G durch

$$K^G := \{x \in K \ ; \ \sigma(x) = x \ \text{ für alle } \ \sigma \in G\} \ .$$

2. Für einen Unterkörper $k \subset K$ definiert man die *Galoisgruppe* von K/k durch

$$G(K/k) := \operatorname{Aut}(K/k) \ .$$

3. Eine Körpererweiterung K/k heißt *galoissch*, wenn es eine endliche Untergruppe G von $\operatorname{Aut}(K/k)$ mit $k = K^G$ gibt.

Satz A.1.2 (Charakterisierung galoisscher Körpererweiterungen)

Für eine Körpererweiterung K/k sind äquivalent:

(1) K/k *ist galoissch.*

(2) K/k *ist endlich, normal, separabel.*

Ist $k = K^G$ für eine endliche Untergruppe $G < \mathrm{Aut}(K)$, so gilt

$$G = G(K/k) \quad und \quad [K : k] = \mathrm{card}(G(K/k)) \ .$$

Satz A.1.3 (Hauptsatz der Galoistheorie)

Es sei K/k eine galoissche Körpererweiterung; d.h. $k = K^G$ für eine endliche Untergruppe $G < \mathrm{Aut}(K)$. Dann gilt:

1. *Die Abbildungen*

$$\{\, L \, ; \, k \subset L \subset K \ \ Zwischenkörper\} \quad \rightleftarrows \quad \{\, H \, ; \, H < G(K/k) \ \ Untergruppe\}$$
$$L \quad \longmapsto \quad G(K/L)$$
$$K^H \quad \longmapsfrom \quad H$$

   sind bijektiv und invers zueinander.

2. *Für jeden Zwischenkörper $k \subset L \subset K$ gilt*

   (a) K/L *galoissch.*

   (b) L/k *galoissch* $\iff G(K/L) \lhd G(K/k)$ *Normalteiler.*

Satz A.1.4 (Translationssatz)

Es sei K/k eine Körpererweiterung und es seien E, F Zwischenkörper. Ist E/k galoissch, so gilt:

1. EF/F *und* $E/E \cap F$ *sind galoissch.*

2. *Die Restriktionsabbildung $\varrho : G(EF/F) \longrightarrow G(E/k)$, $\sigma \mapsto \sigma|E$, ist injektiv und es gilt für das Bild $\varrho(G(EF/F)) = G(E/E \cap F)$.*

3. $[EF : F]$ *teilt* $[E : k]$.

Insbesondere gilt $G(EF/F) \cong G := G(E/E \cap F)$.

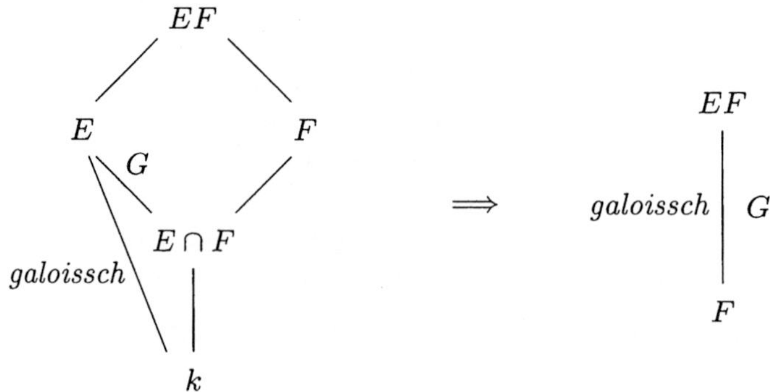

Satz A.1.5 (Kompositum)

Es seien K/k eine Körpererweiterung und $E, F \subset K$ galoissch über k, so gilt

1. *EF/k ist galoissch.*

2. *Die Abbildung $\varrho : G(EF/k) \to G(E/k) \times G(F/k)$, $\sigma \mapsto (\sigma|E, \sigma|F)$, ist injektiv. Ist $E \cap F = k$, so ist ϱ ein Isomorphismus.*

Insbesondere gilt $G(EF/E \cap F) \cong G(E/E \cap F) \times G(F/E \cap F)$.

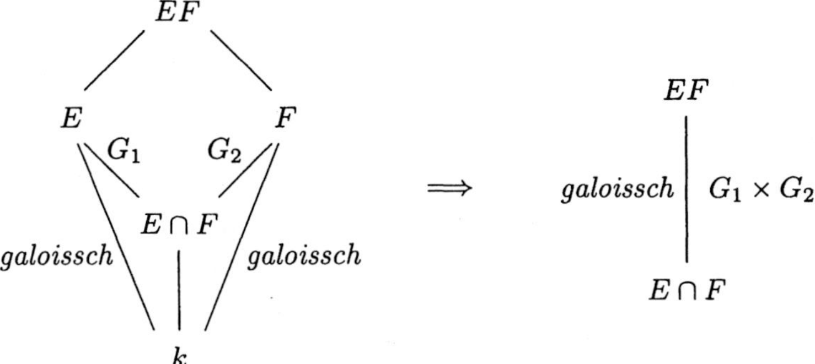

Abschließend wollen wir uns noch mit Norm und Spur von Körpererweiterungen beschäftigen. Dazu sei

- K/k endliche Körpererweiterung vom Grad $n := [K : k]$,

- $\overline{k}$ ein algebraischer Abschluß von k,

- $\sigma_1, \ldots, \sigma_s : K \to \overline{k}$ Menge der k-Einbettungen von K in $\overline{k}$.

Für jedes $\alpha \in K$ liefert die Multiplikation mit α

$$\ell_\alpha : K \longrightarrow K \quad , \quad x \mapsto \ell_\alpha(x) := \alpha \cdot x \ ,$$

eine k-lineare Abbildung des k-Vektorraums K.

Definition A.1.6 In obiger Situation definiert man

1. $\mathrm{N}_k^K(\alpha) := \det(\ell_\alpha)$ *Norm* von α,

2. $\mathrm{Tr}_k^K(\alpha) := \mathrm{Tr}(\ell_\alpha)$ *Spur* von α,

Satz A.1.7 *In obiger Situation gilt $[K : k] = sq$, wobei s der Separabilitätsgrad von K über k und q der Inseparabilitätsgrad von K/k ist. Weiterhin gilt:*

1. *$\mathrm{N}_k^K : K^\times \longrightarrow k^\times$ ist ein Gruppenhomomorphismus bzgl. "$\cdot$".*

   $\mathrm{Tr}_k^K : K \longrightarrow k$ ist ein Gruppenhomomorphismus bzgl. "$+$".

2. *Für alle $\alpha \in K$ gilt $\mathrm{N}_k^K(\alpha) = \left(\prod_{i=1}^s \sigma_i(\alpha)\right)^q$ und $\mathrm{Tr}_k^K(\alpha) = q \cdot \sum_{i=1}^s \sigma_i(\alpha)$.*

3. *Ist $k \subset E \subset K$ ein Körperturm, so gilt*

$$\mathrm{N}_k^K = \mathrm{N}_k^E \circ \mathrm{N}_E^K \quad und \quad \mathrm{Tr}_k^K = \mathrm{Tr}_k^E \circ \mathrm{Tr}_E^K \ .$$

A.2 Endliche Körper

Es sei k ein endlicher Körper; d.h. k hat endlich viele Elemente. Sein Primkörper ist somit $\mathbb{F}_p := \mathbb{Z}/\mathbb{Z}p \subset k$, wobei $p = \mathrm{char}(k)$ eine Primzahl ist. Es ist $k/\mathbb{F}_p$ eine endliche Körpererweiterung vom Grad $n := [k : \mathbb{F}_p]$. Also ist k als $\mathbb{F}_p$ -Vektorraum isomorph zu $\mathbb{F}_p^n$ und k besteht aus $q := p^n$ Elementen. Die multiplikative Gruppe $k^\times$ hat $(q-1)$ Elemente. Daher erfüllt jedes $x \in k^\times$ die Gleichung $x^{q-1} = 1$ nach dem kleinen Satz von Fermat und damit ist jedes $x \in k$ Nullstelle des Polynoms

$$f(X) := X^q - X \ .$$

Über k zerfällt f in Linearfaktoren

$$f(X) = X^q - X = \prod_{\alpha \in k} (X - \alpha) \ ,$$

und k ist Zerfällungskörper von f über $\mathbb{F}_p$. Falls also ein Körper mit $q = p^n$ Elementen existiert, so ist er bis auf Isomorphie als Zerfällungskörper von $X^q - X$ über $\mathbb{F}_p$ eindeutig bestimmt.

Satz A.2.1 (Klassifikation der endlichen Körper)

1. *Ist k ein endlicher Körper mit q Elementen, so ist $q = p^n$ für $p = \mathrm{char}(k)$ und ein $n \in \mathbb{N}$. Weiterhin ist k Zerfällungskörper des separablen Polynoms $X^q - X$ über dem Primkörper $\mathbb{F}_p$. Die Elemente von $\mathbb{F}_q$ sind die Nullstellen von $X^q - X$.*

2. *Zu jeder Primzahl p und jeder natürlichen Zahl $n \geq 1$ gibt es bis auf Isomorphie genau einen Körper $\mathbb{F}_q$ mit $q = p^n$ Elementen.*

Beweis. Es ist nur noch 2. zu erläutern. Sei also $q = p^n$ und $\mathbb{F}_q$ der Zerfällungskörper von $X^q - X$ über $\mathbb{F}_p$. Sind $\alpha, \beta \in \mathbb{F}_q$ Nullstellen von $X^q - X$, so gilt

$$
\begin{aligned}
(\alpha + \beta)^q - (\alpha + \beta) &= \alpha^q - \alpha + \beta^q - \beta &= 0 \\
(\alpha\beta)^q - (\alpha\beta) &= \alpha\beta - \alpha\beta &= 0 \\
(\alpha^{-1})^q - (\alpha^{-1}) &= \alpha^{-1} - \alpha^{-1} &= 0 \\
(-\alpha)^q - (-\alpha) &= (-1)^q\alpha + \alpha &= 0
\end{aligned}
$$

wegen $(-1)^q = (-1)$ für $p > 2$ und $\alpha + \alpha = 0$ für $q = 2^n$. Also ist die Menge der Nullstellen von $X^q - X$ ein Unterkörper von $\mathbb{F}_q$, über dem $X^q - X$ zerfällt und der $\mathbb{F}_p$ enthält. Folglich besteht $\mathbb{F}_q$ genau aus den Nullstellen von $X^q - X$. Die Nullstellen sind paarweise verschieden, weil für die formale Ableitung

$$D(X^q - X) = qX^{q-1} - 1 = -1$$

gilt. Also hat $\mathbb{F}_q$ genau q Elemente. $\qquad\square$

Korollar A.2.2 *Es sei q eine Primzahlpotenz und es sei $\mathbb{F}_q$ der endliche Körper mit q Elementen. Zu jedem $n \geq 1$ gibt es bis auf Isomorphie genau eine Erweiterung von $\mathbb{F}_q$ vom Grad n . Diese ist $\mathbb{F}_{q^n}$.*

Beweis. Es sei $q = p^m$ und $\overline{\mathbb{F}}_p$ der algebraische Abschluss von $\mathbb{F}_p$. Dann ist

$$\mathbb{F}_q = \{x \in \overline{\mathbb{F}}_p \; ; \; x^q - x = 0\} \; .$$

Ist $x \in \mathbb{F}_q$, so gilt also $x^q = x$, also auch $x^{q^n} = x$. Somit gilt $\mathbb{F}_q \subset \mathbb{F}_{q^n}$. Offenbar ist $[\mathbb{F}_{q^n} : \mathbb{F}_q] = n$. Da jede Erweiterung von $\mathbb{F}_q$ vom Grad n genau q^n Elemente hat und es genau einen Körper mit q^n Elementen gibt, ist $\mathbb{F}_{q^n}$ die einzige Körpererweiterung von $\mathbb{F}_q$ vom Grad n , die in $\overline{\mathbb{F}}_p$ liegt. $\qquad\square$

Satz A.2.3 *Die multiplikative Gruppe* $\mathbb{F}_q^\times$ *eines endlichen Körpers* $\mathbb{F}_q$ *ist zyklisch.*

Beweis. Setze $n := (q - 1)$. Für jeden Teiler d von n betrachte die Zahl

$$\psi(d) := \mathrm{card}\left(\{x \in \mathbb{F}_q^\times \; ; \; \mathrm{ord}(x) = d\}\right) \; .$$

Nun gilt $n = \sum_{d\mid n} \psi(d)$, weil jedes Element von $\mathbb{F}_q^\times$ eine wohl bestimmte Ordnung d hat und diese Ordnung die Gruppenordnung n teilt. Für jede Zahl $m \in \mathbb{N}$ sei

$$\varphi(m) := \mathrm{card}\left(\{x \in \mathbb{Z}/\mathbb{Z}m \; ; \; x \text{ erzeugt } \mathbb{Z}/\mathbb{Z}m\}\right) \; .$$

Es ist $\varphi(m) \geq 1$ und es gilt die Eulersche Identität $n = \sum_{d\mid n} \varphi(d)$. Wir zeigen nun $\psi(d) \leq \varphi(d)$ für alle d . Ist nämlich $\psi(d) = 0$, so ist es offenbar richtig. Falls $\psi(d) \geq 1$ gilt, so existiert ein $x \in \mathbb{F}_q^\times$ der Ordnung d . Dann hat die von x erzeugte Untergruppe $H \subset \mathbb{F}_q^\times$ exakt d Elemente und $\varphi(d)$ Elemente der Ordnung d . Jedes $x \in H$ erfüllt $x^d = 1$. Da das Polynom $X^d - 1$ höchstens d Nullstellen hat, liegen alle $\alpha \in \mathbb{F}_q^\times$ mit $\mathrm{ord}(\alpha) = d$ in H . Somit gilt $\psi(d) = \varphi(d)$ für dieses d . Wegen $n = \sum_{d\mid n} \psi(d)$ und der Eulerschen Identität folgt $\psi(n) = \varphi(n) \geq 1$ und somit existiert ein Element der Ordnung $n = q - 1$ in $\mathbb{F}_q^\times$. $\qquad\square$

Auf endlichen Körpern der Charakteristik p hat man den *Frobeniusautomorphismus*

$$\mathbb{F} : \mathbb{F}_q \longrightarrow \mathbb{F}_q \; , \quad x \mapsto \mathbb{F}(x) = x^p \; ,$$

wobei $q = p^n$ ist.

Satz A.2.4 *Es sei* $\mathbb{F}_q$ *ein Körper mit* $q = p^n$ *Elementen. Dann gilt*

$$\mathrm{Aut}(\mathbb{F}_q) = \mathrm{Aut}(\mathbb{F}_q/\mathbb{F}_p) = \{\mathbb{F}^\nu \; ; \; \nu = 1, \ldots, n\} \; .$$

Beweis. Jedes $\varphi \in \mathrm{Aut}(\mathbb{F}_q)$ läßt $\mathbb{F}_p$ fix wegen

$$\varphi(n) = \varphi(1 + \ldots + 1) = \varphi(1) + \ldots + \varphi(1) = 1 + \ldots + 1 = n \; .$$

Somit gilt $\mathrm{Aut}(\mathbb{F}_q) = \mathrm{Aut}(\mathbb{F}_q/\mathbb{F}_p)$. Weiterhin gilt $\mathbb{F}^r(x) = x^{p^r}$ für $r = 1, \ldots, n$. Also ist $\mathbb{F}^n = \mathrm{id}_{\mathbb{F}_q}$ und $\mathbb{F}^r \neq \mathrm{id}_{\mathbb{F}_q}$ für $r < n$. Somit sind die $\mathbb{F}^\nu$ für $\nu = 1, \ldots, n$ paarweise verschieden. Da $\mathrm{Aut}(\mathbb{F}_q/\mathbb{F}_p)$ höchstens aus $n = [\mathbb{F}_q : \mathbb{F}_p]$ Elementen besteht, ist

$$\mathrm{Aut}(\mathbb{F}_q/\mathbb{F}_p) = \{\mathbb{F}^\nu \; ; \; \nu = 1, \ldots, n\} \; . \qquad\square$$

Satz A.2.5 *Es sei* p *eine Primzahl und es seien* $m, n \geq 1$ *. Dann gilt:*

1. $\mathbb{F}_{p^m} \subset \mathbb{F}_{p^n} \iff m \mid n$ *.*

2. $\mathrm{Aut}(\mathbb{F}_{q^d}/\mathbb{F}_q)$ *ist zyklisch und wird von* $\mathbb{F}^m$ *für* $q = p^m$ *erzeugt.*

Beweis. 1. Ist $\mathbb{F}_{p^m} \subset \mathbb{F}_{p^n}$, so ist $\mathbb{F}_{p^n}$ als $\mathbb{F}_{p^m}$ -Vektorraum isomorph zu $\mathbb{F}_{p^m}^d$ für ein $d \in \mathbb{N}$. Also gilt $n = m \cdot d$. Die Umkehrung folgt mit Korollar A.2.2.
2. Wegen $d = [\mathbb{F}_{q^d} : \mathbb{F}_q]$ hat $\mathrm{Aut}(\mathbb{F}_{q^d}/\mathbb{F}_q)$ höchstens d Elemente. Nun sind $\mathbb{F}^m, \ldots, \mathbb{F}^{d \cdot m}$ paarweise verschieden auf $\mathbb{F}_{q^d}$; also gilt $\mathrm{Aut}(\mathbb{F}_{q^d}/\mathbb{F}_q) = \langle \mathbb{F}^m \rangle$. $\quad\square$

Korollar A.2.6 *Es sei* I_d *die Menge der normierten irreduziblen Polynome von Grad* d *über dem endlichen Körper* $\mathbb{F}_q$ *. Dann gilt:*

1. $q^t = \displaystyle\sum_{d \mid t} d \cdot \mathrm{card}(I_d)$

2. $\mathrm{card}(I_t) \geq \dfrac{q^t}{t}\left(1 - q^{-t/2}\right)$

Beweis. Jedes $f \in I_d$ hat exakt d Nullstellen im Körper $\mathbb{F}_{q^d}$ und jede Nullstelle erzeugt $\mathbb{F}_{q^d}$ über $\mathbb{F}_q$. Nun liegt $\mathbb{F}_{q^d}$ in $\mathbb{F}_{q^t}$ genau dann, wenn d die Zahl t teilt. Weiterhin ist jedes $x \in \mathbb{F}_{q^t}$ Nullstelle genau eines irreduziblen Polynoms $f \in I_d$ für ein d mit $d \mid t$. Somit hat man die disjunkte Zerlegung

$$\mathbb{F}_{q^t} = \bigcup_{d \mid t} \bigcup_{f \in I_d} V(f)$$

in Nullstellenmengen $V(f)$. Daraus folgt die erste Behauptung.
2. Aus 1. folgt insbesondere $d \cdot \mathrm{card}(I_d) \leq q^d$. Somit folgt

$$t \cdot \mathrm{card}(I_t) = q^t - \sum_{d \mid t,\, d \neq t} d \cdot \mathrm{card}(I_d) \geq q^t - (\sigma(t) - 1) \cdot q^{t/2} \geq q^t - t \cdot q^{t/2} \; ,$$

wobei $\sigma(t)$ die Anzahl der Teiler von t ist. Offenbar ist $\sigma(t) \leq t$. $\quad\square$

Satz A.2.7 *Es sei* p *eine Primzahl.*

1. *Ist* $k/\mathbb{F}_p$ *algebraisch, so ist* $k/\mathbb{F}_p$ *normal und separabel.*

2. *Ist* $k/\mathbb{F}_p$ *algebraisch, so ist* k *vollkommen; d.h.* $k = k^p$ *.*

Beweis. 1. Ist $\alpha \in k$, so ist $\mathbb{F}_p(\alpha) \subset k$ ein endlicher Unterkörper. Das Minimalpolynom $m_{\mathbb{F}_p}(\alpha, X)$ von α über $\mathbb{F}_p$ ist separabel und zerfällt in $\mathbb{F}_p(\alpha)[X]$, also auch in $k[X]$. Folglich ist $k/\mathbb{F}_p$ normal und separabel.
2. Da k algebraisch über $\mathbb{F}_p$ ist, ist k die Vereinigung seiner endlichen Teilkörper. Der Frobeniusmorphismus $\mathbb{F} : k \to k$ bildet endliche Teilkörper bijektiv in sich ab. Daher ist er eine bijektive Selbstabbildung von k , und somit ist k vollkommen. $\square$

A.3 Ganze Ringerweiterungen

Im Folgenden seien alle Ringe kommutativ und unitär.

Definition A.3.1 Es sei $A \subset B$ eine Ringerweiterung, d.h., A ist ein Unterring von B mit $1_A = 1_B$. Ein Element $\alpha \in B$ heißt *ganz* über A, wenn es ein normiertes Polynom

$$g(X) = X^n + a_{n-1}X^{n-1} + \cdots + a_0 \in A[X]$$

mit $g(\alpha) = 0$ gibt. Man nennt g *Ganzheitsgleichung* von α über A.
Die Ringerweiterung $A \subset B$ heißt *ganz*, wenn jedes $\alpha \in B$ ganz über A ist.

Definition A.3.2 Ein A-Modul M heißt *treu*, wenn gilt:

$$\{0\} = \{a \in A \; ; \; am = 0 \ \text{für alle} \ m \in M\}$$

Satz A.3.3 *Es sei $A \subset B$ eine Ringerweiterung. Für $\alpha \in B$ sind äquivalent:*
(a) *α ist ganz über A.*
(b) *Der Unterring $A[\alpha] \subset B$ ist ein endlich erzeugter A-Modul.*
(c) *Es gibt einen treuen $A[\alpha]$-Modul, der als A-Modul endlich erzeugt ist.*

Beweis. (a) $\rightarrow$ (b) : Es sei g eine Ganzheitsgleichung für α. Da g normiert ist, kann man den Euklidischen Algorithmus anwenden. Also wird $A[\alpha]$ als A-Modul von den Elementen $\alpha^0, \ldots, \alpha^{n-1}$ erzeugt, wobei $n = \deg(g)$ sei.
(b) $\rightarrow$ (c) : $A[\alpha]$ ist treuer A-Modul wegen $1 \in A[\alpha]$.
(c) $\rightarrow$ (a) : Es sei M ein treuer $A[\alpha]$-Modul, der endlich erzeugter A-Modul ist. Es gilt dann $M = Aw_1 + \ldots + Aw_n$. Somit kann man αw_i in den $w_1, \ldots, w_n$ darstellen:

$$
\begin{array}{ccccccc}
\alpha w_1 & = & a_{11}w_1 & + & \cdots & + & a_{1n}w_n \\
\vdots & & \vdots & & & & \vdots \\
\alpha w_n & = & a_{n1}w_1 & + & \cdots & + & a_{nn}w_n
\end{array}
$$

mit Koeffizienten in $a_{ij} \in A$. Dann sei $\mathfrak{A} = (a_{ij})$ und $\mathfrak{E}_n = (\delta_{ij})$ die Einheitsmatrix. Bezeichnet $(\mathfrak{A} - \alpha\mathfrak{E}_n)^*$ die adjungierte Matrix zu $\mathfrak{A} - \alpha\mathfrak{E}_n$, dann gilt mit $d := \det(\mathfrak{A} - \alpha\mathfrak{E}_n) \in A[\alpha]$

$$(\mathfrak{A} - \alpha\mathfrak{E}_n)^*(\mathfrak{A} - \alpha\mathfrak{E}_n) = d \cdot \mathfrak{E}_n$$

und

$$
\begin{pmatrix} dw_1 \\ \vdots \\ dw_n \end{pmatrix} = (\mathfrak{A} - \alpha\mathfrak{E}_n)^*(\mathfrak{A} - \alpha\mathfrak{E}_n) \begin{pmatrix} w_1 \\ \vdots \\ w_n \end{pmatrix} = 0 \; .
$$

Also hat man $d \cdot M = 0$. Da M treuer $A[\alpha]$-Modul ist, folgt $d = 0$. Nun ist

$$\det(\mathfrak{A} - X \cdot \mathfrak{E}_n) = (-1)^n X^n + a_{n-1}X^{n-1} + \cdots + a_0 \in A[X] \; .$$

Somit ist α Nullstelle des normierten Polynoms

$$g(X) := (-1)^n \det(\mathfrak{A} - X \cdot \mathfrak{E}_n) \in A[X] \; .$$

Also ist α ganz über A. $\qquad\qquad\qquad\qquad\qquad\qquad\qquad\qquad\qquad\quad\square$

Satz A.3.4 *Es seien A ein Integritätsring, $K = Q(A)$ sein Quotientenkörper und L/K eine Körpererweiterung. Ist $\alpha \in L$ algebraisch über K, so gibt es ein $c \in A$ mit $0 \neq c$, so dass $c\alpha$ ganz über A ist.*

Beweis. α ist Nullstelle eines Polynoms $X^n + k_{n-1}X^{n-1} + \cdots + k_0 \in K[X]$. Es ist $k_i = b_i/a_i \in K = Q(A)$ ist. Sei $c = a_0 \cdot \ldots \cdot a_{n-1} \in A$. Dann ist $c \neq 0$ und $c\alpha$ genügt der Gleichung

$$X^n + (k_{n-1}c)X^{n-1} + \cdots + (k_0 c^n) = 0$$

Die Koeffizienten liegen in A, also ist $c\alpha$ ganz über A. $\qquad\square$

Satz A.3.5 *Es sei $A \subset B$ eine Ringerweiterung. Sind $b_1, \ldots, b_n \in B$ ganz über A, so ist $A[b_1, \ldots, b_n]$ ein endlich erzeugter A-Modul.*

Beweis durch Induktion über n. Der Fall $n = 1$ folgt aus Satz A.3.3. Im Fall $n > 1$ ist b_n ganz über A und somit ist b_n ganz über $A[b_1, \ldots, b_{n-1}]$. Also ist $B := A[b_1, \ldots, b_n]$ ein endlich erzeugter $A[b_1, \ldots, b_{n-1}]$-Modul. Nach Induktionsvoraussetzung ist $A[b_1, \ldots, b_{n-1}]$ endlich erzeugter A-Modul. Daher ist B endlich erzeugter A-Modul. $\qquad\square$

Korollar A.3.6 *Ist $A \subset B$ eine Ringerweiterung von endlichem Typ, d.h. es existieren endlich viele $b_1, \ldots, b_n \in B$ mit $B = A[b_1, \ldots, b_n]$, und ist $A \subset B$ ganz, so ist B ein endlich erzeugter A-Modul.*

Satz A.3.7 *Es sei $A \subset D$ eine Ringerweiterung. Es seien B, C Zwischenringe und es sei BC der kleinste Unterring von D, der B und C enthält. Dann gilt:*

(a) $A \subset B$ *ganz und* $B \subset C$ *ganz* $\iff$ $A \subset C$ *ganz*
(b) $A \subset B$ *ganz* $\implies$ $C \subset BC$ *ganz*
(c) $A \subset B$ *ganz und* $A \subset C$ *ganz* $\iff$ $A \subset BC$ *ganz*
(d) $B = A[b_i]_{i \in I}$ *und* b_i *ganz über* A *für alle* $i \in I$ $\implies$ $A \subset B$ *ganz*

Beweis. (a) " $\leftarrow$ " trivial. " $\rightarrow$ " Jedes $x \in C$ genügt einer Gleichung

$$X^n + b_1 X^{n-1} + \cdots + b_n = 0 \text{ mit } b_i \in B \ .$$

Also ist x ganz über $B' := A[b_1, \ldots, b_n]$. Nach Satz A.3.3 ist $B'[x]$ endlich erzeugter B'-Modul. Da b_i ganz über A ist, ist B' endlich erzeugter A-Modul nach Satz A.3.5. Somit ist $B'[x]$ endlich erzeugter A-Modul. Weiter ist $B'[x]$ auch treuer $A[x]$-Modul. Somit ist x ganz über A nach Satz A.3.3.
(b) folgt aus (d).
(c) folgt formal aus (a).
(d) Zu $x \in B$ existieren endlich viele $b_{i_1}, \ldots, b_{i_r}$ mit $x \in A[b_{i_1}, \ldots, b_{i_r}]$. Da $b_{i_1}, \ldots, b_{i_r}$ ganz über A sind, ist $A[b_{i_1}, \ldots, b_{i_r}]$ endlich erzeugter A-Modul nach Satz A.3.5. Wegen $1 \in A[b_{i_1}, \ldots, b_{i_r}]$ ist $A[b_{i_1}, \ldots, b_{i_r}]$ ein treuer $A[x]$-Modul. Also ist x ganz über A nach Satz A.3.3. $\qquad\square$

Korollar A.3.8 *Es sei* $A \subset B$ *eine Ringerweiterung. Dann ist die Menge*

$$\{\alpha \in B \; ; \; \alpha \text{ ganz über } A\} \subset B$$

ein Unterring von B *, der* A *enthält.*

Definition A.3.9 Es sei $A \subset B$ eine Ringerweiterung. Dann heißt

$$\overline{A}^{B} := \{\alpha \in B \; ; \; \alpha \text{ ganz über } A\}$$

der *ganze Abschluss* von A in B .

Notiz A.3.10 $\overline{A}^{B}$ ist Unterring von B und $\overline{A}^{B} = \overline{(\overline{A}^{B})}^{B}$ nach Satz A.3.7.

Satz A.3.11 *Es sei* A *ein Integritätsring und* $K = Q(A)$ *der Quotientenkörper von* A *. Weiterhin sei* L/K *eine endliche algebraische Körpererweiterung. Ist* $\alpha \in L$ *ganz über* A *, so sind auch die Koeffizienten des Minimalpolynoms* $m_K(\alpha, X)$ *und des charakteristischen Polynoms* $c_{L/K}(\alpha, X)$ *ganz über* A *. Speziell sind* $\mathrm{Tr}^{L}_{K}(\alpha)$ *und* $\mathrm{N}^{L}_{K}(\alpha)$ *ganz über* A *.*

Beweis. Es sei $\overline{K}$ ein algebraischer Abschluss von K und es seien $\sigma_1, \ldots, \sigma_s$ die verschiedenen K-Einbettungen von L in $\overline{K}$. Die Koeffizienten von $m_K(\alpha, X)$ bzw. $c_{L/K}(\alpha, X)$ liegen in $A[\sigma_1(\alpha), \ldots, \sigma_n(\alpha)]$. Nach Satz A.3.7 (d) genügt es zu zeigen, dass mit α auch $\sigma(\alpha)$ ganz über A für alle $\sigma = \sigma_1, \ldots, \sigma_s$ ist. Genügt nun α der Gleichung

$$\alpha^n + a_1 \alpha^{n-1} + \cdots + a_n = 0 \quad \text{mit } a_i \in A \; ,$$

so folgt auch

$$(\sigma\alpha)^n + a_1(\sigma\alpha)^{n-1} + \cdots + a_n = 0 \; .$$

Also ist $\sigma(\alpha)$ ganz über A . Weiterhin sind $\mathrm{Tr}^{L}_{K}(\alpha)$ und $\mathrm{N}^{L}_{K}(\alpha)$ spezielle Koeffizienten von $c_{L/K}(\alpha, X)$ nach Satz A.1.7. $\qquad\square$

Definition A.3.12 Es sei A Integritätsring und $K = Q(A)$ sein Quotientenkörper. A heißt *normal*, wenn A mit dem ganzen Abschluss in seinem Quotientenkörper übereinstimmt.

Notiz A.3.13 Folgende Aussagen sind äquivalent:
1. A ist normal.
2. $A_{\mathfrak{m}}$ ist normal für jedes maximale Ideal $\mathfrak{m}$ von A .
3. $S^{-1}A$ ist normal für alle multiplikativen Teilmengen $S \subset A$.

Satz A.3.14 *Jeder faktorielle Ring ist normal.*

Beweis. Es sei K der Quotientenkörper des faktoriellen Ringes A . Es sei $\alpha = a/b$ in K ganz über A . Wäre $\alpha \notin A$, so gäbe es ein Primelement p in A mit $p \,|\, b$ aber $p \nmid a$, wenn a/b ohne Einschränkung als teilerfremde Darstellung wegen der Faktorialität von A vorausgesetzt wird. Nun genügt α einer Ganzheitsgleichung

$$\left(\frac{a}{b}\right)^n + a_1 \left(\frac{a}{b}\right)^{n-1} + \cdots + a_n = 0 \quad \text{mit } a_i \in A \; .$$

Daraus folgt

$$a^n + a_1\, a^{n-1}\, b + \cdots + a_n\, b^n = 0 \ .$$

Nun gilt $p \mid b$ und daher $p \mid a^n$, also $p \mid a$. Das ist ein Widerspruch. $\qquad\square$

Satz A.3.15 *Es seien* A *ein Integritätsring,* $K = Q(A)$ *sein Quotientenkörper und* L/K *eine endliche algebraische Körpererweiterung. Man setze*

$$B := \overline{K}^L := \{\alpha \in L \ ; \ \alpha \ \text{ganz über} A\} \ .$$

Dann gilt:

(a) B *ist normal.*
(b) $L = K \cdot B = Q(B)$
(c) *Ist* A *normal, so gilt* $B \cap K = A$.

Beweis. (a) Notiz A.3.10.
(b) Jedes $\alpha \in L$ ist algebraisch über K . Nach Satz A.3.4 existiert ein $c \in A - \{0\}$ mit $c\alpha \in B$. Daraus folgt $\alpha \in K \cdot B$.
(c) $B \cap K = \overline{A}^K = A$, wenn A normal ist. $\qquad\square$

Satz A.3.16 *Es sei* A *ein noetherscher Integritätsring mit Quotientenkörper* K . *Es sei* L/K *eine endliche Körpererweiterung und* $B = \overline{A}^L$. *Gibt es eine* K *-lineare Abbildung* $S : L \to K$ *mit* $S(B) \subset A$ *und* $S \neq 0$, *so ist* B *ein endlich erzeugter* A *-Modul.*

Beweis. Nach Satz A.3.15 existieren Elemente $e_1, \ldots, e_n \in B$, die eine Basis von L als K-Vektorraum bilden. Dann ist

$$A^n \xrightarrow{\ \sim\ } M := Ae_1 + \cdots + Ae_n \subset B \ ; \quad (a_i) \longmapsto \sum_{i=1}^{n} a_i\, e_i \ ;$$

ein Isomorphismus auf den A-Modul M . Für einen A-Untermodul $N \subset L$ setze

$$\widetilde{N} = \{x \in L \ : \ S(x \cdot n) \in A \ \text{für alle} \ n \in N\} \subset L \ .$$

Dann ist $\widetilde{N}$ ein A-Modul. Es gilt $\widetilde{N}_2 \subset \widetilde{N}_1$, falls $N_1 \subset N_2$ ist. Dann definiert man die A-lineare Abbildung

$$\ell : \widetilde{N} \longrightarrow N^* := \mathrm{Hom}_A(N, A) \ ; \ x \mapsto (\ell_x : N \to A \ , \ n \mapsto S(x \cdot n)) \ .$$

Gilt $KN = L$, so ist ℓ injektiv! Es gilt nämlich

$$\ell_x = 0 \iff S(xN) = 0 \iff S(xKN) = 0 \iff S(xL) = 0 \iff x = 0$$

wegen $S \neq 0$. Somit ist

$$\ell : \widetilde{M} \longrightarrow M^* = \mathrm{Hom}_A(M, A) \cong \mathrm{Hom}_A(A^n, A) \cong A^n$$

injektiv. Also kann man $\widetilde{M}$ als Untermodul von A^n auffassen. Wegen $S(B) \subset A$ ist nun $B \subset \widetilde{B}$ und wegen $M \subset B$ ist $\widetilde{B} \subset \widetilde{M}$, also gilt $B \subset \widetilde{M}$. Somit kann man B als A-Untermodul von A^n auffassen. Weil A noethersch ist, ist B endlich erzeugter A-Modul. $\qquad\square$

Notiz A.3.17 Ist A normal und L/K eine endliche separable Körpererweiterung, so erfüllt die Spur $S := \mathrm{Tr}_K^L$ die Voraussetzung von Satz A.3.16.

Beweis. Da L/K separabel ist, ist $S \neq 0$. Es gilt $S(\overline{A}^L) \subset A$ nach Satz A.3.11, weil A normal ist. $\qquad\square$

Korollar A.3.18 *Ist A ein noetherscher normaler Integritätsring mit Quotientenkörper K, und ist L/K eine endliche separable Körpererweiterung, so ist der ganze Abschluss $\overline{A}^L$ von A in L ein endlich erzeugter A-Modul.*

Satz A.3.19 *Es sei $S \subset A$ eine multiplikative Menge mit $0 \notin S$.*
(a) *Ist $A \subset B$ ganz, so ist $S^{-1}A \subset S^{-1}B$ ganz.*
(b) *Ist A integer und normal, so ist auch $S^{-1}A$ integer und normal.*
(c) *Es sei A integer mit Quotientenkörper K. Ist L/K eine Körpererweiterung, so gilt $\overline{S^{-1}A}^L = S^{-1}\overline{A}^L$.*

Beweis. (a) Es sei $b/s \in S^{-1}B$ und

$$X^n + a_1 X^{n-1} + \ldots + a_n \in A[X]$$

eine Ganzheitsgleichung von b. Dann ist

$$X^n + s^{-1}a_1 X^{n-1} + \ldots + s^{-n}a_n \in S^{-1}A[X]$$

eine Ganzheitsgleichung von b/s.
(b) Ist $\alpha \in K = Q(A)$ ganz über $S^{-1}A$, so gibt es eine Gleichung

$$\alpha^n + a_1/s_1\, \alpha^{n-1} + \cdots + a_n/s_n = 0 \quad \text{mit } a_i \in A, \ s_i \in S.$$

Setzt man $s = s_1 \ldots s_n \in S$, so genügt $s\alpha$ einer Ganzheitsgleichung über A. Weil A normal ist, ist $s\alpha \in A$, also $\alpha \in S^{-1}A$.
(c) Wegen (a) gilt $S^{-1}\overline{A}^L \subset \overline{S^{-1}A}^L$, und die Erweiterung $S^{-1}\overline{A}^L \subset \overline{S^{-1}A}^L$ ist ganz. Nach Notiz A.3.10 ist $\overline{A}^L$ normal und somit ist nach (b) auch $S^{-1}\overline{A}^L$ normal. Daher gilt $S^{-1}\overline{A}^L = \overline{S^{-1}A}^L$. $\qquad\square$

Satz A.3.20 *Es sei $A \subset B$ eine ganze Ringerweiterung. Es seien $\mathfrak{p} \in \mathrm{Spec}\, A$, $\mathfrak{q} \in \mathrm{Spec}\, B$ mit $\mathfrak{p} = A \cap \mathfrak{q}$. Dann ist $\mathfrak{p}$ genau dann ein maximales Ideal von A, wenn $\mathfrak{q}$ ein maximales Ideal von B ist.*

Beweis. Es ist $A/\mathfrak{p} \subset B/\mathfrak{q}$ eine ganze Ringerweiterung. Dann ist zu zeigen, dass $A/\mathfrak{p}$ genau dann ein Körper ist, wenn $B/\mathfrak{q}$ ein Körper ist. Somit können wir $\mathfrak{p} = 0$ und $\mathfrak{q} = 0$ annehmen.
" $\to$ " Es sei A ein Körper und B ein Integritätsring. Ist $\alpha \in B$ ganz, also auch algebraisch über A, so ist $A[\alpha]$ ein Körper. Folglich ist jedes $\alpha \neq 0$ invertierbar.
" $\leftarrow$ " Es sei B ein Körper. Man betrachte ein $x \in A$ mit $x \neq 0$. Dann ist $x^{-1} \in B$ und somit ganz über A. Also hat man eine Gleichung

$$x^{-n} + a_1 x^{-n+1} + \ldots + a_n = 0$$

mit $a_i \in A$, also $x^{-1} = -(a_1 + \ldots + a_n x^{n-1}) \in A$. Somit ist A ein Körper. $\qquad\square$

Definition A.3.21 Es sei A ein kommutativer Ring mit 1. Dann heißt

$$\operatorname{Spec} A := \{\, \mathfrak{p} \; ; \; \mathfrak{p} \subset A \text{ Primideal} \,\}$$

das *Spektrum* von A.

Notiz A.3.22 Jeder Ringmorphismus $\varphi : A \to B$ liefert eine Abbildung

$$\operatorname{Spec}(\varphi) : \operatorname{Spec} B \longrightarrow \operatorname{Spec} A \; , \quad \mathfrak{q} \mapsto \varphi^{-1}(\mathfrak{q}) \; .$$

Satz A.3.23 *Ist* $A \subset B$ *eine ganze Ringerweiterung und* $\mathfrak{p} \in \operatorname{Spec} A$ *, so existiert ein* $\mathfrak{q} \in \operatorname{Spec} B$ *mit* $\mathfrak{q} \cap A = \mathfrak{p}$ *. Speziell ist* $\operatorname{Spec} B \to \operatorname{Spec} A$ *surjektiv.*

Beweis. Es sei $S = A - \mathfrak{p}$. Man betrachte nun das folgende Diagramm

$$
\begin{array}{ccccccc}
\mathfrak{q} := \iota^{-1}(\mathfrak{n}) & \subset & B & \xrightarrow{\ \iota\ } & S^{-1}B & \supsetneq & \mathfrak{n} \\
& & \uparrow & & \uparrow & & \\
\mathfrak{p} \subset \mathfrak{q} \cap A & \subset & A & \longrightarrow & S^{-1}A & \supsetneq & \mathfrak{m} := \mathfrak{n} \cap S^{-1}A
\end{array}
$$

Dabei sei $\mathfrak{n}$ ein maximales Ideal von $S^{-1}B$. Nach Satz A.3.20 ist $\mathfrak{m}$ maximales Ideal von $S^{-1}A$. Dann ist $\mathfrak{m} = S^{-1}\mathfrak{p}$, weil $S^{-1}\mathfrak{p} \subset S^{-1}A$ das einzige maximale Ideal ist. Wegen $S \cap \mathfrak{q} = \emptyset$ gilt $\mathfrak{p} = \mathfrak{q} \cap A$.   □

Lemma A.3.24 *Es sei* $A \subset B$ *eine ganze Ringerweiterung und* $\mathfrak{p} \subset A$ *ein Primideal. Sind* $\mathfrak{q}_1 \subset \mathfrak{q}_2 \subset B$ *Primideale mit* $\mathfrak{p} = \mathfrak{q}_1 \cap A = \mathfrak{q}_2 \cap A$ *, so gilt* $\mathfrak{q}_1 = \mathfrak{q}_2$ *.*

Beweis. Es sei $S = A - \mathfrak{p}$. Nun ist $S^{-1}(A/\mathfrak{p}) \to S^{-1}(B/\mathfrak{q}_1)$ eine ganze Ringerweiterung. Da $S^{-1}(A/\mathfrak{p})$ im Körper ist, ist $S^{-1}(B/\mathfrak{q}_1)$ ein Körper nach Satz A.3.20. Wegen $S \cap \mathfrak{q}_2 = \emptyset$ ist $S^{-1}(\mathfrak{q}_2/\mathfrak{q}_1) = 0$, also $\mathfrak{q}_2 = \mathfrak{q}_1$. Ist nämlich $x \in \mathfrak{q}_2$, so gibt es $s \in S$ mit $sx \in \mathfrak{q}_1$. Wegen $s \notin \mathfrak{q}_1$ folgt $x \in \mathfrak{q}_1$.   □

Definition A.3.25 Es sei A kommutativer Ring mit 1, so heißt

$$\dim A := \operatorname{Sup}\{\, s \in \mathbb{N} \; ; \quad \text{es existieren } \mathfrak{p}_0 \subsetneq \cdots \subsetneq \mathfrak{p}_s \subset A \text{ Primideale} \,\}$$

die *Krulldimension* oder Dimension von A.

Zum Beispiel hat ein Körper die Dimension 0 und ein Hauptidealring, der kein Körper ist, hat die Dimension 1.

Satz A.3.26 *Ist* $A \subset B$ *eine ganze Ringerweiterung so gilt* $\dim A = \dim B$ *.*

Beweis. Ist $\mathfrak{q}_0 \subsetneq \cdots \subsetneq \mathfrak{q}_s \subset B$ eine Primidealkette, so ist auch die Kette der herunter geschnittenen Primideale $\mathfrak{p}_0 \subsetneq \cdots \subsetneq \mathfrak{p}_s \subsetneq A$ mit $\mathfrak{p}_\sigma := A \cap \mathfrak{q}_\sigma$ eine Primidealkette in A mit strikten Inklusionen nach Lemma A.3.24. Also folgt $\dim A \geq \dim B$.
Es sei nun $\mathfrak{p}_0 \subsetneq \cdots \subsetneq \mathfrak{p}_s \subset A$ eine Primidealkette in A mit echten Inklusionen. Dann gibt es eine Primidealkette $\mathfrak{q}_0 \subsetneq \cdots \subsetneq \mathfrak{q}_s \subset B$ in B mit $\mathfrak{q}_s \cap A = \mathfrak{p}_\sigma$. Wir beweisen diese Aussage durch Induktion nach s. Der Fall $s = 0$ folgt mit Satz A.3.23. Im Fall $s \geq 1$ können wir annehmen, dass $\mathfrak{q}_0 \subsetneq \cdots \subsetneq \mathfrak{q}_{s-1} \subset B$ schon konstruiert ist. Auf die Ringerweiterung $\overline{A} := A/\mathfrak{p}_{s-1} \hookrightarrow \overline{B} := B/\mathfrak{q}_{s-1}$ wende man nun Satz A.3.23 an. Also gibt es ein Primideal $\overline{\mathfrak{q}}_s \subset \overline{B}$ mit $\overline{\mathfrak{q}}_s \cap \overline{A} = \overline{\mathfrak{p}}_s := \mathfrak{p}_s/\mathfrak{p}_{s-1}$. Das Urbild $\mathfrak{q}_s \subset B$ von $\overline{\mathfrak{q}}_s$ unter der Restklassenabbildung $B \to \overline{B}$ verlängert dann die gegebene Primidealkette. Also gilt $\dim A \leq \dim B$.   □

Definition A.3.27 Es sei K ein Körper. Eine *diskrete Bewertung* auf K ist eine surjektive Abbildung $v : K^\times \to \mathbb{Z}$ mit folgenden Eigenschaften

1. $v(xy) = v(x) + v(y)$,
2. $v(x + y) \geq \min\{v(x), v(y)\}$.

Die Menge $A := \{x \in K \; ; \; x = 0 \text{ oder } v(x) \geq 0\}$ ist ein Ring und heißt *Bewertungsring* zu v . Ringe dieser Form heißen *diskrete Bewertungsringe*.

Diskrete Bewertungsringe kann man folgendermaßen charakterisieren:

Satz A.3.28 *Es sei A ein noetherscher lokaler Ring der Dimension 1 mit maximalem Ideal $\mathfrak{m}$ und Restklassenkörper $k := A/\mathfrak{m}$. Dann sind folgende Aussagen äquivalent:*

(i) *A ist ein diskreter Bewertungsring.*

(ii) *A ist normal.*

(iii) *$\mathfrak{m}$ ist ein Hauptideal.*

(iv) $\dim_k (\mathfrak{m}/\mathfrak{m}^2) = 1$.

(v) *Jedes echte Ideal von A ist eine Potenz von $\mathfrak{m}$.*

(vi) *Es gibt ein $x \in A$ derart, dass jedes echte Ideal von der Form (x^n) für ein $n \in \mathbb{N}$ ist.*

Beweis. Siehe [A-M, Proposition 9.2]. $\square$

Zur Definition der Residuen in 8.4.3 benötigten wir die Struktur der kompletten diskreten Bewertungsringe über einem perfekten Grundkörper, dessen Restklassenkörpererweiterung endlich ist. Für die Theorie der Komplettierung von Ringen und Moduln siehe [A-M, Chap. 10].

Satz A.3.29 *Es sei A ein kompletter diskreter Bewertungsring, der einen perfekten Körper k enthält, so dass $A/\mathfrak{m}$ endlich über k ist. Dann ist*

$$\ell := \{\, \alpha \in A \; ; \; \alpha \text{ ganz über } k\} \subset A$$

ein Körper und die kanonische Restklassenabbildung $A \to A/\mathfrak{m}$ liefert einen Isomorphismus $\ell \to A/\mathfrak{m}$ auf den Restklassenkörper. Weiterhin ist für jeden Erzeuger $t \in \mathfrak{m}$ des maximalen Ideals die kanonische Abbildung

$$\ell[[T]] \; \xrightarrow{\sim} \; A \; ; \; T \longmapsto t$$

vom formalen Potenzreihenring $\ell[[T]]$ nach A ein Isomorphismus.

Beweis. Da $k \subset \ell$ eine ganze Ringerweiterung von Integritätsringen ist, ist ℓ nach Satz A.3.20 ein Körper. Setze $k' := A/\mathfrak{m}$; dann ist $\ell \to k'$ ein Isomorphismus. Da k pefekt ist, ist k'/k separabel. Also gilt nach dem Satz vom primitiven Element $k' = k(x)$ für ein $x \in k'$, das Nullstelle eines separablen Polynoms $f \in k[X]$ ist.

Wegen $k \subset A$ kann man dieses Polynom als Polynom in $A[X]$ auffassen. Sei nun $x_0 \in A$ eine Liftung von $x \in A/\mathfrak{m}$. Dann kann man x_0 als Näherungslösung der Gleichung $f(X) = 0$ in A auffassen. Da $f'(x_0) \in A^\times$ eine Einheit ist und A komplett ist, kann man diese Näherungslösung zu einer Lösung $\alpha \in A$ verbessern. Also ist $f(\alpha) = 0$ und α ist eine Liftung von x. Da $\alpha \in A$ ganz über k ist, ist $\alpha \in \ell$ und wird unter der Restklassenabbildung auf x abgebildet.

Die Abbildung $\ell[[T]] \to A$ ist offenbar bijektiv, weil sie modulo beliebiger Potenzen der maximalen Ideale ein Isomorphismus ist und beide Seiten komplett sind. $\square$

Definition A.3.30 Ein *Dedekindring* ist ein noetherscher normaler Integritätsring der Dimension 1.

Satz A.3.31 *Es sei A noetherscher Integritätsring der Dimension 1. Dann sind äquivalent:*

  (i)   *A ist ein Dedekindring.*

  (ii)   *Jede Lokalisierung $A_\mathfrak{p}$ nach einem Primideal $\mathfrak{p} \neq 0$ ist ein diskreter Bewertungsring.*

  (iii)   *Jedes echte Ideal von A hat eine eindeutige Darstellung als ein Produkt von Primidealpotenzen.*

  (iv)   *Jeder endlich erzeugte A-Untermodul $N \neq 0$ des Quotientenkörpers $Q(A)$ ist invertierbar; d.h. es existiert ein A-Untermodul $N' \subset Q(A)$ mit $N \cdot N' = A$.*

Beweis. Siehe [A-M, Chap. 9]. $\square$

Beispiele für Dedekindringe sind der ganze Abschluss von $\mathbb{Z}$ in einem Zahlkörper K. In Satz A.4.8 werden wir noch sehen, dass der ganze Abschluss $\overline{A}$ einer nullteilerfreien affinen k-Algebra der Dimension 1 in seinem Quotientenkörper ein endlicher A-Modul ist. Daher ist $\overline{A}$ noethersch und normal, also ein Dedekindring.

Satz A.3.32 *Es sei $A \subset B$ eine endliche Erweiterung von Dedekindringen und sei $n := [Q(B) : Q(A)]$ der Grad der Quotientenkörperweiterung. Ist nun $x \subset A$ ein Primideal mit $x \neq 0$, so besitzt xB eine Produktdarstellung*

$$xB = y_1^{e_1} \cdot \ldots \cdot y_g^{e_g}$$

und es gilt mit $k(y) := B/y$ und $k(x) := A/x$ die Formel

$$\sum_{i=1}^{g} e_i \cdot [k(y_i) : k(x)] = [Q(B) : Q(A)] \ .$$

Ist die Körpererweiterung $Q(B)/Q(A)$ zusätzlich noch galoissch mit Gruppe G, so operiert G auch auf B und für den Fixring von G gilt $B^G = A$.
Weiterhin operiert G auf der Menge der Primideale von B. Man definiert für ein Primideal $y \subset B$ mit $y \neq 0$ die Zerlegungsgruppe

$$D(y) := \{ \sigma \in G \ ; \ \sigma(y) = y \} \ .$$

Dann operiert G transitiv auf der Menge der Primideale y über einem fixierten $x := y \cap A$. Daher ist die Anzahl r der y über x genau der Index $[G : D(y)]$. Die Körpererweiterung $k(y)/k(x)$ ist normal und der kanonische Morphismus

$$D(y) \longrightarrow \mathrm{Gal}(k(y)/k(x))$$

ist surjektiv. Der Kern ist die Trägheitsgruppe

$$I(y) := \{ \sigma \in D(y/A) \; ; \; \sigma(f) \equiv f \mod y \; \text{für alle } f \in B \} \; .$$

Ist $k(y)/k(x)$ separabel, so ist die Erweiterung $k(y)/k(x)$ galoissch und $D(y)/I(y)$ ist kanonisch isomorph zur Galoisgruppe von $k(y)/k(x)$. Weiterhin gilt

$$\begin{aligned}
e &:= \mathrm{card}\,(I(y)) &&= e_i && \text{für } i = 1, \dots, g \\
f &:= \mathrm{card}\,(D(y)/I(y)) &&= [k(y_i) : k(x)] \; \text{für } i = 1, \dots, g \\
g &:= \mathrm{card}\,(G/D(y)) &&= \text{Anzahl der } y \text{ über } x
\end{aligned}$$

In diesem Fall gilt also $n = e \cdot f \cdot g$.

Beweis. Die Formel findet man zum Beispiel in [Se2, Chap. I, § 4, Prop. 10] und die Aussagen im galoisschen Fall in [Se2, Chap. I, § 7]. $\qquad\Box$

A.4 Affine Algebren

Im Folgenden sei k stets ein Körper. Alle betrachteten Ringe seien kommutativ und haben ein Einselement. Ringmorphismen sollen stets Einselemente aufeinander abbilden. Eine k-Algebra ist ein Ringmorphismus $k \to A$ von dem Körper k in einen kommutativen Ring A .

Definition A.4.1 Eine k-Algebra heißt *endlich erzeugt über k* , wenn es endlich viele Elemente $x_1, \dots, x_n \in A$ gibt, so dass $A = k[x_1, \dots, x_n]$ gilt. Endlich erzeugte k-Algebren nennt man auch *affin*.

Satz A.4.2 (Hilbertscher Basissatz)
Affine k-Algebren sind noethersch.

Beweis. Siehe [A-M, 7.7].

Satz A.4.3 (Hilbertscher Nullstellensatz)
Es sei A eine affine k-Algebra und $\mathfrak{m} \subset A$ ein maximales Ideal. Dann ist die Körpererweiterung $k \to A/\mathfrak{m}$ endlich.

Korollar A.4.4 *Ist k algebraisch abgeschlossen, so ist die Abbildung*

$$k^n \xrightarrow{\;\sim\;} \mathbb{A}_k^n := \mathrm{MaxSpec}\,(k[\xi_1, \dots, \xi_n]) \quad , \qquad \alpha \mapsto (\xi_1 - \alpha_1, \dots, \xi_n - \alpha_n) \; ,$$

die einem n-Tupel α das von allen $(\xi_i - \alpha_i)$ erzeugte Ideal zuordnet, bijektiv.

Korollar A.4.5 *Es sei* A *eine affine* k *-Algebra und* $\mathfrak{a} \subset A$ *ein reduziertes Ideal. Dann gilt* $\mathfrak{a} = \bigcap_{\mathfrak{a} \subset \mathfrak{m} \subset A} \mathfrak{m}$ *, wobei der Durchschnitt über alle maximalen Ideale* $\mathfrak{m}$ *von* A *läuft, die* $\mathfrak{a}$ *enthalten. Insbesondere gilt*

$$\mathfrak{a} = \left\{\, f \in A \;;\; f \equiv 0 \quad \mathrm{mod}\ \mathfrak{m} \ \text{für alle}\ \mathfrak{m} \in V(\mathfrak{a}) \,\right\} \;,$$

wobei

$$V(\mathfrak{a}) := \left\{\, \mathfrak{m} \in \mathrm{MaxSpec}(A) \;;\; \mathfrak{m} \supset \mathfrak{a} \,\right\} \;.$$

Beweis. Die Inklusion " $\subset$ " ist trivial. Für die umgekehrte Inklusion " $\supset$ " betrachte ein $f \in A - \mathfrak{a}$. Also gilt $\bar{f} \neq 0$ in $A/\mathfrak{a}$. Da $A/\mathfrak{a}$ reduziert ist, ist die Lokalisierung $(A/\mathfrak{a})_{\bar{f}} \neq 0$. Somit existiert ein maximales Ideal $\bar{\mathfrak{m}} \subset (A/\mathfrak{a})_{\bar{f}}$. Sei dann $\mathfrak{m} \subset A$ das Urbild von $\bar{\mathfrak{m}}$ unter der kanonischen Abbildung $A \to (A/\mathfrak{a})_{\bar{f}}$. Da $(A/\mathfrak{a})_{\bar{f}}$ endlich erzeugt über k ist, ist $\mathfrak{m}$ ein maximales Ideal nach Satz A.4.3. Nun gilt $\mathfrak{m} \supset \mathfrak{a}$ und $f \not\equiv 0 \mod \mathfrak{m}$. Also liegt f auch nicht in der rechten Seite. $\qquad\square$

Einen Beweis des Hilbertsche Nullstellensatzes findet man z.B. in [A-M, 7.10]. Der Hilbertsche Nullstellensatz folgt mit Satz A.3.26 auch leicht aus dem Noetherschen Normalisierungslemma, das auch für sich allein eine interessante Aussage ist.

Satz A.4.6 (Noethersches Normalisierungslemma)

Es sei A *eine endlich erzeugte* k *-Algebra. Dann existieren* $x_1, \ldots, x_n \in A$ *mit folgenden Eigenschaften*

(a) *A ist endlich erzeugter Modul über dem Unterring $k[x_1, \ldots, x_n]$ von A .*

(b) *Der k -Algebramorphismus $k[X_1, \ldots, X_n] \to k[x_1, \ldots, x_n]$, der X_i auf x_i abbildet, ist ein Isomorphismus.*

Zusatz: Ist $\mathfrak{a}_1 \subset \mathfrak{a}_1 \ldots \subset \mathfrak{a}_r \subsetneq A$ *eine aufsteigende Kette von Idealen von* A *, so kann man den Polynomring* $k[x_1, \ldots, x_n]$ *in* A *noch so wählen, dass*

$$\mathfrak{a}_\rho \cap k[x_1, \ldots, x_n] = (x_1, \ldots, x_{i(\varrho)})$$

von Variablen erzeugt wird. Insbesondere, wenn es sich um eine echt aufsteigende Kette von Primidealen handelt, gilt sogar $i(\varrho - 1) < i(\varrho)$ *für* $\varrho = 2, \ldots, r$ *.*

Beweis. Wir folgen dem Beweis von Serre in [Se3, III-20, Théoremè 2]. Man bemerkt zunächst, dass es reicht, den Satz für den freien Polynomring $A = k[Y_1, \ldots, Y_m]$ zu zeigen. Man schreibe nämlich A als Quotient eines freien Polynomrings A' . Sei $\mathfrak{a}'_0 \subset A'$ der Kern der Restklassenabbildung $A' \to A$. Weiterhin sei $\mathfrak{a}'_\varrho \subset A'$ das Urbild von $\mathfrak{a}_\varrho \subset A$ für $\varrho = 1, \ldots, r$. Sind dann $x'_i \in A'$ die Elemente, die die Aussage des Satzes für A' erfüllen, so erfüllen die Bilder $x_i \in A$ für $i > i(0)$ die Behauptung für A .

Wir behandeln zunächst den Fall, dass die Anzahl der Ideale r gleich 1 ist. Dazu studieren wir zuerst den Spezialfall, in dem das Ideal $\mathfrak{a}_1$ ein Hauptideal ist und von $x_1 \notin k$ erzeugt wird. Dann hat man $x_1 = P(Y_1, \ldots, Y_m)$ mit einem Polynom P . Für geeignete $t_i \in \mathbb{N}$ ist der Ring A ganz über $B = k[x_1, \ldots, x_m]$, wobei

$$x_i := Y_i - Y_1^{t_i} \quad \text{für}\quad i = 2, \ldots, m$$

ist. Dazu hat man die Exponenten t_i nur so zu wählen, dass Y_1 ganz über B ist. Y_1 genügt der Gleichung

$$P(Y_1, x_2 + Y_1^{t_2}, \ldots, x_m + Y_1^{t_m}) - x_1 = 0 \; .$$

Schreibt man P als eine Summe von Monomen $P = \sum_\mu a_\mu Y^\mu$, wobei μ ein Multiindex $(\mu_1, \ldots, \mu_m)$ ist, so erhält man

$$\sum a_\mu Y_1^{\mu_1} (x_2 + Y_1^{t_2})^{\mu_2} \ldots (x_m + Y_1^{t_m})^{\mu_m} - x_1 = 0 \; .$$

Man setze $f(\mu) := \mu_1 + t_2\mu_2 + \ldots + t_m\mu_m$. Hat man $t_i = g^i$ gewählt, wobei g strikt größer als alle μ_j ist, so sind die Werte $f(\mu)$ paarweise verschieden. Also existiert ein Maximum $f(\overline\mu)$ und die Gleichung bekommt die Form

$$a_{\overline\mu} Y_1^{\overline\mu} + \sum_{j < f(\overline\mu)} Q_j(x) Y_1^j = 0 \; .$$

Wegen $a_{\overline\mu} \in k^\times$ kann man daraus eine Ganzheitsgleichung für Y_1 über B machen. Das zeigt, dass A ganz über $B = k[x_1, \ldots, x_m]$ ist. Da $Y_1, \ldots, Y_m$ algebraisch unabhängig sind, sind auch $x_1, \ldots, x_m$ algebraisch unabhängig über k. Weiterhin gilt $\mathfrak{a}_1 \cap k[x_1, \ldots, x_m] = (x_1)$. Ist nämlich $q \in \mathfrak{a}_1 \cap B$, so kann man $q = x_1 q'$ mit einem $q' \in A \cap k(x_1, \ldots, x_m)$ schreiben. Dann ist q' ganz über $k[x_1, \ldots, x_m]$ und somit liegt q' in $k[x_1, \ldots, x_m]$ nach Satz A.3.14.
Nun kommen wir zum allgemeinen Fall. Wir machen Induktion nach der Anzahl der Variablen m. Der Fall $m = 1$ ist trivial. Man kann auch $\mathfrak{a}_1 \neq 0$ voraussetzen. Dann sei $x_1 \in \mathfrak{a}_1$ und $x_1 \neq 0$. Es ist $x_1 \notin k$ wegen $\mathfrak{a}_1 \neq A$. Wir müssen nun Elemente $t_2, \ldots, t_m \in A$ finden, so dass $x_1, t_2, \ldots, t_m$ algebraisch unabhängig über k sind, A ganz über $C := k[x_1, t_2, \ldots, t_m]$ ist und $x_1 A \cap C = C x_1$ gilt. Nach Induktionsvoraussetzung existieren $x_2, \ldots, x_m \in k[t_2, \ldots, t_m]$, die die Bedingungen des Satzes für $k[t_2, \ldots, t_m]$ und $\mathfrak{a}_1 \cap k[t_2, \ldots, t_m]$ erfüllen. Man sieht dann leicht, dass $x_1, \ldots, x_m$ die Behauptung für A und $\mathfrak{a}_1$ erfüllen.
Abschließend behandeln wir den Fall mehrerer Ideale, also $r \geq 2$. Sei $t_1, \ldots, t_m \in A$, so dass die Behauptung des Satzes für die Folge $\mathfrak{a}_1 \subset \ldots \subset \mathfrak{a}_{r-1}$ erfüllt ist. Man setze $j = i(r - 1)$. Nach Obigem existieren $x_{j+1}, \ldots, x_m \in k[t_{j+1}, \ldots, t_m]$, die die Behauptung des Satzes für $k[t_{j+1}, \ldots, t_m]$ und $\mathfrak{a}_r \cap k[t_{j+1}, \ldots, t_m]$ erfüllen. Dann setze man $x_i = t_i$ für $i \leq j$. So erhält man ein System $x_1, \ldots, x_m$, das die Behauptung des Satzes erfüllt.
Die Behauptung über die strikten Inklusionen bei Primidealketten folgt aus Lemma A.3.24. $\qquad\square$

Aus diesem Satz können nun leicht einige Konsequenzen gezogen werden.

Korollar A.4.7 *Es sei* k *ein Körper.*
(a) *Der Polynomring* $k[X_1, \ldots, X_n]$ *hat Krulldimension* n *; siehe Definition A.3.25.*
(b) *Ist* A *eine affine* k*-Algebra und Integritätsring, so gilt* $\dim A = \operatorname{trdeg}_k Q(A)$*, wobei* $\operatorname{trdeg}_k Q(A)$ *der Transzendenzgrad des Quotientenkörpers von* A *über* k *ist.*

Beweis. (a) folgt aus dem Zusatz in Satz A.4.6, weil ein von Variablen erzeugtes Ideal ein Primideal ist.
(b) folgt aus (a) mit Satz A.4.6 und Satz A.3.26. $\qquad\square$

Satz A.4.8 *Es sei A eine nullteilerfreie affine k-Algebra mit Quotientenkörper $K = Q(A)$. Es sei L/K eine endliche Körpererweiterung. Dann ist der ganze Abschluss*

$$B := \{\, b \in L \;;\; b \text{ ist ganz über } A \,\}$$

ein endlich erzeugter A-Modul. Insbesondere ist B auch eine affine k-Algebra. Die kanonische Abbildung $\mathrm{MaxSpec}(B) \to \mathrm{MaxSpec}(A)$, $\mathfrak{m} \mapsto \mathfrak{m} \cap A$ ist surjektiv.

Beweis. Nach Satz A.4.6 ist A ein endlich erzeugter Modul über einem Polynomring $k[X_1, \ldots, X_n] \subset A$. Zum Beweis des Satzes dürfen wir A durch diesen Polynomring ersetzen, also $A = k[X_1, \ldots, X_n]$ voraussetzen. Da A nach Satz A.4.2 ein noetherscher Ring ist, dürfen wir L durch den normalen Abschluss von L über K ersetzen, also L/K als normale endliche Körpererweiterung voraussetzen. Dann sei $L' \subset L$ der Fixkörper zur Galoisgruppe von L/K. Nun ist L/L' galoissch und L'/K reininseparabel. Für eine Potenz q der Charakteristik p von K ist der Körper L' erzeugt von den q-ten Wurzeln von endlich vielen rationalen Funktionen. Nachdem man zu L' noch die q-ten Wurzeln aus den Koeffizienten der rationalen Funktionen adjungiert, so ist L' enthalten im Körper

$$L'' := k'(X_1^{1/q}, \ldots, X_m^{1/q}) \ ,$$

wobei k' aus k durch Adjunktion der q-ten Wurzeln aus den Koeffizienten der endlich vielen rationalen Funktionen entsteht. Der ganze Abschluss von A in L'' ist $k'[X_1^{1/q}, \ldots, X_m^{1/q}]$, weil dieser Ring faktoriell und somit nach Satz A.3.14 normal ist. Weiterhin ist dieser Ring endlich erzeugter Modul über A. Da A noethersch ist, ist auch der ganze Abschluss von A in L' als Untermodul davon endlich erzeugt. Also bleibt nur noch der Fall zu betrachten, wo L/K galoissch ist und A normal ist. Dieser Fall ist aber schon mit Satz A.3.16 erledigt worden.   □

A.5   Differentiale

Der Kalkül der Differentiale, der auf das formale Differenzieren von Polynomen aufbaut und somit eine rein algebraische Konstruktion ist, hat sich schon in der elementaren Algebra als sehr nützlich zur Charakterisierung von Separabilität von Polynomen erwiesen. Diese Begriffsbildung wird konsequent weiter verfeinert und liefert damit eine Charakterisierung von Separabiltät auch bei nicht notwendig algebraischen Erweiterungen. Beweise zu den im Folgenden aufgeführten Aussagen finden sich in der Standardliteratur zur Algebra und sind leicht herzuleiten. Im Folgenden sei R stets ein kommutativer Ring mit Einselement.

Definition A.5.1 Eine R-*Derivation* einer R-Algebra A in einen A-Modul M ist eine R-lineare Abbildung $\delta : A \to M$, welche der Produktregel

$$\delta(fg) = f \cdot \delta(g) + g \cdot \delta(f) \ , \quad f, g \in A \ ,$$

genügt. Allgemein versteht man unter einer Derivation eine $\mathbb{Z}$-Derivation.

Für $r \in R$ gilt stets $\delta(r \cdot 1) = 0$. Außerdem folgert man aus der Produktregel leicht die Quotientenregel

$$\delta\left(\frac{f}{g}\right) = \frac{g\delta(f) - f\delta(g)}{g^2}$$

für Elemente $f, g \in A$, wobei g eine Einheit in A ist.

Die Menge aller R-Derivationen $\delta : A \to M$ bildet einen A-Modul, den wir mit $\mathrm{Der}_R(A, M)$ bezeichnen bzw. mit $\mathrm{Der}(A, M)$, falls $R = \mathbb{Z}$ gesetzt ist.

Satz A.5.2 *Es sei A eine R-Algebra. Dann existiert ein A-Modul $\Omega^1_{A/R}$ zusammen mit einer R-Derivation $d_{A/R} : A \to \Omega^1_{A/R}$, so dass $(\Omega^1_{A/R}, d_{A/R})$ folgende universelle Eigenschaft besitzt:*

Zu jeder R-Derivation $\delta : A \to M$ in einen A-Modul gibt es eine eindeutig bestimmte A-lineare Abbildung $\varphi : \Omega^1_{A/R} \to M$ mit $\delta = \varphi \circ d_{A/R}$, so dass das Diagramm

$$A \quad \xrightarrow{d_{A/R}} \quad \Omega^1_{A/R}$$
$$\delta \downarrow \quad \swarrow \varphi$$
$$M$$

kommutiert. Das bedeutet, dass der kanonische Morphismus

$$\mathrm{Hom}_A(\Omega^1_{A/R}, M) \xrightarrow{\ \sim\ } \mathrm{Der}_R(A, M) \ ; \ \varphi \longmapsto \varphi \circ d_{A/R}$$

für jeden A-Modul M bijektiv ist. Das Paar $(\Omega^1_{A/R}, d_{A/R})$ ist durch diese Eigenschaft bis auf kanonische Isomorphie eindeutig bestimmt. Man nennt $(\Omega^1_{A/R}, d_{A/R})$ den Modul der relativen Differentialformen vom Grad 1 von A über R.

Offenbar wird $\Omega^1_{A/R}$ als A-Modul von den Differentialen eines Systems erzeugt, das A als R-Algebra erzeugt. Im einfachen Fall eines freien Polynomrings A über R wird das System der Variablen eine Basis liefern und die Abbildung $d_{A/R}$ wird durch das formale Differenzieren nach den einzelnen Variablen gegeben.

Notiz A.5.3 Es sei A eine R-Algebra und $(x_i)_{i \in I}$ ein System von Elementen von A mit $A = R[x_i]_{i \in I}$. Dann gilt:

(i) $(d_{A/R}(x_i))_{i \in I}$ ist ein A-Erzeugendensystem von $\Omega^1_{A/R}$.

(ii) Ist $(x_i)_{i \in I}$ algebraisch unabhängig über R, so ist $(d_{A/R}(x_i))_{i \in I}$ eine Basis von $\Omega^1_{A/R}$; insbesondere ist $\Omega^1_{A/R}$ ein freier A-Modul. In diesem Fall ist $d_{A/R}$ die formale Summe der partiellen Ableitungen

$$d_{A/R}(f) = \sum_{i \in I} \frac{\partial f}{\partial x_i} \cdot d_{A/R}(x_i) \ .$$

Bevor wir auf Details zur Konstruktion des Differentialmoduls eingehen, wollen wir zunächst wichtige Eigenschaften dieses Moduls vorstellen, die sich leicht aus der universellen Eigenschaft herleiten lassen.

Satz A.5.4 *Es sei* A *eine* R*-Algebra.*

1. *Es sei* $R \to R'$ *ein Ringmorphismus und setze* $A' := A \otimes_R R'$ *. Die Abbildung*

$$R' \otimes_R \Omega^1_{A/R} \overset{\sim}{\longrightarrow} \Omega^1_{A'/R'} \;; \; r' \otimes \omega \longmapsto r' \cdot \omega$$

ist ein Isomorphismus.

2. *Es sei* $\mathfrak{a} \subset A$ *ein Ideal und* $B = A/\mathfrak{a}$ *. Ist dann* $(\Omega^1_{A/R}, d_{A/R})$ *der Modul der relativen Differentialformen von* A *über* R *, so ist*

$$\Omega^1_{B/R} = \Omega^1_{A/R} \,/\, (\mathfrak{a}\Omega^1_{A/R} + A d_{A/R}(\mathfrak{a}))$$

mit der von $d_{A/R} : A \to \Omega^1_{A/R}$ *induzierten* R*-linearen Abbildung der Modul der relativen Differentialformen von* B *über* R *. Man hat die exakte Sequenz*

$$\mathfrak{a}/\mathfrak{a}^2 \xrightarrow{\;d_{A/R}\;} \Omega^1_{A/R} \,/\, \mathfrak{a}\Omega^1_{A/R} \longrightarrow \Omega^1_{B/R} \longrightarrow 0 \;.$$

3. *Ist* $\varphi : A \to B$ *ein Morphismus von* R*-Algebren, so ist die Sequenz*

$$\Omega^1_{A/R} \otimes_A B \longrightarrow \Omega^1_{B/R} \longrightarrow \Omega^1_{B/A} \longrightarrow 0$$

mit den induzierten kanonischen Abbildungen exakt.

4. *Ist* $S \subset A$ *ein multiplikatives System, so ist die kanonische Abbildung*

$$\Omega^1_{A/R} \otimes_A S^{-1}A \longrightarrow \Omega^1_{S^{-1}A/R}$$

bijektiv.

Den Beweis des Existenzsatzes A.5.2 reduziert man mit der Aussage A.5.4/2 auf den Fall eines freien Polynomrings A.5.3(ii). Wir wenden den Differentialformenkalkül nun auf Körpererweiterungen an. Zunächst folgt mit A.5.4/4 die Folgerung:

Korollar A.5.5 *Ist* L/K *eine rein transzendente Körpererweiterung mit Transzendenzbasis* $(x_j)_{j \in J}$ *, so ist* $(d_{L/K}(x_j))_{j \in J}$ *eine Basis des* L*-Vektorraums* $\Omega^1_{L/K}$ *.*

Lemma A.5.6 *Es seien* $L/K/k$ *Körpererweiterungen und es sei* L/K *separabel algebraisch. Dann gilt:*
1. $\Omega^1_{L/K} = 0$ *.*
2. *Jede* k*-Derivation* $\delta : K \to L$ *setzt sich zu einer* k*-Derivation* $\bar{\delta} : L \to L$ *in eindeutiger Weise fort.*
3. *Die kanonische Abbildung* $\Omega^1_{K/k} \otimes_K L \longrightarrow \Omega^1_{L/k}$ *ist bijektiv.*

Beweis. 1. Ist $x \in L$, so ist x Nullstelle eines separablen Polynoms $f \in K[X]$. Nun gilt

$$0 = d_{L/K}(0) = d_{L/K}(f(x)) = f'(x) \cdot d_{L/K}(x).$$

Wegen $f'(x) \neq 0$ ist $d_{L/K}(x) = 0$ für jedes $x \in L$, und somit $\Omega^1_{L/K} = 0$.

2. Jedes $x \in L$ ist Nullstelle eines separablen Polynoms $f \in K[X]$. Jede Fortsetzung $\bar{\delta}$ auf $K(x)$ erfüllt

$$0 = \bar{\delta}(0) = \bar{\delta}(f(x)) = f^{\delta}(x) + f'(x) \cdot \bar{\delta}(x) \ .$$

Dabei ist f^{δ} das Polynom, das durch Anwenden von δ auf die Koeffizienten von f entsteht. Wegen $f'(x) \neq 0$ ist $\bar{\delta}(x)$ eindeutig bestimmt. Durch

$$\bar{\delta}\left(\sum c_{\nu} x^{\nu} \right) = \sum_{\nu} \delta(c_{\nu}) x^{\nu} + \sum_{\nu} c_{\nu} \nu x^{\nu-1} \bar{\delta}(x)$$

wird eine Fortsetzung $\bar{\delta}$ auf $K(x)$ definiert, wobei $\bar{\delta}(x)$ gemäß obiger Forderung definiert ist. Wegen der Eindeutigkeit fügen sich diese zu einer Fortsetzung $\bar{\delta}$ auf L zusammen.

3. Die kanonische Abbildung $\Omega^1_{K/k} \otimes_K L \longrightarrow \Omega^1_{L/k}$ ist bijektiv, weil nach 2. die kanonische Abbildung bzw. die Restriktionsabbildung

$$\mathrm{Hom}_L(\Omega^1_{L/k}, L) \longrightarrow \mathrm{Hom}_L(\Omega^1_{K/k} \otimes_K L, L) \overset{=}{\longrightarrow} \mathrm{Hom}_K(\Omega^1_{K/k}, L)$$

$$\| \Big\downarrow \qquad\qquad\qquad\qquad\qquad\qquad\qquad\qquad\qquad \| \Big\downarrow$$

$$\mathrm{Der}_k(L, L) \xrightarrow{\quad \textit{Restriktionsabbildung} \quad} \mathrm{Der}_k(K, L)$$

bijektiv ist. $\qquad\qquad\qquad\qquad\qquad\qquad\qquad\qquad\qquad\qquad\qquad\qquad\qquad\qquad$ $\square$

Korollar A.5.7 *Für eine endlich erzeugte Körpererweiterung L/k sind äquivalent:*

1. *L/k ist endlich separabel.*

2. *$\Omega^1_{L/k} = 0$.*

Beweis. " 1. $\rightarrow$ 2." folgt aus Lemma A.5.6.

" 2. $\rightarrow$ 1." Es sei $x_1, \ldots, x_n$ eine Transzendenzbasis von L/k. Dann betrachtet man den Zwischenkörper $K := k(x_1, \ldots, x_n)$. Ist L/K separabel, so gilt nach Lemma A.5.6/3. und Notiz A.5.3/(iii)

$$0 = \dim_L \Omega^1_{L/k} = \dim_K \Omega^1_{K/k} = \mathrm{trdeg}_k K \ .$$

Also ist $K = k$ und L/k algebraisch.

Ist L/K nicht separabel, so ist die Charakteristik von k positiv und es existiert ein Zwischenkörper L' von L/K, so dass L/L' reininseparabel vom Grad p ist. Also gilt $L = L'(x)$ mit $x^p \in L'$. Dann ist die Abbildung $\delta : L \rightarrow L$, definiert durch $\delta(f(x)) := f'(x)\delta(x)$, für jede Wahl $\delta(x) \in L$ eine L'-Derivation. Insbesondere ist $\Omega^1_{L/L'} \neq 0$ und damit auch $\Omega^1_{L/K} \neq 0$. Das ist aber nicht möglich, weil $\Omega^1_{L/K}$ ein Quotient von $\Omega^1_{L/k} = 0$ ist; vgl. Satz A.5.4/3. $\qquad\qquad$ $\square$

Satz A.5.8 *Es sei $L = k(x_1, \ldots, x_n)/k$ eine endlich erzeugte Körpererweiterung. Dann gilt*

$$\mathrm{trdeg}_k L \leq \dim_L \Omega^1_{L/k} \leq n \ .$$

Es ist $\mathrm{trdeg}_k L = \dim_L \Omega^1_{L/k}$ äquivalent zur Separabilität von L/k in dem Sinne, dass L eine separierende Transzendenzbasis über k hat; d.h., dass L separabel algebraisch über einer rein transzendenten Körpererweiterung von K ist.
Ist k perfekt, so ist L/k stets separabel.

Beweis. $\Omega^1_{L/k}$ wird von den Differentialen $dx_1, \ldots, dx_n$ als L-Vektorraum erzeugt. Ohne Einschränkung seien $dx_1, \ldots, dx_r$ eine Basis. Für $K := k(x_1, \ldots, x_r)$ gilt $\Omega^1_{L/K} = 0$ nach Satz A.5.4/3, und damit ist L/K separabel algebraisch nach Korollar A.5.7. Weiterhin ist die kanonische Abbildung $\Omega^1_{K/k} \otimes_K L \xrightarrow{\sim} \Omega^1_{L/k}$ bijektiv nach Satz A.5.6/3. Somit gilt $\operatorname{trdeg}_k L \le r = \dim_k \Omega^1_{L/k} \le n$.

Ist k perfekt, so sind $x_1, \ldots, x_r$ algebraisch unabhängig. Hat man nämlich eine Relation $f(x_1, \ldots, x_r) = 0$ mit einem irreduziblen Polynom $f \in k[X_1, \ldots, X_r]$, so liefert das Differential $df = 0$ eine Linearkombination der $dx_1, \ldots, dx_r$. Da letztere linear unabhängig sind, verschwindet jede partielle Ableitung $\partial f / \partial X_i$ für $i = 1, \ldots, r$. Das ist nur in positiver Charakteristik p möglich, und dann gilt auch noch $f = g(X_1^p, \ldots, X_r^p)$ für ein Polynom $g \in k[X_1, \ldots, X_r]$. Da $k = k^p$ perfekt ist, gilt $f = h^p$ für ein $h \in k[X_1, \ldots, X_r]$; im Widerspruch zur Irreduzibilität von f. Im Fall eines perfekten Grundkörpers k gilt also $\operatorname{trdeg}_k L = \dim_L \Omega^1_{L/k}$ und L/k hat eine separierende Transzendenzbasis.

Gilt $\operatorname{trdeg}_k L = \dim_k \Omega^1_{L/k}$ und ist k nicht perfekt, so erweitere man den Grundkörper k zum algebraischen Abschluss k'. Es reicht dann zu zeigen, dass das Kompositum $k'K$ rein transzendent vom Grad r ist. Das folgt aber aus der obigen Argumentation, weil sich die Voraussetzungen nach Satz A.5.4/1 auf die neue Situation übertragen. Die Umkehrung folgt mit Satz A.5.6/3. $\qquad\square$

Korollar A.5.9 *Eine endlich erzeugte Körpererweiterung L/K ist genau dann separabel algebraisch, wenn $\Omega^1_{L/K} = 0$ gilt.*

Korollar A.5.10 *Es sei L/k eine separable und endlich erzeugte Körpererweiterung. Für Elemente $x_1, \ldots, x_n \in L$ ist dann äquivalent:*

(i) $x_1, \ldots, x_n$ *bilden eine separierende Transzendenzbasis von L/k.*

(ii) $d_{L/k}(x_1), \ldots, d_{L/K}(x_n)$ *bilden eine L-Basis von $\Omega^1_{L/k}$.*

Abschließend wollen wir auch noch auf eine Version von relativen Differentialformen eingehen, die wir im Fall von Potenzreihenringen benutzen werden. Zum Beispiel ist im Fall $A := k[[\xi]]$ der oben definierte relative Differentialmodul $\Omega^1_{A/k}$ nicht mehr endlich erzeugt über A und damit viel zu groß. In einer adäquaten Differentialrechnung sollte $\Omega^1_{A/k}$ von dem Differential $d\xi$ des Parameters ξ erzeugt sein. Weiterhin sollte der relative Differentialmodul mit Komplettierungen verträglich sein. Im obigen Fall ist $k[[\xi]]$ die Komplettierung des lokalisierten Polynomrings $k[\xi]_{(\xi)}$.

Man hilft sich hier nun damit, dass man in der Definition A.5.1 nicht alle Derivationen in beliebige Moduln M betrachtet, sondern nur in endlich erzeugte A-Moduln M bzw. stetige Derivationen bezüglich der maximal-adischen Topologie. Insbesondere ist jede Derivation in einen endlich erzeugten A-Modul über einem noetherschen lokalen Ring stetig. Man kann den relativen Differentialmodul $(\Omega^1_{A/k}, d_{A/R})$ als denjenigen A-Modul einführen, der die universelle Eigenschaft aus Satz A.5.2 für alle Derivationen in endlich erzeugte A-Moduln erfüllt. Ist A eine affine k-Algebra, so ist der "alte" Differentialmodul $\Omega^1_{A/k}$ endlich erzeugter A-Modul und es ändert sich im Wesentlichen nichts. Das gilt auch für die Lokalisierungen von affinen Algebren nach maximalen Idealen. Ist $A := k[[\xi_1, \ldots, \xi_n]]/\mathfrak{a}$ Restklassenring eines formalen

Potenzreihenringes in endlich vielen Variablen, so ist der "neue" universell-endliche Differentialmodul genau das, was man erwartet. Im Fall $\mathfrak{a} = 0$ wird er von den Differentialen der Variablen frei erzeugt und die Derivation $d_{A/k}$ wird durch die Summe der formalen partiellen Ableitungen gegeben. Im Fall $\mathfrak{a} \neq 0$ berechnet er sich formal so, wie es in Satz A.5.4/2 beschrieben ist. Für den Begriff der Komplettierung siehe [A-M, Chap. 10].

Satz A.5.11 *Es sei* k *ein Körper,* A *eine affine* k-*Algebra und* $\mathfrak{m}$ *ein maximales Ideal von* A. *Dann sei* $\hat{A}$ *die* $\mathfrak{m}$-*adische Komplettierung von* A *und*

$$\widehat{\Omega}^1_{A/k} := \Omega^1_{A/k} \otimes_A \hat{A} \ .$$

Die universelle Derivation $d_{A/k}$ *ist stetig in der* $\mathfrak{m}$-*adischen Topologie, und induziert eine Abbildung*

$$d_{\hat{A}/k} : \hat{A} \longrightarrow \widehat{\Omega}^1_{A/k} \ ,$$

die eine k-*Derivation von* $\hat{A}$ *ist. Das Paar* $\left(\widehat{\Omega}^1_{A/k}, d_{\hat{A}/k}\right)$ *erfüllt die universelle Eigenschaft:*

(1) $\widehat{\Omega}^1_{A/k}$ *ist endlich erzeugter* $\hat{A}$-*Modul.*

(2) *Ist* M *ein endlich erzeugter* $\hat{A}$-*Modul und* $\delta : \hat{A} \to M$ *eine* k-*Derivation, so gibt es genau eine* $\hat{A}$-*lineare Abbildung* $\varphi : \widehat{\Omega}^1_{A/k} \to M$ *mit* $\delta = \varphi \circ d_{\hat{A}/k}$.

Das Paar $\left(\widehat{\Omega}^1_{A/k}, d_{\hat{A}/k}\right)$ *ist bis auf Isomorphie eindeutig bestimmt und heißt universell endlicher relativer Differentialmodul.*

Falls nichts anderes gesagt ist, werden wir im Fall eines Potenzreihenringes A immer den universell endlichen Differentialmodul mit dem Symbol $\Omega^1_{A/k}$ bezeichnen.

Anhang B

Algebraische Geometrie

Die algebraische Geometrie befasst sich mit den Lösungen von Systemen von Polynomgleichungen, also den gemeinsamen Nullstellen von endlich vielen Polynomen in mehreren Variablen, wobei die Koeffizienten der Polynome recht allgemein sein können. Für unsere Zwecke beschränken wir uns auf Polynome mit Koeffizienten in einem Körper k, was wir im Folgenden stets voraussetzen wollen. Das sind also zunächst einmal geometrische Objekte. Jedoch ist das wichtigste Hilfsmittel bei der Untersuchung solcher Nullstellenmengen der Ring ihrer Funktionen. Man erhält diesen Ring dadurch, dass man die Beschränkung von allen Polynomen, die auf dem umgebenen Raum der Nullstellenmenge definiert sind, auf die gegebene Nullstellenmenge betrachtet. Ein sehr wertvolles Hilfsmittel ist daher die kommutative Algebra der affinen Algebren, die wir in § A.4 dargestellt haben.

In diesem Teil des Anhangs sollen einige grundlegende Begriffe der algebraischen Geometrie erläutert werden. Unsere Einführung in die Terminologie der algebraischen Geometrie wird sich mit den Begriffen reguläre und rationale Funktion, k-Varietät, Morphismus, Normalisierung und Faserprodukte befassen. Das Hauptanliegen ist dabei, die Beziehung zwischen den Nullstellenmengen von Polynomen auf der einen Seite und den affinen Algebren auf der anderen Seite zu erläutern. Als ergänzende weiterführende Literatur verweisen wir auf das Buch vom Mumford [M], das eine exzellente Einführung in die algebraische Geometrie ist.

B.1 Affine Varietäten

In den Kapiteln § 6 und § 8 hatten wir bereits eine kurze Einführung in die algebraische Geometrie gegeben. Jedoch hatten wir uns dort auf den affinen und projektiven Fall beschränkt. Somit konnten wir im Wesentlichen nur eingebettete Varietäten betrachten. Auch waren wir auf die Definition von Morphismen nicht eingegangen, weil wir im dortigen Kontext meistens nur Projektionen bzw. Aufblasungen studiert und diese stillschweigend immer als Morphismen verstanden hatten. Hier sollen diese Begriffe nun etwas ausführlicher behandelt werden, um zum Beispiel den Zugang zu § 6.5 zu erleichtern.

Ausgangspunkt der algebraischen Geometrie über einem Körper k sind die affinen k-Varietäten und ihre Morphismen. Das sind die lokalen Bausteine für die globalen Objekte, die man studieren möchte. Die Theorie der affinen k-Varietäten ist vollständig dual zu der Theorie der (reduzierten) affinen k-Algebren, die wir in § A.4 eingeführt hatten. Weiterhin bekommt man über die affinen k-Algebren einen abstrakten Zugang zu den affinen k-Varietäten, der von Einbettungen in lineare Räume $\mathbb{A}_k^n$ losgelöst ist.

In § 6.1 war eine affin-algebraische k-Menge als Nullstellenmenge

$$V(f_1, \ldots, f_r) = \{x \in \mathbb{A}_k^n \; ; \; f_1(x) = \ldots = f_r(x) = 0\}$$

von Polynomen $f_1, \ldots, f_r \in k[\xi_1, \ldots, \xi_n]$ eingeführt worden. Wir hatten als Folge des Hilbertschen Nullstellensatzes gesehen, dass die affin-algebraischen k-Mengen, die in $\mathbb{A}_k^n$ eingebettet sind, in eineindeutiger Korrespondenz zu den reduzierten Idealen $\mathfrak{a} \subset k[\xi_1, \ldots, \xi_n]$ stehen. An Stelle der reduzierten Ideale können wir auch die zugeordneten Restklassenalgebren

$$A = k[\xi_1, \ldots, \xi_n] / \mathfrak{a} \; ,$$

also reduzierte affine k-Algebren betrachten.

Definition B.1.1 Zu einer affinen k-Algebra definiert man das Spektrum seiner maximalen Ideale

$$\mathrm{MaxSpec}(A) := \big\{ \mathfrak{m} \; ; \; \mathfrak{m} \text{ maximales Ideal von } A \big\} \; .$$

Die Morphismen in der *Kategorie der affinen k-Algebren* sind die k-Algebramorphismen; das sind genau die Einsetzungshomomorphismen

$$\varphi : A = k[\xi_1, \ldots, \xi_m] / \mathfrak{a} \longrightarrow B = k[\eta_1, \ldots, \eta_n] / \mathfrak{b} \; ; \; \xi_\mu \longmapsto f_\mu \; ,$$

die durch die Bilder f_μ der Variablen ξ_μ festgelegt sind. Die f_μ sind Restklassen von Polynomen F_μ in den Variablen $\eta_1, \ldots, \eta_n$. Jeder k-Algebramorphismus φ liefert eine Abbildung

$$\mathrm{Spec}(\varphi) : \mathrm{MaxSpec}(B) \longrightarrow \mathrm{MaxSpec}(A) \; ; \; \mathfrak{m} \longmapsto \varphi^{-1}(\mathfrak{m}) \; .$$

Im Fall eines algebraisch abgeschlossenen Körpers k ist diese Abbildung gerade die polynomiale Abbildung

$$
\begin{array}{ccccc}
F := (F_1, \ldots, F_m) & : & \mathbb{A}_k^n & \longrightarrow & \mathbb{A}_k^m \\
& & \cup & & \cup \\
f := (f_1, \ldots, f_m) & : & V(\mathfrak{b}) & \longrightarrow & V(\mathfrak{a})
\end{array}
$$

die durch Einschränkung der Liftungen F_μ von den f_μ induziert ist.

Auf der *Kategorie der affin-algebraischen Mengen* lässt man als Morphismen alle polynomialen Abbildungen zu. Zu einer polynomialen Abbildung bekommt man einen k-Algebramorphismus via Zurückziehen von Funktionen, also durch Einsetzen. Man zeigt leicht den folgenden Satz.

Satz B.1.2 *Der Funktor*

$$\text{(Reduzierte affine } k\text{-Algebren)} \quad \longrightarrow \quad \text{(Affin-algebraische } k\text{-Mengen)}$$

$$A \quad \longmapsto \quad \text{MaxSpec}(A)$$

$$\varphi : A \to B \quad \longmapsto \quad \text{Spec}(\varphi) : \text{MaxSpec}(B) \to \text{MaxSpec}(A)$$

liefert eine Äquivalenz von Kategorien.

Auf $\text{MaxSpec}(A)$ führt man die *Zariski-Topologie* dadurch ein, dass man Teilmengen der Form

$$V(\mathfrak{a}) := \{\mathfrak{m} \in \text{MaxSpec}(A) \; ; \; \mathfrak{a} \supset \mathfrak{m}\} \subset \text{MaxSpec}(A)$$

als *abgeschlossen* erklärt, wobei $\mathfrak{a} \subset A$ ein Ideal ist. Die polynomialen Abbildungen sind stetige Abbildungen bezüglich der Zariski-Topologien. Alle Mengen der Form

$$\text{MaxSpec}(A)_f := \{\mathfrak{m} \in \text{MaxSpec}(A) \; ; \; f \notin \mathfrak{m}\} \subset \text{MaxSpec}(A)$$

für $f \in A$ sind *offen* und bilden eine *Basis der Zariski-Topologie*. Diese spezielle Menge korrespondiert kanonisch zur Menge der maximalen Ideale der affinen Algebra A_f vermöge der Zuordnung

$$\text{MaxSpec}(A_f) \overset{\sim}{\longrightarrow} \text{MaxSpec}(A)_f \; ; \; \mathfrak{m} \longmapsto \mathfrak{m} \cap A \; .$$

Dabei ist der Durchschnitt $\mathfrak{m} \cap A$ als das volle Urbild von $\mathfrak{m}$ unter der kanonischen Abbildung $A \to A_f$ zu verstehen.

Eine abgeschlossene Teilmenge heißt *irreduzibel*, wenn sie sich nicht als Vereinigung von zwei echt kleineren abgeschlossenen Teilmengen schreiben lässt. Da affine Algebren nach A.4.2 noethersch sind, ist der topologische Raum $\text{MaxSpec}(A)$ einer affinen Algebra A noethersch; d.h. jede absteigende Folge von abgeschlossenen Teilmengen wird stationär. Daher ist jede abgeschlossene Teilmenge endliche Vereinigung von irreduziblen abgeschlossenen Teilmengen. Insbesondere lässt sich jede affine Varietät in eindeutiger Weise als endliche Vereinigung von irreduziblen Teilmengen schreiben; diese Teilmengen nennt man *irreduzible Komponenten* von $\text{MaxSpec}(A)$. Die irreduziblen Komponenten von $\text{MaxSpec}(A)$ korrespondieren zu den minimalen Primidealen $\mathfrak{p}_i$ von A.

Definition B.1.3 Es sei A eine reduzierte affine k-Algebra und $X = \text{MaxSpec}(A)$. Weiterhin seien $\mathfrak{p}_i$ für $i = 1, \ldots r$ die minimalen Primideale von A. Dann ist

$$\dim X := \dim A = \min\{\dim(A/\mathfrak{p}_i) \; ; \; i = 1, \ldots, r\}$$

die *Dimension* von X. Es gilt $\dim(A/\mathfrak{p}_i) = \text{trdeg}_k Q(A/\mathfrak{p}_i)$ nach A.4.7.

Nun wollen wir *reguläre Funktionen auf offenen Teilmengen* $U \subset X := \text{MaxSpec}(A)$ für eine reduzierte affine k-Algebra einführen. Im Fall $U = X$ sollen natürlich die regulären Funktionen auf X genau die polynomialen Abbildungen $h : X \to \mathbb{A}_k^1$ sein. Diese korrespondieren eineindeutig zu den Elementen von A. Also besteht die

Menge der regulären Funktionen auf X aus A. Man beachte, dass man im Fall eines Körpers, der nicht notwendig algebraisch abgeschlossen ist, diese Funktionen nicht unbedingt als Funktionen auf X mit Werten in k oder einem algebraischen Abschluss $\overline{k}$ von k interpretieren kann. Das macht es in gewisser Weise schwer, reguläre Funktionen auf einer offenen Teilmenge U zu definieren.

Ist U von der Form $U = X_f$ für ein $f \in A$, so ist die Definition ebenfalls kanonisch. Man kann nämlich X_f als affin-algebraisch Teilmenge $X_f \subset \mathbb{A}_k^{n+1}$ auffassen, die durch das Ideal $(\mathfrak{a}, 1 - Tf)$ gegeben ist, wobei T als eine weitere Variable eingeführt ist. Dann wird die Menge der regulären Funktionen auf X_f durch den Bruchring $A_f = A[T]/(1 - Tf)$ beschrieben. Die Einschränkungsabbildung $h \mapsto h|X_f$ korrespondiert zu der kanonischen Abbildung $A \to A_f$. Da die Mengen der Form X_f eine Basis der Topologie bilden, ist die *Menge der in x regulären Funktionen* durch den direkten Limes

$$\mathcal{O}_{X,x} := \varinjlim_{f \in A, f(x) \neq 0} A_f = \{h \, ; \, h \in A_f \text{ für ein } f \in A \text{ mit } f(x) \neq 0\}$$

gegeben. Dabei identifiziert man zwei Funktionen h_1 und h_2, wenn sie auf einer Umgebung von x übereinstimmen. Es ist $\mathcal{O}_{X,x}$ offenbar gleich der Lokalisierung von A in dem zu x gehörigen maximalen Ideal, also gilt

$$\mathcal{O}_{X,x} = A_x \, .$$

Damit ist definiert, wann eine Funktion h *regulär in einem Punkt* $x \in U$ ist; nämlich wenn es ein $f \in A$ mit $x \in X_f \subset U$ und $g \in A$ mit $h = g/f$ gibt. Sodann definiert man regläre Funktionen auf U, indem man fordert, dass sie in allen Punkten von U regulär sind.

Definition B.1.4 Es sei U eine offene Teilmenge einer affinen Varietät X. Die *Menge der regulären Funktionen auf U* ist

$$\mathcal{O}_X(U) := \mathrm{Ker}\left(\prod_i A_{f_i} \rightrightarrows \prod_{i,j} A_{f_i f_j}\right) \, ; \, (h_i)_i \mapsto (h_i - h_j)_{i,j}$$

wobei $f_i \in A$ mit $U = \bigcup_i X_{f_i}$ gilt. Man rechnet nach, dass

$$A_f = \mathcal{O}_X(X_f)$$

gilt und damit, dass diese Setzung unabhängig von der Auswahl der Überdeckung (X_{f_i}) von U ist; vgl. [M, II.1, Lemma 1 & 2].

Die Elemente von $\mathcal{O}_X(U)$ sind k-wertige Funktionen auf der Menge der rationalen Punkte von U.

Notiz B.1.5 Ist k algebraisch abgeschlossen, so ist $\mathcal{O}_X(U)$ die Menge der k-wertigen Funktionen, die sich lokal als Bruch g/f mit $g, f \in A$ und einem nicht verschwindenden Nenner schreiben lassen. Das bedeutet aber nicht, dass man eine Darstellung so wählen kann, dass f auf ganz U nullstellenfrei ist.
Ist k allgemein und X *irreduzibel*, so kann man $\mathcal{O}_{X,x}$ als Teilmenge des Quotientenkörpers $k(X) = Q(A)$ auffassen und dann gilt

$$\mathcal{O}_X(U) = \bigcap_{x \in U} \mathcal{O}_{X,x} \subset k(X) \, .$$

Reguläre Funktionen definieren stetige Abbildungen bezüglich der Zariski-Topologie. Man nennt $\mathcal{O}_X$ die *Garbe der regulären Funktionen auf* X. Darunter versteht man das Folgende:

Definition B.1.6 Eine *Garbe* $\mathcal{F}$ auf X von abelschen Gruppen bzw. Ringen besteht aus folgenden Daten

1. Für jede offene Teilmenge $U \subset X$ ist $\mathcal{F}(U)$ eine abelsche Gruppe bzw. ein Ring.

2. Für offene Teilmengen $V \subset U$ von X ist eine Restriktionsabbildung als Homomorphismus $\rho_V^U : \mathcal{F}(U) \to \mathcal{F}(V)$ gegeben, so dass folgende Bedingungen erfüllt sind:

   (a) $\rho_U^U = \mathrm{id}$

   (b) $\rho_W^U = \rho_W^V \circ \rho_V^U$ falls $W \subset V \subset U$ offene Teilmengen sind.

3. Für jede offene Überdeckung $U = \bigcup U_i$ einer offenen Menge ist die folgende Sequenz exakt

$$0 \to \mathcal{F}(U) \to \prod_i \mathcal{F}(U_i) \rightrightarrows \prod_{i,j} \mathcal{F}(U_i \cap U_j) \ .$$

Im Fall $\mathcal{F} = \mathcal{O}_X$ sollen alle $\mathcal{O}_X(U)$ k-Algebren und alle ρ_V^U k-Algebramorphismen sein. Das bedeutet im Wesentlichen, dass man reguläre Funktionen auf offene Teilmengen einschränken kann und dass Regularität einer Funktion lokal definiert ist; d.h. lokal vorgegebene reguläre Funktionen, die zusammenpassen, sind globale reguläre Funktionen und globale reguläre Funktionen sind durch ihre lokalen Daten eindeutig bestimmt.

Notiz B.1.7 Es sei k ein algebraisch abgeschlossener Körper. Es seien $X \subset \mathbb{A}_k^m$ und $Y \subset \mathbb{A}_k^n$ affin-algebraische Mengen sowie $\varphi : X \to Y$ eine stetige Abbildung. Dann sind folgende Bedingungen äquivalent:

1. φ ist ein Morphismus.

2. Für alle $h \in \mathcal{O}_Y(Y)$ ist $h \circ \varphi \in \mathcal{O}_X(X)$.

3. Für alle offenen Teilmengen $V \subset Y$ und $h \in \mathcal{O}_Y(V)$ ist $h \circ \varphi \in \mathcal{O}_X(\varphi^{-1}(V))$.

In dieser Notiz ist die Voraussetzung, dass k algebraisch abgeschlossen ist, wichtig, um von der Komposition $h \circ \varphi$ sprechen zu können. Die regulären Funktionen sind in diesem Fall tatsächlich k-wertige Funktionen. Falls k nicht mehr algebraisch abgeschlossen ist, so ist die Definiton von Morphismen etwas aufwändiger.

Definition B.1.8 Es seien $(X, \mathcal{O}_X)$ und $(Y, \mathcal{O}_Y)$ topologische Räume X bzw. Y mit Garben von Funktionen. Ein Morphismus ist eine stetige Abbildung $\varphi : X \to Y$ mit einer Kollektion von k-Algebramorphismen $\varphi_V^* : \mathcal{O}_Y(V) \to \mathcal{O}_X(\varphi^{-1}(V))$ für alle offenen Teilmengen $V \subset Y$, die folgende Bedingungen erfüllt:

1. Für offene Teilmengen $W \subset V \subset Y$ ist das folgende Diagramm kommutativ:

$$\begin{array}{ccc}
\mathcal{O}_Y(V) & \xrightarrow{\varphi^*_V} & \mathcal{O}_X(\varphi^{-1}(V)) \\
\downarrow{\rho^V_W} & & \downarrow{\rho^{\varphi^{-1}(V)}_{\varphi^{-1}(W)}} \\
\mathcal{O}_Y(W) & \xrightarrow{\varphi^*_W} & \mathcal{O}_X(\varphi^{-1}(W))
\end{array}$$

2. Ist $V \subset Y$ offen und $x \in \varphi^{-1}(V)$, so gilt $\varphi^*_V(h)(x) = 0$ für alle $h \in \mathcal{O}_Y(V)$ mit $h(\varphi(x)) = 0$.

In der Bedingung 2. wird die Verträglichkeit der Abbildungen φ und φ^* ausgedrückt. Insbesondere erhält man so lokale Ringmorphismen $\varphi^* : \mathcal{O}_{Y,\varphi(x)} \to \mathcal{O}_{X,x}$ und dadurch einen Ringmorphismus der Restklassenkörper $\varphi^* : k(\varphi(x)) \to k(x)$.

Im Fall eines algebraisch abgeschlossenen Grundkörpers induzieren Morphismen zwischen affin-algebraischen Mengen $X \subset \mathbb{A}^m_k$ und $Y \subset \mathbb{A}^n_k$ Morphismen von $(X, \mathcal{O}_X)$ und $(Y, \mathcal{O}_Y)$, wobei $\mathcal{O}_X$ bzw. $\mathcal{O}_Y$ die jeweiligen Garben ihrer regulären Funktionen sind. Umgekehrt ist jeder Morphismus von $(X, \mathcal{O}_X)$ und $(Y, \mathcal{O}_Y)$ auch von diesem Typ; denn $\varphi : X \to Y$ wird durch das n-Tupel $(\varphi^*\zeta_1, \ldots, \varphi^*\zeta_n)$ gegeben, wobei $\zeta_1, \ldots, \zeta_n$ die Koordinatenfunktionen von Y sind.

Damit können wir nun affine k-Varietäten definieren, ohne einen umgebenden Raum zu benutzen.

Definition B.1.9 Eine *affine k-Varietät* ist ein topologischer Raum X mit einer Garbe $\mathcal{O}_X$ von k-Algebren, die isomorph zu der oben eingeführten affin-algebraischen Menge $\mathrm{MaxSpec}(A)$ mit der Garbe ihrer regulären Funktionen ist, wobei A eine reduzierte k-Algebra ist.

Abschließend sollte man noch bemerken, dass dieser Zugang so allgemein ist, dass man sich sogar von der Voraussetzung, dass die Algebren reduziert sind, auch noch lösen kann. Man spricht dann von affinen k-Schemata. Selbst im Fall eines algebraisch abgeschlossenen Grundkörpers sind Morphismen zwischen solchen eventuell nicht reduzierten Schemata auch nicht mehr durch die mengentheoretische Abbildung der unterliegenden topologischen Räume festgelegt. Der eingeführte Begriff eines Morphismus ist auch in diesem Fall scharf genug, um die Äquivalenz der Kategorie der affinen k-Schemata zur Kategorie der affinen k-Algebren zu gewährleisten.

B.2 Varietäten

Nachdem wir uns im letzten Abschnitt ausführlich mit affinen k-Varietäten beschäftigt haben, ist es nun leicht, globale Varietäten einzuführen. Eine gewisse topologische Schwierigkeit macht dabei das Hausdorffsche Trennungsaxiom, das wir aber erst in einem zweiten Schritt erläutern wollen. Mit dem Begriff der Garbe zur Hand gibt es folgende Möglichkeit, globale Räume zu definieren:

Definition B.2.1 Eine k-*Prävarietät* ist ein topologischer Raum X mit einer Garbe von k-Algebren $\mathcal{O}_X$ auf X, so dass X eine offene Überdeckung $(U_i\,;\,,i \in I)$ besitzt, so dass $(U_i, \mathcal{O}_X|U_i)$ eine affine k-Varietät für alle $i \in I$ ist.
Die Morphismen in der Kategorie der k-Prävarietäten sind die Morphismen im Sinne von Definition B.1.8. Man nennt $\mathcal{O}_X$ *Garbe der regulären Funktionen* auf X.

Zum Beispiel sind die projektiven Varietäten, die wir in § 6.1 eingeführt hatten, k-Prävarietäten, genauer sogar k-Varietäten, wie wir weiter unten noch sehen werden.

Eine wichtige Tatsache im Hinblick auf Faserprodukte ist folgender Satz.

Satz B.2.2 *Es sei X eine k-Prävarietät und A eine affine k-Algebra. Dann ist die Abbildung*

$$\mathrm{Hom}(X, \mathrm{MaxSpec}(A)) \longrightarrow \mathrm{Hom}(A, \mathcal{O}_X(X))\ ,$$

die einem Morphismus $(\varphi, \varphi^*) : X \to Y := \mathrm{MaxSpec}(A)$ von k-Prävarietäten den k-Algebramorphismus $\varphi_Y^* : A \to \mathcal{O}_X(X)$ zuordnet, bijektiv.

Beweis. Siehe Mumford [M, II.2, Theorem 1]. $\qquad\qquad\qquad\qquad\qquad\qquad$ □

Korollar B.2.3 *Die Kategorie der reduzierten affinen k-Algebren ist äquivalent zur Kategorie der affinen k-Varietäten.*

In der Kategorie der k-Prävarietäten existieren Produkte. – Hier müssen wir korrekterweise k als perfekt voraussetzen, weil unsere k-Prävarietät reduziert sein soll.– Lokal, also für zwei affine Varietäten $\mathrm{MaxSpec}(A)$ und $\mathrm{MaxSpec}(B)$, ist das Produkt

$$\mathrm{MaxSpec}(A) \times \mathrm{MaxSpec}(B) = \mathrm{MaxSpec}(A \otimes_k B)\ ,$$

weil das Tensorprodukt das Coprodukt in der Kategorie der Algebren ist. Wenn k perfekt ist, ist mit A und B auch das Tensorprodukt $A \otimes_k B$ reduziert. Da man sich die k-Prävarietäten X und Y als Verklebungsprodukt von lokalen Bausteinen bestehend aus affinen k-Varietäten vorstellen kann, liefern die Produkte der lokalen Bausteine, die die Verklebungsdaten von X und Y erben, ein Produkt $X \times Y$, das die universelle Eigenschaft eines Produktes in einer Kategorie erfüllt. Letzteres folgt im Wesentlichen mit Satz B.2.2. Es gilt offenbar

$$\mathbb{A}_k^m \times \mathbb{A}_k^n = \mathbb{A}_k^{m+n}\ .$$

Für projektive Räume ist das Produkt $\mathbb{P}_k^m \times \mathbb{P}_k^n$ wieder eine projektive k-Varietät, wie man mittels der Segre-Einbettung zeigt: Der Morphismus

$$\sigma : \mathbb{P}_k^m \times \mathbb{P}_k^n \longrightarrow \mathbb{P}_k^{mn+m+n}\ ,$$

der durch den k-Algebramorphismus der homogenen Koordinatenringe

$$\sigma^* \ :\ k\left[\tau_{i,j}\,;\ \begin{matrix} i = 0, \ldots, m \\ j = 0, \ldots, n \end{matrix}\right] \longrightarrow k[\xi_0, \ldots, \xi_m] \otimes k[\eta_0, \ldots, \eta_n]\ ;\ \tau_{i,j} \mapsto \xi_i \otimes \eta_j$$

gegeben wird, liefert einen Isomorphismus von $\mathbb{P}_k^m \times \mathbb{P}_k^n$ auf die Untervarietät von $\mathbb{P}_k^{mn+m+n}$, die durch den Kern von σ^* gegeben wird. Für die homogenen Lokalisierungen nach $\tau_{i,j}$ ist $\sigma_{i,j}^*$ nämlich surjektiv für alle i,j. Damit erhalten wir den Satz; vgl. [M, I.6, Theorem 3].

Satz B.2.4 *Das Produkt von zwei projektiv-algebraischen k-Varietäten ist projektiv-algebraisch.*

Nun kommen wir zum oben angekündigten Problem des Hausdorffschen Trennungsaxioms. Da die Zariski-Topologie auf affinen Varietäten sehr grob ist, ist das Hausdorffsche Trennungsaxiom nicht erfüllt. Weiterhin trägt das Produkt $X \times Y$ nicht die Produkttopologie. Folglich ist die Diagonale in $X \times X$ im Allgemeinen nicht abgeschlossen.

Definition B.2.5 Eine k-*Varietät* ist eine k-Prävarietät, wenn die Diagonale

$$\Delta(X) := \{\, y \in X \times X \;;\; p_1(y) = p_2(y) \,\} \subset X \times X$$

abgeschlossenen in $X \times X$ ist. Dabei ist $p_i : X \times X \to$ die Projektion auf den i-ten Faktor.

Letzteres möchte man aus folgendem Grund sichergestellt sehen:

Notiz B.2.6 Eine k-Prävarietät ist genau dann eine k-Varietät, wenn sie folgende universelle Eigenschaft hat: Für jede k-Prävarietät T und alle Paare von Morphismen $f, g : T \to X$ ist die Menge der Punkte $\{\, t \in T \;;\; f\,|\,t = g\,|\,t \} \subset T$ abgeschlossen in T. Dabei bedeutet hier die Bedingung $f\,|\,t = g\,|\,t$, dass $f(t) = g(t) =: x$ gilt und dass die induzierten Morphismen der Restklassenkörper $f^*, g^* : k(x) \to k(t)$ übereinstimmen.

Affine bzw. projektive Varietäten erfüllen die Bedingung aus Definition B.2.5 und sind somit k-Varitäten; vgl. [M, I.6, Proposition 5]. Man zeigt leicht, dass Produkte von k-Varietäten wieder k-Varietäten sind.

Eine wichtige Eigenschaft von k-Varietäten ist die folgende:

Satz B.2.7 *Es sei X eine k-Varietät. Sind U und V offene affine Untervarietäten von X, so gilt:*

1. Der Durchschnitt $U \cap V$ ist affin.

2. Der kanonische Morphismus $\mathcal{O}_X(U) \otimes_k \mathcal{O}_X(V) \to \mathcal{O}_X(U \cap V)$ ist surjektiv.

Beweis. Siehe [M, II.6, Proposition 6]. $\qquad\qquad\qquad\qquad\qquad\qquad\qquad\qquad$ $\square$

Unter einem *gefaserten Produkt in einer Kategorie* versteht man das Folgende:

Hat man zwei Morphismen $r_1 : X_1 \to S$ und $r_2 : X_2 \to S$ gegeben, so ist ein gefasertes Produkt ein kommutatives Diagramm

$$
\begin{array}{ccc}
X_1 \times_S X_2 & \xrightarrow{\;p_2\;} & X_2 \\[4pt]
\big\downarrow{\scriptstyle p_1} & & \big\downarrow{\scriptstyle r_2} \\[4pt]
X_1 & \xrightarrow{\;r_1\;} & S
\end{array}
$$

das folgende universelle Eigenschaft hat: Für jedes Paar von Morphismen $q_i : Z \to X_i$ für $i = 1, 2$ mit $r_1 \circ q_1 = r_2 \circ q_2$ existiert genau ein Morphismus $q : Z \to X_1 \times_S X_2$ mit $p_i \circ q = q_i$ für $i = 1, 2$.

Satz B.2.8 *Gefaserte Produkte existieren in der Kategorie der (nicht notwendig reduzierten) k-Prävarietäten bzw. der k-Varietäten.*
Zusatz: *Man verläßt also im allgemeinen die Kategorie der k-Prävarietäten in unserem Sinne. Jedoch ist $X_1 \times_S X_2$ reduziert, wenn X_1, X_2, S reduziert sind und z. B. $X_1 \to S$ flach und $X_2 \to S$ separabel ist. Letzteres bedeutet, dass $X_2 \to S$ dominant ist und die Funktionenkörpererweiterung separabel ist.*

Beweis. Im Fall $S = \mathrm{MaxSpec}(k)$ ist es genau das Produkt $X_1 \times X_2$, was wir oben schon behandelt haben. Im Fall einer affinen Grundvarietät $S = \mathrm{MaxSpec}(R)$ konstruiert man es wie oben, indem man auf den lokalen Bausteinen nun das Tensorprodukt $A \otimes_R B$ über dem Grundring R an Stelle von k wählt. Der allgemeine Fall wird durch Verkleben auf diesen Spezialfall zurückgeführt. Die universelle Eigenschaft leitet man mit Satz B.2.2 aus der universellen Eigenschaft des Tensorproduktes ab. Zur detailliert ausgeführten Konstruktion siehe [M, II.2, Theorem 3 a & b].

Für den Zusatz kann man sich auf die affine Situation zurückziehen. Dann hat man nur zu zeigen, dass $A \otimes_R B$ reduziert ist. Da B reduziert ist, ist $B \subset \prod_{i=1}^n K_i$ Unterring eines Produktes von Körpern K_i. Da $X_1 \to S$ flach ist, ist $A \otimes_R B$ Unterring von $\prod_{i=1}^n A \otimes_R K_i$. Letzteres ist reduziert, weil $Q(R) \to K_i$ separabel ist. $\square$

B.3 Eigenschaften von Morphismen

In diesem Abschnitt wollen wir einige Eigenschaften von Morphismen von k-Varietäten besprechen, die für unsere Betrachtungen von größerer Bedeutung sind.

Definition B.3.1 Ein Morphismus $\varphi : X \to Y$ von k-Varietäten heißt *affin*, wenn für alle offenen affinen Untervarietäten $V \subset Y$ das Urbild $\varphi^{-1}(V)$ affin ist.
φ heißt *endlich*, wenn φ affin ist und für alle offenen affinen Untervarietäten $V \subset Y$ der Ring $\mathcal{O}_X(\varphi^{-1}(V))$ ein endlich erzeugter $\mathcal{O}_Y(V)$-Modul vermöge des Ringmorphismus φ_V^* ist.

Hilfreich ist die Feststellung:

Notiz B.3.2 Um zu beweisen, dass $\varphi : X \to Y$ affin bzw. endlich ist, reicht es zu prüfen, dass die Bedingung für eine Familie $(V_i \, ; \, i \in I)$ von offenen affinen Untervarietäten V_i erfüllt ist, die Y überdecken.

Beweis. Siehe [M, II.7, Proposition 5]. $\square$

Satz B.3.3 *Ist $\varphi : X \to Y$ ein endlicher Morphismus von k-Varietäten, so ist das Bild einer abgeschlossenen Menge von X abgeschlossen in Y.*

Beweis. Es reicht den affinen Fall $\varphi : X = \mathrm{MaxSpec}(B) \to Y = \mathrm{MaxSpec}(A)$ zu betrachten. Auch braucht man die Behauptung nur für die abgeschlossene Menge X zu zeigen. Nun ist φ von einem k-Algebramorphismus $f : A \to B$ induziert. Indem man A durch $A/\ker(f)$ ersetzt, kann man annehmen, dass f injektiv ist. Nach Satz A.3.23 und A.3.20 ist φ surjektiv. Also ist $\varphi(X) = Y$ abgeschlossen. $\square$

Definition B.3.4 Eine k-Varietät heißt *normal,* wenn die lokalen Ringe $\mathcal{O}_{X,x}$ für alle $x \in X$ normal sind.

Mit Hilfe von Notiz A.3.13 folgt, dass eine k-Varietät genau dann normal ist, wenn für jede offene affine Untervarietät $U \subset X$ der Ring $\mathcal{O}_X(U)$ normal ist.

Definition B.3.5 Es sei X eine irreduzible k-Varietät und es sei L eine endliche Körpererweiterung des Funktionenkörpers $k(X)$. Eine *Normalisierung von X in L* ist eine normale k-Varietät Y mit Funktionenkörper $k(Y) = L$ zusammen mit einem endlichen Morphismus $\pi : Y \to X$, so dass der induzierte Körpermorphismus $\pi^* : k(X) \to k(Y) = L$ die gegebene Inklusion von $k(X)$ in L ist.
Im Fall $k(X) = L$ spricht man von einer *Normalisierung* von X.

Satz B.3.6 *Für jede irreduzible k-Varietät und jede endliche algebraische Erweiterung $L \supset k(X)$ existiert genau eine Normalisierung von X in L; d.h. wenn $\pi_i : Y_i \to X$ Normalisierungen von X in L für $i = 1, 2$ sind, so existiert eine eindeutig bestimmte Faktorisierung $\tau : Y_1 \to Y_2$ mit $\pi_1 = \pi_2 \circ \tau$, so dass τ^* die identische Abbildung von L nach L ist. Ist X projektiv, so auch Y.*

Beweis. Zur Eindeutigkeit: Es sei $U \subset X$ eine offene affine Teilmenge. Dann setze $A := \mathcal{O}_X(U)$ und $B_i := \mathcal{O}_{Y_i}(\pi_i^{-1}(U))$ für $i = 1, 2$. Da $\pi_i : Y_i \to X$ endlich ist, ist $A \to B_i$ eine ganze Ringerweiterung. Weil Y_i normal ist, ist B_i der ganze Abschluss von A in $L = Q(B_i)$. Somit gilt $B_1 = B_2$. Dann sei $\tau_U : \pi_1^{-1}(U) \to \pi_2^{-1}(U)$ der von der identischen Abbildung $B_2 \to B_1$ induzierte Isomorphismus. Da dieses τ_U der einzige Isomorphismus ist, der die Identität $L \to L$ auf den Funktionenkörpern induziert, setzen sich die τ_U zu einem globalen Morphismus $\tau : Y_1 \to Y_2$ zusammen. Zur Existenz: Zunächst sei $X = \mathrm{MaxSpec}(A)$ affin. Dann ist $A \subset k(X)$ ein Unterring mit Quotientenkörper $k(X)$. Nach Satz A.4.8 ist der ganze Abschluss B von A in L ein endlich erzeugter A-Modul. Dann sei $\pi : Y := \mathrm{MaxSpec}(B) \to X$ der induzierte Morphismus. Weil nach Satz A.3.19 der ganze Abschluss mit Nenneraufnahme verträglich ist, ist π eine Normalisierung. Für die Existenz in allgemeinen Fall überdeckt man X mit einer Familie $(U_i\,;\, i \in I)$ von offenen affinen Untervarietäten U_i. Dann sei $\pi_i : V_i \to U_i$ die Normalisierung von U_i in L. Weil die Normalisierung eindeutig bestimmt ist, setzen sich diese V_i zu einer k-Varietät $\pi : Y \to X$ zusammen, so dass (Y, π) eine Normalisierung von X ist. Zum Beweis der letzten Behauptung siehe [M, III.8, Theorem 4]. $\qquad\square$

Beispiel B.3.7 Es sei X eine glatte irreduzible projektive Kurve über einem Körper k und es sei $L \supset k(X)$ eine galoissche Körpererweiterung des Funktionenkörpers von X mit Gruppe G. Für jede Untergruppe $H \subset G$ hat man den Fixkörper L^H mit $k(X) \subset L^H \subset L$. Nach Satz B.3.6 gibt es dazu die Normalisierung $Y^H \to X$ von X in L^H. Es ist Y^H eine projektive, normale Kurve; im Fall eines perfekten Grundkörpers ist Y^H sogar glatt nach Satz 8.1.5. Der Morphismus $Y^H \to X$ ist endlich und surjektiv. Weiterhin hat man eine Faktorisierung $Y \to Y^H \to X$. Man nennt Y^H die *Fixkurve* zu H. Dann operiert H als Decktransformationsgruppe auf $Y \to Y^H$. Ist H zusätzlich noch Normalteiler in G, so operiert G/H noch als Decktransformationsgruppe auf $Y^H \to X$. $\qquad\square$

Ebenso wie bei der Normalisierung ist auch die Definition von Differentialen auf Varietäten durch Sätze der kommutativen Algebra vorab schon geklärt, so dass man sie jetzt sehr schnell abhandeln kann. Die einzige Schwierigkeit ist nur noch, dass man die Differentialformen als Garbe, genauer als $\mathcal{O}_X$-Modul auf X einführen will.

Definition B.3.8 Im Fall $\varphi : X := \mathrm{MaxSpec}(A) \to Y := \mathrm{MaxSpec}(B)$ eines Morphismus affiner k-Varietäten setzt man

$$\Omega^1_{X/Y} := \Omega^1_{A/B} \otimes_A \mathcal{O}_X \ .$$

Für jede offene affine Teilmenge U von X ist also $\Omega^1_{X/Y}(U) = \Omega^1_{A/B} \otimes_A \mathcal{O}_X(U)$; man beachte, dass $\mathcal{O}_X(U)$ ein A-Modul ist. Da der Differentialmodul mit Lokalisierung verträglich ist, gilt $\Omega^1_{X/Y}(X_f) = \Omega^1_{A_f/B}$ für alle $f \in A$. Weiterhin ist die Definition unabhängig von der Auswahl der affinen Untervarietät $V \subset Y$, die das Bild von φ enthält. Im globalen Fall eines Morphismus $\varphi : X \to Y$ von k-Varietäten fügt man die lokalen Daten nur noch zusammen. Da sich diese Konstruktion mit diesen beiden Transformationen gut verträgt und der Modul der relativen Differentialformen eindeutig bestimmt ist, setzt sich diese Konstruktion zu einer globalen Garbe $\Omega^1_{X/Y}$, genauer zu einem kohärenten $\mathcal{O}_X$-Modul auf X zusammen. Ebenso verhält sich die Derivation $d_{X/Y} : \mathcal{O}_X \to \Omega^1_{X/Y}$, so dass man sie auf Garbenniveau erklärt hat. Man nennt $(\Omega^1_{X/Y}, d_{X/Y})$ die *Garbe der relativen Differentialformen,* vgl. § B.1 zum Begriff einer Garbe.

Eine andere Konstruktion von $(\Omega^1_{X/Y}, d_{X/Y})$ verfährt folgendermaßen:

Es sei $\mathcal{J} \subset \mathcal{O}_{X \times_Y X}$ das Verschwindungsideal der Diagonalen; aufgefasst als kohärente Idealgarbe von $\mathcal{O}_{X \times_Y X}$. Man identifiziert X mit $\Delta(X)$ und bekommt die Derivation

$$\delta : \mathcal{O}_X \to \mathcal{J}/\mathcal{J}^2|\Delta(X) \ ; \ b \mapsto 1 \otimes b - b \otimes 1 \ .$$

Man kann zeigen, dass beide Konstruktionen zueinander isomorph sind; vgl. [M, III.1, Theroem 4]. Man hat einen kanonischen Isomorphismus der Paare

$$(\mathcal{J}/\mathcal{J}^2|\Delta(X)\,,\, \delta) \xrightarrow{\sim} (\Omega^1_{X/Y}, d) \ .$$

Die Eigenschaften des Moduls der relativen Differentialformen $\Omega^1_{B/A}$ von affinen k-Algebren übertragen sich sinngemäß auf $\Omega^1_{X/Y}$; wir verzichten daher auf die Auflistung der zu Satz A.5.4 korrespondierenden Aussagen; vgl. dazu [BLR, § 1.1]. Die relativen Differentiale sind von großer Bedeutung beim Studium von lokalen Eigenschaften von Morphismen, auf die wir jetzt noch eingehen wollen.

Definition B.3.9 Ein Morphismus $\varphi : X \to S$ von k-Varietäten heißt *unverzweigt in einem Punkt* $x \in X$, wenn es eine offene affine Umgebung U von x in X , eine offene affine Menge $V = \mathrm{MaxSpec}(R)$ in S mit $\varphi(U) \subset V$ gibt, derart dass eine abgeschlossene Einbettung $U \hookrightarrow \mathbb{A}^n_k \times V$ existiert, so dass folgende Bedingungen erfüllt sind:
(a) U ist Nullstellenmenge von Polynomen $f_1, \ldots, f_N \in R[\xi_1, \ldots, \xi_n]$.
(b) Die Differentialformen $df_1, \ldots, df_N$ erzeugen den Modul $\Omega^1_{R[\xi_1, \ldots, \xi_n]/R}$ in x . Letzteres bedeutet, dass der Rang der Matrix $(\partial f_j/\partial \xi_i(x))$ gleich n ist.

Zum Beispiel ist jede abgeschlossene Einbettung $X \hookrightarrow S$ unverzweigt. Man beachte hier den Unterschied zur algebraischen Zahlentheorie. Weil man dort meistens Inklusionen von Dedekindringen betrachtet und solche Erweiterungen flach sind, entspricht deren Begriff 'unverzweigt' dem Begriff 'étale' aus der Geometrie.

Definition B.3.10 Ein Morphismus $\varphi : X \to S$ von k-Varietäten heißt *glatt in einem Punkt* $x \in X$ *von relativer Dimension* r , wenn es eine offene affine Umgebung U von x in X , eine offene affine Menge $V = \mathrm{MaxSpec}(R)$ in S mit $\varphi(U) \subset V$ gibt, derart dass eine abgeschlossene Einbettung $U \hookrightarrow \mathbb{A}_k^n \times V$ existiert, so dass folgende Bedingungen erfüllt sind:

(a) U ist Nullstellenmenge von Polynomen $f_{r+1}, \ldots, f_n \in R[\xi_1, \ldots, \xi_n]$.

(b) Die Differentialformen $df_{r+1}, \ldots, df_n$ sind linear unabhängig im Restklassenmodul $\Omega^1_{R[\xi_1,\ldots,\xi_n]/R} \otimes_R k(x)$; d.h., der Rang der Matrix $(\partial f_j / \partial \xi_i(x))$ ist gleich $n - r$.

Man nennt den Morphismus *étale*, wenn er glatt von relativer Dimension $r = 0$ ist; d.h. also $\det(\partial f_j / \partial \xi_i(x)) \neq 0$.

Die Eigenschaft étale ist stabil unter Komposition und Basiserweiterung. Eine übersichtliche Zusammenstellung der Sätze über unverzweigte, étale, bzw. glatte Morphismen findet man in [BLR, § 2.2]. Die geometrische Bedeutung dieser Begriffe ist in [M, III. 5 & 10] sehr schön herausgearbeitet. Die Thematik ist umfangreich, so dass wir sie hier nicht darstellen wollen. Das folgende Beispiel illustriert den Begriff eines étalen Morphismus sehr gut. Für unsere Zwecke ist diese Interpretation schon fast ausreichend.

Beispiel B.3.11 Es sei A eine nullteilerfreie affine k-Algebra und es sei

$$F(\xi) = a_n \xi^n + \ldots + a_0 \in A[\xi]$$

ein nicht verschwindendes Polynom in einer Variablen. Man betrachte nun die Projektion

$$\pi : V(F) := \{y \in \mathrm{MaxSpec}(A[\xi]) \; ; \; F(y) = 0\} \longrightarrow \mathrm{MaxSpec}(A).$$

Dann gilt:

(1) π ist genau dann flach über $x \in \mathrm{MaxSpec}(A)$, wenn $x \notin V(a_0, \ldots, a_n)$.

(2) π ist genau dann étale im Punkt y , wenn y einfache Nullstelle des Polynoms $F(x)(\xi) \in k(x)[\xi]$ ist.

Zur Klärung des Begriffs 'étale' sei abschließend noch erwähnt:

Satz B.3.12 *Es sei* $\varphi : X \to Y$ *ein Morphismus von* k-*Varietäten. Es* $x \in X$ *und* $y := \varphi(x) \in Y$ *sein Bildpunkt, so dass* $\varphi^* : k(y) \to k(x)$ *ein Isomorphismus der Restklassenkörper ist. Dann ist* φ *genau dann étale in* x *, wenn der induzierte Morphismus* $\hat{\varphi}^* : \hat{\mathcal{O}}_{Y,y} \to \hat{\mathcal{O}}_{X,x}$ *ein Isomorphismus der Komplettierungen der lokalen Ringe in* x *bzw.* y *ist.*

Beweis. Siehe [M, III.3, Theorem 3].   □

Literaturverzeichnis

[A-M]   Atiyah, M.F.; MacDonald, I.G.: *Introduction to Commutative Algebra*, Addison-Wesley, 1994.

[ArM]   Artin, M.: *Algebra*, Birkhäuser, Advanced Texts, 1993.

[Alg]   Bourbaki, N.: *Eléments de Mathématique, Algèbre*, Hermann, 1947.

[AC]   Bourbaki, N.: *Eléments de Mathématique, Algèbre Commutative*, Hermann, 1961.

[Ber]   Berlekamp, S.: *Algebraic Coding Theory*, Mc Graw Hill, 1968.

[BLR]   Bosch, S., Lütkebohmert, W., Raynaud, W.: *Néron Models*, Ergebnisse, 3. Folge, Band 21, Springer-Verlag, 1989.

[Bom]   Bombieri, E.: *Counting points on curves over a finite field*. Sém. Bourb. exp. 430, 1972-1973.

[Ch]   Chevalley, C.: *Introduction to the theory of function fields in one variable*, Amer. Math. Soc., New York (1951).

[Co]   Coates, J.: *Construction of rational functions on a curve*, Proc. Camb. Phil. Soc. 68, 105 - 123 (1970).

[D]   Dieudonné, J.: *Cours de Géométrie Algébrique*, Presses Universitaires de France, 1974.

[Eb]   Ebeling, W.: *Lattices and Codes*, Vieweg Studium, 1994.

[Fi]   Fischer, G.: *Lineare Algebra*, Vieweg Studium, 1995.

[Fo]   Forster, O.: *Lectures on Riemann Surfaces*, Springer, GTM 81, 1991.

[Fu]   Fulton, W.: *Algebraic Curves*, Addison Wesley, 1989.

[F-K]   Freitag, K., Kiehl, R.: *Etale Cohomology and the Weil Conjectures*, Ergebnisse der Mathematik, 3. Folge, Band 13, Springer-Verlag, 1987.

[F-R]   Feng, G.L., Rao, T.R.N.: *Decoding algebraic-geometric Codes up to the Designed Minimum Distance*, IEEE Trans. Inf. Theor. 39, 37-45, 1993.

[Go1]   Goppa, V.D.: *Geometry and Codes*, Kluwer, Dordrecht, 1988.

[Go2]   Goppa, V.D.: *A new class of linear error-correcting codes*, Info. and Control, **29**, 385-387, 1975.

[Go3]   Goppa, V.D.: *Codes on algebraic curves*, Soviet Math. Dokl. **24**, 170-172, 1981.

[Go4]   Goppa, V.D.: *Algebraic-geometric Codes*, Math. U.S.S.R. Izvestiya **21**, 75-91, 1983.

[G-P]   Greuel, G.-M., Pfister, G.: *A Singular Introduction to Commuative Algebra*, Springer-Verlag, 2002.

[G-S] Garcia, A., Stichtenoth, H.: *On the Asymptotic Behavior of Some Towers of Function Fields over Finite Fields*, Journal of Number Theory 61, 248–273, 1996.

[H] Hartshorne, R.: *Algebraic Geometry*, Springer GTM 52, New York 1977.

[Ha] Hamming, R.: *Coding and Information Theory*, Prentice-Hall, Englewood Cliffs, 1980.

[H-L] Hensel, K.; Landsberg, G.: *Theorie der algebraischen Funktionen in einer Variablen*, Teubner, Leipzig 1902.

[J] Jungnickel, D.: *Finite Fields - Structure and Arithmetics* , BI Wissenschaftsverlag, Mannheim, 1992.

[Ku] Kunz, E.: *Kähler Differentials*, Vieweg 1986.

[L] Lang, S.: *Algebra*, Addison-Wesley 1965.

[La] Lachaud, G.: *Les codes géométriques de Goppa*, Seminaire Bourbaki no. 641, Asterisque 133-134, 1986.

[M] Mumford, D.: *The Red Book of Varieties and Schemes*, LNM 1358, Springer 1988.

[Ma] Manin, Yu.I..: *What is the Maximum Number of Points on a Curve over* $\mathbb{F}_2$ *?* , J. Fac. Sci. Univ. Tokyo **28**, 715-720, 1981.

[M-S] MacWilliams, F.L., Sloane, N.J.A.: *The Theory of Error-Correcting Codes*, North-Holland, New York 1977.

[N-X] Niederreiter, H., Xing, Ch.: *Rational Points on Curves over Finite Fields*, Cambridge University Press 2001.

[Ple] Pless, S.: *Introduction to the Theory of Error-Correcting Codes*, Wiley-Interscience Series, 1990.

[Sch] Schmidt, F., K.: *Analytische Zahlentheorie in Körpern der Charakteristik* p , Math. Z. **33**, 1-32, 1931.

[Se1] Serre, J.-P.: *Sur le nombre des points rationnels d'une courbe algebrique sur un corps fini*, C. R. Acad. Sc. Paris, t. 296, Berlin 1983.

[Se2] Serre, J.-P.: *Local Fields*, Springer, New York 1979.

[Se3] Serre, J.-P.: *Algèbre Locale, Multiplicités*, Springer, New York 1975.

[Sev] Severi, F.: *Vorlesungen über algebraische Geometrie*, Teubner, Leipzig 1921.

[St1] Stichtenoth, H.: *Algebraic Functions Fields and Codes*, Springer, Berlin 1993.

[St2] Stichtenoth, H.: *Explicit Constructions of Towers of Function Fields with Many Rational Places*, ECM Barcelona 2000.

[Ste] Stepanov, S.A.: *The number of points of a hyperelliptic curve over a finite prime field*, Izv. Akad. Nauk Mat. 33, 1171-1181, 1969.

[S-V] Skorobogatov, A.N., Vladut, S.G.: *On the decoding of algebraic-geometric codes*, IEEE Trans. Inf. Theory 36, 1461-1463, 1990.

[T-V] Tsfasman, M.A.;Vladut, S.G.: *Algebraic-Geometric Codes*, Kluwer Academic Publishers, Dordrecht-Boston-London, 1991.

[TVZ] Tsfasman, M.A.;Vladut, S.G., Zink, T.: *Modular curves, Shimura curves, and Goppa codes, better than Varshamov-Gilbert bound*, Math. Nachr. **109**, 21-28, 1982.

[vGvV] van de Geer, G., van der Vlugt, M.: *Tables of curves with many points*, Math. Comp. **69**, 797-810, 2000.

[vL1]   van Lint, J.H.: *Coding Theory*, Springer Lecture Notes 201, New York 1971.

[vL2]   van Lint, J.H.: *Introduction to Coding Theory*, Springer, New York 1999.

[vL3]   van Lint, J.H.: *Die Mathematik der Compact Disc*, in *Alles Mathematik*, Hrsg. M. Aigner, E. Behrends, Vieweg 2000.

[vLvG]   van Lint, J.H., van de Geer, G.: *Coding Theory*, DMV-Seminar Band 12, 1988.

Index

Abbildung
    rationale, 190
affine k-Algebra, 251
Aufblasung, 177
    exzeptionelle Gerade, 177

Bewertungsring, 249
Bezout
    Satz von, 175
BSC, 4

Code, 14
    Äquivalenz, 16
    äußerer, 80
    AG, 115
    Automorphismengruppe, 45
    BCH, 57
        in engerem Sinne, 57
        primärer, 57
    Blocklänge, 14
    Codewörter, 14
    Decodierungsregel, 7, 14
    dualer, 26
    erweiterter, 38
    erzeugende Funktion, 27
    Erzeugerpolynom, 48
    fehlerkorrigierender, 14
    Fehlerwahrscheinlichkeit, 7
    geometrischer, 115, 116
    Golay, 42, 60
    Goppa, 115
    Hadamard, 40
    Hamming, 20
    Hamming [7,4], 20
    Hermite, 118
    Informationsrate, 7, 14
    innerer, 80
    klassischer Goppa-Code, 121

    Kontrollpolynom, 49
    linearer, 14
    maximal, 49
    MDS, 75
    minimal, 49
    Minimaldistanz, 14
    Paritätscode, 4
    perfekter, 18
    punktierter, 37
    Reed-Muller, 30, 33
    Reed-Solomon, 73, 74, 78
        in engerem Sinne, 74
    RM, 30
    RS, 73
    selbstdualer, 26
    Spreizung, 79
    Wiederholungscode, 19
    zyklischer, 47, 48
Compact Disc, 3, 84
    Reed-Solomon Code, 77
Cremona-Transformation, 182
    exzellente Position, 183
    exzeptionelle Geraden, 182
    Fundamentalpunkte, 182
    gute Position, 183
    ungeeigneter Punkt, 187
Cross-Interleaving, 80

Decodierung
    BCH-Codes, 67
    Decodierungsregel, 14
    geometrischer Codes, 224, 229
    maximum-likelihood, 14
    Reed-Muller-Codes, 33
    unvollständige, 14
    vollständige, 14
Dedekindring, 250
Derivation, 254

Design, 45
Differentialform, 110, 255
    Divisor, 112
    rationale, 111
    reguläre, 110
Divisor, 110
    Äquivalenz, 110
    effektiver, 110
    Form, 181
    Funktion, 199
    Grad, 110
    Hauptdivisor, 110
    kanonischer, 112
    lineares System, 149
    Nullstellen-, 199
    Polstellen-, 199
    Support, 110
Drinfeld-Vladut-Schranke, 163

Entropie
    binäre, 9, 10
    q-adische, 90
Errors
    Burst-, 78, 83
    Random-, 83
Erzeugermatrix, 16
    dualer Code, 26
    reduzierte Form, 16

Faserprodukt, 268
Fehlervektor, 15
Fehlerwahrscheinlichkeit
    Code, 7
    Codewort, 15
Fixkurve, 270
Form, 166
    adjungierte, 181
    Dimensionsformeln, 170
    Divisor, 181
Formule explicite de Weil, 156
Frobeniusmorphismus, 241
Funktion
    rationale, 105
    reguläre, 105, 264
Funktionenkörper, 192
    nichtsinguläres Modell, 194
Funktionenkörper, 108

Galoistheorie
    Fixkörper, 237
    Galoisgruppe, 237
    Hauptsatzsatz, 238
    Kompositum, 239
    Translationssatz, 238
Ganze Ringerweiterung, 243
    affiner Algebren, 254
    Dedekindringe, 250
    Dimension, 248
    ganzer Abschluss, 245, 246
Ganzheitsgleichung, 243
Garbe, 265
    regulärer Funktionen, 265, 267
    relativer Differentialformen, 271
Garcia
    Beispiel, 136
Generatormatrix, 16
geometrisch, 109
Geschlecht
    arithmetisches, 201
    geometrisches, 111
    kombinatorisches, 202
Goppa-Code
    Ω-Konstruktion, 116
    Decodierung, 227, 235
    klassischer, 121
    residueller, 116

Hamming-Distanz, 14
Hamming-Norm, 13
Hasse-Weil
    Satz von, 155
Hermite
    Code, 118
    Kurve, 149
Hilbertscher Basissatz, 251
Hilbertscher Nullstellensatz, 103, 251
Hurwitzsche Geschlechterformel, 114, 215

Ideal
    homogenes, 106
    reduziertes, 104
Informationsrate, 14
Informationssymbol, 16
Interleaving, 79
irreduzible Komponente, 263

irreduzible Menge, 263

Körper
  endlicher, 240
Körpererweiterung
  galoissche, 237
  Norm, 239
  Spur, 239
Kanal
  BSC, 4
  DMC, 13
  Kapazität, 7
Kontrollmatrix, 16
  dualer Code, 26
Kontrollsymbol, 16
Koordinatenring, 105
Kurve
  affin-algebraische, 105
  arithmetisches Geschlecht, 201
  ebenes Modell, 192
  geometrisches Geschlecht, 111
  Geschlecht, 111, 197, 201
  glatte, 105
  Hermite, 118, 149
  kombinatorisches Geschlecht, 183
  nichtsinguläres Modell, 189, 194
  projektiv-algebraische, 108

MacWilliams-Identität, 27
Mariner, 3, 35
Morphismus
  étaler, 215
  unverzweigter, 215
  verzweigter, 215
  zahm verzweigter, 215
Morphismus von Varietäten, 265, 267
  étaler, 272
  affiner, 269
  endlicher, 269
  glatter, 272
  unverzweigter, 271
Multiplizität, 168, 176

Nebenklassenführer, 17
Noether
  Normalisierungslemma, 252
  Satz von, 167

Noethersche Bedingung, 180

Ordnungsbasis, 230

Parameter
  lokaler, 109
Punkt, 103
  abgeschlossener, 103
  einfacher, 169
  gewöhnlicher Mehrfach-, 169
  rationaler, 109

Residuensatz, 114, 210
Residuum, 113, 209
Riemann-Roch
  Satz von, 114, 196
Ring
  Dimension, 248
  Krulldimension, 248
  normaler, 245

Schnittzahl
  Definition, 172
  Eigenschaften, 172
Schranken für Codes
  asymptotische Elias, 99
  asymptotische Gilbert, 92
  asymptotische Hamming, 97
  asymptotische Plotkin, 95
  Elias, 97
  Gilbert-Varshamov, 92, 123
  Hamming, 18, 96
  Plotkin, 95
  Singelton, 75, 93
Serre-Schranke, 162
Shannon
  Satz von, 7
Singularitätenauflösung
  Aufblasung, 193
  Cremona-Transformation, 185
  Normalisierung, 193
Spektrum, 248
Spurformel, 214
Steinersystem, 45
Stichtenoth
  Beispiel, 136
Syndrom, 17

Tangente, 169
    Vielfachheit, 169

uniformisierendes Element, 109

Varietät, 268
    affine, 105, 266
    Dimension, 263
    Faserprodukt, 269
    Morphismen, 267
    normale, 270
    Normalisierung, 270
    projektive, 108
Verzweigung
    Index, 215
    wilde, 215
    zahme, 215

Weil-Schranke, 162

Zariski-Topologie, 104, 106
Zetafunktion einer Kurve, 146
    Eigenschaften, 153
    Funktionalgleichung, 153
    Körpererweiterung, 152
    Nullstellen, 155

Mathematik als Teil der Kultur

Martin Aigner, Ehrhard Behrends (Hrsg.)
Alles Mathematik
Von Pythagoras zum CD-Player
2., erw. Aufl. 2002. VIII, 342 S. Br. € 24,90   ISBN 3-528-13131-4
Die erste Auflage dieses Buches wurde sehr freundlich aufgenommen,
die Herausgeber haben eine ganze Reihe von Kommentaren und
Vorschlägen erhalten. In der 2. Auflage wurden die bisherigen Texte
gründlich überarbeitet und außerdem drei neue Beiträge zu aktuellen
Themen aufgenommen: Intelligente Materialien, Diskrete Tomographie
und Spieltheorie. In diesen Kapiteln wird wieder Interessantes, Wis-
senswertes und vielleicht Überraschendes zu finden sein. Es ist die
Hoffnung der Herausgeber, dass ihr Panorama aus klassischen und
aktuellen Themen auch weiterhin die Leser davon überzeugen wird,
dass (fast) „Alles Mathematik" ist.

*„Es [Das Buch] ist zu einem Spaziergang durch weite Gebiete der
Mathematik geworden, der auch dem Laien einen sehr guten Eindruck
von der Bedeutung der Mathematik vermitteln kann."*
Die Welt, 19.12.00

*„Das Buch eröffnet faszinierende Einblicke in die Bedeutung der
Mathematik, ihre Beziehung zur Philosophie, Kunst und Technik, aber
vor allem ihre Anwendung in verschiedensten Lebensbereichen. [...]
Insgesamt ist es ein wirklich lesenswertes Buch, das nicht nur Mathe-
Fans ans Herz gelegt sei."* Bücherschau, 2/01 vom 31.07.01

*„Das Buch 'Alles Mathematik', das eine Auswahl dieser Vorträge wie-
dergibt, widerlegt auf schlagende Weise die gängigen Vorurteile 'zu
schwer, zu trocken, zu abstrakt, zu abgehoben'. [...] Lesen Sie den köst-
lichen Beitrag 'Romeo und Julia, spontane Musterbildung und Turings
Instabilität' von Bernold Fiedler! [...] Da lernen Sie was fürs Leben!"*
Spektrum der Wissenschaft 12/01

Abraham-Lincoln-Straße 46
65189 Wiesbaden
Fax 0611.7878-400
www.vieweg.de

Stand 1.10.2002. Änderungen vorbehalten.
Erhältlich im Buchhandel oder im Verlag.

verschlüsseln, verbergen, verheimlichen

Albrecht Beutelspacher
Kryptologie
Eine Einführung in die Wissenschaft vom Verschlüsseln, Verbergen
und Verheimlichen. Ohne alle Geheimniskrämerei, aber nicht ohne
hinterlistigen Schalk, dargestellt zum Nutzen und Ergötzen des
allgemeinen Publikums
6., überarb. Aufl. 2002. XII, 152 S. Br. € 19,90   ISBN 3-528-58990-6
Das Buch bietet eine reich illustrierte, leicht verdauliche und amüsante
Einführung in die Kryptologie. Diese Wissenschaft beschäftigt sich damit, Nachrichten vor unbefugtem Lesen und unberechtigter Änderung
zu schützen. Ein besonderer Akzent liegt auf der Behandlung moderner
Entwicklungen. Dazu gehören Sicherheit im Handy, elektronisches Geld,
Zugangskontrolle zu Rechnern und digitale Signatur. Für die 6. Auflage
wurde der Text überarbeitet und das Layout neu gestaltet, die Verfahren
und modernen Entwicklungen wurden auf den neuesten Stand gebracht.

Albrecht Beutelspacher, Jörg Schwenk, Klaus-Dieter Wolfenstetter
Moderne Verfahren der Kryptographie
Von RSA zu Zero-Knowledge
4., verb. Aufl. 2001. X, 143 S. Br. € 21,00   ISBN 3-528-36590-0
Kryptographische Verfahren dienen dazu, komplexe Probleme im
Bereich der Informationssicherheit mit Hilfe kryptographischer
Algorithmen in überschaubarer Weise zu lösen. Die Entwicklung und
Analyse von Protokollen wird ein immer wichtigerer Zweig der moder-
nen Kryptologie. Große Berühmtheit erlangt haben die sogenannten
"Zero-Knowledge-Protokolle", mit denen es gelingt, einen anderen von
der Existenz eines Geheimnisses zu überzeugen, ohne ihm das gering-
ste zu verraten.

Abraham-Lincoln-Straße 46
65189 Wiesbaden
Fax 0611.7878-400
www.vieweg.de

Stand 1.10.2002. Änderungen vorbehalten.
Erhältlich im Buchhandel oder im Verlag.

Modern Aspects in the Design of Codes

Wolfgang Ebeling
Lattices and Codes
A Course Partially Based on Lectures by F. Hirzebruch
2., rev. ed. 2002. xviii, 188 pp. (Advanced Lectures in Mathematics,
ed. by Aigner, Martin/Gritzmann, Peter/Mehrmann, Volker/Wüstholz,
Gisbert) Softc. € 34,90   ISBN 3-528-16497-2

Contents: Lattices and Codes - Theta Functions and Weight Enumerators - Even Unimodular Lattices - The Leech Lattice - Lattices over Integers of Number Fields and Self-Dual Codes

The purpose of coding theory is the design of efficient systems for the transmission of information. The mathematical treatment leads to certain finite structures: the error-correcting codes. Surprisingly problems which are interesting for the design of codes turn out to be closely related to problems studied partly earlier and independently in pure mathematics. In this book, examples of such connections are presented. The relation between lattices studied in number theory and geometry and error-correcting codes is discussed. The book provides at the same time an introduction to the theory of integral lattices and modular forms and to coding theory. In the 2nd edition numerous corrections have been made. More basic material has been included to make the text even more self-contained. A new section on the automorphism group of the Leech lattice has been added. Some hints to new results have been incorporated. Finally, several new exercises have been added.

Abraham-Lincoln-Straße 46
65189 Wiesbaden
Fax 0611.7878-400
www.vieweg.de

Stand 1.10.2002. Änderungen vorbehalten.
Erhältlich im Buchhandel oder im Verlag.